Hoimar v. Ditfurth: Kinder des Weltalls

Der Roman unserer Existenz

Droemer Knaur

Über dieses Buch

Ein winziger Bezirk von Licht, Wärme und Leben, hauchdünn über eine Weltenkugel gezogen, die zeitlos im leeren Weltall schwebt, nicht mehr Raum ist für das Drama der menschlichen Geschichte. Wie ein Raumschiff treibt die Erde im All – sind seine Bewohner, sind wir »verlorene« Waisen im Raum? – Nachdem der Glaube an eine Erde als Weltenmittelpunkt zerstört wurde und die Einordnung des Menschen als Krone der Schöpfung widerlegt ist, lautet heute die Frage, ob der Schwenk ins Beziehungslose unserer Existenz nur ein Pendelschlag der Enttäuschung war oder die reale Wahrheit.
In diesem Buch werden die Wissenschaften, die unsere zufriedenstellenden Weltbilder zerstörten, noch einmal auf ihre Aussagefähigkeit hin abgeklopft. Astronomie und Astrophysik antworten auf die Fragen der Wechselbeziehungen unserer Erde zum »Rest des Weltalls«. Die Entwicklungsgeschichte von Pflanze und Tier legt eine »innere Uhr« der Lebewesen bloß, die nach dem Weltall gestellt ist. Die Archäologie enthüllt einen Jahrtausende zählenden Stoffverfall, der uns die Tiefe der Vergangenheit ausloten läßt, und die Geologie vermag einen eingefrorenen Magnetismus vorzuzeigen, mit Bezug zum kosmischen Raum; die Biologen haben einen Schlüsselstoff in den Pflanzen entdeckt, der zu allen menschlichen Körperzellen paßt, und die Biochemie enträtselt den Geheimcode der Vererbung, der bei allen Lebewesen gleich ist.
Ingesamt setzt dieses Buch die unzähligen Wissenssteinchen der Forschung aller Naturwissenschaften zu einem Überzeugungsmosaik zusammen: Die Menschen sind Kinder des Weltalls und das Weltall erhält sie am Leben.

Vollständige Taschenbuchausgabe
mit 52 Abbildungen
Droemersche Verlagsanstalt Th. Knaur Nachf.
München/Zürich
Lizenzausgabe mit freundlicher Genehmigung des
Hoffmann und Campe Verlages, Hamburg

Umschlaggestaltung Typobild Werbung Günter Becker
Gesamtherstellung Richterdruck Würzburg
Printed in Germany
ISBN 3-426-00319-8

1.– 42. Tausend Juli 1973
43.– 54. Tausend Oktober 1973
55.– 64. Tausend August 1974
65.– 72. Tausend Februar 1975
73.– 82. Tausend Oktober 1975
83.– 90. Tausend April 1976
91.–101. Tausend Dezember 1976
102.–113. Tausend August 1977

Inhalt

Bildnachweis
Mount Wilson and Palomar Observatories (20). Luftbild Albrecht Brugger, Stuttgart (freigegeben vom Innenministerium Baden-Württemberg Nr. 2/14607) (1). AP (1). USIS (1). n+m (4). Archiv (4). Graphische Darstellungen von Heike Meibaum (15).

Der Ort der Handlung

Was drei Milliarden Jahre sind, können wir uns nicht mehr vorstellen. Der Zeitraum, über den hinweg sich die bisherige Geschichte des Lebens auf der Erde erstreckt, ist so groß, daß er sich unserem Vorstellungsvermögen entzieht. Dagegen muß uns die räumliche Ausdehnung des Schauplatzes, auf dem diese Geschichte sich seit je abspielt und die ihr dazu ausschließlich zur Verfügung steht, vergleichsweise winzig erscheinen. Die ältesten bekanntgewordenen präkambrischen Fossilien, primitive, blaualgenähnliche Einzeller aus dem sogenannten *gunflint chert* (einer geologisch ungewöhnlich alten, schieferähnlichen Gesteinsart Nordmichigans), und neuerdings möglicherweise auch südafrikanische Funde beweisen, daß das Leben auf der Erde schon seit mindestens drei Milliarden Jahren existiert. Angesichts eines solchen Zeitraums versagt unser Vorstellungsvermögen. Unser Zeiterleben und unsere Fähigkeit, Distanzen, auch zeitliche Distanzen, zu schätzen und anschaulich zu vergegenwärtigen, ist aus biologisch einleuchtenden Gründen auf unsere physische Konstitution abgestimmt – auf eine körperliche Konstitution, die es uns ermöglicht, in einer Stunde aus eigener Kraft allenfalls zehn bis fünfzehn Kilometer zurückzulegen, und die uns eine äußerste Lebensspanne setzt, die siebzig und, wenn es hoch kommt, achtzig Jahre währt.

Was drei Milliarden Jahre sind, können wir uns daher nicht mehr vorstellen. Diese Tatsache ist, indirekt, auch einer der wichtigsten, allerdings kaum jemals durchschauten Gründe, aus denen viele gebildete Zeitgenossen noch immer nicht an die Stichhaltigkeit der darwinistischen Entwicklungslehre glauben können. Es erscheint ihnen einfach gänzlich unvorstellbar, daß ein Zusammenspiel zwischen zufälligen, ungerichteten Mutationen und aus ihnen auswählender Selektion, daß ein solcher mühsamer, »blinder« Prozeß in der Lage sein könnte, »in der kurzen Zeit von wenigen Milliarden Jahren« eine Art aus der anderen entstehen zu lassen und durch innerartliche Konkurrenz höher entwickelte, kompliziertere, fortschrittlichere Lebensformen in all ihrer uns heute gegenwärtigen Mannigfaltigkeit hervorzubringen.

Es ist diesen Kritikern in der Tat zuzugestehen, daß das unvorstellbar ist, wenn auch in einem sehr viel wörtlicheren Sinn als dem von ihnen gemeinten. Denn auf Grund unserer Konstitution unterschätzen wir Zeiträume solcher Größenordnung eben ganz unvermeidlich, und zwar so drastisch – und so sehr ohne jede Möglichkeit, darauf reflektieren zu können –, daß dem eben zitierten Argument dadurch jede Beweiskraft genommen wird. Unterstützt wird diese uns gar nicht bewußte und auch gar nicht bewußt zu machende Tendenz zu allem

Übel auch noch von unserer Schreibweise. Wenn wir von 1000 auf 1 000 000 übergehen, fügen wir den drei rechts von der 1 stehenden Nullen einfach drei weitere hinzu. Auf diese Weise ermöglicht uns ein geistreiches, als dekadisch bezeichnetes System den handlichen Umgang mit großen Zahlen. Aber auf diese Weise wird andererseits auch schon dem Schulkind abgewöhnt, daran zu denken, daß es sich mit dem Zusatz der drei weiteren Nullen einer raffinierten »Zahlenstenographie« bedient, die zum Ausdruck bringt, daß hier, um bis zu einer Million zu kommen, die erste Zahl (1000) »eigentlich« so oft hingeschrieben werden müßte, wie es ihrem eigenen Zahlenwert entspricht, nämlich nicht weniger als tausendmal nebeneinander.

Es gibt die bekannten Hilfsvorstellungen, Krücken für unsere Phantasie, die uns für lehrreiche Augenblicke eine Ahnung aufgehen lassen von den Größen, mit denen wir es hier zu tun haben: Bis tausend kann man, wenn man in jeder Sekunde eine Zahl ausspricht, in rund einer Viertelstunde zählen. Bis zu einer Million braucht man, einen achtstündigen Arbeitstag für das Zählen gerechnet, bei gleichen Bedingungen schon einen ganzen Monat. Und um bis zu einer Milliarde zu kommen, müßte man sein ganzes Leben daransetzen, Tag für Tag acht Stunden, immer nur eine Sekunde für jede Zahl gerechnet, und rund achtzig Jahre müßte man dazu auch noch alt werden. Ähnlich verblüffend sind die Resultate, wenn man die zeitlichen Dimensionen in räumliche Entfernungen überträgt. Wenn wir den Ablauf der Naturgeschichte in den letzten drei Milliarden Jahren in einem drei Meter langen Schema darstellen wollten, dann hätten wir für die gesamte menschliche Geschichte einschließlich der prähistorischen Epochen seit der Bronzezeit nicht einmal genug Raum, um sie wenigstens mit einem Mikroskop noch andeuten zu können. Zehntausend Jahre würden in diesem Schema nur noch ein Hundertstel Millimeter einnehmen. Mit all diesen und anderen Gedankenexperimenten kann man sich letztlich auch nur vor Augen führen, daß die Zeiträume, in denen sich das Leben auf der Erde bisher entwickelte, unvorstellbar sind. Wir können ihre Größenordnung nachträglich ermitteln, das ist schon erstaunlich genug, und wir haben Zahlen und Namen für sie, aber keine an-

1 Die Erde, gesehen aus der Nachbarschaft des Mondes. Die Oberfläche dieser frei im Raum schwebenden Kugel von nur 12 000 Kilometern Durchmesser ist aller Raum, der dem Leben, wie wir es kennen, seit dem Beginn seiner Geschichte zur Verfügung stand. Unser Lebensraum hat im Maßstab dieser Aufnahme noch eine Höhe von 4 hundertstel Millimetern. Der Mt. Everest wäre knapp 1 zehntel Millimeter groß, mit einer empfindlichen Fingerkuppe also vielleicht gerade noch zu tasten.

schaulichen Begriffe mehr. Die Dauer dieser gewaltigen Entwicklung entzieht sich unserer Vorstellung.
Gegenüber diesen Dimensionen nimmt sich nun der Schauplatz der Handlung – die Bühne, auf der sich alles, was bisher geschehen ist, ausschließlich abspielte – vergleichsweise winzig aus: es ist die Oberfläche unserer Erde. Gewiß, diese »Bühne« ist alles in allem rund 500 Millionen Quadratkilometer groß, die Weltmeere und auch die Polargebiete eingerechnet. Denn gerade, wenn wir die Geschichte nicht etwa allein des Menschen, sondern des irdischen Lebens insgesamt ins Auge fassen, müssen wir die Ozeane natürlich ebenso dazurechnen wie den Dschungel und andere uns aus unserer Perspektive als lebensfeindlich erscheinende Regionen. 500 Millionen Quadratkilometer, das ist gewiß nicht wenig, aber immerhin, ein quadratisches Feld mit einer Seitenlänge von etwas mehr als 22000 Kilometern, das ist etwas, was wir uns ohne Schwierigkeiten noch vorzustellen vermögen, und der Inhalt dieses Feldes entspräche etwa der Oberfläche der Erde.
Wie klein die Bühne ist, auf der die Geschichte der Menschheit sich abspielt, geht gerade uns Heutigen mit besonderer Anschaulichkeit auf – angesichts von Aufnahmen wie der der frei im Raum schwebenden Erde, wie sie die Astronauten heute von ihren Flügen zurückbringen. Was da, mit einem Blick übersehbar, als verloren wirkende Kugel frei in einem grenzenlosen Raum schwebt, ist alles, was dem Leben in den unvorstellbaren drei Milliarden Jahren als Ort der Handlung zur Verfügung stand. Alles, was Menschen jemals gefühlt und gedacht, erduldet oder getan haben, und nicht nur das: der Zusammenschluß der ersten abiotisch entstandenen organischen Moleküle, ihre unendlich langsame Weiterentwicklung bis zum ersten reduplikationsfähigen biologischen System, die »Erfindung« der Photosynthese, die Entstehung der Vielzeller, die Eroberung des Landes, die Entdeckung der Warmblütigkeit, die Entstehung von Bewußtsein und schließlich, in allerneuester Zeit, die Fähigkeit zur Selbstreflektion, all dies hat sich seit dem Anbeginn der Zeiten auf der Oberfläche dieser Kugel abgespielt, die von oben nach unten gerade 12000 Kilometer mißt.
Um das richtige Augenmaß für die hier waltenden Proportionen zu bekommen, müssen wir nun außerdem auch noch die dritte der hier zu berücksichtigenden Dimensionen in unsere Betrachtung einbeziehen. Die Bühne, von der hier die Rede ist, ist ja nicht eine Fläche von 500 Millionen Quadratkilometern, sondern ein Raum, der sich auf dieser Grundfläche erhebt. Wie also steht es mit der Höhe, der dritten Dimension des Ortes der Handlung? Es dürfte richtig sein, sie nach oben auf zweitausend Meter zu begrenzen. Zwar kann der Mensch noch etwa bis zur doppelten Höhe ohne Sauerstoffmaske existieren. Aber ohne mehrwöchige Anpassungszeit mit einer entsprechenden

Änderung der Zusammensetzung des Blutes – vor allem durch eine Zunahme der den Sauerstoff transportierenden roten Blutkörperchen – läßt die Leistungsfähigkeit oberhalb der Zweitausend-Meter-Grenze doch sehr rasch nach. Und die Zahl der über dieser Grenze noch vorkommenden Lebensformen ist so verschwindend klein, daß wir sie hier außer acht lassen können. Umgekehrt ist eine Höhe von zweitausend Metern für den auf der Erdoberfläche zur Verfügung stehenden Lebensraum insofern sogar schon sehr großzügig angesetzt, als die durchschnittliche Höhe der Landmassen unseres Planeten nur 825 Meter beträgt. Ganz abgesehen also davon, ob sie überhaupt noch als Teil der vom Leben zu besiedelnden »Ökosphäre« angesehen werden können, sind die Gebiete der Erdoberfläche, die höher als zweitausend Meter liegen, relativ so klein, daß wir sie schon aus diesem Grund vernachlässigen können.
Der Lebensraum, von dessen Ausmaßen wir uns hier ein Bild zu machen versuchen, hat also eine Höhe von etwa zweitausend Metern. Wie steht es mit seiner Tiefe? Wir wollen ja keineswegs von uns allein ausgehen und nur den Standpunkt des Menschen berücksichtigen: Die Bühne, die wir hier in ihren Umrissen zu skizzieren versuchen, ist der Schauplatz des irdischen Lebens insgesamt. Wieder dürfen wir daher das Wasser nicht vergessen, um so weniger, als es nach allem, was wir heute wissen, der Ursprung, die Wiege dieses Lebens gewesen ist. Aber dennoch, groß ist der Faktor nicht, den wir unter diesen Umständen zusätzlich zu berücksichtigen haben. Wenn wir sehr großzügig sein wollen, kommen noch einmal tausend Meter dazu. Zwar gibt es auch in den lichtlosen Tiefen unterhalb dieses hier einmal zugrunde gelegten Wertes noch Lebewesen. Wie die Tiefseebiologen in den letzten Jahrzehnten festgestellt haben, sind sogar die tiefsten Stellen des Meeresbodens in mehr als zehntausend Metern Tiefe noch von einer – relativ – reichhaltigen Fauna bewohnt. Und in diesem Fall stellen die Regionen, um die es sich handelt, im Gegensatz zu den Hochgebirgsgebieten auch einen Anteil der Erdoberfläche dar, der sehr viel größer ist, als man es sich im allgemeinen vorstellt. Rund zwei Drittel der gesamten Erdoberfläche (genau: 361 von 510 Millionen Quadratkilometern oder 71 Prozent) sind von Wasser bedeckt. Von diesen 361 Millionen Quadratkilometern aber nimmt die von den Ozeanologen als »abyssale Tiefsee« bezeichnete Region mit Wassertiefen zwischen zweitausend und sechstausend Meter mehr als achtzig Prozent (genau: 82,7 Prozent) ein. Trotzdem sind wir berechtigt, hier, im Zusammenhang unserer Überlegungen, die Ökosphäre nach unten auf tausend Meter zu begrenzen, weil, relativ zu der Fülle und Mannigfaltigkeit der Lebensformen insgesamt, die Tiefseefauna als eine artenarme Extremfauna anzusehen ist, die (wie sich aus systematischen Fangversuchen mit Tiefsee-

netzen ergibt) unterhalb von Wassertiefen um tausend bis zweitausend Meter sehr rasch außerordentlich dünn wird. Der entscheidende Grund aber, der uns dazu berechtigt, die Annahme einer unteren Grenze von tausend Metern schon großzügig zu nennen, ist ein ganz anderer. Er besteht in der Feststellung, daß auch alle bisher entdeckten Tiefsee-Lebewesen ursprünglich aus den oberen Wasserschichten stammen: aus jenen Regionen oberhalb einer Tiefe von fünfhundert, höchstens sechshundert Metern, welche die äußerste Grenze darstellt, bis zu der das Sonnenlicht unter günstigen Umständen wenigstens noch in Spuren dringen kann. Die Fähigkeit zur Photosynthese und damit die primäre Futterproduktion erlischt aber schon sehr viel früher. Alles Leben, das unterhalb dieser Schichten existiert, ist daher nicht nur in den obersten, noch vom Sonnenlicht durchstrahlten Meeresschichten entstanden und erst sekundär in einer mühsamen Anpassung Schritt für Schritt in die tieferen Meeresregionen abgewandert, sondern es ist auch bis auf den heutigen Tag zu seiner Erhaltung noch auf das organische Nahrungsmaterial angewiesen, das nur in den oberen, von der Sonne erreichten Meeresschichten entstehen kann und von hier, abgestorben, in einem ununterbrochenen, nahrungsspendenden Strom nach unten herunterrieselt.

Der Ort der Handlung hat folglich, so kann man sagen, eine vertikale Ausdehnung von insgesamt nur dreitausend Metern. Und die richtige Anschauung zu gewinnen, was das heißt, müssen wir auch diesen Wert noch in den Maßstab der Abb. 1, S. 9, der Astronautenaufnahme von der freischwebenden Erde im Raum, übertragen. Die Erdkugel hat auf dieser Photographie bei unserer Wiedergabe einen Durchmesser von etwa zwölf Zentimetern. Die Ökosphäre hat bei diesem Maßstab noch eine Dicke von genau 0,03 Millimetern. Auf der Photographie der Erdkugel bildet sie also nur noch einen dünnen Film, dessen Dicke unterhalb der Grenze der Sichtbarkeit liegt.

Das ist alles. Das ist nicht nur unser Lebensraum, der Raum, in dem sich die ganze menschliche Geschichte bisher abgespielt hat, es ist der einzige Raum, der allem Leben, das wir kennen, der dem Leben überhaupt in allen seinen Formen und Spielarten zur Verfügung steht. Fünfhundert Millionen Quadratkilometer weit, dreitausend Meter hoch (oder tief), das ganze gleichsam aufgezogen auf eine zwölftausend Kilometer dicke Kugel, deren Inneres ebenfalls schon nach wenigen hundert Metern zu den für das Leben »verbotenen« Zonen gehört, und die frei in einem unermeßlich weiten, unvorstellbar leeren Raum schwebt: das ist unser Lebensraum, der Ort der Handlung für das Drama der menschlichen Geschichte.

Welchen Eindruck vermittelt dieses Bild? Zu welchem Urteil kommen wir im Hinblick auf unsere Situation auf der Oberfläche dieser Erde, wenn wir uns diese Zahlen und Relationen in dieser Weise anschaulich zu machen versuchen?

Es scheint, wenn man es unvoreingenommen betrachtet, das Paradebeispiel einer prekären, einer auf das äußerste gefährdeten, einer in jeder denkbaren Hinsicht absolut unwahrscheinlichen Existenz zu sein. Die objektive Wirklichkeit unseres irdischen Daseins steht, so gesehen, in diametralem Gegensatz zu dem Gefühl der Geborgenheit, Wohnlichkeit und Beständigkeit, das unsere unmittelbare Umwelt uns einflößt. Man braucht in Gedanken, in seiner Phantasie, nur einmal so weit zurückzutreten, wie es der Distanz entspricht, aus der die Raumsonde die auf Abb. 1, S. 9 gezeigte Photographie unseres Planeten aufgenommen hat, um den Eindruck zu bekommen, daß unser alltägliches Gefühl von der Beständigkeit, Selbstverständlichkeit und Zuverlässigkeit der uns vertrauten und gewohnten Umwelt in Wirklichkeit eine Illusion ist, die in den tatsächlichen Bedingungen unserer Lage keinerlei Stütze findet und zu ihr sogar in groteskem Ausmaß kontrastiert. Ein in Wahrheit winziger Bezirk von Licht, Wärme und Leben, hauchdünn über eine verloren im leeren Weltraum schwebende Kugel gezogen, so stellt sich unsere Welt auf einmal dar. Was uns aus Gewohnheit alltäglich und selbstverständlich erscheint, präsentiert sich so schon aus nur wenigen tausend Kilometern Distanz als ein fast in jeder Hinsicht exzeptioneller Punkt im Raum, an dem Bedingungen herrschen, die so unwahrscheinlich und einmalig sind, daß allein dieser Umstand schon der noch immer verbreiteten Auffassung recht zu geben scheint, unsere Erde – und erst recht das auf ihr entstandene Leben – seien ein Ausnahmefall, möglicherweise gar einzigartig im ganzen Kosmos und nur durch das ganz unwahrscheinliche Zusammentreffen einer ganzen Kette ungewöhnlicher Zufälle zu erklären. Diese Schlußfolgerung scheint zunächst in der Tat unausweichlich. Die Perspektive unserer tatsächlichen Situation im Kosmos, die sich hier auftut, sobald man sich von dem gewohnten, unreflektierten Alltagsstandpunkt einmal freimacht und versucht, die gleiche Umwelt »objektiv« zu sehen, wirkt so überzeugend, daß die Vorstellung von der in den unermeßlichen Weiten des Weltraumes verlorenen Erde als der Heimat des Menschen und des Lebens längst zu einem festen Bestandteil des »modernen« Weltbildes geworden ist.

Das war nicht immer so. Noch bis vor wenigen Jahrhunderten verstand der Mensch sich und die Erde als in den Kosmos eingeordnet. Zwar unterschied auch der mittelalterliche Mensch zwischen dem »unter dem Mond« gelegenen irdischen Reich und den sich über dieser sublunaren Welt der sterblichen Wesen und vergänglichen Dinge erhebenden himmlischen Sphären der Fixsterne in ihrer ewigen Unveränderlichkeit. Aber er zweifelte doch keinen Augenblick an der grund-

sätzlichen Zusammengehörigkeit dieser beiden Bereiche des Kosmos, an ihrer engen Verflochtenheit – daran, daß sich über die zwischen ihnen gelegene Grenze ein dichtgewobenes Netz vielfältiger Kräfte und Beeinflussungen spannte, die hinüber und herüber spielten und wirksam waren und deren Wesen sich ihm in einer differenzierten Fülle von Bildern, Gleichnissen und mythologischen Begriffen erschloß.
Der objektivierenden Betrachtung der eigenen Umwelt, welche die eigentliche Aufgabe und Funktion der Naturwissenschaft bildet, hat dieses Weltverständnis, das wir heute das mittelalterliche nennen, nicht standgehalten. Mythen und Metaphern erwiesen sich als zu verschwommen, zu ungenau. Es kam hinzu, daß sie ohnehin einer Gefahr bereits weitgehend erlegen waren, die allen menschlichen Entwürfen droht, der Gefahr, sich zu verselbständigen in einer Weise, daß für real gehalten wurde, was ursprünglich nur als Bild gemeint war.
Die daraus aber resultierende Desillusionierung der vertrauten, bergenden Welt, die in einem alles umfangenden Kosmos eingeordnet war, erwies sich als weitaus radikaler als vorherzusehen war. Es ist nicht einfach nur die starrsinnige Intoleranz einer vom Gestrüpp ihrer eigenen Dogmen immobilisierten Kirche gewesen, die Galilei vor das Tribunal und Giordano Bruno auf den Scheiterhaufen gebracht hat. So formuliert ist der nachträgliche Vorwurf viel zu billig und vor allem ungerecht. Wir haben uns an das Ergebnis der objektiven Analyse der Welt durch die Naturwissenschaften längst gewöhnt, aber wir übersehen allzuleicht die Angst, die sich hinter der aggressiven Reaktion auf die ersten Ergebnisse dieser Analyse verbarg, den außerordentlichen Schock, den diese Ergebnisse bei den Zeitgenossen unvermeidlich auslösen mußten.
Die Resultate bestanden ja in nichts anderem als den ersten Umrissen des Bildes, das wir auf den ersten Seiten zu skizzieren versuchten. Erstmals wurde hier der Mensch im Gefolge seines Versuchs, sich durch naturwissenschaftliche Abstraktion von der vertrauten Perspektive des Alltagsstandpunkts zu lösen, um die Welt so zu sehen, »wie sie wirklich ist«, mit einer Möglichkeit konfrontiert, die ihn zutiefst erschrecken mußte: mit der Möglichkeit, daß er in Wirklichkeit vielleicht in einem Kosmos existiere, dem er gleichgültig sei und der ihn nichts angehe. Damals wurde der Keim gelegt zu dem bis heute als gültig angesehenen »modernen« Weltbild, dessen Grundtenor darauf hinausläuft, daß die Erde mit allem, was auf ihrer Oberfläche existiert und lebt, in unausdenkbarer Einsamkeit und Verlorenheit in einem riesigen Universum schwebt, dem wir gleichgültig sind und dessen kalte Majestät mit uns nichts zu tun hat.
Wir Heutigen haben uns an dieses Bild unserer Stellung im Kosmos längst gewöhnt. Tief in unserem Inneren sind wir aller Wahrscheinlich-

keit nach sogar stolz auf unsere Objektivität und Sachlichkeit, die es uns ermöglicht haben, dieses Konzept unserer »wahren« Situation, das Ausmaß solcher Isolierung, die Einsamkeit dieses Ausgesetztseins in einem unendlich großen und unendlich toten Kosmos zu akzeptieren. Allerdings ist zu bezweifeln, daß das die einzige Regung ist, die der Anblick dieses Weltbildes in uns bewirkt hat. Hier wird deutlich, daß sich Naturwissenschaft im Gegensatz zu einer weitverbreiteten und gänzlich verfehlten Auffassung keineswegs im Sammeln und Ordnen von Fakten erschöpft. Das alles ist nur Mittel zum Zweck. Naturwissenschaft ist letztlich nichts anderes als ein Versuch des Menschen, Klarheit zu gewinnen über seine eigene Rolle, seine Stellung im Ganzen. Naturwissenschaft ist, mit anderen Worten, auch nur ein Weg menschlichen Selbstverständnisses. Und daher ist auch nicht zu bezweifeln, daß die Überzeugung von der eigenen Isoliertheit in einem unermeßlich großen, unüberbietbar leeren und unausdenkbar lebensfeindlichen Kosmos, die das Bewußtsein der Menschheit in den letzten Jahrhunderten zu beherrschen begann, in diesem Bewußtsein auch ihre charakteristischen Spuren hinterlassen hat. Wenn sich das naturgemäß auch nie beweisen lassen wird, so möchte ich trotzdem hier die Vermutung aufstellen, daß ein nicht geringer Anteil des in der Psyche des »modernen« Menschen vorzufindenden Zynismus und Nihilismus auf dem kalten Boden dieses Weltbildes gewachsen ist.
Eine der faszinierendsten und bedeutsamsten Einsichten, die sich heute in der Naturwissenschaft durchzusetzen beginnt, besteht nun in der Erkenntnis, daß dieses Weltbild in wesentlichen Zügen falsch ist. Das, was da draußen im Weltraum vor sich geht, der wenige tausend Meter über unseren Köpfen beginnt, ist alles andere als bedeutungslos für uns. Es hängt, wie die Wissenschaft im letzten Jahrzehnt zu entdecken begonnen hat, ganz im Gegenteil mit uns und den für unsere Existenz grundlegenden Bedingungen unserer unmittelbaren Umwelt auf der Erdoberfläche noch weitaus enger und direkter zusammen, als es alle frühere Mythologie vermutet hat. Vielleicht die großartigste und faszinierendste, ganz sicher aber die bedeutsamste Einsicht der modernen Erd- und Himmelskunde ist die sich seit einigen Jahren vorbereitende Erkenntnis, daß in dieser Welt, in der wir uns vorfinden, in Wirklichkeit alles eng miteinander verknüpft ist, das Größte mit dem Kleinsten, das uns allernächste noch mit dem, was sich an den Grenzen des für uns noch beobachtbaren Universums abspielt.

Die wichtigsten Entdeckungen und Forschungsergebnisse, welche diese für unser Selbstverständnis so entscheidende Erkenntnis heute vorbereiten, bilden den Gegenstand dieses Buchs. Sie stammen aus den unterschiedlichsten Disziplinen der Naturwissenschaft und keineswegs ausschließlich oder auch nur überwiegend aus den jüngsten und modernsten. Geophysik und Paläontologie sind an ihr nicht weniger wesentlich beteiligt als Weltraumforschung und Kosmologie. Eben dieser höchst bemerkenswerte Umstand, das Zueinanderpassen der Resultate methodisch so verschiedener Disziplinen zu ein und dem gleichen Bild vom Kosmos und unserer Stellung in ihm, verrät, daß wir hier zu Zeugen und Zeitgenossen einer geistigen Wende unseres Weltverständnisses werden, deren Bedeutung vermutlich groß ist.

Bei dem Versuch, die Umrisse dieses neuen und noch immer unvollständigen Weltbildes nachzuziehen, werden wir auf verblüffende und unerwartete Zusammenhänge stoßen: darauf, daß unser Leben abhängt von der schwachen Kraft, die eben ausreicht, um eine Kompaßnadel nach Norden auszurichten, darauf, daß es diese Kraft, das Magnetfeld der Erde, wahrscheinlich nicht gäbe, wenn die Erde keinen natürlichen Trabanten hätte. Ohne den Mond wäre die Erde, wie es heute scheint, für uns unbewohnbar – ein eindrucksvolleres und symbolträchtigeres Beispiel für die tatsächlich bestehende enge Verflechtung unserer »sublunaren« Welt mit den Kräften außerhalb unseres Lebensraumes ist schwer vorstellbar. Wir werden weiter sehen, daß im ganzen Universum ein ständiger Austausch von Materie vor sich geht, der auch unsere Erde einbezieht. Nach allem, was wir heute wissen, hat praktisch jeder von uns schon einmal einen Stein in der Hand gehabt, der vom Mond stammte, wenn nicht aus noch sehr viel weiter entfernten Regionen des Weltraums. In neuester Zeit haben sich sogar Indizien gefunden, die beweisen, daß der Ablauf der Evolution, der Kurs, den die biologische Stammesgeschichte genommen hat, im Verlauf derer sich das Leben von primitiven Ausgangsformen bis zu seiner heutigen Mannigfaltigkeit und schließlich bis zu uns selbst entwickelte, durch diesen kosmischen Materieaustausch entscheidend gelenkt wurde. Hier taucht also die Möglichkeit auf, daß wir das, was wir heute sind, nicht geworden wären, wenn es dieses neuentdeckte Phänomen nicht gäbe. Das allein schon würde genügen, die so lange gelehrte und geglaubte Ansicht zu widerlegen, der Weltraum ginge uns nichts an, das, was außerhalb unseres eigenen engen Lebensraumes geschehe, habe zu uns keine Beziehung und für uns keinerlei Bedeutung.

Aber auch das ist nur ein einziges Beispiel von sehr vielen. Nicht weniger erstaunlich wird den meisten die Entdeckung vorkommen, daß die Sonne, unsere Erde, der Mond und alle anderen Planeten unseres Systems gewissermaßen eine zweite Generation von Himmelskörpern darstellen. Alle Materie, die wir kennen, mit der einzigen Ausnahme des reinen Wasserstoffs, muß im Beginn der Geschichte der uns bekannten Welt im Zentrum von Fixsternen durch atomare Kernverschmelzungsvorgänge entstanden sein, auch der Stoff, aus dem wir

selbst bestehen. Die Kosmologen haben herausgefunden, daß es nachts nur deshalb dunkel werden kann, weil die Welt nicht unendlich groß ist. Sogar die spiralförmige Gestalt unseres Milchstraßensystems erweist sich mit einem Male als eine der elementaren Vorbedingungen dafür, daß wir haben entstehen können.
Das alles klingt ungewohnt und vielen zunächst vielleicht sogar unglaubhaft oder wenigstens übertrieben, des Effekts wegen übermäßig pointiert. Das alles aber ist wortwörtlich und buchstäblich wahr. Es sind die Resultate einer jahrzehntelangen, von Tausenden von Wissenschaftlern durchgeführten Arbeit, im Verlauf derer sich eine gewaltige Menge von Daten, Fakten und Zahlen ansammelte, deren Übermaß vorübergehend so groß wurde, daß es unmöglich zu werden schien, in ihnen noch eine Ordnung oder ein System zu erkennen. Seit einigen Jahren aber beginnt sich das Bild, jedenfalls in dem Teilgebiet der Forschung, von dem hier die Rede sein soll, entscheidend zu ändern. Einige Schlüsselergebnisse erweisen sich als eine Art Kristallisationskerne und werden so zum Ausgangspunkt, um den sich viele andere, bisher scheinbar beziehungslos nebeneinanderstehende Fakten wie von selbst zu gruppieren beginnen. Und dabei wird auf einmal ein faszinierendes, neues, und in seiner Neuheit doch wieder seltsam vertrautes Bild der Welt erkennbar: das Bild einer Welt, die in allen ihren Teilen eng zusammenhängt, die durchdrungen ist von Gesetzen und Kräften, unter deren Einfluß sie wirklich zu einem Kosmos wird, einer geordneten Gestalt, deren geringster Teil noch abhängig ist und bestimmt wird von dem, was an ihren äußersten Grenzen vor sich geht.

Damit aber zeichnet sich ein Bild ab, das radikal verschieden ist von dem Bild der beziehungslos und in alptraumartiger Verlorenheit in der leeren Weite des Raumes dahintreibenden Erde. Die sublunare Welt der vergänglichen Dinge und der sterblichen Wesen ist tatsächlich hundertfältig verschränkt mit den Sphären der Sterne und der ganzen Tiefe des Weltalls, in dem Kräfte und Gesetze herrschen, die auch uns noch und unser Leben auf der Erde regieren, in solchem Maße, daß wir hier nicht leben könnten, wäre unsere Erde wirklich so von ihnen isoliert, wie wir es uns lange einreden zu müssen glaubten. Die lebentragende Oberfläche unseres Heimatplaneten ist nicht ein beziehungslos im Weltall existierender Platz, an dem zufällig die extremen und sehr sonderbaren Bedingungen verwirklicht sind, welche allein imstande sind, die Entstehung von Leben in der uns bekannten Form zu ermöglichen. Der Ort der Handlung wird ganz im Gegenteil getragen von Einflüssen und Kräften, die aus den Tiefen des Weltraums, von seinen äußersten Grenzen hin bis zu uns reichen und die unsere Umwelt überhaupt erst zu dem machen, was sie ist.

Das Universum ist nicht jenes leere, kalte, tote Weltall, dessen majestätische Unermeßlichkeit und Unbeteiligtheit nicht nur mit Bewunderung, sondern auch mit Angst erfüllen kann. Es ist der Boden, mit dem unsere Erde mit tausend Wurzeln verwachsen ist wie eine Pflanze. Die Oberfläche unserer Erde ist keineswegs die oft geschilderte winzige Oase, die vom lebensfeindlichen Weltraum gleichsam nur ihrer Bedeutungslosigkeit wegen geduldet wird. Sie entpuppt sich vielmehr als ein Brennpunkt, in dem sich mannigfache kosmische Kräfte und Einflüsse konzentrieren und dabei unsere Welt entstehen lassen.
Der Ort der Handlung erweist sich so in doppeltem Sinn als Bühne: Das auf der Oberfläche der Erde agierende Leben wird wie ein Ensemble von Schauspielern von zahllosen Hilfskräften und Mechanismen getragen, deren Netzwerk und Beziehungen weit über den Rahmen der Bühne selbst und die Mauern des Theaters hinausreichen, und die dem Auge des Zuschauers, der nicht nach ihnen sucht, im allgemeinen verborgen bleiben. Die Erde ist ganz sicher nicht der Mittelpunkt des Weltalls. Diese Illusion ist für immer durchschaut und vorbei. Aber die belebte Erde ist ein Brennpunkt im Weltall, eine jener – vielleicht unzählig vielen – Stellen im Kosmos, in denen durch das Zusammentreffen von vielerlei Kräften, Faktoren und Einflüssen wie unter einer gewaltigen Anstrengung riesiger kosmischer Räume an vergleichsweise winziger Stelle jene Bedingungen erzeugt und aufrechterhalten werden, die zur Entstehung dessen führen, was wir Leben und Bewußtsein nennen. Davon, wie das im einzelnen zugeht, und wie es entdeckt wurde, soll in diesem Buch die Rede sein.

Naturwissenschaft und menschliches Selbstverständnis

Normalerweise liest kein Mensch eine naturwissenschaftliche Veröffentlichung oder ein physikalisches oder astronomisches Lehrbuch, deren Druck zwanzig, dreißig oder noch mehr Jahre zurückliegt. Bei dem enormen Tempo des Fortschritts gerade in diesen Disziplinen der Forschung sind die meisten Publikationen sogar schon sehr viel schneller veraltet. Viele Fachzeitschriften sind längst dazu übergegangen, das genaue Datum des Eingangs eines Manuskripts in der Redaktion bei der Veröffentlichung neben dem Titel anzugeben, da immer die Möglichkeit besteht, daß der Inhalt der veröffentlichten Arbeit in der kurzen Zeit zwischen der Fertigstellung durch den Autor und dem Druck des Hefts schon wieder durch neue Forschungsresultate eingeschränkt oder korrigiert worden ist. Es gibt nicht wenige Spezialfächer der modernen Naturwissenschaft, in denen die Herausgabe neuer Lehr- oder Handbücher (üblicherweise wird darin von Zeit zu Zeit der jeweilige »Stand der Forschung« zusammengefaßt) schon seit vielen Jahren überfällig ist – einfach deshalb, weil keine Redaktion sich dazu entschließen kann, die mehrjährige Arbeit an einem solchen Fundamentalwerk in Angriff zu nehmen angesichts der überwältigenden Wahrscheinlichkeit, daß das Buch schon bei seinem Erscheinen überholt sein wird. Das gilt nicht nur für bestimmte Gebiete der Medizin und Biologie, das gilt heute bemerkenswerterweise sogar auch für die Astronomie.

Außerhalb der Fachkreise, ja, fast möchte man sagen: außerhalb des engen Zirkels der Astronomen und Astrophysiker selbst, ist der Öffentlichkeit bisher noch immer so gut wie gar nicht aufgegangen, daß das zunehmende Tempo der naturwissenschaftlichen Forschung längst auch die Astronomie ergriffen hat. Die Himmelskunde, neben der Medizin die älteste aller Wissenschaften, entwickelte sich durch die Jahrtausende hindurch bis in unsere Tage in einem höchst gemächlichen Tempo: als das Resultat der geduldigen, zähen Beobachtungen und Berechnungen von Männern, die besessen waren von dem sich da am Nachthimmel ihren Augen und Fernrohren darbietenden Geheimnis, das sichtbar, scheinbar offen vor Augen lag, und das sich trotzdem der Begreifbarkeit entzog. Daß ihre Arbeit mühsam war und nur langsam voranschritt, daß sie sich trotz aller Anstrengungen in den allermeisten Fällen damit zufriedengeben mußten, das von ihnen erarbeitete Material der nächsten Astronomengeneration unverstanden weiterzugeben in der Hoffnung, diese oder die nächstfolgende würde damit vielleicht etwas anfangen können – das hat diese Männer eigentlich viel weniger beschäftigt und überrascht als die Tatsache, daß es ihnen in einigen Fällen doch immer wieder einmal gelang, eine Antwort zu finden, einen sinnvollen Zusammenhang zu entdecken zwischen den in jenen fernen Regionen sich abspielenden Phänomenen und den hier auf unserer Erde geltenden Gesetzen.

Auch das hat sich heute gründlich geändert, radikaler, als der Außenstehende ermessen kann. Man könnte es für Übertreibung halten, wenn es nicht ein namhafter Astronom gesagt hätte, daß in den letzten zehn Jahren in der Astronomie mehr neue Entdeckungen gemacht wurden als in den Jahrhunderten, die vergangen sind, seit Kopernikus entdeckte, daß die Erde *nicht* der Mittelpunkt des Weltalls ist. Die Entdeckungen haben sich in der Astronomie in den letzten Jahren in der Tat geradezu überstürzt. Es ist bezeichnend, daß der Herausgeber eines bekannten kleinen astronomischen Handbuchs in der 1967 erschienenen 4. Ausgabe an mehreren Stellen Fußnoten anbrachte, in denen darauf hingewiesen wird, daß der geschilderte Sachverhalt dem Stand der Forschung an diesem oder jenem konkreten Datum entspräche – ein in der Astronomie angesichts ihrer bisherigen Geschichte beinahe grotesk wirkendes Phänomen. Die Fülle dieser neuen Erkenntnisse, die einander auch heute noch Schlag auf Schlag folgen, ist bisher übrigens nur zu einem sehr geringen Teil schon eine Folge der astronautischen Technik. Ohne jeden Zweifel wird das Tempo astronomischer Entdeckungen aber in absehbarer Zeit noch weiter zunehmen, sobald die ersten automatischen Observatorien auf Erdumlaufbahnen außerhalb der Erdatmosphäre kreisen, und vor allem dann, wenn erst einmal eine feste Sternwarte auf dem praktisch atmosphärelosen Mond existiert, von der aus in allen Frequenzbereichen ein ungehinderter Ausblick in das Weltall offensteht.

Es gibt auch heute noch Menschen, denen das Verständnis für die ungeheueren Anstrengungen fehlt, die von unserer Generation unternommen werden, um diese Ziele zu erreichen. Viele Menschen schütteln mit dem Kopf, wenn sie an die Milliardenbeträge denken, die zur Verwirklichung dieser Möglichkeiten aufgebracht werden müssen – Zeitgenossen, die, sobald die Sprache auf das Thema kommt, vorzurechnen beginnen, wie viele Schulen man für einen einzigen Schuß zum Mond bauen könnte, wie viele Kilometer Straße ein einziger Fehlstart in Kap Kennedy oder Baikonur ergeben würde. Solche realistisch und überzeugend klingenden Einwände verkennen die Proportionen dessen, was für die Menschheit und ihre zukünftige Entwicklung in Wirklichkeit entscheidend ist. Sie sind provinziell im wahren Sinne des Wortes, auch dann, wenn sie von namhaften, auf ihrem eigenen Arbeitsgebiet kompetenten Persönlichkeiten geäußert werden, denn sie sind nur als Folge eines eingeengten Horizontes möglich: als Äußerungen von Menschen, denen die tatsächlich unermeßliche, wahrhaft entscheidende Bedeutung astronomischer Entdeckungen noch gar nicht aufgegangen ist. Sie beruht nicht auf irgendwelchen praktischen Konsequenzen, obwohl auch diese bedeutsamer und folgenreicher sein werden, als die meisten heute noch glauben. Sie beruht vielmehr auf der weithin und erstaunlicherweise selbst von sogenannten Gebildeten noch fast immer übersehenen Tatsache, daß das jeweils herrschende Weltbild, das Bild, das die Menschheit sich zu einer bestimmten Zeit von der Welt macht, gleichzeitig immer auch die Grundlage des menschlichen Selbstverständnisses darstellt.
Gerade seiner grundlegenden Natur wegen bleibt dieser Zusammenhang meist unbemerkt. Es ist auch nachträglich, im historischen Rückblick, außerordentlich schwer, durch die dicken Schichten hindurch – die von politischen und anderen historischen Realitäten, von konkre-

ten Ereignissen, zufälligen Konstellationen und traditionsbedingten Beharrungstendenzen gebildet werden – bis auf dieses geistesgeschichtliche Fundament hindurchzudringen, auf das Selbstverständnis der jeweiligen Epoche, bis zu dem Sinn, den sie selbst ihrer Existenz gab, und unter dessen Einfluß sie handelte und entschied. Es ist dabei in unserem Zusammenhang grundsätzlich gleichgültig, ob dieses Selbstverständnis, ob diese Interpretation der eigenen, zeitlich durch Geburt und Tod begrenzten Existenz jeweils richtig oder falsch ist, ob es überhaupt Kriterien gibt oder geben kann, an denen sich ihre Berechtigung prüfen ließe. Außer acht bleiben soll hier auch die Frage, ob es möglich ist, den Geist verschiedener geistesgeschichtlicher Epochen wertend zu vergleichen oder gar einen Fortschritt seiner Entwicklung oder Reifung zu vermuten. Worauf es hier allein ankommt, ist die *Tatsache*, daß dieser Zusammenhang besteht, daß die Frage, wie Menschen, wie ganze Generationen sich entscheiden, ganz selbstverständlich und eben deshalb unbewußt vorbestimmt oder doch jedenfalls entscheidend beeinflußt wird von der Art und Weise, wie diese Menschen ihre Welt sehen, wie sie die Rolle auffassen, die ihnen selbst in dieser Welt zufällt.

Wie die Menschen in den kommenden Jahrzehnten miteinander umgehen werden, in welcher Art der Selbsteinschätzung und aus welchem Lebensgefühl heraus sie auf die ihnen heute unmittelbar bevorstehende Entdeckung reagieren werden, daß sie die ihnen zur Verfügung stehende Oberfläche der Erde endgültig besetzt haben und so in allen Richtungen und an allen Grenzen auf ihresgleichen stoßen – das alles wird daher wesentlich mitentschieden, fast ist man versucht zu sagen: im voraus entschieden, durch die Resultate und Erkenntnisse, welche die Astronomen und Naturwissenschaftler heute über die Beschaffenheit der Welt insgesamt zutage fördern, und durch das Bild, das sich unsere Kinder und Kindeskinder von dieser Welt und ihrer Rolle in ihr auf Grund dieser Resultate machen werden.

Wer sich über diesen Zusammenhang erst einmal klargeworden ist, für den bedarf es keiner Begründung mehr, daß Raumsonden, die Besetzung des Mondes mit wissenschaftlichen Stationen und der Bau neuer irdischer Observatorien, insbesondere größerer Radioteleskope, wichtiger sind als alle anderen Bauten und Konstruktionen, die wir heute errichten können – auch wichtiger noch als Schulen und neue Verkehrsverbindungen, so groß deren Bedeutung unbestreitbar auch ist. Wem erst einmal aufgegangen ist, daß auf Grund dieses Zusammenhangs in der Naturwissenschaft heute die Vorentscheidungen fallen, die unsere Einstellung zum Leben, zur Kultur und zu unseren Mitmenschen und damit den weiteren Verlauf der Geschichte in den kommenden Jahrzehnten ausrichten und orientieren werden, der kann

seinerseits nur resigniert mit dem Kopf schütteln, wenn er dem so verbreiteten, scheinbar so einleuchtenden und in Wirklichkeit dennoch so provinziellen Einwand begegnet, man solle doch »erst einmal die Dinge hier auf der Erde in Ordnung« bringen, ehe man wahrhaft astronomische Summen verpulvere, allein zu dem Zweck, um einige Tonnen Nutzlast auf die trostlose und lebensfeindliche Oberfläche anderer Himmelskörper zu befördern. Immerhin ist es ein Nobelpreisträger gewesen, der vor einigen Jahren den seither wieder und immer wieder zitierten Satz prägte, die Raumfahrt sei nichts anderes als ein Ausdruck sinnloser technischer Rekordsucht, ein Triumph des bloßen Verstandes, aber auch ein bedauerliches Versagen der Vernunft.
Das Gegenteil ist richtig. Wie könnte es einer Menschheit gelingen, die immer kritischer, immer chaotischer werdenden »Dinge hier auf der Erde in Ordnung zu bringen«, die nicht vorher den Versuch gemacht hätte, sich über ihre Rolle innerhalb des Ganzen Rechenschaft abzulegen? In was für eine Ordnung sollen die Dinge denn gebracht werden, welcher Sinn, welcher Maßstab soll hier gelten? Und dem, der unfähig ist, sich von der Faszination des geistigen Abenteuers anstekken zu lassen, von dem intellektuellen Genuß des Eindringens in neue, bisher ungeahnte Regionen der ihn umgebenden Wirklichkeit – selbst dem muß einleuchten, daß in unserer gegenwärtigen Lage allein schon eine Aufnahme wie die der frei im Raum schwebenden Erdkugel (s. Abb. 1, S. 9) über alle politischen, sprachlichen und ideologischen Grenzen hinweg jedem Erdenbürger wenigstens einen Aspekt unserer Situation in unvergleichbarer Weise anschaulich machen kann: Allein schon die Möglichkeit eines solchen Blicks auf die Erde, die Möglichkeit einer so konkreten Distanzierung von der alltäglichen Perspektive, aus der wir den Schauplatz unserer Rivalitäten und Auseinandersetzungen bisher ausschließlich kannten, könnte auf vielfältige Weise, und nicht zuletzt durch die unmittelbare Gemeinsamkeit des anschaulichen Eindrucks, hilfreichere und hoffnungsvollere Auswirkungen haben als unzählige Debatten politischer Gremien.
Dabei ist das natürlich noch ein vordergründiges und relativ grobes Beispiel, das hier nur deshalb angeführt wird, um wenigstens an einem Beispiel zu zeigen, wie oberflächlich und gedankenlos das scheinbar so realistische und sachliche Argument ist, der Aufwand für die Astronautik sei maßlos und unvernünftig. Die in der Tat astronomischen Summen und der in der bisherigen Geschichte bis zurück zum Bau der Pyramiden und der Großen Mauer beispiellose menschliche Einsatz, der heute aufgewendet wird, um einen Astronauten für einige Tage auf eine Umlaufbahn zu bringen, sind durch technische Rekordsucht nicht mehr zu erklären. Die Photographien, welche die amerikanische interplanetarische Raumsonde Mariner IV von der Mars-

oberfläche anfertigte und zur Erde zurückfunkte, sind ohne Frage die teuersten Bilder, die je gemacht wurden. Aber hinter all diesem beispiellosen Aufwand und auch hinter den ausführlich diskutierten militärischen, politischen und nationalistischen Argumenten, mit denen allein man die zuständigen Bewilligungsausschüsse zur Freigabe der benötigten Milliardenbeträge bewegen kann, verbirgt sich in Wahrheit ein Phänomen, das Bewunderung verdient und aus dem wir eher Hoffnung schöpfen sollten. Dahinter nämlich verbirgt sich die Tatsache, daß diese ihrer materialistischen und nihilistischen Einstellung wegen so oft geschmähte Generation die Kraft und den Elan besitzt, all ihre Möglichkeiten bis zur Grenze der Erschöpfung für ein ideelles Ziel zu mobilisieren, daß sie die äußerste Anstrengung auf sich nimmt, um den Horizont, das Bewußtsein der Menschheit zu erweitern.
Wir leben in einem Zeitalter der Techniker, gewiß. Aber unsere Techniker haben Visionen. Und wer heute noch immer im Ton der Herablassung oder gar Geringschätzung darüber klagt, daß heute im geistigen Bereich die Naturwissenschaft die führende Rolle übernommen hat, der hat nur noch nicht erkannt, daß die moderne Naturwissenschaft nichts anderes ist als die Fortsetzung der Metaphysik mit anderen Mitteln.

Vor dem Hintergrund dieser Zusammenhänge und im Licht dieser Bedeutung für uns selbst, unser Selbstverständnis, unser Lebensgefühl, sind die außerordentlichen und zum Teil revolutionierenden Entdekkungen und Erkenntnisse zu sehen, welche die Astronomie in den letzten zehn Jahren gemacht hat. Die Fülle dieser Neuentdeckungen ist auch heute noch keineswegs übersichtlich geordnet. Einige von ihnen sind, obgleich sie sich als meßbare, objektive Daten der Beobachtung präsentieren, bis heute völlig unerklärlich und geradezu rätselhaft. Sie alle ergeben insgesamt noch keineswegs ein geschlossenes Bild mit einheitlichen, verständlichen Konturen. Am stärksten ist bisher immer noch der Eindruck, daß unser bisheriges Weltbild ins Wanken geraten ist. Es beginnt einem Bild vom Weltall Platz zu machen, in dem uns ein ganz ungewohntes, uns neuartig erscheinendes Universum entgegentritt, ein Universum, das keineswegs in zeitloser Ruhe und Unbeweglichkeit verharrt, in dem sich ganz im Gegenteil gewaltige Entwicklungsprozesse abspielen – ein Universum, das eine Geschichte hat, in die auch *wir selbst* einbezogen sind und deren Gesetzlichkeiten auch *unsere* irdische Umwelt und *uns selbst* bis in den Kern unseres Wesens prägen. Diese großartige neue Perspektive, diese Wiederentdeckung der engen, unauflösbaren Verflechtung zwischen uns und dem Kosmos will ich an einigen der wichtigsten bisher aufgefundenen Beispiele zu beschreiben versuchen.

Die leibhaftige Erfahrung dessen, was wir seit einigen Jahrhunderten theoretisch schon gewußt haben – daß nämlich unsere Erde, daß dieser feste Boden unter unseren Füßen die Oberfläche einer frei im Raum dahintreibenden Kugel, daß die Erde einer unter unzählig vielen anderen Himmelskörpern ist –, diese Erfahrung wird späteren Historikern wahrscheinlich einmal als der entscheidende geistige Schritt erscheinen, der für unsere Epoche in der menschlichen Geistesgeschichte kennzeichnend ist. Sie wird das Denken der auf uns folgenden Generationen unmerklich und unausweichlich von Grund aus prägen. Dies um so mehr, als im Veränderungsprozeß dieser neuen Weltbetrachtung auch das – für einen Naturwissenschaftler heute schon selbstverständliche – Faktum allgemein anerkannt werden wird, daß das irdische Leben keineswegs einzigartig oder gar privilegiert ist: eine naiv-anthropozentrische Illusion, welche gleichwohl den bisherigen Verlauf der menschlichen Geschichte unheilvoll mitbestimmt hat. Man bedenke als ein gerade in unserer Zeit bedeutsames Beispiel die psychologische Folge dieser Illusion, die darin besteht, daß mit ihr ebenso unbewußt wie unvermeidlich die heute wahrhaft lebensgefährlich gewordene Illusion einhergeht, das irdische Leben sei, eben seiner Einmaligkeit wegen, als Gipfel und bisheriges Endziel der kosmischen Evolution in seinem Bestand (trotz aller Risiken grundsätzlich dennoch auf irgendeine Weise) garantiert. Es sei also zwar, so etwa ließe sich diese weitverbreitete, wenn auch unausgesprochene Meinung formulieren, furchtbar und bedeute vielleicht sogar den – vorübergehenden – Zusammenbruch von Kultur und menschlicher Zivilisation, wenn sich die auf andere Weise so schwer ableitbare, triebhafte und daher zu immer größerer Spannung anwachsende menschliche Aggressivität eines Tages in einer hemmungslosen atomaren Entladung Luft verschaffen werden, endgültig sei aber auch dieser Schritt im Grunde natürlich nicht. Anlässe findet ein Trieb ja immer. So wie einem Hungrigen sich mit zunehmendem Grad der Aushungerung die Schwelle des ihm noch als genießbar Erscheinenden immer mehr verschiebt, bis im äußersten Fall Mülltonnen durchwühlt werden oder, wie einst bei Polarexpeditionen wiederholt vorgekommen, schließlich sogar Schuhsohlen ausgekocht werden, weil sie eiweißhaltig sind, so sucht sich auch jeder andere angeborene Trieb notfalls ein »Ersatzobjekt«.

Und während dann, wenn die instinktive Aggressionsschwelle, aus welchen Gründen auch immer, gerade beruhigend hoch ist, der zur Auslösung erforderliche Reiz also besonders stark sein muß, wenn dann selbst schwerwiegende Zwischenfälle, Grenzverletzungen oder

selbst lokale Feuerüberfälle auf diplomatischem Wege folgenlos erledigt werden können, genügen zur Auslösung der Katastrophe im umgekehrten Fall mitunter die nichtigsten Anlässe.
Jeder, der auf diesen Aspekt erst einmal aufmerksam geworden ist, muß in diesem Zusammenhang höchst bezeichnend finden, daß die Historiker sich noch heute, nach mehr als einem halben Jahrhundert, die Köpfe darüber zerbrechen, welche Motive oder *eigentlichen* Gründe die Katastrophe des Ersten Weltkriegs ausgelöst haben. Wenn auch der politische Doppelmord von Sarajewo gewiß gerade die damalige noch an feudalen Maßstäben orientierte Gesellschaft zutiefst erschüttern mußte, so rätseln die Fachleute heute dennoch, auch angesichts aller bisher geöffneten Archive, daran herum, wie es kommen konnte, daß die Tat einiger Fanatiker genügte, einen Krieg auszulösen, in den die ganze zivilisierte Welt verwickelt wurde. Mehrere Millionen Tote – und bis heute ist ein rationaler, verständlicher und einsichtiger Grund nicht aufzufinden. Für jeden, der nur ein bißchen von allgemeiner Biologie, von angeborenen Verhaltensweisen und ererbten Auslösemechanismen gehört hat, sind diese Umstände ein starkes Indiz für den biologischen Triebcharakter auch der menschlichen Aggressivität.
Diese eben in ihrer Triebhaftigkeit zu erkennen und zu durchschauen (was erst die Möglichkeit geben kann, sich von den scheinbaren Anlässen aktueller Spannungen emotional zu distanzieren und die eigene Einstellung selbstkritisch zu korrigieren): das ist die Aufgabe, die unsere Generation lösen muß, wenn die Kontinuität der bisherigen Entwicklung auf unserem Planeten nicht durch unsere Schuld abreißen soll. Konkret heißt das unter anderem, daß es gilt, sich einmal selbst klarzumachen und für die Verbreitung der Einsicht zu sorgen, daß sich hinter den uns von den politischen Seiten der Tagespresse und den Nachrichtensprechern tagtäglich vorgesetzten Spannungen und Konflikten an den verschiedensten Stellen in Ost und West in Wahrheit keine sachlichen Differenzen oder tatsächlichen Interessengegensätze verbergen, die den Ernst und das Ausmaß dieser Spannungen auch nur annähernd rational begründen könnten. Es besteht ein wahrhaft groteskes Mißverhältnis zwischen der faktisch vorhandenen Möglichkeit zum »Overkill« – dazu, den ganzen Globus gleich mehrfach von allem Leben zu befreien und buchstäblich zu sterilisieren – und den konkret gegebenen Anlässen, die es vernünftig oder wenigstens verständlich erscheinen lassen könnten, ein Vernichtungspotential von solch apokalyptischer Vollkommenheit überhaupt erst zu schaffen. In Wirklichkeit handelt es sich hier eben gar nicht um die Konfrontation tatsächlich kollidierender Interessen, sondern wir erleben hier die Eskalation von wechselseitiger Angst und Aggression aus letztlich trieb-

hafter Ursache. Wer das einmal durchdacht hat, könnte ruhiger schlafen, wenn er wüßte, daß die Diplomaten, deren Beruf es ist, mit den sich aus diesem Dilemma ergebenden Spannungen umzugehen, außer Fremdsprachen, Völkerrecht und den Regeln der protokollarischen Etikette wenigstens einmal in ihrem Leben auch etwas von Sozialpsychologie und vergleichender Verhaltensforschung gelernt hätten. Das nämlich sind die Disziplinen, zu denen ihr Aufgabenbereich in Wirklichkeit gehört. Hoffentlich spricht es sich noch rechtzeitig herum.

Da ein Trieb sich nicht beliebig lange unterdrücken läßt, und da er innerhalb der kurzen Zeit, die uns noch zur Verfügung steht, auch nicht rückbildungsfähig ist, auch dann nicht, wenn er wie die menschliche Aggressionsbereitschaft durch die zivilisatorische und geistige Entwicklung längst überholt und anachronistisch geworden ist, hängt unser Schicksal davon ab, ob wir diese Zusammenhänge zu durchschauen lernen, um unser Verhalten rational, durch Einsicht, entsprechend korrigieren zu können. Zu dieser Einsicht kann die Astronautik, die uns unsere Erde als zu klein für einen Bürgerkrieg erleben zu lassen vermag, entscheidend beitragen. Das allein schon wäre Grund genug, sie für noch wichtiger zu halten als andere Probleme, »die hier unten in Ordnung zu bringen sind«.

Aber noch wirksamer ist vielleicht die indirekte Wirkung der zu Beginn dieses Abschnitts schon erwähnten, durch die Astronautik vorbereiteten Einsicht, daß das irdische Leben kein Einzelfall, kein durch Einzigartigkeit oder irgendwelche Privilegien gekennzeichnetes Phänomen ist oder sein kann. Daraus nämlich leitet sich die Einsicht ab: es gibt kein Naturgesetz und keine Instanz, die etwa gewährleisteten, daß das Leben auf unserer Erde ewigen Bestand haben müßte. Die einzige Instanz, die darüber entscheiden wird, sind wir selbst. Die Gefahr, uns selbst auszulöschen, wird bisher aber eben noch durch die Illusion vergrößert, daß diese Möglichkeit gar nicht real gegeben sei.

Die leibhaftige Erfahrung *unserer* Generation, daß unsere Erde aller Wahrscheinlichkeit nach nur *ein* Ort unter unzählig vielen Orten im Kosmos ist, an denen es Leben gibt – eine lokale Variante, deren weiteres Schicksal die Entwicklung im kosmischen Maßstab völlig unbe-

2 *Der Orionnebel, eine noch innerhalb unserer eigenen Milchstraße gelegene wolkige Verdichtung interstellarer Materie. Entfernung 1600 Lichtjahre, größter Durchmesser 50 Lichtjahre. Seine Dichte ist millionenfach geringer als die des besten technisch herstellbaren Vakuums. Er besteht fast ausschließlich aus Wasserstoffgas, das durch die Strahlung extrem heißer benachbarter Sterne ionisiert und dadurch zum Leuchten angeregt wird.*

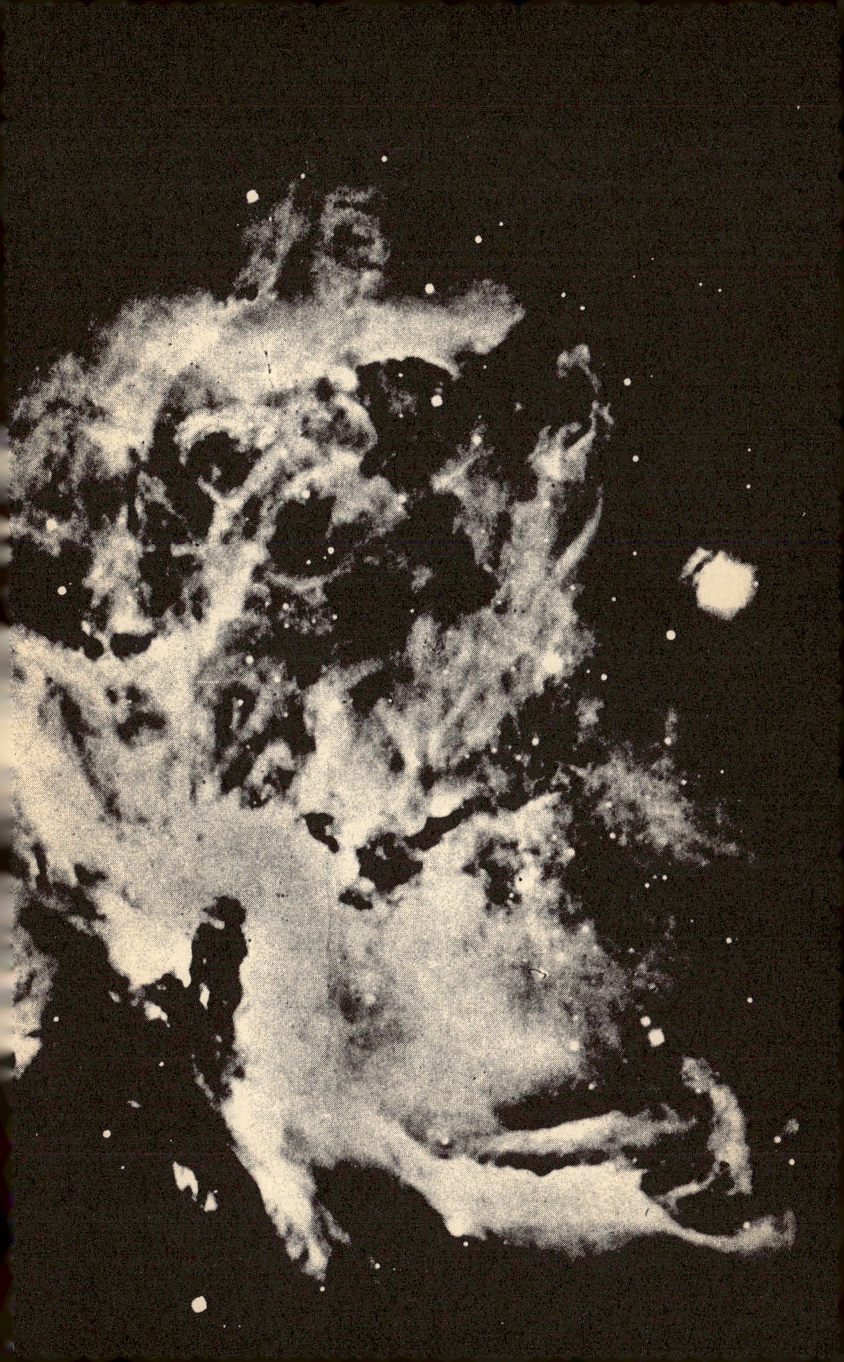

rührt lassen wird –, kann es uns erleichtern, uns von dieser ebenso wirklichkeitsfremden wie gefährlichen Selbsttäuschung zu befreien. Insofern enthält die augenblickliche Entwicklung auch Ansätze zur Hoffnung. Sie tendiert deutlich in eine Richtung, die es der Menschheit eines Tages ermöglichen wird, sich als eine Gemeinschaft von Erdenbürgern zu verstehen.

Wie klein die Erde in Wirklichkeit ist, welche Rolle ihr im Kosmos zufällt, das kann sich jeder leicht vor Augen führen, wenn er einmal das bisher von der irdischen »Raumfahrt« Geleistete zu den ihr in Zukunft noch offenstehenden Möglichkeiten und Aufgaben und zu den im Kosmos ganz allgemein geltenden Dimensionen in Beziehung setzt.

Das, was die astronautische Technik in der erstaunlich kurzen Zeit seit dem Start des ersten künstlichen Satelliten *Sputnik* 1 am 4. Oktober 1957 erreicht hat, ist schwindelerregend, wenn man an die ungeheuren technischen Probleme denkt, die in dieser kurzen Zeitspanne gelöst werden mußten und für deren Bewältigung es keinerlei Vorbilder gab. Die gleiche Leistung erscheint allerdings als geradezu lächerlich gering, sobald man sich Rechenschaft ablegt über die räumlichen Dimensionen, die hier im Spiel sind. Mit Recht sind unsere Techniker stolz darauf, daß es ihnen gelungen ist, einen Astronauten in mehreren hundert Kilometern Höhe um die Erde kreisen und neuerdings auch auf dem Mond landen zu lassen. Aber von Astronautik oder gar Kosmonautik kann man trotzdem auch heute noch in Wirklichkeit gar nicht sprechen. Bildlich gesprochen, ist das bisher Erreichte immer noch unmittelbarer Nahverkehr in der Nachbarschaft eines planetarischen Raumflugkörpers, der den Namen »Erde« trägt und dessen Einflußbereich bisher noch immer kein Mensch jemals verlassen hat.

Versuchen wir einmal, uns durch ein gedankliches Modell die Proportionen vor Augen zu führen, um die es sich handelt. Wenn wir unser Sonnensystem hundertmillionenmal verkleinern würden, dann würde die Erde auf die Größe einer Apfelsine von zwölf Zentimetern Durchmesser zusammenschrumpfen. In dem gleichen Maßstab hätten wir uns deren Oberfläche fast völlig glatt, dem Aussehen nach nahezu wie eine polierte Billardkugel vorzustellen. Allenfalls den Mount Everest, der in unserem Modell noch eine Höhe von 0,08 Millimetern hätte, würden wir mit einer empfindlichen Fingerkuppe vielleicht gerade noch als winzige Rauheit spüren können. Und wenn wir die Oberfläche der auf diesen Maßstab verkleinerten Erdkugel anhauchen würden, dann würde die Dicke des Beschlages, der sich dabei auf ihrer Oberfläche bildete, die Tiefe unserer Ozeane proportional bereits überschreiten. Den Mond hätten wir uns in dem gleichen Maßstab als eine

3,5 Zentimeter große Kugel vorzustellen, welche die apfelsinengroße Erde in 3,80 Meter Entfernung umkreist und dabei also eine Bahn von 7,60 Metern Durchmesser beschreibt. Das System Erde-Mond ließe sich bei diesem Maßstab also in einem großen Raum von acht mal acht Metern eben noch unterbringen.

Dann aber kommt schon der erste große Sprung: die Sonne wäre in dem gleichen Modell bereits 1,5 Kilometer entfernt, und sie würde auch mit einem Durchmesser von rund vierzehn Metern – also fast anderthalbmal die Höhe eines der üblichen Sprungtürme in einem Freischwimmbad – in kein normales Gebäude mehr hineinpassen. Der Mars, unser äußerer Nachbarplanet im Sonnensystem, mit einem Durchmesser von nur 7 Zentimetern, wäre bei größter Erdnähe, wenn die Erde ihn gerade gewissermaßen auf der »Innenbahn« überholt, etwa fünfhundert Meter entfernt. Bis zum äußeren Rand unseres Sonnensystems, bis zur Bahn des Pluto, hätten wir in unserem Modell immerhin schon zwei recht strapaziöse Tagesmärsche zurückzulegen: bis zum 6 Zentimeter großen Pluto wären es nämlich schon fast sechzig Kilometer! Demgegenüber haben sich unsere »Astronauten« während der bemannten Flüge auf Erdumlaufbahnen erst etwa fünf Millimeter über die Oberfläche der Apfelsine erhoben, die in unserem Gedankenmodell die Erde repräsentiert, und die Überwindung der 3,80 Meter von hier bis zu dem 3,5 Zentimeter großen Mond ist auf absehbare Zeit das einzige für unsere bemannte Raumfahrt erreichbare Ziel. Unter diesen Umständen ist es vorerst also noch recht euphemistisch, heute schon von »Weltraumflügen« zu sprechen, und völlig unsinnig, gar von einer »Eroberung« des Weltraums. Den Weltraum selbst haben wir bisher überhaupt noch nicht betreten. Er beginnt aus einem sehr überraschenden, erst in den letzten Jahren entdeckten Grund in gewissem Sinn überhaupt erst jenseits der Marsbahn, möglicherweise überhaupt erst außerhalb der Bahn des Pluto, also jenseits der Grenzen unseres Sonnensystems. Bis dorthin werden die Bedingungen nämlich in solchem Maß von der von unserer Sonne ausgehenden elektromagnetischen und Korpuskularstrahlung bestimmt, daß sie nicht als repräsentativ für den interstellaren Weltraum selbst angesehen werden können. Wir werden uns mit diesem Umstand, der sich neuerdings für unsere Situation hier auf der Erde, für die Bewohnbarkeit unseres Heimatplaneten, als immer bedeutsamer abzuzeichnen beginnt, noch eingehend beschäftigen. Zunächst, nur um die Proportionen einmal auf ein der Wirklichkeit entsprechendes Maß zurechtzurücken, noch einmal zurück zum Begriff der »Weltraumfahrt«, der heute allzu vielen schon allzu glatt und geläufig über die Zunge geht.

Wer getraut sich zu schätzen, wie weit in unserem Gedankenmodell (Maßstab 1 : 100 Millionen), in dem eine vierzehn Meter hohe Sonne in 1,5 Kilometer Entfernung von einer apfelsinengroßen Erde umkreist wird, der nächste Fixstern, die allernächste, uns »benachbarte« Sonne von uns entfernt zu denken wäre? Wer Lust dazu verspürt, mag es nachrechnen: α Centauri, unsere Nachbarsonne, wäre in unserem Modell bereits so weit entfernt, daß wir, wenn wir sie erreichen wollten, anfangen müßten, innerhalb unseres eigenen Modells Astronautik zu treiben: Dieser allernächste, im Modell vierzehn Meter große Glutball läge bei unverändertem Maßstab nämlich bereits auf dem Mond. Bei diesen interstellaren Distanzen aber, in diesen zwischen den einzelnen Sonnen oder Fixsternen (beide Namen bezeichnen ja dasselbe) gelegenen Räumen erst kann man in uneingeschränktem Sinn von »Weltraum« reden. Und etwa hundert Milliarden – wieder eine Zahl, die man schreiben und mit der man rechnen, die man sich aber nicht mehr vorstellen kann – etwa hundert Milliarden solcher im Durchschnitt vierzehn Meter dicker Feuerbälle muß man sich nun durch die gleiche Entfernung voneinander getrennt, durch die gemeinsame Anziehungskraft frei im Raum zusammengehalten als Bestandteile einer sogenannten »Galaxie« denken, eines in sich geschlossenen Sternensystems, das durch die Rotation um einen gemeinsamen Schwerpunkt diskus- oder linsenartig geformt ist (vgl. Abbildungen 2 und 3).

Die deutsche Bezeichnung dafür lautet »Spiralnebel«: höchst unglücklicherweise. Sie ist irreführend und, wie viele andere wissenschaftliche Begriffe, nur historisch zu erklären. Jahrhundertelang hatten die Astronomen nämlich tatsächlich geglaubt, daß es sich bei ihnen um gasförmige Nebel handele, wie solche in unserer eigenen Galaxie tatsächlich zahlreich vorkommen. Erst in den zwanziger Jahren dieses Jahrhunderts gelang es dem amerikanischen Astronomen Edwin Powell Hubble, mit einem neuerrichteten Riesenteleskop von zweieinhalb Meter Spiegeldurchmesser, den uns nächsten, benachbarten Spiral»nebel« im Sternbild der Andromeda in Einzelsterne »aufzulösen«. Der irreführende »Nebelcharakter«, den fast alle diese Gebilde auch heute noch auf den besten astronomischen Photographien haben, ist lediglich die Folge der Grenzen unserer technischen Abbildungsmöglichkeiten. Die zwanzig bis hundert Milliarden Sonnen (Fixsterne), aus denen sich jede einzelne dieser Galaxien im Durchschnitt zusammensetzt, sind auch in unseren stärksten Fernrohren in Wirklichkeit immer nur durchmesserlose Punkte. Um einen solchen Spiralnebel daher überhaupt photographisch abbilden zu können, muß man das schwache, von den ihn bildenden Sternen ausgehende Licht mehrere Stunden lang auf einer Photoplatte sich summieren lassen. Dadurch aber kommt es zu Überstrahlungseffekten – dazu, daß der einzelne Lichtfleck in der lichtempfindlichen Schicht immer weiter um sich

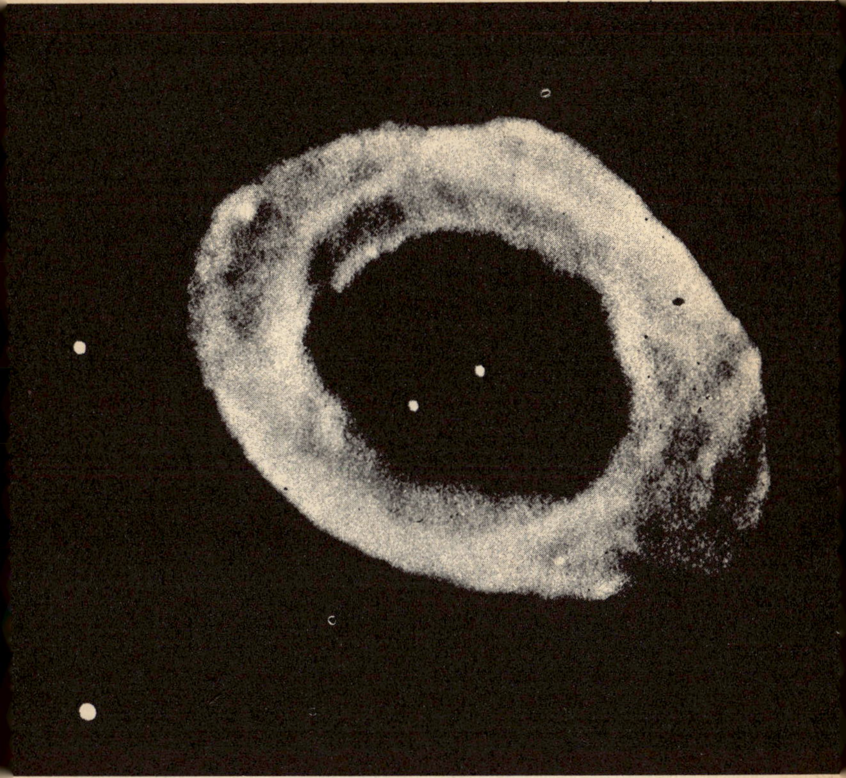

3 Der berühmte Ringnebel im Sternbild Leier. Ebenfalls ein gasförmiger, noch in unserer eigenen Milchstraße in »nur« 5000 Lichtjahren Entfernung gelegener Nebel. Möglicherweise ist er als Explosionswolke nach einem Supernova-Ausbruch des kleinen im Mittelpunkt des Rings gelegenen Sterns aufzufassen. Für diese Annahme könnte die Tatsache sprechen, daß der gasförmige Ring sich noch immer mit einer Geschwindigkeit von rund 20–30 km/sec ausdehnt.

greift und mit den in der Realität weit von ihm getrennten benachbarten Lichtpunkten verschmilzt. Auf diese Weise entsteht auch auf den modernsten astronomischen Photographien noch immer der gewohnte, die wirklichen »inneren Abstände« zwischen den einzelnen Sonnen eines solchen Systems aber ganz falsch wiedergebende, nebelhaft verwaschene Anblick dieser größten kosmischen Gebilde, die wir kennen.

Ein drastischer Vergleich kann dazu dienen, diesen aus technischer Unzulänglichkeit unvermeidlichen Eindruck zu korrigieren. Man braucht sich nur einmal vorzustellen, daß es über dem gesamten Autobahnnetz in Deutschland ganz leicht zu regnen anfängt, aber wirklich weniger als zu »nieseln«: so geringfügig, daß durchschnittlich nur alle siebzig Kilometer ein einziger Regentropfen auf die Fahrbahn fällt. Wenn also ein Tropfen in Stuttgart herunterkommt, dann liegt der nächste in Richtung Norden erst in Karlsruhe, der folgende in Mannheim, der vierte in Frankfurt und so fort. Die Größe dieser Tropfen auf dem Asphalt der sonst völlig leeren Fahrbahn und der zwischen ihnen jeweils liegende Abstand von rund siebzig bis achtzig Kilometern geben dann die Größe der einzelnen Fixsterne und die zwischen ihnen in einer Galaxie durchschnittlich liegenden Abstände annähernd in den richtigen Proportionen wieder. (Die Tropfen würden dabei in Wirklichkeit aber höchstens 0,5 Millimeter Durchmesser haben!) Zwanzig bis hundert Milliarden derartiger »Fixstern-Tropfen« mit derartigen Abständen würden dann eine einzelne, in sich geschlossene Galaxie, einen »Spiralnebel« oder eine »Milchstraße« bilden.
Alle diese Bezeichnungen meinen dasselbe. Auch der Ausdruck »Milchstraße« ist nur historisch zu verstehen. Nach allem, was wir wissen, sind alle Sterne, die es im Weltall gibt, Mitglieder einer der unzähligen Galaxien, die unsere Fernrohre außerhalb unserer eigenen Milchstraße in den Tiefen des Weltraums aufgespürt haben. Je nach dem Blickwinkel, unter dem sich eine solche Galaxie auf Grund ihrer zufälligen räumlichen Orientierung zu uns präsentiert, erscheint sie uns als Spirale (Abb. 4, S. 35; Abb. 5, S. 43), als Ellipse oder, wenn wir sie zufällig direkt von der Kante her sehen, als flache Linse (Abb. 6, S. 51). Es scheint heute auf Grund von Bahnberechnungen bestimmter einzelner Sterne zwar festzustehen, daß es einzelne Sonnen geben muß, die infolge ihrer ungewöhnlich exzentrischen Bahn unser Milchstraßensystem irgendwann einmal verlassen werden. Daraus ergibt sich die grundsätzliche Annahme, daß es auch in den unermeßlich weiten, normalerweise leeren Räumen zwischen den einzelnen Milchstraßen einzelne Sonnen geben muß, die den Zusammenhang mit ihrem Heimatsystem verloren haben und die nun wirklich völlig isoliert im leeren Raum treiben. (Ein phantastischer Gedanke, sich auszumalen, daß darunter sehr wohl auch Sonnen mit eigenen Planetensystemen und vielleicht sogar mit bewohnten Planeten sein könnten, und sich zu fragen, welche Folgen für die betroffenen Lebensformen dieses Ausscheren ihrer Sonne aus dem normalen Verband eines Milchstraßensystems wohl haben könnte.) Aber das sind Ausnahmefälle, die wir hier außer acht lassen können. Grundsätzlich gilt, daß die Sterne im Weltall nicht, wie man zunächst denken könnte, gleichmäßig,

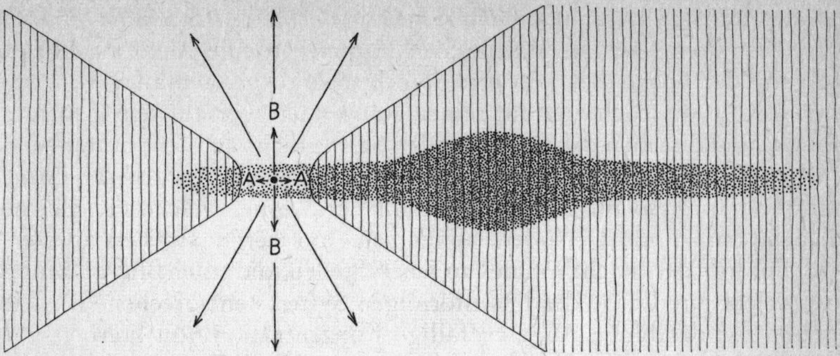

Schema unserer eigenen Milchstraße von der Kante her gesehen. Der dicke Punkt markiert die Stelle, an der etwa unser Sonnensystem zu denken ist. Erläuterung der Buchstaben im Text. Die schraffierten Flächen entsprechen den Bereichen des Weltraums, in die uns der Blick durch den auch in der Ebene unseres Systems konzentrierten Staub verwehrt ist. Nur nach oben und unten können wir innerhalb eines diaboloförmigen Gesichtsfeldes ungehindert in den freien Weltraum außerhalb unserer Milchstraße sehen.

gleichsam willkürlich, verstreut sind. Sie alle sind in jedem Fall Mitglied oder Bestandteil einer der sehr vielen Galaxien, zwischen denen erst der Weltraum wirklich leer ist.

Selbstverständlich gilt das auch für unsere Sonne. Auch sie ist ja ein Fixstern wie alle anderen, also ebenfalls Mitglied eines »Spiralnebels«. Dieser unterscheidet sich für uns von allen anderen dieser riesigen kosmischen Wirbel allein dadurch, daß er unser eigener ist. Das ist hier natürlich nicht im Sinn eines kosmischen Lokalpatriotismus gemeint, sondern als Hinweis auf die besondere perspektivische Situation, in der wir uns diesem eigenen Spiralnebel gegenüber befinden. Als einzigen von allen galaktischen Systemen sehen wir ihn ja nicht von außen, wie alle übrigen Milchstraßensysteme, also als mehr oder weniger gestreckte Ellipse oder in der typischen Linsengestalt, sondern, da unsere Sonne einer der hundert Milliarden Sterne ist, aus denen er besteht, unvermeidlich von innen. So einfach diese Situation im Grunde ist, so wenig klar sind, wie die Erfahrung immer wieder zeigt, den meisten Menschen die sich aus dieser Situation ergebenden Konsequenzen für das sich uns am Himmel darbietende Bild. Ein Spiralnebel kann, »von innen« gesehen, also von einer der ihn bildenden Sonnen aus (genauer: von einem Planeten einer seiner Sonnen aus betrachtet) nur als band- oder streifenförmige Anhäufung von Sternen in einer bestimmten räumlichen Ebene gesehen werden. Dieses zeigt die schematische Darstellung (aber auch Abb. 7, S. 62 f.).

Wenn ich von dem in diesem Schema markierten Standort unseres Sonnensystems aus am nächtlichen Himmel in eine Richtung blicke, die mit der Ebene dieses unseres Spiralnebels zusammenfällt (A), wenn ich also in die Richtung auf seinen Rand oder aber auf sein Zentrum blicke, dann stehen die ihn bildenden Sterne dicht an dicht hinter- und nebeneinander. Je weiter ich meinen Blick dagegen von dieser Ebene abwende, um so mehr muß die Zahl der Sterne, welche die gleiche Fläche am Himmel erfüllen, abnehmen. Am sternenärmsten aber erscheint mir der Nachthimmel an jenen Stellen, die einer Blickrichtung senkrecht zur Ebene des linsenförmigen Systems entsprechen (B). Die schon für das bloße Auge auffällige Konzentration von Sternen, die sich als ringförmiger Streifen in ein und derselben Ebene rings um die Erde geschlossen um den ganzen Himmel zieht, ist also nichts anderes als der Anblick, unter dem sich uns unser eigener Spiralnebel von innen gesehen präsentiert (vgl. Abb. 7, S. 62 f.; daß auch in ihm die hellsten Sterne tatsächlich so angeordnet sind, daß sie Spiralarme bilden – daß auch unser eigenes System von einer anderen Milchstraße aus betrach-…t einen typischen Spiralnebel darstellt –, hat sich in den letzten Jah-…n mit Hilfe spezieller radioastronomischer Methoden direkt nach-…isen lassen). Aber dieses auffällige weiße Band am Himmel war nun …hon längst, schon seit der Antike, einfach seines Aussehens wegen im Z…sammenhang mit mythischen Vorstellungen als »Milchstraße« bekannt. Und diese Bezeichnung wurde nun auch beibehalten, als sich, ausgelöst durch eine ebenso knappe wie brillante und noch heute lesenswerte Beweisführung Immanuel Kants, in der Mitte des 18. Jahrhunderts der eigentliche Grund für diese systematische Sternenhäufung herauszuschälen begann. Aber nicht nur das: als dann sehr viel später, in der Tat erst vor wenig mehr als vierzig Jahren, durch die Entdekkung Hubbles bewiesen wurde, daß es sich bei den zahlreichen altbekannten spiralförmigen und elliptischen »Nebeln« in Wirklichkeit um Sternensysteme handelte, die weit außerhalb unseres eigenen »Milchstraßensystems« liegen und mit ihm in Aufbau, Struktur und Zusammensetzung grundsätzlich identisch sind, da übertrug man, um

4 Typischer Spiralnebel (Galaxie), ein außerhalb unserer Milchstraße gelegenes selbständiges Sternsystem. Entfernung in diesem Falle (Spiralnebel im Großen Bären) rund 6 Millionen Lichtjahre und damit noch eine relativ »nahe« Galaxie. Sie steht im Weltraum zufällig so, daß wir senkrecht auf ihren größten Durchmesser blicken. Das System enthält mindestens 20 Milliarden Sonnen. Unsere eigene Milchstraße würde aus der gleichen Entfernung und unter dem gleichen Blickwinkel praktisch genauso aussehen. Unsere Sonne wäre dann ziemlich nahe am Rand zu suchen.

die Verwirrung voll zu machen, den Ausdruck »Milchstraße« (griechisch: Galaxis) auch auf diese jetzt endlich in ihrer wahren Natur erkannten Spiralnebel. Seitdem bezeichnen alle drei Begriffe das gleiche. Diese Milchstraßen, Spiralnebel oder Galaxien sind die größten Gebilde überhaupt, die es im Universum gibt. Ihre Ausmaße überschreiten bei weitem unser Vorstellungsvermögen, das uns schon bei dem Versuch, uns interstellare Distanzen (von einem bis zum nächsten Fixstern) in einem Gedankenmodell anschaulich zu machen, im Stich zu lassen drohte. Was hilft es, wenn man erfährt, daß das Licht von einem Punkt am Rand unserer eigenen Galaxie bis zum genau gegenüberliegenden Punkt des Randes auf der Gegenseite rund hunderttausend Jahre brauchen würde? Daß sie also einen Durchmesser von hunderttausend »Lichtjahren« hat? Diese kosmischen Wirbel sind so unvorstellbar groß, daß sich auch die ältesten von ihnen seit der Entstehung des Universums vor etwa zehn bis fünfzehn Milliarden Jahren bis heute erst rund zwanzigmal um sich selbst gedreht haben, obwohl sie das mit solcher Geschwindigkeit tun, daß die an ihrem äußersten Rand gelegenen Sonnen bei dieser Rotation bis zu 500 Kilometer in der Sekunde zurücklegen. (Bei unserer eigenen Sonne und ihren Planeten, deren einer unsere Erde ist, beträgt diese durch die Rotation unserer Milchstraße bewirkte Geschwindigkeit nur etwa 260 Kilometer pro Sekunde, da unser Sonnensystem ja nicht am äußersten Rand unserer Milchstraße gelegen ist.) (Siehe Schema auf Seite 33.) Am ehesten kann hier noch folgendes Gedankenexperiment wenigstens ahnen lassen, um was für Dimensionen es hier geht:

Wenn man mit einer Stecknadel in das Bild einer Galaxie (Abb. 5, S. 43) hineinsticht, dann ist das dabei in diesem Spiralnebel entstehende Loch so groß, daß selbst ein mit Lichtgeschwindigkeit (300000 Kilometer pro Sekunde) fliegendes Raumschiff – eine nachweislich utopische Vorstellung – uns nicht in die Lage versetzen würde, von der einen Seite dieses Loches bis zur anderen zu fliegen. Selbst mit einem derart utopischen Raumfahrzeug würden wir dazu nämlich immer noch mindestens 700 Jahre brauchen! Ich möchte dieses von Eduard Verhülsdonk stammende Gedankenexperiment hier noch durch den Hinweis ergänzen, daß durch die Ausstanzung eines solchen Lochs in der Galaxis rund eine Million Sonnen oder Sterne zerstört würden, von denen auf Grund moderner statistischer und logischer Überlegungen etwa fünfzigtausend über eigene Planetensysteme verfügen dürften, von denen aller Wahrscheinlichkeit nach wenigstens einige hundert von den verschiedensten Lebensformen welcher Art auch immer bewohnt wären. Wer diesen Gedankengang einmal mitvollzieht und gegenwärtig hat, dem geht das heute so verbreitete Gerede von der »Eroberung« des Weltraums nicht mehr über die Zunge.

Auch die Geschichte der Nova Persei des Jahres 1901 kann eine ungefähre Ahnung davon vermitteln, was astronomische Entfernungen bedeuten. Da diese Geschichte dazu einen besonders verblüffenden Beitrag leistet, sei sie hier kurz erzählt: Am 21. Februar 1901 wurde im Sternbild Perseus ein neuer Stern, eine sogenannte *Nova*, entdeckt. Das ist zwar auch heute noch ein in der Welt der Astronomie mit Interesse verfolgtes Phänomen, aber keineswegs eine Sensation. Insgesamt sind mehrere hundert Fälle des Auftauchens einer solchen Nova bekannt. In allen bisher nachprüfbaren Fällen hat sich dabei übrigens ergeben, daß es sich ganz sicher niemals etwa um das plötzliche Auftauchen eines wirklich neuen Sterns handelt. Das Auftreten einer Nova oder – seltener – Supernova kommt vielmehr dadurch zustande, daß ein bis dahin normaler Fixstern plötzlich zerbirst, indem er in einer ungeheuren atomaren Explosion einen wesentlichen Prozentsatz seiner Masse als freie Energie abstrahlt. Bei einer Nova-Explosion sind das immerhin 0,1 Promille der Sternmasse, bei einer Supernova sogar bis zu zehn Prozent. Die Abb. 8, S. 73, zeigt den sogenannten *Crab-Nebel*: eine riesige Explosionswolke, die heute an der Stelle im Sternbild des Stiers steht, an der im Jahre 1054 chinesische Astronomen das Auftauchen eines solchen »neuen« Sterns, in diesem Fall einer Supernova, beobachtet hatten. Die Gewalt der Explosion ist auch heute, fast ein Jahrtausend später, noch nicht abgeklungen. Die exakte Ausmessung vergleichender Photographien in jährlichem Abstand hat ergeben, daß der Durchmesser der Wolke Jahr für Jahr um den winzigen Betrag von 0,21 Bogensekunden zunimmt. Angesichts der Tatsache, daß die Explosionswolke viertausend Lichtjahre von uns entfernt ist, läßt sich daraus errechnen, daß ihre Bestandteile heute noch mit Geschwindigkeiten von mehr als tausend Kilometern in der Sekunde auseinanderrasen.

Das ist gewiß eine phantastische Geschwindigkeit, erst recht, wenn man berücksichtigt, daß seit der Explosion mehr als neunhundert Jahre vergangen sind. Es ist aber gar nichts gegenüber der Überraschung, welche die Astronomen 1901 bei der Beobachtung und Verfolgung des Ablaufs der damals plötzlich aufleuchtenden Nova Persei erlebten. Auch in ihrem Fall wurde eine deutliche Zunahme des Durchmessers festgestellt, der sich sogar von Woche zu Woche messen ließ. Die Abb. 9, S. 81 zeigt ein Originalphoto der Nova.

Auch 1901 begannen die Astronomen zu rechnen, um in der gewohnten Weise aus der Entfernung und der scheinbaren Vergrößerung der Explosionswolke auf ihre tatsächliche Ausbreitungsgeschwindigkeit schließen zu können. Sie waren auch darauf gefaßt, in diesem besonderen Fall auf ungewöhnlich hohe Geschwindigkeiten zu stoßen, hatten sie die Sternexplosion doch hier einmal in statu nascendi erwischt. Aber die Ergebnisse ihrer Messungen und Berechnungen lieferten ihnen nicht ein ungewöhnliches oder sensationelles, sondern ein schlechthin unmögliches Resultat: die Verrechnung von scheinbarer Größenzunahme und – mit vorwiegend spektroskopischen und photometrischen Methoden ermittelter – Entfernung ergab immer wieder, daß sich die Explosionswolke der Nova Persei nach allen Seiten mit Lichtgeschwindigkeit ausdehnen mußte. Das aber konnte nicht stimmen, denn Materie läßt sich, wie man damals schon sehr wohl wußte, nicht bis auf Lichtgeschwindigkeit beschleunigen und, um das so zu formulieren, schon gar nicht in der unerhört kurzen Zeit eines solchen Nova-Ausbruchs, der sich innerhalb weniger Tage oder Stunden abspielt. Und auch die Wasserstoff-Atome oder die Protonen und Elektronen einer solchen stellaren Explosionswolke sind ja (gasförmige) Materie. Es hat lange gedauert, bis des Rätsels Lösung gefunden wurde. Anfangs glaubte man verständlicherweise, nach einem Meßfehler fahnden zu müssen. Heute weiß man, daß die Meßergebnisse des Jahres 1901 und ebenso auch alle Berechnungen der damaligen Astronomen bei dieser Nova von Anfang an richtig waren. Die Lösung bestand einfach darin, daß das, was sich damals vor den Augen der Astronomen vom Explosionszentrum aus mit Lichtgeschwindigkeit nach allen Seiten im Raum ausbreitete, gar keine Materie war, sondern eben Licht! Die längst akzeptierte und einzig mögliche Erklärung dieses – und einiger inzwischen bekanntgewordener gleichartiger Fälle – besteht darin, daß hier eine Nova zufällig inmitten einer über riesige interstellare Räume ausgebreiteten Wolke feinstverteilten kosmischen Staubes explodiert sein muß. Und was man dann da sich ausbreiten sieht – um wenige Bogensekunden pro Jahr –, ist nichts anderes als das Licht des Explosionsblitzes, das nach allen Seiten in dieser Staubwolke vordringt und dabei in jeder einzelnen Sekunde 300000 Kilometer zurücklegt.

Daß hier also schon Entfernungen ins Spiel kommen, die das schnellste Medium, das es gibt, das Licht, über den Himmel für uns scheinbar »kriechen« lassen, nach dem gleichen Prinzip, nach dem sich auch ein Rennwagen am Horizont nur wie eine Schnecke zu bewegen scheint, auch dieses Phänomen kann, wenn man es überdenkt, eine Ahnung erwecken von den im Weltraum auftretenden Distanzen. Denn dieses verblüffende Phänomen des vor unseren Augen dahinkriechenden Lichtes spielt sich hier nun zu allem Überfluß auch noch an einem intragalaktischen Objekt ab, also an einem noch in unserer eigenen Milchstraße und hier auch noch, relativ, innerhalb unserer »nächsten« Umgebung gelegenen Fixstern: die Nova Persei ist von uns »nur« etwa dreitausend Lichtjahre entfernt.

Das heißt aber: Wenn der Andromeda-Nebel (Abb. 5, S. 43) unsere eigene Milchstraße wäre – und diese sähe, nach allem, was wir wissen,

aus der gleichen Entfernung und aus dem gleichen Blickwinkel in der Tat genauso aus –, dann lägen auf dieser Aufnahme unsere Erde und die Nova Persei nur fünf bis sechs Millimeter auseinander! Dem entspricht in der kosmischen Realität also bereits eine Distanz, die es uns ermöglicht, die Fortbewegung des Lichts, die mit 300000 Kilometern pro Sekunde erfolgt, in aller Gemächlichkeit zu verfolgen.
Selbst in der unmittelbaren, allernächsten Umgebung unserer eigenen Milchstraße handelt es sich also schon um Entfernungen, zu deren Überbrückung selbst das Licht viele Jahrtausende braucht. Das hat unter anderem auch zur Folge, daß man dann, wenn man den Sternenhimmel betrachtet, buchstäblich und ganz konkret immer auch in die Vergangenheit sieht. Denn die Sterne, die wir da sehen, stehen ja nicht nur nebeneinander, sondern natürlich auch in einer unterschiedlichen Tiefe des Himmels, in ganz verschiedenen Entfernungen von uns. Während das Licht von dem einen vielleicht »nur« fünfzig oder sechzig Jahre braucht, bis es bei uns eintrifft und in unser Auge oder ein astronomisches Fernrohr fällt, sind das bei einem anderen, der aus unserem Blickwinkel vielleicht unmittelbar daneben steht, womöglich schon einige Jahrtausende, und so immer wieder andere Zeiten für jeden Stern. Wir können aber jeden dieser Sterne immer nur so sehen, wie er in dem Augenblick war, als das Licht von ihm ausging, das jetzt, zum Zeitpunkt der Beobachtung, bei uns eintrifft. Es ist also zum Beispiel durchaus möglich, daß ein Astronom sich eingehend mit der spektroskopischen Analyse eines Sternes beschäftigt, daß er ihn photographiert und auf viele andere Weise untersucht, der in Wirklichkeit vielleicht schon seit mehreren Jahrhunderten gar nicht mehr existiert, weil er damals in einem Nova-Ausbruch zugrunde gegangen ist. Wenn dieser Stern nämlich etwa tausend Lichtjahre von uns entfernt ist, dann dauert es tausend Jahre, bis das »Bild«, der Anblick dieser Explosion und damit die Nachricht vom Ende der Existenz dieses Sterns, bei uns eintrifft. Die Sternexplosion, die im Jahre 1054 nach Christus von chinesischen Astronomen beobachtet wurde und deren heute noch sichtbare Folge der schon erwähnte Crab-Nebel ist (siehe Abb. 8, S. 73), hat daher in Wirklichkeit auch nicht etwa in dem genannten Jahre stattgefunden, sondern natürlich schon etwa im Jahre 3000 vor der Zeitrechnung. Da der Ort der Explosion von uns, wie wir heute wissen, rund viertausend Lichtjahre entfernt ist, hat es eben so lange gedauert, bis das Ereignis auf der Erdoberfläche gesehen werden konnte.

Das alles ist, rein logisch und physikalisch betrachtet, nicht nur sehr einfach, sondern auch den meisten Menschen natürlich bekannt. Dennoch ist es ein sehr eigenartiges und nachdenkenswertes Erlebnis, sich einmal – was nur die wenigsten Menschen jemals tun – die sich daraus für den

Anblick des gestirnten Himmels ergebenden Konsequenzen klarzumachen. Das, was wir da über uns, zum Teil in den bekannten Konstellationen der sogenannten »Sternbilder«, nebeneinander sehen, ist zeitlich betrachtet keineswegs etwa »gleichzeitig«. Wir sehen hier vielmehr in unmittelbarer Nachbarschaft nebeneinander Sterne aus immer wieder wechselnden, stets verschiedenen Epochen der Vergangenheit unserer Milchstraßenumgebung, zwischen denen in vielen Fällen Jahrtausende liegen. Diese Tatsache hat eine weitere, sehr eigenartige Konsequenz, an die kaum jemals jemand denkt. Auf Grund dieser Gegebenheiten ist es uns nämlich gänzlich unmöglich, unsere Milchstraße, unsere eigene Galaxie, jemals im ganzen exakt so zu sehen, wie sie in einem bestimmten Augenblick ist. Je weiter nämlich unser Blick in die Tiefe unserer Milchstraße eindringt, um so weiter liegt das, was wir dort sehen, auch in der Vergangenheit zurück.
Die Sterne in unserer Nachbarschaft sehen wir immerhin so, wie sie vor einigen Jahren oder Jahrzehnten waren. Wenn wir dagegen den uns gegenüberliegenden Rand unserer Galaxie ins Auge fassen, so können wir ihn nur in dem Zustand sehen, in dem er sich vor etwa achtzigtausend Jahren befunden hat. Unsere eigene Milchstraße kann sich uns daher in ihren einzelnen Teilen, je nach deren Entfernung, immer nur zeitlich verzerrt darbieten. Für die wissenschaftliche Beobachtung spielt das natürlich andererseits keine Rolle, weil achtzigtausend oder auch hunderttausend Jahre für Zustandsänderungen in der Struktur unserer Milchstraße eine so verschwindend kurze Zeitspanne darstellen, daß dieser Faktor überhaupt nicht ins Gewicht fällt. Die Tatsache als solche bleibt aber trotzdem bestehen und ist für den, der sich darüber einmal Gedanken macht, ein erstes, konkret-anschauliches Beispiel für den engen, unauflöslichen Zusammenhang von Raum und Zeit.
So paradox es im ersten Augenblick auch klingen mag, gilt diese Unvermeidlichkeit eines »zeitlich verzerrten« Anblicks angesichts anderer, fremder und daher viel weiter entfernter Spiralnebel nicht in jedem Fall. Bei einer Milchstraße, die so zu uns im Raum steht, daß sie uns eine »Aufsicht« ermöglicht (Beispiel: Abb. 4, S. 35), ist das ohne weiteres klar. In diesem Fall sind ja alle Sterne, aus denen sie besteht, praktisch gleich weit von uns entfernt. Deshalb entspricht hier das räumliche Nebeneinander vor unseren Augen auch einem zeitlichen Nebeneinander, was wir hier gleichzeitig nebeneinander sehen, ist – im Unterschied zu den Verhältnissen innerhalb unserer eigenen Milchstraße – tatsächlich auch »gleichzeitig«. Aber auch bei den Sternensystemen, die zu uns in irgendeinem beliebigen Winkel geneigt sind, erreicht diese zeitliche Diskrepanz nie ganz genau das gleiche Ausmaß wie in unserem eigenen Fall. Das wäre ja nur dann möglich, wenn wir bei einer von ihnen, die wir von der Kante sehen, von einem Rand bis

zum anderen blicken könnten. Das aber ist nicht möglich. Ganz abgesehen davon, daß dazu die Sterne bei dieser Blickrichtung viel zu dicht hintereinander stehen, wird uns der Blick in einen Spiralnebel gerade innerhalb seiner Äquatorialebene, also exakt in der Blickrichtung von »Kante zu Kante«, allein schon durch die interstellaren Staubmassen verwehrt, die sich in jeder Galaxie finden. Diese sind zwar außerordentlich fein verteilt, konzentrieren sich aber, wie Abb. 6, S. 51, gut erkennen läßt, gerade am Rand, genauer: in der Ebene einer Galaxie, in besonderem Maß.

Hier muß allerdings gesagt werden, daß wir auch in unserer eigenen Milchstraße keineswegs etwa von einem Ende bis zum anderen sehen können. Ganz im Gegenteil ist das Gesichtsfeld, das uns in unserer Milchstraße offensteht, relativ zur Gesamtgröße unseres Systems so klein, daß es viele überraschen wird. Systematische Sternzählungen – wie sie zum Beispiel durchgeführt werden, um die Dichteabnahme vom Zentrum unserer Galaxie zu ihrem Rand festzustellen – sind zuverlässig nur in einem Umkreis möglich, dessen Radius kaum mehr als sechstausend Lichtjahre beträgt. Darüber hinaus wird uns auch innerhalb unseres Systems der Blick durch den feinstverteilten, über derart riesige Entfernungen hinweg aber eben doch spürbar werdenden kosmischen Staub verwehrt – jedenfalls dann, wenn die Blickrichtung mehr oder weniger mit der Rotationsebene der Milchstraße zusammenfällt. Anders ist es, wenn wir senkrecht dazu, gewissermaßen »nach oben« oder »unten« von der Milchstraßenebene aus blicken. In dieser Richtung ist die Scheibe, die unser System bildet, am dünnsten, und damit auch die Schichtdicke des sichtbehindernden Staubes, den es enthält. In diesen beiden Richtungen – und tatsächlich *nur* in diesen beiden Richtungen – können wir daher praktisch ungehindert aus unserem eigenen System hinausblicken in die Tiefen der jenseits seiner Grenzen beginnenden »extragalaktischen« Räume des Weltalls. Das Schema auf Seite 33 kann die Situation verdeutlichen. Alles, was wir über den dort eingezeichneten, vergleichsweise sehr kleinen, etwa diaboloförmigen Bezirk unserer Milchstraße hinaus heute schon wissen, zum Beispiel hinsichtlich der Spiralstruktur auch unseres Systems, ist daher allerneuesten Datums. Hier hat sich den Astronomen durch die stürmische Entwicklung der Radioastronomie in den letzten zwanzig Jahren eine völlig neue Möglichkeit erschlossen, da die vom interstellaren Wasserstoff unserer Milchstraße ausgehende und mit besonderer Intensität gerade im Zentrum unserer Milchstraße entstehende Radiostrahlung den interstellaren Staub im Unterschied zu gewöhnlichem Licht ungehindert durchdringt – und dadurch erstmals die Möglichkeit von umfassenden Beobachtungen innerhalb der *ganzen* Milchstraße eröffnet hat.

Auf diese Zusammenhänge ist übrigens auch ein ebenso interessanter wie lehrreicher Irrtum zurückzuführen, der die richtige Deutung der Natur der Spiral»nebel« fast zweihundert Jahre lang aufgehalten hat. Schon Immanuel Kant hatte, wie bereits kurz erwähnt, in seiner »Allgemeinen Naturgeschichte und Theorie des Himmels«, die er seinem Souverän Friedrich dem Großen im März 1755 als »allerunterthänigster Knecht« widmete, seine Überzeugung ausgesprochen und logisch zwingend begründet, daß es sich bei den mehr oder minder ovalen, äußerst lichtschwachen weißen »Plätzchen« am Himmel, die mit den damaligen Fernrohren sehr wohl schon zu sehen waren, um weit außerhalb unserer Milchstraße gelegene selbständige Sternensysteme handeln müsse. Es ist noch heute faszinierend und ein intellektueller Genuß von hohem Maß, nachzulesen, mit welcher Schlüssigkeit der geniale Königsberger diese seine für die damalige Zeit geradezu ungeheuerliche Theorie durch einfache, logische Beweisführung auf wenigen Seiten Schritt für Schritt und, wie wir heute wissen, in jedem wesentlichen Punkt zutreffend begründete. Trotzdem hat sich diese Auffassung nicht durchsetzen können, bis es 1923, also fast zweihundert Jahre später, Hubble dann gelang, die Randgebiete des Andromedanebels erstmals in die Lichtpunkte von Einzelsternen aufzulösen.
Einer der Hauptgründe für diese große Verzögerung hängt nun in lehrreicher Weise unmittelbar mit der durch das Schema auf Seite 33 dargestellten Situation zusammen. Diese gab den Gegnern der Auffassung von der »extragalaktischen« Natur der Spiralnebel nämlich ein sehr gewichtiges, scheinbar schlagendes Argument in die Hand: die Tatsache einer allem Anschein nach systematisch auf unsere eigene Milchstraße bezogenen Verteilung dieser umstrittenen Objekte am Himmel. Wenn man sie nämlich – und um die letzte Jahrhundertwende waren schon Hunderte von ihnen photographiert – an den entsprechenden Stellen auf Himmelskarten eintrug und sich dann ihre Verteilung betrachtete, so ergab sich, daß sie keineswegs beliebig an allen Stellen des Himmels zu sehen waren. Ihre Anzahl wurde vielmehr um so größer, je näher man bei der Suche dem »galaktischen Pol« kam, je mehr sich also die Blickrichtung der auf dem Schema der Seite 33 durch B markierten Richtung annäherte. Und umgekehrt wurden sie immer seltener, wenn man sich der Milchstraßenebene näherte, nicht ein einziger dieser »Nebel« konnte entdeckt werden.

5 Eine andere »Nachbar«-Galaxie, der berühmte Andromedanebel, aus etwa 50 Milliarden Sternen bestehend und rund 3 Millionen Lichtjahre von uns entfernt. Dieser Spiralnebel ist so im Raum angeordnet, daß wir schräg auf seine Ebene blicken. Die beiden erbsgroßen verwaschenen Flecke sind Zwerg-Milchstraßen in der unmittelbaren Nachbarschaft des Andromedanebels.

Diese Verteilung ließ nur einen zwingenden Schluß zu: Die Anordnung der Spiralnebel am Himmel hing auf irgendeine Weise mit unserer eigenen Milchstraße zusammen. Daraus aber ergab sich, so schien es, zwingend der weitere Schluß, daß es sich bei ihnen um »intragalaktische« Objekte handeln müsse, um ihrer Natur nach noch ungeklärte Mitglieder unseres eigenen Systems. Für uns ist es heute, nachträglich, leicht zu sehen, wo der Fehler bei dieser so überzeugend klingenden Beweisführung steckte. Der erste Schritt der Argumentation war vollkommen richtig. Die Verteilung der Spiralnebel am Himmel, das heißt also ihre Konzentration in Richtung auf den galaktischen Pol, hängt in der Tat mit einer bestimmten Eigenschaft unserer Milchstraße zusammen. Dieser Zusammenhang ist allerdings nur indirekt und hat wohl mit unserer Milchstraße, aber nicht im geringsten etwas mit diesen spiralförmigen Objekten selbst zu tun. Es ist nichts anderes als die systematisch-ungleichförmige Erstreckung der staubförmigen interstellaren Materie unseres Systems, die uns den Blick auf diese tatsächlich weit außerhalb unserer Milchstraße gelegenen fernen Welten eben nur in bestimmten Richtungen freigibt und in anderen Richtungen verwehrt, wie das in dem schon wiederholt erwähnten Schema auf Seite 33 dargestellt ist. In Wirklichkeit sind diese fremden Sternensysteme im ganzen Weltall eben doch gleichmäßig verteilt.
Erst recht gilt diese Beschränkung der Weite unseres Blicks in das Weltall bei der Betrachtung des Sternenhimmels mit bloßem Auge. Die Zahl der Sterne, die man in einer klaren, mondlosen Nacht ohne Fernrohr oder Feldstecher sehen kann, ist sehr viel kleiner als die meisten Menschen schätzen würden. Es sind tatsächlich nur einige tausend, vielleicht fünftausend, sicher nicht mehr als sechstausend Einzelsterne, die wir mit bloßem Auge sehen. Die Milchstraße selbst erscheint uns ohne Fernrohr auch nur wie ein schwach leuchtendes, nebelartiges Band. Fast überflüssig zu sagen, daß alle diese Sterne am gewohnten Nachthimmel ausschließlich unserem eigenen Milchstraßensystem angehören, und sogar nur einem relativ sehr kleinen Bezirk. Die Sterne, die wir mit bloßem Auge sehen können, stellen nicht einmal den zehnmillionsten Teil der mindestens hundert Milliarden Sonnen dar, aus denen allein unsere eigene Milchstraße besteht!
Eine einzige Ausnahme gibt es hier, einen Fall, in dem unter bestimmten günstigen Voraussetzungen auch ein »extragalaktisches« Objekt mit bloßem Auge gesehen werden kann. Wer gute Augen hat und die Stelle am Himmel genau kennt, kann in einer klaren, mondlosen Nacht im Sternbild der Andromeda ein kleines, verwaschen leuchtendes Fleckchen entdecken. Dieses Fleckchen liegt weit außerhalb unserer Milchstraße und ist von uns noch um Größenordnungen weiter entfernt, als es die bereits unvorstellbaren Distanzen waren, deren

Dimensionen wir uns durch verschiedene Modellvorstellungen und Gedankenexperimente begreiflich zu machen versucht haben. Auf diese Weise hatten wir nach der Darstellung der Größenverhältnisse innerhalb unseres Sonnensystems und dem darauffolgenden Sprung über »interstellare« Distanzen zu den benachbarten Fixsternen versucht, uns die »intragalaktischen« Dimensionen zu vergegenwärtigen: die bei einer Betrachtung unseres eigenen Sternensystems ins Spiel kommenden Größenverhältnisse. Wir waren dabei zu der Einsicht gelangt, daß schon hier die Dimensionen so ungeheuer werden, daß wir auf Grund der Laufzeiten des Lichts, diesen unseren eigenen Spiralnebel nicht mehr in allen seinen Teilen gleichzeitig sehen können.

Der Sprung, vor dem wir jetzt stehen, übertrifft alles das, was wir bisher besprochen haben, noch einmal um ein Vielfaches: Das kleine, verwaschene Lichtfleckchen im Sternbild Andromeda, das man unter günstigen Umständen mit bloßem Auge eben noch als leuchtenden Schimmer erkennen kann, ist ein »extragalaktisches« Objekt. Es ist der zwei Millionen Lichtjahre von uns entfernte Andromedanebel (dessen stark vergrößerte Aufnahme – Abb. 5, S. 43 – wir für das Verhülsdonksche »Nadelstichbeispiel« benutzt haben). Dies ist das erste Beispiel einer *inter*-galaktischen Distanz, auf das wir stoßen. Der Lichtfleck in der Andromeda ist ein eigener, selbständiger Spiralnebel, eine Milchstraße wie unsere eigene.

Damit aber beginnt es in Wirklichkeit überhaupt erst. Der Andromedanebel ist unsere »Nachbargalaxie«, der unserer eigenen Milchstraße nächste Spiralnebel überhaupt. Je tiefer die modernen Riesenteleskope in den letzten Jahrzehnten in die Weiten des Weltalls vorgedrungen sind, um so größer ist die Anzahl der festgestellten Spiralnebel geworden. Die Abb. 10, S. 95 zeigt gleich eine ganze Gruppe von ihnen nebeneinander. Jeder von ihnen im Durchschnitt genauso groß wie unsere eigene Milchstraße, deren in Wahrheit uns schon gänzlich unvorstellbare Proportionen wir uns bei dem Anblick einer solchen Photographie immer wieder in Erinnerung rufen müssen, jeder von ihnen bestehend aus fünfzig, hundert oder zweihundert Milliarden Sonnen. Die riesige Entfernung allein, aus der sie zu uns herüberleuchten, läßt sie zu scheinbar so zierlichen Gebilden zusammenschrumpfen. Und je länger man mit den heutigen Riesenspiegeln belichtet und je schwächere und entferntere Objekte man damit erfaßt, um so größer wird ihre Zahl. Auf Abb. 11, S. 105 und Abb. 12, S. 113 sind bereits mehr Spiralnebel enthalten als Vordergrundsterne*.

* Als »Vordergrundsterne« bezeichnet man die auf allen solchen Aufnahmen unvermeidlich immer auch mit abgebildeten – und aus verständlichen Gründen meist überbelichteten – Sterne unserer eigenen Milchstraße, aus der wir ja immer herausphotographieren müssen.

Aber auch das ist schon längst nicht mehr die Grenze. Es existieren heute astronomische Aufnahmen, auf denen sich mit besonderen Auswertungstechniken mehrere tausend derartiger Galaxien oder Milchstraßen – auf einer einzigen Aufnahme! – feststellen und auszählen lassen. Wenn man daraus auf ihre Gesamtzahl innerhalb des für unsere heutigen Beobachtungstechniken erfaßbaren Ausschnitts des Weltalls schließt, so muß es mindestens einige Milliarden Milchstraßen allein in dem für uns beobachtbaren Teil des Universums geben. Und es gibt natürlich keinen Grund, der uns zu der Annahme berechtigte, daß ihre Häufigkeit jenseits dieser durch den zufälligen Stand unserer heutigen Beobachtungstechnik gegebenen willkürlichen Grenze etwa abnehmen sollte. Man kann daher mit großer Sicherheit davon ausgehen, daß die Zahl der im Weltall existierenden Milchstraßensysteme noch weitaus größer ist als die Zahl der Sonnen oder Sterne, die jede einzelne von ihnen enthält.
Andererseits aber glauben wir heute schon Gründe zu kennen, die uns zu der Annahme berechtigen, daß es für ihre Zahl, und mag sie noch so groß sein, dennoch eine oberste Grenze geben dürfte.
Die Entdeckungen der Astronomie in den letzten Jahren lassen an die Möglichkeit denken, daß man vielleicht sogar über diese Aussage noch hinausgehen kann. So falsch es grundsätzlich in der Wissenschaft auch immer ist, die Grenze der eigenen Erkenntnis oder der jeweils verwendeten Methode mit einer objektiven Grenze im Beobachtungsfeld zu verwechseln – ein Fehler, der sich durch die ganze Geschichte der Naturwissenschaft zieht und der selbstverständlich in vielfältigen, bisher noch undurchschauten Formen auch heute, wieder oder noch, in vielen unserer als gesichert erscheinenden Resultate steckt –, trotz aller dieser aus diesem Grund gebotenen äußersten Zurückhaltung und Skepsis läßt sich heute aber die Möglichkeit nicht mehr grundsätzlich bezweifeln, daß die Grenzen des von uns *beobachteten* Teils des Universums der Grenze jenes Ausschnitts des Weltalls, der überhaupt *beobachtbar* ist, immerhin bereits nahezukommen beginnt.
Diese Schlußfolgerung ergibt sich aus der in anderem Zusammenhang schon kurz erwähnten unvermeidbaren Verknüpfung von räumlichen und zeitlichen Dimensionen, wenn es sich um Beobachtungen über kosmische Distanzen hinweg handelt. Die Auswirkungen dieses Zusammenhangs treten bei zunehmender Entfernung naturgemäß immer stärker in Erscheinung. Hatten wir sie bisher nur im Rahmen der Erörterung intragalaktischer Distanzen besprochen, deren oberste Grenze dem Durchmesser einer gewöhnlichen Galaxie entspricht, also bei etwa hunderttausend Lichtjahren liegt, so ist, wie wir gesehen haben, schon unsere Nachbargalaxie, der Andromedanebel, zwanzigmal weiter von uns entfernt. Bei den Galaxien der Abb. 12, S. 113 han-

delt es sich schon um Entfernungen von mehreren hundert Millionen Lichtjahren, und das von den entferntesten auf der Abbildung 12 eben noch erkennbaren Milchstraßen ausgehende Licht ist, wenn es bei uns eintrifft, schon etwa eine Milliarde Jahre unterwegs gewesen. Damit aber werden hier schon Abschnitte der Vergangenheit sichtbar, die so weit zurückliegen, daß die inzwischen verstrichenen Zeiträume auch für kosmische Prozesse und Entwicklungsabläufe bedeutungsvoll zu werden beginnen. Die entferntesten optisch noch beobachtbaren (photographierbaren) Himmelskörper sind nach allem, was wir heute wissen, über drei Milliarden Lichtjahre entfernt. Aus noch viel größeren Entfernungen stammen die Impulse, welche die Antennen der modernen Radioteleskope heute zu empfangen in der Lage sind. Sie erfassen bereits Objekte, deren Distanz zu uns in der Größenordnung von sechs bis acht Milliarden Lichtjahren liegt.

Wer die letzten Sätze aufmerksam gelesen hat, dem ist vielleicht aufgefallen, daß diese entferntesten kosmischen »Objekte« nicht mehr als Galaxien oder Milchstraßen bezeichnet wurden. Das ist ganz bewußt und aus gutem Grund geschehen. Bei einem Blick in diese Entfernungen sieht man infolge der Laufzeit des Lichts (oder anderer elektromagnetischer Wellen wie zum Beispiel der Radiowellen) Zustände und Prozesse, die so lange zurückliegen, daß man damit dem Anfang des uns heute umgebenden Universums doch schon recht nahe kommt. Sehr eigenartige und vorerst noch völlig rätselhafte Beobachtungen, die gerade an einigen dieser entferntesten Objekte in den letzten Jahren gemacht worden sind, könnten mit diesem Umstand möglicherweise zusammenhängen. Gerade an diesen entferntesten aller uns bekannten kosmischen Objekte entdeckt die Astronomie seit einigen Jahren immer wieder von neuem Eigenschaften, die einander nach unseren heutigen physikalischen Kenntnissen eigentlich widersprechen müßten, und Zustandsgrößen, die ein Physiker in der Kombination, in der unsere Instrumente sie an diesen geheimnisvollen Gebilden registrieren, schlechtweg als »mit den uns bekannten Naturgesetzen nicht vereinbar« bezeichnen würde.
Das Rätsel um die wahre Natur dieser Phänomene an der Grenze des von uns beobachtbaren Universums, von denen das Licht beziehungsweise Radiowellen bis zu uns sechs, acht und mehr Milliarden Jahre unterwegs sind, wird die Astronomie noch auf Jahre hinaus beschäftigen. Aber es sei hier immerhin die Vermutung gewagt, daß die uns so unerklärlich erscheinende Widersprüchlichkeit ihrer Eigenschaften vielleicht damit zu erklären sein könnte, daß wir hier schon über einen Zeitraum hinweg in die Vergangenheit blicken, der dem sich aus anderen Daten ergebenden Alter der Welt nahekommt. Ist es so ganz ab-

wegig, hier an die Möglichkeit zu denken, daß diese Objekte uns vielleicht deshalb so rätselhaft erscheinen, weil wir uns hier mit unseren Instrumenten einer Epoche aus dem Anfang des Kosmos nähern, in der noch andere Gesetze herrschten als die, welche die Welt, wie wir sie heute kennen, regieren?

Noch aus einem ganz anderen Grund ist das Problem der Grenze des von uns noch beobachtbaren Universums für uns nicht nur von besonderem Interesse, sondern sogar von lebenswichtiger Bedeutung. Dieser Grund leitet sich ab aus einer zunächst sehr seltsam klingenden Frage, deren tatsächliche Hintergründigkeit erstmals am Anfang des vorigen Jahrhunderts von dem Bremer Arzt und Astronomen Wilhelm Olbers erkannt wurde. Die Frage lautet schlicht und einfach: Warum ist es nachts eigentlich dunkel? So simpel diese Frage auch klingt, es hat länger als hundert Jahre gedauert, bis die Astronomen eine befriedigende Antwort auf sie gefunden hatten.

Wenn das Weltall unendlich groß ist, so sagte sich Olbers, und wenn es in diesem unendlich großen Weltall überall durchschnittlich ebenso viele Sterne gibt wie in dem für uns sichtbaren Teil des Universums, dann müßte eigentlich an jedem einzelnen Punkt des Himmelsgewölbes ein Stern stehen. Zwar erscheint deren Licht uns immer schwächer, je weiter sie von uns entfernt sind, aber tatsächlich müßten ja an jedem einzelnen Punkt des Himmels sogar unendlich viele Sterne hintereinander stehen, wenn das Weltall unendlich groß ist. Und Olbers konnte nun ausrechnen, daß deshalb eigentlich der ganze Nachthimmel genauso hell – und genauso heiß! – strahlen müßte wie die Sonne. Deshalb stellte er die Frage: Warum ist es nachts eigentlich dunkel?

Die Antwort darauf hat erst die moderne Astronomie gefunden. Sie klingt nicht weniger einfach und ist dennoch ebenfalls von besonderer Bedeutung. Sie lautet: Die Welt ist eben nicht unendlich groß. In der Tat ist die alltägliche Erfahrung, daß es bei uns Nacht wird, wenn die Sonne hinter dem Horizont verschwindet, so gesehen, einer der Beweise dafür, daß das Weltall, so unvorstellbar groß es auch ist, dennoch nicht *unendlich* groß sein kann. So eng hängen in diesem Kosmos das Entfernteste und das uns Nächste zusammen. *

Damit haben wir, ausgehend von unserem eigenen Sonnensystem und seinen Proportionen, über die interstellaren Distanzen hinweg bis zur Struktur und Größenordnung galaktischer Maßstäbe wenigstens in den gröbsten Umrissen den Hintergrund skizziert, vor dem allein die Situation des einen Himmelskörpers wirklichkeitsgetreu gesehen wer-

* Die moderne Kosmologie löst das berühmte »Olberssche Paradoxon« in der Regel unter Hinweis auf die oft zitierte »Expansion des Weltalls«. Im Endeffekt laufen beide Antworten aber auf dasselbe hinaus.

den kann, der uns vor allen anderen mit Recht deshalb so sehr interessiert, weil wir gerade ihn bewohnen: den dritten von insgesamt neun Planeten eines Fixsterns, der nur einer unter hundert Milliarden Fixsternen ist. Diese Fixsterne bilden zusammen ein riesiges, Milchstraße oder Galaxie genanntes Sternsystem, das sich im freien Raum um sich selbst dreht – einem Raum, der groß genug ist, um unzählbaren Milliarden solcher Galaxien Platz zu geben.
Das alles, wovon hier die Rede war, sind keine logischen Konstruktionen, ausgetüftelte Gedankenspielereien oder phantasievolle Spekulationen. Das muß man sich einmal bewußt klarmachen. Es ist die uns umgebende Realität – es ist die Wirklichkeit der Welt, die wir für die Dauer unseres Lebens um uns vorfinden. Wir brauchen in einer mondlosen, sternklaren Nacht unseren Blick nur einmal nach oben zu richten, um sie leibhaftig vor Augen zu haben.

Die Erde als Raumschiff

In dem riesigen Raum, dessen Ausmaße und Bodenlosigkeit wir uns auf den vergangenen Seiten vor Augen zu führen versucht haben, schwebt unsere Erde. Daß sie in ihm verloren dahintreibe wie ein winziges Staubkörnchen, stimmt dabei jedoch allenfalls im Hinblick auf die hier waltenden Größenverhältnisse und damit nur in übertragenem, gleichnishaftem Sinn. Als »verloren« ist unsere Erde in diesem Raum schon deshalb nicht anzusehen, weil auch sie – wie jeder andere Himmelskörper – durch das unsichtbare und dennoch unzerreißbare Netzwerk der zwischen allen Himmelskörpern wirkenden Anziehungskräfte (und durch ihr Zusammenspiel mit den durch die niemals völlig geradlinigen Bahnen aller dieser kosmischen Objekte hervorgerufenen Fliehkräften) auf einem Kurs und in einer Ordnung gehalten wird, die seit Jahrmilliarden stabil sind.
Bei ihrem Flug auf diesem Kurs befindet sich die Erde eigentlich in der Situation eines Raumschiffs, dessen »Mannschaft« durch die gesamte Menschheit und die Tierwelt gebildet wird. Daß dieser Aspekt unserer Lage im Weltraum mehr ist als ein poetischer oder modischer Vergleich, wird einem sofort bewußt, wenn man darauf aufmerksam wird, bis in welche Details hinein die Parallele stimmt. Wie ein Raumschiff führt die Erde alles mit sich, was das Leben auf ihrer Oberfläche braucht. Dazu gehört zum Beispiel der von Menschen und Tieren zur Atmung benötigte Sauerstoff.

Die Parallele zu einem Raumschiff wird hier um so deutlicher, wenn man bedenkt, wie verhältnismäßig beschränkt der von der Erde mittransportierte Sauerstoffvorrat tatsächlich ist. Mit ihm müssen ja nicht nur heute schon mehr als drei Milliarden Menschen, sondern auch sämtliche auf der Erde existierenden Tiere auskommen. Selbst der gewaltige Sauerstoffvorrat der gesamten irdischen Atmosphäre reicht dazu aber nur für eine im Grunde lächerlich kurze Zeit, kaum länger als wenige Jahrhunderte, nach neueren Schätzungen vielleicht rund weitere dreihundert Jahre. Er geht natürlich nicht verloren, so wenig wie in einem Raumschiff. Diesem gegenüber ist die Erde hier sogar entscheidend im Vorteil. Ein Raumschiff darf keinen Sauerstoff verlieren, der im freien Weltraum ja unwiederbringlich verloren wäre. Die Gefahr aber besteht für ein solches technisches Gebilde immer, es genügt ein kleines, von einem Meteoriten geschlagenes oder auf andere Weise entstandenes Loch – wie es sich beim Flug von Apollo 13 gefahrvoll bewahrheitet hat. Die Erde, für die der Sauerstoff in gleichem Maß unersetzlich ist, kann das lebensnotwendige Element aber gar nicht verlieren, weil sie es nicht durch eine Trennwand festhält, die leckgeschlagen werden könnte, sondern durch ihre Gravitation, die ein Entweichen in den freien Raum unmöglich macht. Trotzdem reicht der Sauerstoffvorrat der Erde rein dem Volumen nach eigentlich nur für die genannten dreihundert Jahre, dann ist er nämlich durch die Atmung von Menschen und Tieren verbraucht.

Der kritische Zeitraum bis zur Erschöpfung des Vorrats und die damit auftauchende Gefahr der Erstickung für die gesamte Mannschaft des »Raumschiffs Erde« wird neuerdings zunehmend auch noch durch mancherlei, vor allem technische und industrielle Verbrennungsvorgänge, spürbar verkürzt. Wenn man diese Rechnung das erstemal aufgemacht bekommt, ist man geneigt, die Lage für bedenklich zu halten – im nächsten Augenblick aber, das ganze für einen grotesken Denkfehler zu halten, nämlich dann, wenn man an die vielen Milliarden Jahre denkt, während derer die Atmosphäre unseres Planeten Sauerstoff für die Atmung in anscheinend zu keiner Zeit abnehmendem Maß enthalten und dem auf ihrer Oberfläche existierenden Leben zur Verfügung gestellt hat.

Die Lösung des scheinbaren Widerspruchs besteht natürlich darin, daß

6 *Bei diesem Spiralnebel sehen wir genau auf die Kante. Auch er besteht aus mindestens 50 Milliarden Sternen. Dicke aus diesem Blickwinkel etwa 12000 Lichtjahre im Kern, 3000 Lichtjahre für die Scheibe. Größter Durchmesser von einem Ende zum anderen rund 100000 Lichtjahre. Deutliche Konzentration dunkler Staubmassen in der Äquatorebene des Systems.*

der durch die tierische und menschliche Atmung verbrauchte, nämlich chemisch gebundene Sauerstoff durch die ganz anderen, in gewissem Sinn entgegengesetzten Mechanismen gehorchende Atmung der Pflanzenwelt auf der Erdoberfläche laufend wieder freigesetzt und der Atmosphäre von neuem zugeführt wird.

Die Pflanzen, welche die Erde auf ihrem Flug durch den Weltraum mitführt, *erneuern* den atembaren Sauerstoff aber nicht nur. Ihre Leistungsfähigkeit ist sogar so groß, daß sie den Sauerstoffgehalt der irdischen Lufthülle in der Urzeit des Lebens überhaupt erst haben entstehen lassen. Wir wissen heute, daß die irdische Uratmosphäre gar keinen Sauerstoff enthielt, daß sie dagegen reich war an Methan, Kohlendioxid, Ammoniak, Wasserstoff, Zyanwasserstoff und anderen Gasen, die wir heute als giftig bezeichnen. Tatsächlich konnten sich aber nur in einer solchen Atmosphäre die komplizierten hochmolekularen Strukturen bilden, die zu den Ausgangspunkten, den elementaren Bausteinen des Lebens wurden. Freier Sauerstoff hätte diese Moleküle alsbald nach ihrer Entstehung mit Sicherheit wieder oxydiert und damit schneller zerstört als sie entstehen konnten. Damals, vom Standpunkt der damals erreichten Entwicklungsstufe des irdischen Lebens aus betrachtet, war daher der Sauerstoff ein alles Leben tödlich bedrohendes Gift.

Erst sehr viel später, vielleicht eine Milliarde Jahre nach der Entstehung der ersten Molekülverbände, die die Fähigkeit erlangt hatten, sich selbst zu verdoppeln – und die wir daher schon als »belebt« bezeichnen könnten –, war die Erdoberfläche mit einer geschlossenen Pflanzendecke besetzt. Das aber führte zu einer Revolution, einer weltweiten Krise für alle damals existierenden Lebensformen. Diese Pflanzen nämlich waren in der Lage, mit Hilfe der Energie des von der Sonne ausgestrahlten Lichts aus einfachen, anorganischen Verbindungen komplizierte organische Moleküle wie Zucker, Fette und Eiweiß aufzubauen. Das war ein ungeheuerer Fortschritt in der Geschichte des Lebens auf der Erde, der das Tempo seiner weiteren Entfaltung vervielfachte. Diese Fähigkeit, die von der Sonne ausgestrahlte Energie für den Betrieb des eigenen Stoffwechsels auszunutzen, die sogenannte »Photosynthese«, ist bis auf den heutigen Tag der entscheidende, kennzeichnende Unterschied zwischen der Lebensform, die wir pflanzlich nennen, und dem Reich tierischen Lebens. Ein Tier ist dazu nicht fähig, es ist aus diesem Grund zu seiner Erhaltung auf die Ernährung mit den von den Pflanzen gelieferten organischen Grundstoffen angewiesen. Ein Tier kann sich nur erhalten, indem es pflanzliche Kost zu sich nimmt oder andere Tiere frißt, welche Pflanzen und damit die unentbehrlichen Grundstoffe aufgenommen haben.

Bei dem komplizierten und trotz aller Bemühungen bis heute nicht

wirklich aufgeklärten biochemischen Prozeß der Photosynthese aber entsteht nun als ein wichtiges Endprodukt, als regelrechter Abfall des durch die Photosynthese in Gang gehaltenen Stoffwechselprozesses, Sauerstoff. Dieser Sauerstoff begann nun damals, als in der Frühzeit die Pflanzen die Oberfläche der Erde dank der Überlegenheit, welche ihnen die »Erfindung« der Photosynthese verschaffte, in kurzer Zeit überwucherten, in der Erdatmosphäre allmählich zuzunehmen. Benötigt wurde er nicht. Er trat als von den Pflanzen neu produzierte, bis dahin weitgehend unbekannte Zutat der irdischen Lufthülle auf. Es gab niemanden, keine Lebensform, die an ihn angepaßt gewesen wäre und Verwendung für ihn gehabt hätte: er war Abfall. Vielleicht war die Situation sogar noch weitaus schlimmer. Es ist durchaus denkbar, wenn nicht sogar wahrscheinlich, daß damals auch schon primitive tierische Lebensformen existierten, deren Entwicklungsgeschichte in der bis dahin sauerstofflosen Lufthülle abgelaufen war und deren Stoffwechsel und alle anderen Körperfunktionen an die Bedingungen der ganz anders zusammengesetzten Uratmosphäre angepaßt waren. Für sie, von denen wir heute nichts mehr wissen, muß die allmähliche Anreicherung von Sauerstoff in der Atmosphäre eine Katastrophe bedeutet haben. Es gibt noch heute einige Bakterienarten, die nur in sauerstoffloser Umgebung gedeihen und die wir vielleicht als Überbleibsel dieser ersten Generation irdischer Lebewesen, als letzten Hinweis auf ihre ehemalige Existenz, deuten können. Wenn es sie gab, und manches spricht für diese Annahme, dann sind sie damals in einer weltweiten Katastrophe zugrundegegangen, vergiftet vom Sauerstoff, diesem Abfallprodukt des Stoffwechsels der neu auf den Plan getretenen Pflanzen.
Daß uns heute der Sauerstoff als lebensfreundliches, ja unentbehrliches Element erscheint, ist, so betrachtet, ein eindrucksvoller Beweis für die außerordentliche Zähigkeit und Anpassungsfähigkeit des Lebens. Denn die damalige Katastrophe der weltweiten Vergiftung der Atmosphäre mit Sauerstoff hätte sehr wohl auch das Ende allen Lebens auf der Erde bedeuten können. Gleichzeitig mit der Auslöschung aller damals schon existierenden tierischen Lebensformen bestand nämlich die zusätzliche Gefahr, daß auch die Pflanzen schließlich in dem von ihnen selbst erzeugten Abfallprodukt Sauerstoff früher oder später würden ersticken müssen. Dazu aber kam es nicht. Die Natur machte noch einmal eine gewaltige Anstrengung und begann von neuem, indem sie jetzt tierische Lebensformen entstehen ließ, die an die neuen Bedingungen – eine sauerstoffhaltige Atmosphäre – nicht nur in dem Sinn angepaßt waren, daß sie das neue Gasgemisch tolerierten, sondern die so beschaffen waren, daß sie aus der Not eine Tugend machten: sie benutzten den Sauerstoff als Energiespender.

Mit dieser sehr erstaunlichen Lösung war auch gleich das zweite Problem aus der Welt geschafft. Wie schon erwähnt, hatte die hier kurz geschilderte Entwicklung ja auch noch die Gefahr heraufbeschworen, daß die Pflanzen schließlich in ihrem eigenen Abfall ersticken würden, wenn der Sauerstoff, den sie laufend an die Atmosphäre abgaben, sich dort über beliebig lange Zeit immer weiter anreicherte. Jetzt aber waren mit den Tieren der »zweiten Generation« – die bis heute die Erde beherrschen und zu denen auch wir selbst gehören – mit einem Male Sauerstoffverbraucher auf den Plan getreten, eine Lebensform, die so beschaffen war, daß der pflanzliche Abfall von ihr als Lebensgrundlage benötigt wurde. Dieser bemerkenswerte Umstand aber ließ nun einen Kreislauf entstehen, im Verlauf dessen sich ein biologisches Gleichgewicht einpendelte: der Sauerstoffgehalt der Atmosphäre stieg nicht über beliebige Zeiträume bis auf beliebige Konzentrationen an. Das ganze war eine Art Kompromiß, der zu einem Sauerstoffgehalt in der Atmosphäre von nicht ganz 21 Prozent führte. Es war – für das Schicksal der Pflanzen – gewissermaßen höchste Zeit, daß etwas geschah – das zeigen interessante Experimente aus neuerer Zeit, bei denen Pflanzen in künstlichen Atmosphären der verschiedensten Zusammensetzungen aufgezogen wurden. Die Versuche dienten ursprünglich lediglich dem Zweck, zu ermitteln, ob irdische Pflanzen in den fremdartigen Atmosphären anderer Himmelskörper, etwa des Mars oder der Venus, würden überleben können.
Gleichsam als Nebenergebnis führten diese Versuche aber zu einem weiteren, ganz unerwarteten Resultat. Zur Überraschung der Experimentatoren zeigte sich nämlich ganz eindeutig, daß die heutige Zusammensetzung der irdischen Atmosphäre für die irdischen Pflanzen offenbar keineswegs, wie man eigentlich hätte erwarten sollen, das optimale biologische Milieu darstellt. Alle Pflanzen, mit denen die Versuche durchgeführt wurden, erreichten nämlich eine fast doppelte Größe und entwickelten sich auch sonst zu einer bis dahin unbekannten Üppigkeit, wenn man in der künstlichen Atmosphäre, in der sie aufgezogen wurden, den Sauerstoffgehalt auf etwa die Hälfte reduzierte.

Aus der Betrachtung des chronologischen Ablaufs, der geschichtlichen Entwicklung der Zusammensetzung der heutigen Erdatmosphäre ergibt sich eindeutig, daß die Beziehungen, die zwischen der Atmung der Pflanzen und der der Tiere und Menschen bestehen, keineswegs einseitig sind. Wir neigen ja als Menschen unausrottbar und in vielerlei und oft schwer zu entdeckender Weise dazu, unsere Umwelt als perspektivisch auf uns selbst hin geordnet zu erleben und zu deuten. Die jahrtausendealte Illusion von der Erde als der Mitte der Welt ist dafür nur das bekannteste und symbolträchtigste, keineswegs aber etwa das einzige

Beispiel. So neigen wir bei dem uns hier beschäftigenden Zusammenhang gedankenlos auch allzuleicht dazu, anzunehmen, daß die Pflanzen als Sauerstoffspender gleichsam im Dienste des tierischen und menschlichen Lebens ständen. Das ist eine höchst einseitige Betrachtung, die der Wirklichkeit nicht gerecht wird. Der historische Ablauf, den wir kurz skizzierten, scheint eher sogar eine Betrachtung der Situation aus der entgegengesetzten Perspektive zu rechtfertigen. Naturgeschichtlich gesehen, wäre es zutreffender, zu sagen, daß Tiere und Menschen vom Standpunkt der Pflanzen aus höchst nützliche und dienliche Lebensformen darstellen, weil sie die auf andere Weise nicht zu lösende Aufgabe der laufenden »Abfallbeseitigung« für die Pflanzen übernommen haben, die sonst früher oder später an dem von ihnen selbst produzierten Sauerstoff unweigerlich ersticken müßten.
Worauf es in diesem Zusammenhang allein ankommt, ist, deutlich zu machen, daß hinsichtlich des in der Erdatmosphäre enthaltenen Sauerstoffs ein echter funktioneller Kreislauf vorliegt. Damit sind wir wieder bei der Situation der Erde als eines mit der ganzen Menschheit durch das Weltall reisenden Raumschiffs. Die Analogie dürfte jetzt noch deutlicher geworden sein. Der von der Erde auf ihrem Raumflug mitgeführte Sauerstoffvorrat ist in Wirklichkeit so gering, daß er bei der heutigen Lebensdichte innerhalb von rund dreihundert Jahren verbraucht sein würde, wenn er nicht in dem beschriebenen Kreislauf durch die pflanzliche Vegetation auf der Erde laufend erneuert würde. Es ist, mit anderen Worten, seit Hunderten von Jahrmillionen und in alle Zukunft immer wieder der gleiche Sauerstoff, der von unseren Urahnen und allen Tieren überhaupt, die je auf der Erde gelebt haben, und ebenso auch von uns heute geatmet und der von den Pflanzen, welche die Erdoberfläche trägt, immer von neuem »regeneriert« wird. Das aber ist bis in alle Einzelheiten genau das gleiche Prinzip, nach dem man das Problem der Sauerstoffversorgung bei zukünftigen, langfristigen Raumreisen mit Hilfe bemannter, von der Technik konstruierter Raumflugkörper zu lösen gedenkt.

Dieses Prinzip gilt nicht nur für die Luft, die wir atmen. Es gilt auch für das Wasser, das wir trinken. Auch dieses Wasser ist vor uns schon Tausende von Malen getrunken worden, es hat den Durst von ungezählten Generationen von Lebewesen, Menschen, Tieren und Pflanzen zurück bis in die früheste Urgeschichte der Erde gelöscht, und es ist immer wieder das gleiche Wasser, das bis in die fernste Zukunft der Erde von deren Lebewesen immer wieder von neuem getrunken werden wird. Alle lebenden Organismen benötigen dieses Wasser als das Lösungsmittel, in dem allein sich die vielfältigen chemischen Prozesse abspielen können, die insgesamt den Stoffwechsel eines belebten Organis-

mus darstellen. Und alle Lebewesen scheiden dieses Wasser laufend auch wieder aus. Dies geschieht nicht nur durch die Nieren, wobei es wiederum als Lösungsmittel zur Ausscheidung giftiger Stoffwechsel-Abfallprodukte eine entscheidende Rolle spielt, sondern zum Beispiel auch als Schweiß. Auch diesem infolge des physikalischen Phänomens der Verdunstung ganz unvermeidlichen Ausscheidungsmechanismus hat die Natur eine biologisch zweckmäßige Funktion zuzuordnen vermocht. Wie wir alle wissen, ist die Ausscheidung von Wasser durch die Haut einer der wichtigsten Mechanismen zur Wärmeregulation unseres Körpers. Mengenmäßig bedeutungsvoll ist schließlich noch ein dritter Ausscheidungsweg, und zwar der durch unsere Atmung. Die Feuchtigkeit der von uns ausgeatmeten Luft ist ein quantitativ durchaus ins Gewicht fallender Faktor in der Wasserbilanz unseres Körpers. Einen erkennbaren biologischen Zweck scheint diese Form der Flüssigkeitsausscheidung übrigens nicht zu haben, wenn man einmal davon absieht, daß sie deshalb nicht vermieden werden kann, weil andernfalls die empfindlichen Schleimhäute unseres Atemtraktes, von der Haut in unserer Nase bis zu den feinen Verästelungen der luftführenden Bronchien in der Tiefe unserer Lungen, austrocknen würden.
Auch dieses von der Erde auf ihrer Reise durch den Raum mitgeführte Wasser wird in einem gewaltigen Kreislauf immer von neuem regeneriert und für die Wiederverwendung durch Menschen, Pflanzen und Tiere aufbereitet. Auf irgendeine Weise gerät es nämlich schließlich immer in irgendeinen Bach oder einen Fluß und wird durch ihn dem Meere zugeführt. Aus dessen riesiger Oberfläche aber – und daneben natürlich auch aus der ebenfalls stets Feuchtigkeit enthaltenden festen Erdoberfläche – wird es von der Wärme der Sonne regelrecht abdestilliert. Es verdunstet und steigt als Wasserdampf in die Atmosphäre. In dieser kondensiert es zu Wolken, die gleichsam gewaltige Pakete bilden, bestehend aus unzähligen Tröpfchen destillierten, reinen Wassers, die dann von den Strömungen in der Atmosphäre – die ihrerseits wiederum durch die von der Sonne bewirkten Wärmeströmungen in der Lufthülle unseres Planeten in Gang gehalten werden – abtransportiert werden, bis sie schließlich irgendwo wieder abregnen. Dabei geben sie dann, wenn das über dem Lande geschieht, der Erde das gereinigte Wasser wieder zurück.

Als letztes in dieser Reihe von Beispielen, die sich noch weiter fortsetzen ließe, sei das Phänomen der »Ernährung« angeführt. Selbst das Raumschiff Erde ist nicht groß genug, um all die Nahrung fix und fertig vorrätig haben zu können, die von der mitreisenden Gesellschaft der Menschen und Tiere über die schier endlose Reihe der Generationen hinweg benötigt wird. Die Art und Weise, in der dieses Problem gelöst worden ist, haben wir zwar alle schon einmal in der Schule lernen müssen, leider jedoch gewöhnlich in einer Form, die den großen Zusammenhang nur den wenigsten hat aufgehen lassen. Auch wenn wir uns hier lediglich auf die Skizzierung der wesentlichen Gesichtspunkte dieses Zusammenhanges beschränken, müssen wir doch ein wenig ausholen, um die Dinge richtig verstehen zu können.

Was Nahrung eigentlich ist, kann man nur dann verstehen, wenn man sich klarmacht, daß die elementare Regel: »Von Nichts kommt nichts«, oder, seriöser formuliert: daß das Naturgesetz von der »Erhaltung der Energie« nicht nur in der Physik, in der unbelebten Natur, gilt, sondern ebenso auch für alle Vorgänge im Bereiche der Biologie. Selbstverständlich verbraucht nicht nur jeder physikalische, sondern ebenso auch jeder physiologische Prozeß Energie, exakter ausgedrückt: bei jedem derartigen Vorgang, sei er physikalischer oder physiologischer Natur, werden bestimmte Energieformen in andere Energieformen umgewandelt. Dies geschieht allerdings keineswegs etwa in beliebiger Richtung, sondern so – und das ist die berühmte *Entropie*-Regel –, daß stets ein mehr oder weniger großer Teil der umgesetzten Energie in Wärme verwandelt wird, die dazu tendiert, sich in einem irreversiblen (nicht umkehrbaren) Prozeß gleichmäßig in der Umgebung auszubreiten, und die damit als mögliche Quelle zur Leistung von Arbeit endgültig ausscheidet. In diesem Sinn also kann man davon sprechen, daß Energie »verbraucht« wird. Sie geht – Erhaltungssatz – natürlich nicht verloren, ein Teil von ihr wird aber bei jedem Umwandlungsprozeß in die nicht mehr nutzbare Energieform freidiffundierter Wärme umgesetzt.

So verbraucht auch das Leben selbst Energie, jeder Stoffwechselprozeß, jede Bewegung, ja schon die Arbeit, die fast jedes Lebewesen allein zu dem Zweck leisten muß, um sein eigenes Körpergewicht zu tragen. Das macht die ständige Zufuhr von Energie zur Aufrechterhaltung des Lebensprozesses notwendig. Grundsätzlich könnte es nun zunächst gleichgültig sein, in welcher Form diese Energie zugeführt oder von dem auf diese Energie angewiesenen Lebewesen aufgenommen wird. Tatsächlich wird dazu auch schon die bloße von der Sonne ausgestrahlte Wärmeenergie wenigstens mitgenutzt. Das läßt sich allein schon daraus von jedem von uns selbst aus eigener Erfahrung ableiten, daß wir alle an heißen Sommertagen weniger Appetit haben (also: auf geringere Nahrungsmengen als zusätzliche Energiezufuhr angewiesen sind) als an kalten Wintertagen im Freien.

Auf der anderen Seite steht allerdings auch fest, daß diese Form der Energiezufuhr allenfalls ein relativ unbedeutender Teilfaktor ist, der bei weitem nicht ausreicht, um den Energiebedarf eines tierischen Lebewesens oder auch eines Menschen zu decken. Wie wir alle ebenfalls aus eigener Erfahrung wissen, kann man seinen Hunger auch im

Notfall keinesfalls etwa dadurch stillen, daß man sich einige Stunden der prallen Sonne aussetzt. Das liegt in erster Linie daran, daß dieser Mechanismus der Energiezufuhr beim tierischen Organismus quantitativ einfach nicht ausreicht.
Anders formuliert: Tier und Mensch verbrauchen ihre Energie schneller, als sie sie sich in Form von Wärme durch Aufnahme der von der Sonne abgestrahlten Energie an der Oberfläche zuführen können. Daß Sonnenlicht nicht sättigt, hat aber noch einen zweiten Grund: Die zugeführte Nahrung dient nicht nur dem Energie-, sondern auch dem sogenannten Baustoffwechsel. Auf Nahrung sind wir nicht allein als Energiequelle angewiesen, sondern auch als Nachschub für das organische Material, mit dem unsere Körpergewebe – Muskeln, Fettgewebe, Blut, Knochen usw. – fortlaufend, wenn auch von Gewebeart zu Gewebeart in sehr unterschiedlichem Tempo, erneuert und ergänzt werden. Das ist der Grund dafür, daß unsere Nahrung im wesentlichen aus Fett, Eiweißen und Zucker in verschiedener Form (meist in der Form von Stärke) zusammengesetzt sein muß und daß sie darüber hinaus noch eine ganze Menge anderer Verbindungen und Elemente (die sogenannten Vitamine, ferner Mineralien, kleine Mengen der verschiedensten Metalle und viele andere Stoffe) enthalten muß, die energetisch gar keine Bedeutung haben, aber als unentbehrliche Baustoffe benötigt werden, um einer »Mangelkrankheit« zu entgehen.
Fette, Eiweiße und Zucker sind also deshalb die Hauptbestandteile unserer Nahrung (und der nahezu aller Tiere), weil es sich bei ihnen um Verbindungen handelt, die in optimaler Weise sowohl als Energielieferanten wie auch als organisches Baumaterial dienen können. Ihre Eigenschaft als Energiespender verdanken sie der Tatsache, daß es sich bei ihnen um relativ »hochmolekulare« Verbindungen handelt, um kompliziert zusammengesetzte Verbindungen aus sehr vielen einzelnen Atomen. Von der chemischen Bindungsenergie, die diese Atome im Molekülverband zusammenhält, leben wir. Unser Organismus ist befähigt, derartigen Molekülen ihre innere Bindungsenergie einfach dadurch zu entziehen, daß er sie in einfachere »niedermolekulare« Verbindungen zerlegt. Dabei wird die Bindungsenergie freigesetzt, in Form von Wärme, mit der wir unsere Körpertemperatur aufrechterhalten, aber auch in Form von elektrischen und anderen Energiearten, in Gestalt freier Elektronen und sicher noch in vielen anderen Formen, die von unserem Körper zur Aufrechterhaltung seiner Struktur und seiner Aktivität genutzt werden können, ohne daß wir heute schon allzuviel darüber wüßten, wie das im einzelnen vor sich geht.

Zurück zu unserer Ausgangsfrage nach dem Ursprung unserer Nahrung. Wir können jetzt etwas genauer formulieren, indem wir fragen,

woher die Energie stammt, die in bestimmten Verbindungen wie Eiweißen oder Zuckern gespeichert ist und die diese Verbindungen zur »Nahrung« für uns werden läßt. Die Energie, die in diesen und anderen Stoffen steckt, muß vorher ja auf irgendeine Weise in sie hineingekommen sein. Wir sagten zu Anfang dieses Abschnitts bereits, daß der elementare Satz: »Von Nichts kommt nichts« auch im Reich der belebten Natur gilt. An der gleichen Stelle hatten wir auch schon darauf hingewiesen, daß alle diese Energie von den Pflanzen erzeugt wird und damit letzten Endes von der Sonne stammt, die uns auf der Erde also nicht nur Licht gibt und wärmt, sondern die uns tatsächlich doch, auch wenn auch in der hier kurz beschriebenen Weise indirekt, ernährt. Daß die Sonne noch viel mehr für uns bedeutet, daß sich hinter dem Begriff des »lebensspendenden Gestirns«, den schon frühere Generationen für diesen Fixstern prägten – den wir Sonne nennen, weil er »unser« Stern ist –, noch eine Vielzahl weiterer, noch vor wenigen Jahren gänzlich ungeahnter Einflüsse verbergen, von denen unsere Existenz in jedem Augenblick abhängt – diese Einsicht wird uns noch sehr eingehend beschäftigen.
Die Sonne also ist es, die uns auch ernährt, wenn auch indirekt. Daß sie *direkt* dazu nicht in der Lage ist, daß ihre Wärme und die Wirkung der vielen anderen Strahlenarten, die sie aussendet, nicht genügt, um uns zu sättigen, davon war bereits die Rede. Zwischen der Sonne und uns spannt sich vielmehr eine sogenannte »Nahrungskette«. Diese beginnt bei den Pflanzen, deren Chlorophyll genanntes grünes Blattpigment befähigt ist, bestimmte Wellenlängen der Sonnenstrahlung aufzunehmen und zum Aufbau hochmolekularer Verbindungen aus der Kohlensäure der Luft und den einfachen anorganischen Molekülen zu verwenden, welche eine Pflanze mit ihren Wurzeln aus dem Erdreich aufnimmt. An dieser Stelle also, in den Blättern der Pflanzen, wird bei dem schon erwähnten und noch immer nicht vollständig aufgeklärten Prozeß der »Photosynthese« von der Sonne ausgestrahlte Energie aufgefangen und gleichsam in chemische Bindungsenergie verwandelt, mit welcher einfachere Moleküle zu organischen Verbindungen zusammengeschlossen werden, darunter eben auch zu Zuckern, Eiweißen und Fetten. Hier, in den Blättern der Pflanzen, entsteht alle Nahrungsenergie, die es in unserer Welt gibt. Gäbe es die Pflanzen nicht, so würden wir nicht nur ersticken, wir müßten also auch, und wahrscheinlich schon sehr viel früher, verhungern. Denn auch dann, wenn wir Fleisch essen und uns auf diese Weise die unbedingt benötigten energieliefernden Substanzen zuführen, stammt dieses Fleisch ja von einem Tier, das sich seinerseits von pflanzlicher Kost ernährt hat. Oder, wenn das nicht der Fall sein sollte, hat dieses Tier vorher andere Tiere gefressen, die Pflanzenfresser waren. Welchen Fall man auch immer

annehmen will, stets hat man das eine Ende einer mehr oder weniger langen Nahrungskette vor sich, deren anderes Ende unfehlbar im Pflanzenreich endet..

Ein extremes Beispiel haben wir auch hierfür schon auf den ersten Seiten dieses Buches beiläufig in anderem Zusammenhang erwähnt, als davon die Rede war, daß auch die tiefsten Stellen der Ozeane in zehn und mehr Kilometern Tiefe noch belebt sind: spärlich zwar, andererseits aber doch viel dichter, als man es angesichts der phantastischen Drucke, die dort herrschen – in zehn Kilometern Wassertiefe rund tausend Kilogramm (eine Tonne!) auf jeden Quadratzentimeter Oberfläche –, noch vor kurzem für möglich gehalten hätte. In diesem extremen Lebensraum gibt es ja keine Pflanzen mehr. In der Lichtlosigkeit dieser Tiefen, in die kein noch so spärlicher Schimmer Sonnenstrahlung mehr hinabdringt, sind Pflanzen, die einzigen Lebewesen, die sich von der Sonne ernähren können, wenn ihnen dazu Kohlensäure und noch einige Mineralien geliefert werden, nicht mehr existenzfähig. Und trotzdem gibt es auch hier nun eine ganze Reihe tierischer Lebensformen, nicht nur Fische (Anglerfische, Schlingaale und andere, die nur mit ihren wissenschaftlichen, lateinischen Namen benannt werden), sondern Seegurken, Seeanemonen, Schwämme, Krebse, Asseln und viele andere Arten.

Wovon aber ernährt sich diese Tiefseefauna dann eigentlich? Auch hier fressen, ohne Zweifel, die Großen die Kleinen. Aber haben wir hier nicht womöglich einen Lebensraum vor uns, in welchem Tiere unabhängig von Pflanzen gedeihen, die es hier ja nicht mehr gibt? In Wahrheit aber läßt sich nicht nur durch wissenschaftliche Schlußfolgerungen, sondern auch ganz konkret durch chemische Analysen von Tiefsee-Wasserproben beweisen, daß die von den Pflanzen ausgehende Nahrungskette lückenlos auch bis hinunter in diese lichtlosen Tiefen reicht. Dorthin wird die Verbindung einfach durch das ständige Hinabrieseln von organischen Substanzen aus Pflanzen- und Tierresten aufrechterhalten, die nach ihrem Tod bis auf den Boden der Tiefsee sinken und so die in ihren Überresten noch enthaltenen organischen Verbindungen zum Abbau als »Nahrung« den dort beheimateten Tiefsee-Lebewesen zukommen lassen. Es ist ein seltsamer Gedanke, daß auf diese Weise die Tiefsee-Organismen von den auf sie herabrieselnden Abfällen einer Welt leben, von der sie nicht nur nichts wissen können und mit der sie auch sonst in keinerlei Verbindung stehen, sondern in der sie auch ebenso wenig existieren könnten und die ihnen gleich fremdartig und lebensfeindlich erscheinen würde, wie uns etwa die Oberfläche des Mondes.

So führt die Erde also, wie sollte es auch anders sein, alles mit sich, was das auf ihrer Oberfläche entstandene Leben auf dem langen Flug durch den leeren Raum braucht – mit einer einzigen Ausnahme: der ebenfalls unentbehrlichen Energie. Sauerstoff, Wasser und Nahrung stehen auf der Erde zwar zur Verfügung, wie wir gesehen haben, aber in ausreichendem Maß eben nur, weil sie durch die skizzierten »Regenerationskreisläufe« fortwährend von neuem erzeugt oder, wie das Wasser, zumindest gereinigt werden. Diese Kreisläufe aber müssen ja in Gang gehalten werden, und dazu ist eine beträchtliche Energie notwendig. Man schätzt, daß jährlich etwa sechshundert bis siebenhundert Billionen Tonnen Wasser in den Äquatorialgebieten der Erde verdunsten, nach oben in die Atmosphäre steigen und von dort aus durch Luftströmungen nach Norden und Süden in die polnäheren Regionen transportiert und diesen dann durch Abregnen als Frischwasser wieder zugeführt werden. Sowohl für die Verdunstung als auch für den Transport so gewaltiger Wassermengen sind natürlich entsprechende Mengen an Wärmeenergie notwendig. Wie jeder weiß, wird diese Energie von der Sonne geliefert. Das gleiche gilt, wie eingangs schon erwähnt, auch für den Prozeß der Photosynthese, der sowohl den Sauerstoff- als auch den Nahrungsnachschub gewährleistet. Auch hier sind die Produktionszahlen eindrucksvoll: Unter Ausnutzung der von der Sonne kommenden Strahlung werden von den irdischen Pflanzen jährlich mehr als zweihundert Milliarden Tonnen organische Substanz als Nahrungsnachschub neu erzeugt.

Die Sonne ist also der primäre Energielieferant, der »Antriebsreaktor« des Raumschiffs Erde, zwar nicht für deren ja unbeschleunigte Fortbewegung, aber für nahezu alle an ihrer Oberfläche sich abspielenden Prozesse. Alle diese Energie wird in Form elektromagnetischer Wellen aus rund 150 Millionen Kilometer Entfernung durch Strahlung geliefert, vor allem als Wärme und in der Form des sichtbaren Lichts. Die Pflanzen, welche eine durch bloß physikalische Mechanismen nicht erreichbare Ausnutzung dieser Strahlung zustande bringen, sind die Antennen, mit denen die Erde einen ausreichenden Anteil dieser von der Sonne so verschwenderisch ausgestrahlten Energie überhaupt erst auffangen kann.

Darüber, was das für ein Feuer ist, das da am Himmel brennt und in dessen Schein wir leben, haben sich Naturwissenschaftler seit Generationen die Köpfe zerbrochen. Das Problem bestand in der Erklärung der Herkunft der unvorstellbar großen Energiebeträge, welche die Sonne abgibt, und ihrer stetigen Nachlieferung über sehr lange Zeit-

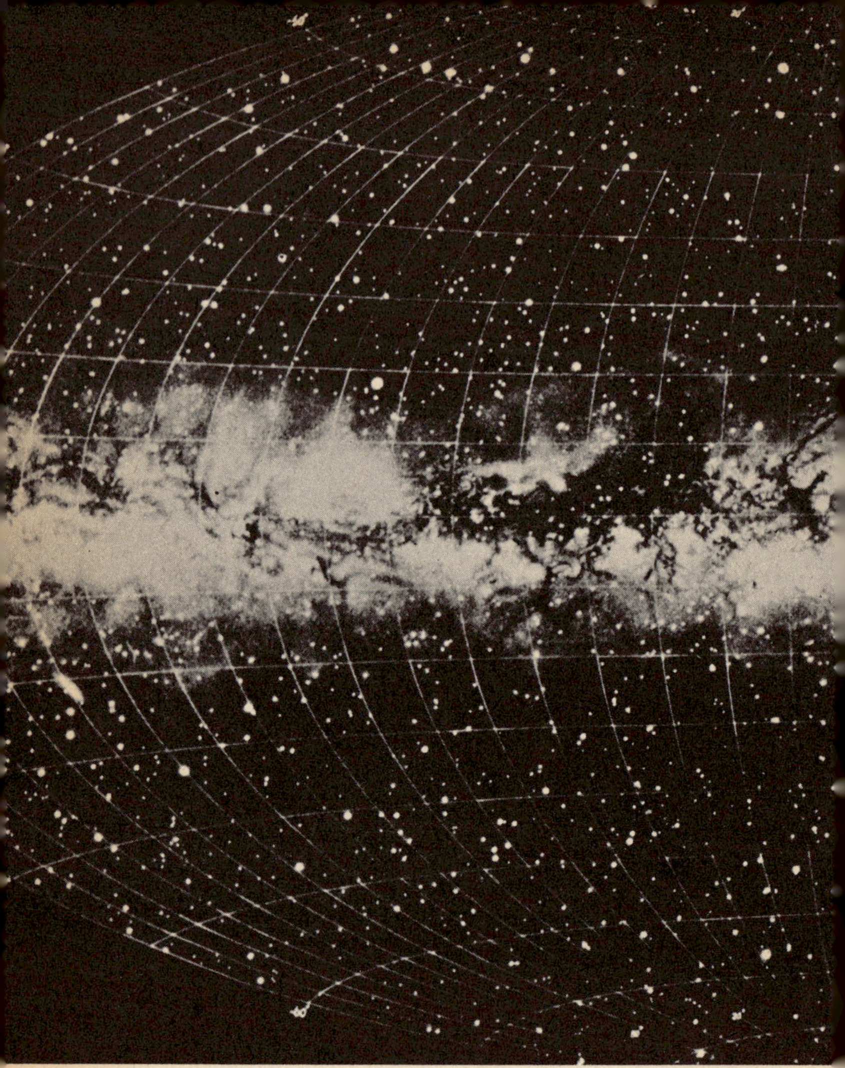

7 Panoramaaufnahme unserer Milchstraße. Schon Kant kam durch eine scharfsinnige Schlußfolgerung zu der Annahme, daß unsere Milchstraße »von außen« betrachtet die Gestalt einer riesigen Linse haben müsse. Vollkommen zutreffend folgerte der Königsberger Philosoph weiter, daß es sich auch bei ihr um einen jener zahlreichen, damals schon bekannten Spiralnebel handeln müsse, der uns nur aus perspektivischen Gründen als das bekannte Band am Himmel erscheint. Heute ist mit vielfältigen Methoden zweifelsfrei nach-

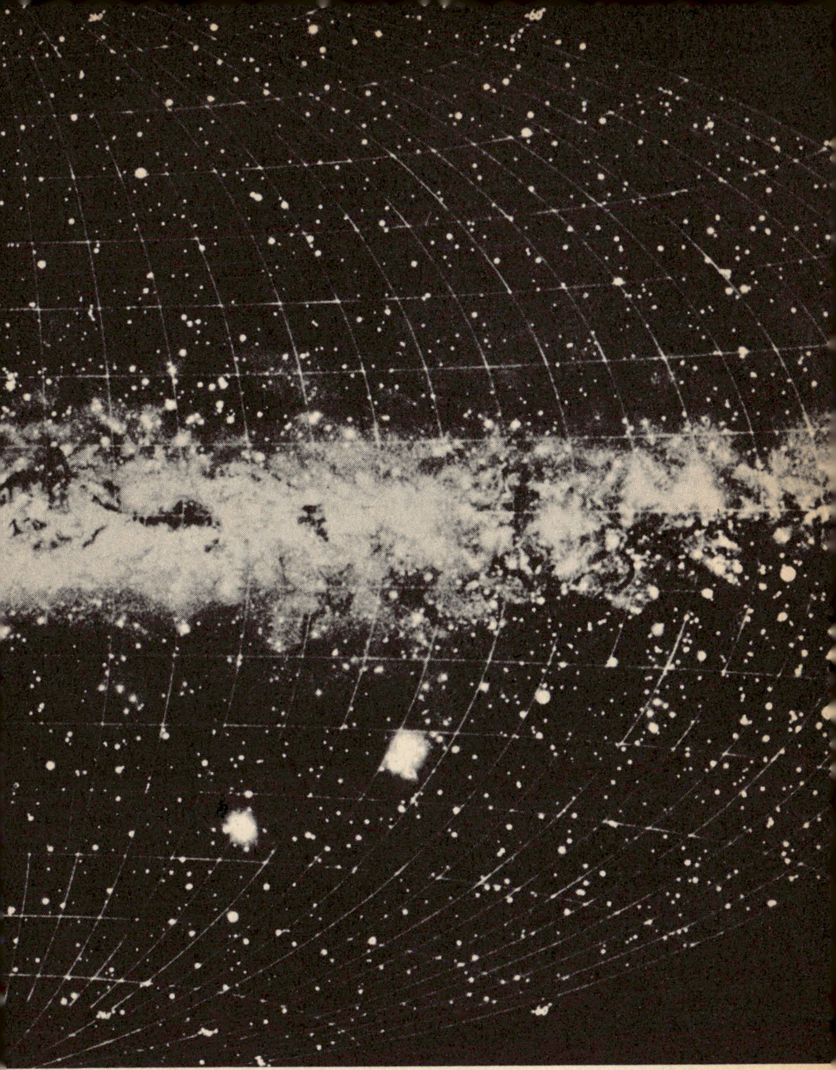

gewiesen, daß unsere Milchstraße tatsächlich ein riesiger Spiralnebel ist, bestehend aus mindestens 100 Milliarden Fixsternen, darunter auch unserer Sonne. Der Eindruck des Milchstraßen-»Bandes« am Himmel resultiert für uns, wie schon Kant vermutete, tatsächlich nur aus der Tatsache, daß wir in diesem einen Spiralnebel eben selbst »drinstecken«: Der Anblick der Milchstraße ist nichts anderes als der eines Spiralnebels »von innen« gesehen.

räume. Führen wir uns zur Veranschaulichung einmal einige der hier ins Spiel kommenden Daten vor Augen. Die Sonne ist fast 150 Millionen Kilometer von uns entfernt. Wir haben diese ungeheuer große Entfernung in den vorangegangenen Abschnitten schon an einem Denkmodell anschaulich zu machen versucht. Hier wollen wir diesen Versuch durch die Feststellung ergänzen, daß der Schall von der Sonne bis zu uns vierzehneinhalb Jahre unterwegs wäre. So lange würde es also dauern, bis wir den Knall einer auf der Sonne erfolgenden Explosion hören könnten (wenn er durch den luftleeren Raum überhaupt bis zur Erde gelangte). Und aus dieser Distanz leuchtet dieses Feuer noch mit solcher Kraft, daß unsere Tage auch bei vollkommen geschlossener Wolkendecke hell sind und wir vor seiner Wärme an einem wolkenlosen Sommertag in den Schatten fliehen.
Bei all diesen Überlegungen ist vor allem aber zu berücksichtigen, daß die Erde dabei auf Grund dieser Entfernung und ihrer relativ dazu sehr kleinen Oberfläche in jedem Augenblick überhaupt nur zwei Milliardstel der von der Sonne insgesamt erzeugten Energie auffängt. Nur die zehnfache Menge, alle zusammen also nur zweihundert Millionstel des ganzen Betrages, wird von allen Planeten unseres Systems aufgenommen. Der ganze übrige, riesige Rest zerstreut sich nach allen Richtungen in der Tiefe des Weltraums. Er scheint sich dort zu verlieren, wirkungslos zu verpuffen: ein Beispiel mehr für den so großen Aufwand und Luxus, den die Natur angeblich mitunter treibt. Noch vor einigen Jahren hätte diese Formulierung für selbstverständlich gegolten, und die meisten Menschen glauben heute noch, daß es sich so verhält. In Wirklichkeit aber ist ein ganz bestimmter, bis vor kurzem noch ganz unbekannter Anteil dieser nach allen Seiten in den Weltraum hinausjagenden Strahlung für unser Ergehen hier auf der Erde, wie Untersuchungen der letzten Jahre ergeben haben, genau so wichtig und bedeutsam wie der winzige Bruchteil, der uns tatsächlich erreicht. Wir werden noch sehen, warum das so ist und wie man zu dieser bedeutsamen Entdeckung kam.

Zunächst aber noch einmal zurück zu unserer Frage, was das für ein Feuer ist, das da als »Sonne« mit solcher Kraft und Stetigkeit brennt. Wir wissen heute, daß es kein gewöhnliches Feuer ist, sondern ein atomarer Ofen, in dessen Licht und Wärme das Raumschiff Erde seine Bahn zieht. Noch bis vor 45 Jahren aber waren die Wissenschaftler ratlos, weil noch niemand eine rechte Vorstellung von der Entstehung von Energie durch atomare Kernreaktionen hatte.
Noch Kant beschreibt in dem gleichen Buch, von dem vorhin schon die Rede war, in der »Allgemeinen Naturgeschichte und Theorie des Himmels«, die Oberfläche der Sonne in dramatischen Wendungen als ein

gewaltiges Feuermeer, das durch aus der Tiefe, aus dem von Kant als kalt angenommenen Sonneninneren hervorbrechende, geschmolzene brennbare Massen unterhalten werde. Die schon von Galilei entdeckten Sonnenflecken hielt Kant für die Gipfel riesiger Berge, die von der glühenden Flut mitunter überspült, dann wieder freigegeben würden.
Hier gleich ein Wort zu den Sonnenflecken, weil deren gewohntes Bild bei den meisten Menschen auch heute noch einen völlig falschen Eindruck hervorruft. Wie auch immer man sie sieht, direkt durch ein geschwärztes Glas oder ein Spezialfernrohr, indirekt auf einem Projektionsschirm hinter einem Fernrohr oder auf einer Photographie, stets sehen sie dunkel aus, schwarze Flecken auf der sonst hell-weißen Sonnenscheibe (Abb. 13, S. 123). Jeder, der das sieht, muß auf den Gedanken kommen, daß es sich um erkaltete, nicht glühende Teile der Sonnenoberfläche handelt. Den Wissenschaftlern, die die Sonne beobachten, auch den namhaften unter ihnen, ist es nicht anders gegangen. Nicht nur Kant, auch der berühmte Sir John Herschel glaubte, daß man an der Stelle der Sonnenflecken durch die brennende Sonnenatmosphäre hindurch auf die relativ kühle Oberfläche unseres Zentralgestirns sähe, und viele Wissenschaftler nach ihnen glaubten, die Sonnenflecken als Schlackenmassen deuten zu sollen. Die Flecken sind tatsächlich etwa 1500 Grad kühler als die weiß erscheinende übrige Sonnenscheibe. Das ist eine erhebliche Differenz. Aber weil die übrige Sonnenoberfläche 5700 Grad heiß ist, sind das immer noch 4200 Grad, also weit mehr als die Temperatur weißglühenden Stahls.
Wenn man einen dieser scheinbar schwarzen Sonnenflecken aus der Sonne herausnehmen und isoliert in den Himmel setzen könnte, so würde er allein, auch wenn er nicht größer aussähe als ein Planet, also etwa der Abendstern, trotzdem aus der Entfernung der Sonne die nächtliche Erde noch immer ebenso stark erleuchten wie der Vollmond. Daß diese Flecken trotzdem auf allen Abbildungen schwarz aussehen, liegt einfach daran, daß man das Licht der Sonne sehr stark verdunkeln muß, damit die übrige Oberfläche diese Stellen nicht einfach überstrahlt. Durch die starken Filter, die dazu nötig sind, bieten die in Wirklichkeit ebenfalls mit vielen tausend Grad glühenden Flecken dann den gewohnten irreführenden Anblick. Es ist das gleiche Problem, vor dem ein Photoamateur steht, der die sonnenbeschienene weiße Vorderfront eines Hauses photographieren will und dabei versucht, durch die offenstehende Haustür hindurch auch noch den im Schatten liegenden Hausflur mit aufs Bild zu bekommen. Entweder belichtet er so lange, daß die helle Fassade die Türöffnung auf dem fertigen Bild völlig überstrahlt, oder er kann, wenn er die Fassade richtig im Bild hat, die Öffnung der Tür nur als schwarzes Loch darstellen, obwohl das Innere des Flures so hell ist,

daß jemand, der sich in ihm aufhält, dort noch ohne Schwierigkeiten lesen könnte (vgl. Abb. 14, S. 137).
Daß Kant und noch viele seiner Nachfolger sich mit der Annahme zufrieden gaben, auf der Sonne verbrenne einfach in der üblichen Weise brennbares Material unter Zuführung von Sauerstoff, ist deshalb entschuldbar, weil man damals noch nicht die geringste Vorstellung davon hatte, über welch riesige Zeiträume hinweg die Sonne in ihrer heutigen Stärke schon strahlt. Die Sonne ist zwar riesengroß, aber wenn sie einfach aus brennbarem Stoff bestände, wäre ihre Lebensdauer als Fixstern dennoch außerordentlich kurz. Nehmen wir einmal an, die ganze Sonne wäre ein riesiger Ball aus erstklassiger Steinkohle. Das wäre also eine Kugel aus Kohle mit einer Dicke von 1,5 Millionen Kilometern. So groß ist der Durchmesser der Sonne, rund viermal größer als die Entfernung zwischen Erde und Mond, die, wie heute jeder weiß, rund 380000 Kilometer beträgt. Man brauchte tatsächlich also nur die eine Hälfte der Sonne auszuhöhlen, wenn man in ihr den Mond in seinem gewohnten Abstand um die Erde kreisen lassen wollte. Das Ganze wäre also zweifellos ein sehr ansehnlicher Berg Steinkohle. Trotzdem würde es nur 25000 Jahre dauern, bis er ausgeglüht wäre. Das war selbst Kant und seinen Zeitgenossen zu wenig, obwohl sie über diese Zahl damals noch nicht exakt verfügten. Man behalf sich mit der Vermutung, der Sonne werde durch den ständigen Einfall von Meteoriten und Kometen laufend so viel Brennstoff neu zugeführt, daß sie die höchstens hunderttausend Jahre, seit denen die Erde bestehe, leicht habe überdauern können.
So schien alles in bester Ordnung, bis unerwarteterweise die Vertreter eines ganz anderen, scheinbar völlig entlegenen Wissenschaftszweiges den Astronomen in die Quere kamen und sie und ihre Theorie zunehmend in Verlegenheit brachten. Das waren die Paläontologen, welche die Erdkruste immer systematischer nach Fossilien, den versteinerten Überresten ausgestorbener Lebensformen, durchsuchten, und die es vor allem immer besser verstanden, die Zeiträume abzuschätzen, die seit dem Tod der von ihnen untersuchten Urtiere vergangen waren (vgl. Abb. 15, S. 148). Noch zu Anfang des vorigen Jahrhunderts glaubten die meisten Wissenschaftler, daß seit der Entstehung der Erde kaum mehr als hunderttausend Jahre vergangen sein könnten. Aber dann trieben die Urweltforscher mit ihren Fossilien diese Zahl immer weiter hinauf bis in kurz zuvor noch für unglaublich gehaltene Größenordnungen. Um die letzte Jahrhundertwende, vor siebzig Jahren, rechnete man immerhin schon nicht mehr mit Jahrhunderttausenden, sondern mit Hunderten von Jahrmillionen.

Als die Paläontologen den Astronomen ihre Befunde und Rechnungen vorlegten, aus denen unbestreitbar hervorging, daß die Erde nicht nur seit so langer Zeit schon bestand, sondern daß es auf ihr auch schon seit mindestens hundert bis zweihundert Millionen Jahren organisches Leben gegeben haben müsse, begannen die Schwierigkeiten von neuem. Die Existenz von Leben bedeutete natürlich, daß die Sonne über den genannten Zeitraum hinweg mit praktisch unverminderter Energie Licht und Wärme ausgestrahlt haben mußte. Und als die Astronomen versuchten, den Brennstoffbedarf der Sonne für einen so langen Zeitraum ebenfalls noch unter Zugrundelegung laufenden Nachschubs durch Meteoriten zu erklären, sahen sie sich alsbald in einer Sackgasse. Selbst dann nämlich, wenn sie einmal annahmen, daß die Sonne mit ihrer gewaltigen Anziehungskraft tatsächlich ausreichende Mengen von kosmischen Trümmern an sich hatte ziehen können, sahen sie sich in Widersprüche mit ihren eigenen Beobachtungen verwickelt. Die sich aus dieser Theorie ergebenden Materiemengen an Meteoriten waren nämlich so groß, daß die Sonne nachweislich an Gewicht hätte zunehmen müssen. Das Gewicht der Sonne aber ließ sich auch damals schon mit so großer Genauigkeit bestimmen, daß diese Möglichkeit ausschied. Zur Messung benutzte man, wie auch heute noch, die empfindlichste denkbare Waage, nämlich die Kontrolle der seit langem genauestens vermessenen Planetenbahnen, die sich meßbar hätten verändern müssen, wenn das Gewicht der Sonne und damit ihre Masseanziehung in dem Maße zugenommen hätten, wie es nach der Meteoriten-Hypothese angesichts der jetzt vorliegenden neuen Zahlen über das Alter der Erde notwendig gewesen wäre.

Wieder kam man auf eine Lösung, die die Dinge befriedigend ins Lot zu rücken schien: Auf die Annahme einer allmählichen Kontraktion der Sonne unter der Wirkung ihrer eigenen Schwere, eine Annahme, die angesichts der gasförmigen Natur der Sonne und ihres ungeheueren Gewichts von mehr als 330000 Erdmassen plausibel erschien. Es ist richtig, daß die Zusammenziehung eines Körpers Wärme erzeugt, und wir wissen heute auch, daß die Kontraktion der Wasserstoffwolke, aus der ein Stern entsteht, tatsächlich die Hitze erzeugt, die ihn erstmals aufleuchten läßt und in seinem Kern den Prozeß in Gang setzt, der ihn dann als Stern am Leben erhält. Die Berechnung ergab, daß die Sonne sich pro Jahrtausend nur um den zehntausendsten Teil ihres Durchmessers zu verkleinern brauchte, um ihre Temperatur über mehrere hundert Millionen Jahre hinweg auf gleicher Höhe halten zu können, ein, wie es auch jetzt wieder schien, völlig befriedigendes Ergebnis.

Die Befriedigung dauerte nicht lange. Anfang der zwanziger Jahre hatten die Paläontologen die Dauer des Lebens auf der Erde schon

auf annähernd eine Milliarde Jahre geschätzt, und die Astronomen waren erneut in Schwierigkeiten. Aus diesen wurden sie erst 1925 befreit, und diesmal endgültig, als der berühmte Sir Arthur Stanley Eddington als erster auf den Gedanken kam, die damals theoretisch schon bekannte, in den Atomkernen steckende Energie als Quelle der Strahlung der Fixsterne und damit auch der Sonne anzunehmen. Diese Quelle erst strömt so reichlich, daß auch die von den Paläontologen als Zeitraum für die Geschichte des Lebens auf der Erde heute inzwischen ermittelten rund drei Milliarden Jahre kein Problem mehr darstellen. Nach allem, was wir heute wissen, strahlt die Sonne seit rund viereinhalb Milliarden Jahren in praktisch unverminderter Stärke und hat damit erst etwa die Hälfte ihrer Lebensspanne hinter sich. Als Stern wird sie zwar auch nach dieser Zeit weiter existieren, nicht jedoch als die uns bekannte Sonne, weil sie nach dieser Zeit eine Reihe krisenhafter Stadien durchlaufen wird, denen unsere Erde und möglicherweise das ganze Sonnensystem zum Opfer fallen werden.
Es ist also ein atomares Feuer, das da über unseren Köpfen am Himmel steht und uns beleuchtet und erwärmt und das die Kreisläufe auf der Oberfläche unserer Erde in Gang hält, von denen alles Leben abhängt. Ich habe schon mehrfach angedeutet, daß die Sonne darüber hinaus noch sehr viel mehr tut – daß in den letzten Jahren eine ganze Reihe bisher völlig unbekannter Einflüsse der Sonne auf die Lebensbedingungen hier auf der Erde entdeckt worden sind. Um diese verstehen zu können, müssen wir uns jetzt zunächst etwas näher mit dem Aufbau und dem Funktionieren dieses frei im Raum schwebenden atomaren Reaktors beschäftigen: müssen wir versuchen, ein Porträt des Sterns zu skizzieren, der unsere Sonne ist. Nicht nur seine Größe, sondern auch die auf ihm herrschenden Bedingungen übersteigen nun so sehr alles irdische Maß, daß es nicht überrascht, wenn man dabei auf unerwartete Tatsachen und Eigenschaften stößt. Trotzdem wird es vielen zunächst unglaubhaft vorkommen, wenn sie erfahren, daß das Licht, das durch unsere Fenster fällt, aus der Steinzeit stammt, oder daß es in dem unvorstellbar heißen Kern der Sonne stockdunkel ist.
Aber wir dürfen dem Gang der Dinge nicht vorauseilen und wollen versuchen, das Porträt unserer Sonne systematisch zu entwerfen.

Die Geschichte unserer Sonne begann vor etwa sechs, vielleicht auch sieben oder acht Milliarden Jahren damit, daß sich eine riesengroße, die heutige Ausdehnung unseres Sonnensystems vielhundertfach übertreffende und anfangs äußerst dünne Wolke interstellarer Materie unter der gegenseitigen Anziehungskraft der Wasserstoffatome, aus denen sie – neben winzigen Spuren schwererer Elemente – fast ausschließlich bestand, ganz allmählich zusammenzuziehen begann. Im Verlauf unvorstellbar langer Zeiträume setzte sich diese Kontraktionsbewegung immer weiter fort, gleichzeitig nahm ihre Geschwindigkeit allmählich zu in dem Maße, in dem sich im gemeinsamen Schwerpunkt im Massenzentrum der Wolke ein an Dichte zunehmender Kern mit laufend sich vergrößernder Anziehungskraft bildete. Da es gänzlich unmöglich ist, daß sich die bei einem solchen Vorgang beteiligten Wasserstoffatome in diesem gemeinsamen Mittelpunkt exakt frontal treffen, da es hier vielmehr laufend zu »streifenden« Begegnungen kommen muß und diese sich natürlich niemals genau gegenseitig aufheben, kam es früher oder später neben der Kontraktionsbewegung auf das Zentrum hin noch zu einer zweiten Bewegungskomponente: das ganze riesige Gebilde begann sich im Verlauf seiner Schrumpfung wie ein Karussell um sich selbst zu drehen.
Die dadurch hervorgerufenen Fliehkräfte flachten das Ganze schließlich noch ab. Da aus verhältnismäßig winzigen »Überbleibseln« der sich in dieser Weise kontrahierenden Wolke später die Planeten entstanden, macht dieser Ablauf der Ereignisse verständlich, warum alle Planeten unseres Systems in der gleichen Richtung um die Sonne laufen und warum sie das alle in der gleichen Ebene tun. Als das kosmische Karussell nämlich erst einmal in Gang gekommen war, standen Richtung und Ebene seiner Umdrehung endgültig und für alle Zeiten fest, da es keine äußeren Kräfte gab, die groß genug gewesen wären, sie zu verändern.
Genau genommen, ist der Prozeß des Verstehens angesichts dieser Entstehungsgeschichte natürlich gerade umgekehrt verlaufen. Natürlich ist es eigentlich nicht so, daß der beschriebene Ablauf den heutigen Bau des Sonnensystems verstehen läßt, sondern so, daß unsere Kenntnis des heutigen Zustandes des Sonnensystems uns die Möglichkeit gibt, zu rekonstruieren, welche Phasen dieses System während seiner Entstehung, während der Zeiten, in denen es noch keine Erde gab, durchgemacht haben muß, damit seine heutige Form daraus resultieren konnte. Im Endergebnis läuft beides natürlich auf das gleiche hinaus, allerdings nur unter der keineswegs etwa selbst-

verständlichen Voraussetzung, daß die Naturgesetze während der ganzen Geschichte des Universums immer die gleichen gewesen sind.
Der bei weitem größte Teil der sich zusammenziehenden Wolke aber konzentrierte sich in dem immer dichter werdenden Kern im Mittelpunkt, der unter dem Einfluß seiner schließlich gewaltigen inneren Anziehungskräfte trotz der natürlich auch auf ihn einwirkenden Fliehkraft wieder eine nahezu vollkommene Kugelgestalt annahm und die Sonne zu bilden begann. Wie überwältigend groß dieser Hauptanteil der Urwolke gewesen ist, ergibt sich daraus, daß die Sonne allein heute fast 99,9 Prozent der Masse des ganzen Sonnensystems ausmacht. Nur etwas mehr als 0,1 Prozent entfallen auf alle Planeten, Meteore, Kometen und den ganzen interplanetaren Staub.
Der Masse nach ist die Sonne also eigentlich nicht nur das Zentrum des Sonnensystems, sie ist das Sonnensystem selbst, jedenfalls zu 99,9 Prozent. Die neun Planeten, unter ihnen unsere Erde, und die übrige Materie des Systems fallen ihr gegenüber buchstäblich nicht ins Gewicht. Die Kontraktion dieser gewaltigen Materiemenge ließ nun im Verlauf ihrer weiteren Zunahme schließlich physikalische Bedingungen entstehen, wie sie sonst nirgends in der Natur verwirklicht sind und wie wir sie auch in menschlichen Laboratorien trotz aller Leistungen unserer heutigen Technik auch nicht annähernd nachahmen können. Diese Bedingungen aber waren die Voraussetzung dafür, daß aus der sich da vor mehreren Milliarden Jahren im leeren Raum langsam zusammenziehenden Riesenkugel aus Wasserstoff eine *Sonne* wurde, ein Stern mit Eigenschaften, die bis vor einigen Jahren noch weitgehend rätselhaft waren und die selbst ihre Entdecker in Staunen versetzten. Mit das Erstaunlichste daran ist es, daß diese uns so seltsam und unwahrscheinlich erscheinenden Eigenschaften nicht nur die Grundlage unserer Existenz darstellen, sondern daß *sie* es auch sind, die einst eine Ausgangssituation geschaffen haben, aus der heraus unter dem Einfluß der Naturgesetze nicht nur die Erde, sondern auch alles Leben auf der Erde und damit wir selbst überhaupt erst entstanden sind. So fremdartig und unvorstellbar sich dieser Stern unserer Wissenschaft heute auch präsentiert, er ist nicht nur der Garant, sondern auch der Ursprung unserer Existenz.
Als Folge des gewaltigen Gewichts der riesigen Masse, die da immer mehr in sich zusammensackte, entstanden schließlich im Zentrum der Gaskugel Drucke und Temperaturen, die so groß waren, daß hier atomare Reaktionen einsetzten, »Kernverschmelzungsprozesse«, bei denen fortlaufend außerordentlich große Energiemengen freigesetzt wurden. Damit war aus der auch jetzt noch gasförmigen Kugel ein Stern geworden, und gleichzeitig machte die soeben entstandene Sonne erstmals eine kritische »instabile« Phase durch.

Wirklich stabil war das Gebilde, wie wir gesehen haben, bis dahin auch noch niemals gewesen, es hatte sich ja ständig kontrahiert. Diese Kontraktion war aber, wenn in der letzten Phase vermutlich auch mit zunehmender Geschwindigkeit, so doch über sehr lange Zeiträume hinweg praktisch gleichmäßig und stetig verlaufen. Die einzige Kraft, welche diese Bewegung auf den gemeinsamen Mittelpunkt hin diktierte, war die Schwerkraft gewesen. Jetzt aber trat mit einem Male ein zweiter Faktor auf, der das Kräftespiel beeinflußte und genau in der entgegengesetzten Richtung wirkte: die durch die im Zentrum des Ganzen entzündeten atomaren Prozesse erzeugten Temperaturen und Strahlen drängten nach außen und entwickelten gemeinsam einen gewaltigen Druck, der dazu tendierte, die weitere Kontraktion des Sonnenballs abzubremsen und anschließend sogar wieder ins Gegenteil umzukehren. Wir wissen nicht genau, was damals geschah. Der heutige Zustand der Sonne enthält keine Spuren der Ereignisse in dieser frühen Vergangenheit. Aber wir dürfen annehmen, daß die Sonne sich damals, dem in ihrem Inneren plötzlich neu aufgetretenen Druck folgend, vorübergehend wieder auszudehnen begann.

Damit aber muß eine eigenartige Kette von Ereignissen ausgelöst worden sein, denn diese Ausdehnung führte nun ja wieder zur Abnahme von Innendruck und zentraler Temperatur. Mit anderen Worten: die eben erst erreichten »kritischen« Werte für das In-Gang-Kommen der Kernreaktionen im Sonnenzentrum wurden wieder unterschritten, das gerade erst entflammte atomare Feuer erlosch wieder. Damit aber verschwand der aus der Sonnenmitte nach außen wirkende Druck, und die gemeinsame Anziehungskraft gewann von neuem die Oberhand. Die Kontraktionsbewegung setzte ein zweites Mal ein, sie aber bewirkte natürlich von neuem das Ansteigen von Druck und Temperatur im Kern, und kurze Zeit später müssen die atomaren Prozesse wieder eingesetzt haben, welche eine erneute Ausdehnung bewirkten und den Kreislauf ein weiteres Mal in Gang setzten. Wenn wir das, wie schon gesagt, auch nicht mit Bestimmtheit wissen, so hat es doch den Anschein, als ob die Sonne damals notgedrungen ein Stadium durchzumachen hatte, in welchem sie gleichsam ins »Schwingen« geriet, in eine rhythmisch ablaufende Folge von Pulsationen, bei denen sie sich abwechselnd gewaltig ausdehnte und wieder zusammenzog.

Leben hätte sich in diesem Stadium auf der Erde natürlich weder bilden noch behaupten können, denn diese Pulsationen hatten in Erdentfernung entsprechende gewaltige Temperaturschwankungen zur Folge. Eine grobe Schätzung läßt annehmen, daß die Temperatur auf der Erde – wenn es damals schon eine Erde gegeben hätte – immer dann, wenn die Sonne am kleinsten war, wenn also das atomare Feuer in ihrem Inneren sich entzündete, zwar etwa der heutigen Temperatur hätte entsprechen können. In diesem Augenblick nämlich glichen die Verhältnisse wenigstens ungefähr dem uns gewohnten Zustand. Während der anschließenden Ausdehnung der Sonne aber wäre die Hitze dann weit über die Grenzen angestiegen, mit denen Leben, wie wir es kennen, noch vereinbar ist. Das klingt im ersten Augenblick widersprüchlich, denn bei dieser Ausdehnung kühlte die Sonne ja gleichzeitig immer wieder ab, nicht nur als Folge des Erlöschens des Fusionsprozesses im Zentrum, sondern auch als Folge der Ausdehnung selbst. Der Effekt dieser Abkühlung wäre aber mehr als wettgemacht worden durch die Tatsache, daß die Oberfläche der immer noch sehr heißen Sonne – als Folge der Ausdehnung – der Erde dabei jedesmal so nahe gekommen wäre, daß die Temperaturen auf der Erde ganz erheblich, nämlich auf mehrere hundert Grad, angestiegen wären.

Wir wissen nicht, für wie lange Zeit die Sonne damals in dieser Weise ins Schwingen geriet. Sehr lange – in astronomischen Zeiträumen gedacht! – kann es aber nicht der Fall gewesen sein. Wäre es anders, dann müßten wir am Himmel entsprechend viele solcher pulsierender Sterne sehen können. Denn auch heute noch entstehen ja immer wieder laufend neue Sterne, und auch sie müssen, wenn unsere Annahme hinsichtlich der Entstehungsgeschichte der Sonne stimmt, durch dieses Stadium rhythmischer Pulsationen hindurch. Natürlich kann man auch im stärksten Fernrohr die Pulsationen an einem Stern nie direkt beobachten. Dazu sind auch die nächsten von ihnen viel zu weit entfernt. Aber die Astronomen kennen eine große Anzahl von ihnen, die in rhythmischem Wechsel, mit einer Periode von Tagen oder einigen Wochen, ihre Helligkeit regelmäßig ändern, und zwar in einer Weise, die auf eine Pulsationsbewegung als Ursache der Helligkeitsänderung schließen läßt. Vielleicht sind einige von ihnen tatsächlich »junge Sonnen« in dem von uns eben skizzierten Anfangsstadium ihrer Existenz als Stern.

Fest steht jedenfalls, das wissen wir aus naheliegenden Gründen wieder mit Sicherheit, daß unsere Sonne dann in einen Zustand der Stabilität geriet, in ein inneres Gleichgewicht, das seit etwa vier Milliarden Jahren anhält und etwa für den gleichen Zeitraum auch für die Zukunft noch zu erwarten ist. Die »Schwingungen« der jungen Sonne sind also allmählich gedämpft worden, die Pulsationen wurden immer langsamer und schwächer, und schließlich wurde ein Zustand erreicht, bei dem sich der im Inneren durch Temperatur und Strahlung erzeugte Druck und das von außen lastende Gewicht der riesengroßen Sonnenmasse genau die Waage hielten. Dieses Gleichgewicht ist die elementarste Grundlage unserer Existenz. Seine geringste Störung wäre für das ganze Sonnensystem gleichbedeutend mit

8 Der Crab-Nebel im Sternbild Stier, Überrest einer gewaltigen kosmischen Explosion, eines Supernova-Ausbruchs, dem ein ganzer Fixstern zum Opfer fiel. Das plötzliche Aufleuchten der Explosion wurde im Jahre 1054 von chinesischen Astronomen aufgezeichnet. Entfernung von uns rund 4000 Lichtjahre. Die Explosionswolke dehnt sich noch heute, 900 Jahre nach dem Untergang des Sterns, mit Geschwindigkeiten von mehr als 1000 km/sec, nach allen Seiten in den Weltraum aus. Wie im Text im einzelnen erläutert, ist eine solche kosmische Katastrophe nicht nur der Abschluß der Entwicklung eines Sterns, sondern gleichzeitig der Beginn der Entstehung einer neuen Sterngeneration, die sich von der vorangehenden durch ganz bestimmte Eigenschaften unterscheidet. Wie man heute weiß, gehört auch unser Sonnensystem zu einer relativ jungen Sterngeneration. Diese kosmische Generationenfolge hat sich neuerdings als eine der grundlegenden Voraussetzungen dafür entpuppt, daß unser Sonnensystem und damit unsere Erde und das auf dieser heute existierende Leben entstehen konnten.

einem sofortigen »Welt«-Untergang. Es ist beruhigend, zu wissen, daß es seit so langer Zeit schon aufrechterhalten geblieben ist und daß es fast genauso lange auch noch aufrechterhalten bleiben wird. Daß es nicht unbegrenzt lange bestehen bleiben wird, ist andererseits sicher – aus einem Grund, der gleich noch zur Sprache kommen wird.
Das, was wir »Sonne« nennen, ist jedenfalls ein Fixstern in diesem vergleichsweise stabilen Stadium seiner Existenz, das zwar nur einen Teil seines gesamten Daseins ausmacht, aber eben gerade den Teil, der uns aus vielleicht egozentrischen, aber jedenfalls leicht verständlichen Gründen am meisten interessiert. Versuchen wir jetzt also einmal, ein Bild zu entwerfen von dem Aussehen, dem Aufbau einer »Sonne«, unserer Sonne, um die Energiequelle kennenzulernen, von der wir leben und von der selbst die unbelebt auf der Erde sich abspielenden Kreisprozesse, von denen schon ausführlich die Rede war, in Bewegung gehalten werden. Die erste Frage, die sich da erhebt, lautet natürlich: Wie können wir wissen, was sich in der Sonne abspielt und wie das Innere der Sonne aufgebaut ist?

Bis heute kann noch niemand in die Sonne hineinsehen. Alles, was wir von der Sonne sehen können, ist ihre Atmosphäre und die durch diese Atmosphäre hindurchscheinende 5700 Grad heiße Oberfläche. Das wird wahrscheinlich nicht bis in alle Zukunft so bleiben. Die Wissenschaftler diskutieren heute schon die Möglichkeiten der sogenannten »Neutrino-Astronomie«.
Neutrinos sind Elementarteilchen, Teile des Atomkerns, mit besonders ungewöhnlichen Eigenschaften. Fast könnte man sagen, daß ihre Ungewöhnlichkeit darin besteht, daß sie so gut wie überhaupt keine Eigenschaften haben: Ein Neutrino hat keine Ladung und so gut wie keine Masse, es »hat« nur ein Drehmoment, den sogenannten »spin«. In Anlehnung an das bekannte Gedicht von Morgenstern hat ein Physiker daher vom Neutrino einmal gesagt: »Es ist ein spin, sonst nichts.« Dieser Mangel an Eigenschaften hat nun seltsame und für die Astronomie möglicherweise bedeutsame Konsequenzen. Ein Partikel, das keine Ladung und keine Masse hat, wird nämlich von der Masse eines festen Körpers nicht aufgehalten. Auch ein »fester« Körper ist ja immer eine Art »Atom-Wolke«, in der weitaus mehr leerer Raum als wirklich undurchdringliche Materie vorhanden ist. Wenn ein fester Körper mit einem anderen festen Körper zusammentrifft und dabei auf Widerstand stößt, wenn ich also zum Beispiel mit der Faust auf den Tisch schlage, so sind die aus dem Zusammenprall sich ergebenden Folgen und Empfindungen nur dadurch zu erklären, daß beide beteiligten Körper von gleicher »Festigkeit« sind. Es ist so ähnlich, als ob, etwa bei einem Gewitter, zwei schwarze Regenwolken

von einer Sturmbö gegeneinander getrieben werden. Wenn sie zusammenprallen, türmen sie sich am Kollisionspunkt auch gegenseitig auf und verformen sich aneinander, obwohl ein Vogel oder ein Flugzeug durch beide hindurchfliegen könnte, ohne überhaupt auf einen vermehrten Widerstand zu stoßen. Genauso kann nun auch ein Neutrino die von einem »festen« Körper gebildete Atom-Wolke praktisch ohne Widerstand durchqueren.
Bei den Kernprozessen im Zentrum der Sonne entstehen laufend Neutrinos, welche die Sonne ungehindert nach allen Seiten mit Lichtgeschwindigkeit verlassen. Sie fliegen auch ungehindert durch den ganzen Erdball hindurch. Jeder einzelne von uns wird laufend von einem ganzen Strom von Neutrinos »durchsiebt«, ohne daß wir das überhaupt merken und ohne daß uns das schadete. Alle diese Neutrinos stammen aus dem Kern der Sonne. Wenn es also gelänge, sie aufzufangen und zu untersuchen, könnten wir direkt etwas über die im Sonnenzentrum ablaufenden Vorgänge erfahren, dann wäre es uns möglich, gewissermaßen in die Sonne hineinzusehen. Erste Versuche, Neutrinos von der Sonne nachzuweisen, sind kürzlich unternommen worden, und zwar mit Erfolg. Vielleicht wird es wie gesagt wirklich einmal eine Neutrino-Astronomie geben, die uns diese Möglichkeit verschafft. Heute ist das aber noch bloße Zukunftsmusik, denn natürlich liegt hier der Knüppel beim Hund: Elementarteilchen, die die ganze Erde nahezu mühelos durchfliegen können, mit einem Beobachtungsinstrument aufzuhalten – nur so ist eine Beobachtung ja denkbar –, das erfordert physikalische Lösungen, die wir heute noch nicht einmal theoretisch auszumalen vermögen.

Und trotzdem wissen wir mit erstaunlicher Sicherheit und Genauigkeit auch heute schon, wie es in der Sonne aussieht und was sich dort abspielt. Wir verdanken dieses Wissen einem modernen Instrument der wissenschaftlichen Forschung, das wohl kaum jemand auf den ersten Anhieb mit der Beobachtung von Himmelskörpern in Verbindung bringen würde, nämlich dem heute so oft zitierten Computer. Warum das so ist, läßt sich sehr einfach erklären.
Eine ganze Reihe grundlegender Eigenschaften der Sonne sind verhältnismäßig leicht festzustellen. Dazu gehört ihre Entfernung von der Erde, ihre Größe, ihr Gewicht und schließlich die von ihr in jedem Augenblick ausgestrahlte Energie: Die Sonne ist im Durchschnitt genau 149 565 800 Kilometer von uns entfernt, sie hat einen Durchmesser von 1,392 Millionen Kilometern, sie wiegt 333 000mal so viel wie die Erde, und jeder Quadratzentimeter ihrer Oberfläche strahlt in jeder Sekunde eine Energie von 1500 Kalorien ab. Zu diesen Fakten kommt noch unser Wissen über die chemische Zusammensetzung der

Sonne, die sich aus der spektroskopischen Untersuchung des von ihr ausgestrahlten Lichts ergibt: Zu rund siebzig Prozent besteht die Sonne aus dem leichtesten (und einfachsten) aller Elemente, nämlich aus gasförmigem Wasserstoff, fast den ganzen Rest von dreißig Prozent nimmt das zweitleichteste Element Helium ein, und nur zwei, höchstens drei Prozent der Sonne bestehen aus anderen, schwereren Elementen, die also praktisch nur in Spuren vertreten sind.

Wenn man aber weiß, wie groß die Sonne ist, woraus sie besteht und welche Energiebeträge sie abgibt, dann kann man berechnen, welche Vorgänge in ihrem Inneren ablaufen müssen und wie ihr Inneres aufgebaut ist, damit die an ihrer Oberfläche beobachtbaren Zustände daraus resultieren können. Die in eine solche Rechnung eingehenden physikalischen Daten sind aber nun so zahlreich, und sie hängen überdies in so vielfältiger Weise voneinander ab, daß die praktische Durchführung einer solchen Berechnung eine Sisyphusarbeit ist, welche die Geduld und die Konzentration einer ganzen Kompanie von Mathematikern voraussetzt. Hoffnungslos aber wird das Unterfangen, sobald man erfährt, daß die ganze komplizierte Rechnung nicht etwa einmal, sondern unzählige Male durchgeführt werden muß, bis man am Ziel ist. Das kommt daher, daß man in diesem Falle ja nicht von den bekannten Daten über den Zustand der Sonnenoberfläche ausgehen kann, sondern daß die Rechnung von den für das Innere der Sonne angenommenen Verhältnissen ausgehen muß und daß sich dann erst am Ende der ganzen komplizierten Operation herausstellt, ob als Ergebnis die bekannten Oberflächendaten herauskommen und damit bewiesen ist, daß die Ausgangsannahmen richtig waren. Mit anderen Worten muß man so vorgehen, daß man immer neue, mehr oder weniger auf bloßen Schätzungen und Vermutungen beruhende gedankliche »Modelle« für den inneren Aufbau der Sonne entwirft, und dann zu rechnen beginnt, um herauszufinden, ob das Endresultat den tatsächlich beobachteten bekannten Eigenschaften der Sonne entspricht. Dieses Verfahren muß dann eben so oft durchexerziert werden, bis die Übereinstimmung erreicht ist. Dann erst kann man annehmen, daß das zugrunde gelegte »Modell« den tatsächlichen Aufbau des Sonneninneren wiedergibt. Die praktische Durchführung dieses unendlich mühevollen und zeitraubenden Verfahrens gestatteten erst die modernen elektronischen Rechenautomaten.

Ihren Leistungen verdanken wir es, daß wir heute wissen, wie es in der Sonne aussieht und welche Vorgänge sich dort abspielen. Die Schilderung läuft auf einen Katalog von Unwahrscheinlichkeiten und Überraschungen hinaus, aber die in der Sonne herrschenden physikalischen Bedingungen sind von den irdischen Verhältnissen eben auch unendlich weit entfernt.

Es beginnt damit, daß im Zentrum der Sonne ein Druck von über zweihundert Milliarden Tonnen herrscht und eine Temperatur von rund fünfzehn Millionen Grad. Bei einem solchen Druck ist die Materie im Zentrum der Sonne zwölfmal schwerer als Blei – und trotzdem noch immer gasförmig. Das kommt dadurch, daß bei der hier herrschenden Temperatur die Wasserstoff- und Heliumatome vollständig ionisiert sind, wie der Wissenschaftler sagt. Sie haben ihre Elektronen verloren und bestehen gleichsam nur noch aus den nackten Kernen. Da aber, wie wir eben schon erwähnt haben, der größte Teil auch eines Atoms »leerer Raum« ist – im Vergleich zu der Größe von Atomkern und umkreisenden Elektronen ist der Abstand zwischen beiden ganz gewaltig –, lassen diese von ihren Elektronen entblößten Kerne sich abnorm dicht zusammenpacken. Es handelt sich um sogenannte »entartete« Materie. Trotz der genannten hohen Dichte bleiben dieser Materie im Kern der Sonne die Eigenschaften eines Gases, vor allem die Fähigkeit zur freien, ungeordneten inneren Strömung oder Turbulenz erhalten.

Wie heiß ist das: fünfzehn Millionen Grad? Das ist wieder so eine Zahl, der gegenüber unsere Phantasie versagt. Aber Sir James Jeans, ein berühmter englischer Astronom, hat einmal eine Berechnung angestellt, die an den Folgen, die eine solche Temperatur in der uns gewohnten Umwelt anrichten würde, anschaulich werden läßt, worum es sich handelt. Sein Rechenresultat: Wenn man ein *stecknadelkopfgroßes* Stück Materie aus dem Mittelpunkt der Sonne herausnehmen und auf der Erde aufstellen könnte, dann würde seine Hitze einen Menschen noch in 150 Kilometern Entfernung umbringen (das entspricht also etwa der Entfernung von Hamburg nach Hannover!).

Diese Temperatur reicht aus, um in der überdichten, entarteten Materie des Sonnenkerns die atomaren Reaktionen ablaufen zu lassen, von denen nun schon wiederholt die Rede war, und die die ganze Energie liefern, welche die Sonne so verschwenderisch von sich gibt. Wieder stößt man auf eine absolut überraschende Zahl, wenn man sich den Ablauf dieser Kernreaktion einmal etwas näher ansieht, wobei die Überraschung in diesem Fall allerdings ein der Erwartung entgegengesetztes Vorzeichen trägt.

Jeder hat irgendwann schon einmal gehört, daß die Energie der Sonne dadurch entsteht, daß in ihrem Inneren Wasserstoff zu Helium – dem nächstschwereren chemischen Element des Periodischen Systems – zusammengebacken oder »fusioniert« wird. Dieser Fusionsprozeß, der in mehreren Schritten abläuft, beginnt nun damit, daß jeder Wasserstoffkern des Sonnenmittelpunktes im Durchschnitt alle sieben Milliarden Jahre einmal frontal mit einem anderen Wasserstoffatomkern zusammenprallt und dadurch die Entstehung eines Heliumatoms einleitet. Trotz ihrer abnormen Dichte und ihrer großen, der Temperatur von fünfzehn Millionen Grad entstehenden Bewegungsenergie haben die unvorstellbar winzigen Atomkerne nämlich auch im Inneren der Sonne noch soviel »Luft«, daß dieses entscheidende Ereignis nicht häufiger eintritt. Die Zone aber, in welcher die Energieproduktion der Sonne erfolgt, ihr »aktiver« Kern, hat immerhin einen Durchmesser von rund 350000 Kilometern. Das ist also fast der Abstand zwischen Erde und Mond. In diesem Kern gibt es nun, jedenfalls heute noch, so ungeheuer viele Wasserstoffatome, daß es genügt, wenn jedes von ihnen in der genannten überraschend großen Zeitspanne nur ein einziges Mal an einer Fusionsreaktion beteiligt ist.

Die Zahl der Wasserstoffatome wird dazu allerdings nicht bis in alle Zukunft ausreichen. Denn der Fusionsprozeß bewirkt ja eben die bleibende Entstehung jeweils eines Heliumatoms aus der Verschmelzung von vier Wasserstoffatomen. Insgesamt werden in dem riesigen Kern der Sonne in jeder Sekunde 657 Millionen Tonnen Wasserstoff in 652,5 Millionen Tonnen Helium verwandelt, wobei das Helium für die weitere Energiegewinnung ausscheidet und sich gleichsam als die Asche des atomaren Prozesses im Sonnenzentrum anhäuft. Dies ist der Grund dafür, daß die Sonne nicht bis in alle Ewigkeit in der uns gewohnten Weise stetig weiter leuchten wird. Die Berechnung zeigt, daß sie, wenn sie seit fünf Milliarden Jahren leuchtet, schon etwas mehr als die Hälfte ihres Brennmaterials (Wasserstoff) verbraucht haben muß.

Sekunde für Sekunde 657 Millionen Tonnen Wasserstoff in 652,5 Millionen Tonnen Helium verwandeln, und das für einen Zeitraum von insgesamt rund zehn Milliarden Jahren – das verschafft erneut eine Ahnung von der ungeheueren Größe der Sonne. Es veranlaßt aber auch zu der Frage nach dem Grund der hier auftretenden Massendifferenz, danach, was denn aus den 4,5 Millionen Tonnen Materie wird, die bei dieser atomaren Umwandlung eines Elements in das nächstschwerere in jeder Sekunde offenbar verloren gehen. Diesem Massendefekt kommt in der Tat besondere, in unserem Zusammenhang sogar die entscheidende Bedeutung zu, auf ihm beruht nämlich das ganze Geheimnis der Energieerzeugung eines Sterns. Die Pointe besteht darin, daß ein Heliumatom nicht genau das vierfache Gewicht eines Wasserstoffatoms hat, sondern daß es ein ganz klein wenig – weniger als ein Prozent – leichter ist als die Summe von vier Wasserstoffatomen. Dieser Anteil des Gesamtgewichts bleibt bei der Kernreaktion also übrig und muß auf irgendeine Weise beseitigt werden. Bei einem Kernfusionsprozeß geschieht das nun dadurch, daß dieser Anteil in die schon erwähnten Neutrinos und in reine Energie verwandelt wird, welche die Sonne nach allen Seiten verlassen. Die Zerstrahlung von mehr als vier Millionen Tonnen Materie in jeder einzelnen Sekunde –

das erst ist also der eigentliche Energie-Erzeugungsprozeß, der sich in der Sonne abspielt. Seine Ausbeute ist so groß, daß die Sonne in jeder einzelnen Sekunde mehr Energie erzeugt, als der Mensch seit den Anfängen der historischen Zeit. Die gesamte Energiemenge, welche durch die restlose Verbrennung aller Brennstoffvorräte der Erde – Kohle, Öl und alle Wälder – erzeugt werden könnte, erhalten wir von der Sonne innerhalb von nur drei Tagen in Form von Strahlung frei geliefert.
Ungeachtet der Produktion so gewaltiger Energiemengen aber ist es im Zentrum der Sonne, in der diese alle Vorstellung übersteigenden Vorgänge sich fortwährend abspielen, stockdunkel! Das ist eine geradezu grotesk und zunächst jedenfalls völlig unglaubhafte Behauptung. Die Erklärung ist aber relativ einfach: Die Energie, die hier entsteht, ist einfach zu groß, als daß wir sie wahrnehmen könnten (angenommen einmal, daß wir uns überhaupt im Mittelpunkt der Sonne aufzuhalten in der Lage wären).
Es handelt sich um das gleiche Phänomen, von dem ein Jäger Gebrauch macht, wenn er sich einer »unhörbaren« Hundepfeife bedient. Hunde können noch Töne hören, die so hoch sind, daß das menschliche Ohr sie nicht mehr wahrnehmen kann. Deshalb hat man Ultraschall-Pfeifen konstruiert, deren Ton für den Menschen und vor allem für das Wild unhörbar ist. Wenn ein Jäger sie an die Lippen setzt und bläst, geschieht scheinbar nichts, aber der Jagdhund reagiert sofort.
Ähnlich ist es mit der Energie im Zentrum der Sonne. Bei ihr handelt es sich fast ausschließlich um die härteste Strahlung, die es gibt, um Gammastrahlen und um Strahlung im Röntgenbereich. Beide sind für unsere Augen unsichtbar. Das sichtbare Licht entsteht aus dieser ursprünglichen Energieform erst anschließend auf dem langen und mühsamen Weg, den die im Mittelpunkt der Sonne entstandene Energie zurücklegen muß, bis sie die Sonnenoberfläche erreicht hat, von der aus sie dann endlich ungehindert in den freien Raum ausstrahlen kann.

Hier erweist sich die unvorstellbare Größe der Sonne ein weiteres Mal als höchst bedeutsam für unser Ergehen auf der Erde. Bisher hatten wir sie nur als die Voraussetzung für die Entstehung der Drucke und Temperaturen erwähnt, die erforderlich sind, um das atomare Feuer im Sonnenkern zu entzünden und aufrechtzuerhalten. Jetzt stoßen wir darauf, daß der riesige Körper unseres Zentralgestirns gleichzeitig aber auch die Aufgabe eines dämpfenden Schirms für die selbsterzeugte Energie zu erfüllen scheint. Wenn diese die Erde in der Form treffen würde, in der sie entsteht, wenn die Erde von der Sonne also aus 150 Millionen Kilometern Entfernung mit Gammastrahlen und Röntgenwellen überschüttet würde, gäbe es uns nicht. Daß es nicht diese harte und absolut tödliche Strahlung, sondern Licht und Wärme sind, in denen die Sonne ihre Planeten badet, hängt allein damit zusammen, daß die Sonne so groß ist. Jedes Quantum Energie nämlich hat ja nach seiner Entstehung den gewaltigen Weg von nicht weniger als 600000 Kilometer durch die Sonnenmaterie hindurch zurückzulegen, bis es vom Mittelpunkt der Sonne an ihrer Oberfläche angelangt ist und auf das Planetensystem gewissermaßen »losgelassen« wird. Dieser Weg, der nahezu doppelt so weit ist wie die Strecke von der Erde zum Mond, führt nun nicht durch den leeren Raum, sondern durch eine Materie, die wenigstens auf dem ersten Teil der weiten Strecke noch immer abnorm dicht (»entartet«) ist und diesen Weg daher enorm strapaziös werden läßt.

Wenn man sich näher betrachtet, unter welchen Bedingungen die Energie ihren Weg zur Oberfläche der Sonne zurückzulegen hat, kommt man zu der Erkenntnis, daß sie sich buchstäblich durch die überdichte Sonnenmaterie hindurchwälzt. Obwohl die Energiequanten sich auch schon im Sonneninneren natürlich mit Lichtgeschwindigkeit bewegen, dauert das überraschend lange. Das kommt daher, daß sie keine Möglichkeit haben, der Sonnenoberfläche etwa auf dem direkten Wege zuzustreben. Ihre Reise dorthin erfolgt vielmehr auf einem abenteuerlich verschlungenen Zickzack-Kurs, bei dem sie fortwährend von den auf ihrem Weg liegenden Atomen absorbiert und wieder ausgestrahlt, abgelenkt und von neuem absorbiert werden. Die daraus sich ergebende Verzögerung ihrer Reise ist enorm. Die von den Computern errechnete Zeit, die vergeht, bis ein einzelnes Energiequant unter diesen Bedingungen an der Sonnenoberfläche ankommt, ist geradezu unglaublich lang, die Zahl ist jedoch vielfach gesichert: es sind rund zwanzigtausend Jahre. Deshalb kann man sagen, daß das Licht, in dessen Schein wir heute leben, schon etwa in der Steinzeit im Inneren der Sonne entstanden ist.

Genau genommen aber entsteht das Licht selbst, wie wir schon kurz erwähnt haben, eben nicht im Kern der Sonne, sondern erst als Folge gleichsam der »Erschöpfung« der Strahlung auf ihrem langen und so überraschend mühevollen Weg ins Freie. Was dann schließlich die Oberfläche erreicht und von dort mit Lichtgeschwindigkeit auf dem kürzesten Weg in nur wenig mehr als acht Minuten bei uns eintrifft, ist daher nur noch ein matter Abglanz der ursprünglichen Gewalt. Dieser matte Abglanz aber stellt gerade das uns bekömmliche Maß dar, es sind das Licht und die Wärme, die wir von der Sonne empfangen.

9 Die Nova Persei des Jahres 1901. Im ersten Augenblick unterscheidet sich die Aufnahme kaum von dem Bild, das andere Nova-Explosionen bieten, wenn man einmal davon absieht, daß die den explodierten Stern umgebende Hülle nur sehr schwach leuchtet. Als die Astronomen aber die wegen der Entfernung von 3000 Lichtjahren scheinbar unmerklich langsame Vergrößerung der Explosionswolke genau vermaßen und daraus ihre tatsächliche Ausdehnungsgeschwindigkeit berechneten, erlebten sie eine Überraschung: In diesem Fall scheint sich die Explosionswolke mit Lichtgeschwindigkeit nach allen Seiten auszubreiten. Das aber dürfte nach den Regeln der Relativitätstheorie nicht möglich sein, denn Materie kann nicht bis auf Lichtgeschwindigkeit beschleunigt werden (und auch das Gas einer Explosionswolke ist Materie). Des Rätsels Lösung: Was sich hier sichtbar ausbreitet, ist tatsächlich auch keine Materie, sondern der Lichtblitz der Explosion selbst. Wie es zu dieser seltsamen Entdeckung kam, wird im Text geschildert.

Eine der wichtigsten astronomischen Entdeckungen des letzten Jahrzehnts ist die Feststellung, daß von der Sonne nicht nur Energie, also elektromagnetische Strahlung, ausgeht. Wie jeder atomare Reaktor erzeugt auch die Sonne außerdem noch eine materielle, »korpuskulare« Strahlung, bestehend aus sehr schnellen Atomkernen und Elektronen, welche die Sonnenoberfläche mit Geschwindigkeiten von etwa fünfhundert Kilometern pro Sekunde verlassen und auch dann, wenn sie wenige Tage später an der Erde vorüberfliegen, noch fast tausendfache Schallgeschwindigkeit haben. Damit aber ist eine Eigenschaft der Sonne entdeckt worden, von der man noch vor wenigen Jahren nichts wußte, und die, wie wir sehen werden, die Bedeutung dieses Sterns für unsere Existenz in ganz bestimmter Hinsicht in einem ganz neuen Licht sehen läßt. Soweit sich die Konsequenzen nämlich heute schon beurteilen lassen, ergibt sich aus dieser Entdeckung, daß die Sonne nicht nur deshalb als »lebensspendendes« Gestirn für uns auf der Erde anzusehen ist, weil sie uns die sonst nicht zu beschaffende Energie liefert, sondern nicht weniger auch deshalb, weil sie es ist, die uns vor den sonst tödlichen Einwirkungen schützt, die aus der Tiefe des Weltraums bis zu uns reichen. Um das verstehen zu können, müssen wir uns mit den Besonderheiten des von der Sonne ausgehenden Partikelstroms oder »Sonnenwindes«, wie man das Phänomen genannt hat, aber zunächst etwas genauer vertraut machen.
Daß von der Sonne irgendeine geheimnisvolle, abstoßende Kraft ausgehen müsse, wußte man schon seit sehr langer Zeit. Ihre Existenz ließ sich bei bestimmten Gelegenheiten buchstäblich nicht übersehen, und zwar immer dann, wenn einer der sehr zahlreichen Kometen, die zu unserem Sonnensystem gehören, in Sonnennähe kam.
Die Kometen oder »Schweifsterne«, die in früheren Zeiten ihres unerwarteten Auftretens und ihres auffälligen Aussehens wegen für Vorzeichen von Krieg und Pestilenz gehalten wurden, sind in Wirklichkeit relativ kleine, kalte Materiebrocken mit Durchmessern von nur einigen hundert bis höchstens etwa tausend Kilometern, die auf besonders exzentrischen, also ungewöhnlich langgestreckten elliptischen Bahnen um die Sonne laufen (vgl. Abb. 16, S. 161). Aus der Berechnung ihrer Bahnen ergibt sich, daß einige von ihnen mehrere tausend Jahre für einen einzigen Umlauf brauchen und daß sie sich dabei an der sonnenfernsten Stelle ihrer Bahn bis zu zwei oder auch drei Lichtjahre von der Sonne entfernen!
Bis zu dieser nun schon wirklich astronomischen Entfernung reicht also die Anziehungskraft der Sonne aus, diese Körper an unser System zu

fesseln. Angemerkt sei hier aber auch der Hinweis darauf, daß diese Distanz immerhin schon den halben Durchschnittswert der Entfernung zwischen benachbarten Sonnensystemen ausmacht. Trotz der erörterten ungeheueren Entfernungen zwischen benachbarten Fixsternen, die es für alle Zukunft ganz unwahrscheinlich macht, daß irdische Astronauten jemals auch nur das nächstgelegene fremde Sonnensystem werden betreten können, besteht also gleichwohl allem Anschein nach ein direkter, körperlicher Kontakt zwischen zwei benachbarten derartigen Systemen. An den jeweils sonnenfernsten Punkten überschneiden sich nämlich die Bahnen der zu ihnen gehörenden Kometen, und bei der Unregelmäßigkeit dieser Bahnen, die an den sonnennäheren Punkten des Umlaufs zusätzlich noch durch den Einfluß der dort ziehenden Planeten immer von neuem gestört werden, ist mit großer Sicherheit anzunehmen, daß immer wieder einmal Kometen an diesen äußersten Punkten ausgetauscht werden: Immer wieder einmal könnte es passieren, daß ein solcher Schweifstern von dem einen System ins andere übertritt und nun eine andere, fremde Sonne zu umkreisen beginnt.
Wenn man diesen Gedanken weiter fortspinnt und berücksichtigt, daß die meisten Kometen schließlich infolge zunehmender Bahnstörungen von Planeten eingefangen und zerstört werden, daß sie daher nach einer durchschnittlichen Lebensdauer von wahrscheinlich »nur« einer Million Jahren schließlich als »Sternschnuppen« oder Meteore auf einen der Planeten herunterfallen, so ergibt sich daraus, daß es auch auf unserer Erde Materie geben muß, die nicht nur nicht von dieser Erde stammt, sondern sogar von irgendeinem fremden Sonnensystem aus unserer kosmischen Nachbarschaft.
Wir werden auf diesen Materieaustausch, der sich im Weltraum auf einer sogar noch sehr viel größeren Ebene fortlaufend abspielt, in anderem Zusammenhang noch einmal ausführlicher eingehen. Hier interessieren uns die Kometen aber aus einem ganz anderen Grund. Wenn diese vagabundierenden kosmischen Materiebrocken, die normalerweise kalt und wegen der meist allzu großen Entfernung unsichtbar sind, auf ihrer exzentrischen Bahn nämlich früher oder später immer wieder in die Nähe der Sonne kommen, dann nehmen sie unter deren Einfluß plötzlich jenes Aussehen an, das frühere Generationen so sehr erschreckte. Die Erhitzung durch die Sonne bewirkt das Austreten von Gasen – spektroskopisch wurden Kohlenmonoxid und Stickstoff nachgewiesen – aus dem festen Kometenkern, die sich mit Geschwindigkeiten bis zu tausend Kilometern pro Sekunde vom Kern entfernen und, ebenfalls unter dem Einfluß der Sonnenbestrahlung, zu leuchten beginnen. Auf diese Weise entsteht der auffällige Schweif eines Kometen, den dieser also immer nur während des sonnennächsten, kleinsten

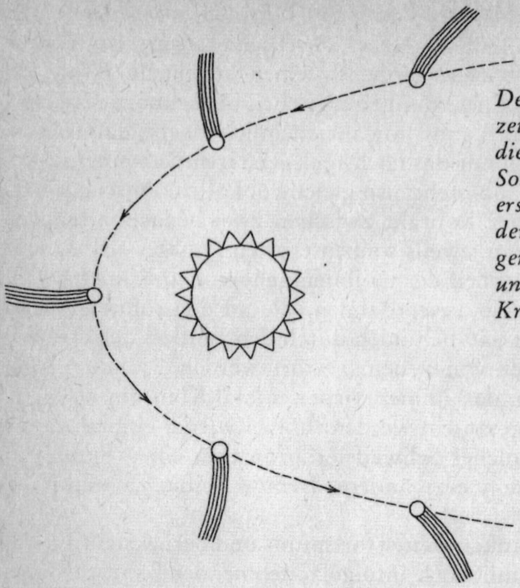

Der Schweif eines Kometen zeigt bei dessen Umlauf um die Sonne immer von der Sonne weg. Dies war das erste Indiz dafür, daß von der Sonne eine bis vor wenigen Jahren noch gänzlich unerklärliche abstoßende Kraft ausgehen muß.

Teils seines Umlaufs trägt, und der eine Länge von hundert oder sogar zweihundert Millionen Kilometern haben kann.
Schon früh fiel den Astronomen auf, daß diese Kometenschweife immer in die gleiche charakteristische Richtung weisen. Im ersten Augenblick könnte man natürlich glauben, daß ein Komet seinen riesenlangen Schweif hinter sich herziehen müsse. Eine solche Vermutung ist aber wieder einmal bloß die Folge der Gewöhnung an irdische Verhältnisse. Im Weltraum gibt es ja keinen Luftwiderstand – welche Kraft also sollte bewirken, daß ein Komet seinen Schweif *hinter* sich herzieht? Grundsätzlich sollte es daher möglich sein, daß die Orientierung völlig zufällig und willkürlich ist, daß die Schweife der Kometen völlig unregelmäßig und unvorhersagbar von Fall zu Fall in beliebige andere Richtungen weisen. Das aber ist eben nicht der Fall. Die Richtung ist in jedem Fall sehr charakteristisch und bei jedem Kometen die gleiche: der Schweif zeigt immer von der Sonne weg.
Unser Schema veranschaulicht, was ein Astronom sieht, der einen Kometen während seines Vorbeiflugs in Sonnennähe beobachtet. Die Skizze gibt die Position des Kometen zur Sonne und die gleichzeitig registrierte Schweifrichtung für mehrere zeitlich aufeinanderfolgende Beobachtungen wieder. Man sieht, daß der Komet im ersten Teil seiner sonnennahen Bahn, während er sich der Sonne nähert, seinen Schweif tatsächlich hinter sich herzuschleppen scheint. Der weitere Ablauf der

Ereignisse zeigt dann aber die wahren Verhältnisse. In jedem Punkt der Bahn zeigt der Schweif in die der Sonne entgegengesetzte Richtung, was dazu führt, daß der Komet nach dem Überschreiten des sonnennächsten Bahnpunktes den Schweif sogar vor sich herzu»schieben« beginnt.

Auf Grund dieser Beobachtungen war schon seit langer Zeit klar, daß irgendeine abstoßende Kraft von der Sonne ausgehen müsse, die bewirkte, daß sich Kometenschweife im Weltraum wie Wetterfahnen verhalten. Ungeklärt blieb allerdings bis vor kurzem, was für eine Kraft das sein mochte. Die einen glaubten, es sei der Druck des von der Sonne ausgehenden Lichtes. Berechnungen zeigten, daß diese Annahme immerhin im Bereich des Möglichen lag, denn auch die so kräftig leuchtenden Kometenschweife sind in Wirklichkeit so unbeschreiblich dünn, daß die Dichte des Gases, aus dem sie bestehen, etwa der eines mit modernen technischen Mitteln auf der Erde erzeugten Vakuums entspricht. Auch ein kräftig leuchtender Regenbogen kann ja erstaunlich »massiv« aussehen, obwohl er nahezu körperlos ist. Es gab allerdings von Anfang an auch Wissenschaftler, welche die Meinung vertraten, daß dieser »Wetterfahnen-Effekt«, den man an den Kometen beobachtete, durch kleine, elektrisch geladene Teilchen hervorgerufen werde, die von der Sonne mit großer Geschwindigkeit nach allen Seiten ausgesendet würden.

Für diese Theorie gab es neben den Kometenschweifen noch eine zweite Stütze durch ein anderes Phänomen, was ihr bald ein gewisses Übergewicht über die »Lichtdruck-Theorie« verschaffte. Dieses andere Phänomen waren die altbekannten Polarlichter, in unseren Breiten auch »Nordlichter« genannt, die in genau der gleichen Weise aber auch in der Antarktis beobachtet werden. Auf irgendeine Weise mußte das geheimnisvolle, blasse Lichter- und Farbenspiel, das in sehr hohen Schichten der Erdatmosphäre – achtzig Kilometer über der Erdoberfläche und höher – immer nur in Polnähe in unregelmäßigen Abständen auftritt, etwas mit dem Erdmagnetismus zu tun haben. Wahrscheinlich kam es, so glaubte man, durch das Auftreffen elektrisch geladener Partikel auf die Erdatmosphäre zustande. Elektrisch geladen mußten die Partikel sein, weil sie sonst durch magnetische Kraftfelder nicht hätten beeinflußt werden können, was offenbar jedoch der Fall war, denn warum sonst hätten sie gerade die beiden Pole unseres Globus so auffällig bevorzugt? Und für ihre Herkunft von der Sonne gab es ein sehr starkes Argument, und zwar die Beobachtung, daß vor allem dann immer besonders ausgeprägte und helle Polarlichter auftraten, wenn einige Tage zuvor besonders auffällige Anzeichen einer vermehrten Aktivität auf der Sonnenoberfläche zu erkennen gewesen waren, etwa große Protuberanzen oder Sonnenfackeln (vgl. Abb. 18, S. 193). Schon

1896 stellte daher der norwegische Physiker Olaf Birkeland die Theorie auf, daß die Nordlichter durch eine von der Sonne ausgehende »korpuskulare Strahlung«, durch eine Art »Wind« aus winzig kleinen Partikeln, die elektrisch geladen sein müßten, hervorgerufen würden. Dabei blieb es zunächst, denn es gab keine Möglichkeit, zusätzliche Erfahrungen zu sammeln, welche eine Entscheidung zugelassen hätten, welche Partei im Recht war.

Das änderte sich erst sechzig Jahre später, als Russen und Amerikaner mit ihren Weltraumexperimenten begannen. Bereits der dritte überhaupt gestartete künstliche Satellit, der nach *Sputnik I* und *Sputnik II* am 1. Februar 1958 von den Amerikanern gestartete *Explorer I*, meldete seinen auf der Erde zurückgebliebenen Konstrukteuren Meßdaten, die ganz unerwartet waren, die zuerst infolge einer den unerwarteten Verhältnissen im Beobachtungsgebiet nicht angemessenen Eichung eines Instruments auch eine gewisse Verwirrung stifteten, die sich im weiteren Ablauf der Ereignisse dann aber, ergänzt durch weitere, gezielte Satellitenbeobachtungen, zu einem ganz neuen Bild über den Zustand des erdnahen Weltraums verdichteten, in dem endlich auch die alte Theorie von Olaf Birkeland den ihr gebührenden Platz fand.

Auf Vorschlag des amerikanischen Physikers van Allen hatte man in *Explorer I* ein Geiger-Zählrohr zur Registrierung geladener Partikel in den oberen Schichten der Erdatmosphäre eingebaut. Warum van Allen mit diesem Vorschlag seinerzeit durchdrang, ist nicht genau bekannt. *Explorer I* wog nur 13,9 Kilogramm, die Nutzlast war dementsprechend äußerst beschränkt, und die Auswahl der auf die erste amerikanische Weltraum-Mission mitzunehmenden Geräte wurde erst nach langen und zum Teil hitzigen Diskussionen getroffen. Jedenfalls war dann am 1. 2. 1958, dem Tag des Starts, van Allens Zählrohr dabei, eine Tatsache, die den Namen des bis dahin gänzlich unbekannten Physikers weltberühmt machen sollte.

Dabei wollte es die Ironie, daß das Gerät auf diesem ersten Flug in den entscheidenden Regionen über der Erdoberfläche überhaupt nichts meldete. Die Funkmeldungen des Zählrohrs, das bis dahin zufriedenstellend gearbeitet hatte, setzten oberhalb einer Höhe von rund tausend Kilometern über der Erde einfach aus. Es ist das unbestreitbare Verdienst van Allens, auf den Gedanken gekommen zu sein, daß das daran liegen konnte, daß die Zahl der elektrisch geladenen Teilchen in dieser Region vielleicht sehr viel größer war als man angenommen hatte, und daß die Funkmeldeeinrichtung der Zählapparatur vielleicht einfach deshalb streikte, weil sie »überfüttert« wurde. Diese Annahme war der Grund dafür, daß bei dem schon acht Wochen später erfolgenden Start von *Explorer III* ein entsprechend weniger empfindlich geeichtes Gerät mitgenommen wurde, das dann tatsächlich meldete, daß in einer

Lage und Ausdehnung der beiden Strahlungsgürtel, die unsere Erde ringförmig umgeben. In beiden Gürteln ist die Strahlung so intensiv, daß ein längerer Aufenthalt in ihrem Bereich mit Sicherheit zum Tode führen würde.

Höhe von tausend Kilometern und darüber eine Zone unerwartet intensiver und »harter« Strahlung begann. Bei den weiteren Beobachtungen mit späteren Satelliten stellte sich dann heraus, daß diese Zone eine etwa gürtelförmige Region einnahm, welche die Erde in der Äquatorebene umgab, und daß die höchste Intensität der Strahlung etwa fünftausend Kilometer über der Erdoberfläche erreicht wurde. Darüber nahm die Strahlungsintensität zunächst wieder ab. Jedoch wurde in noch größerer Höhe, etwa zwanzigtausend Kilometer über der Erde, ein zweiter solcher »Strahlungsgürtel« ermittelt, der sich als sehr viel breiter erwies und der die Erde nahezu vollständig einhüllte, bis auf zwei relativ kleine »Löcher« über den beiden Erdpolen, die sich als fast strahlungsfrei erwiesen. Beide »Gürtel« tragen heute den Namen des Mannes, der auf die Idee gekommen war, *Explorer I* ein Zählrohr mitzugeben.

Natürlich dauerte es eine ganze Weile, bis alle mit dieser Entdeckung plötzlich aufgeworfenen Fragen auch nur einigermaßen und vorläufig beantwortet werden konnten. Eines aber schien von Anfang an festzustehen: die eben erst anhebende Astronautik schien bereits in einer Sackgasse festgefahren. Denn die Intensität der von *Explorer III* und seinen Nachfolgern gemeldeten Strahlung war absolut tödlich. So schien es so, als ob zwar die Erforschung des Weltraums mit unbemannten Raketen und Raumsonden wohl weitergehen könne, daß aber der eben Wirklichkeit werdende Traum von einer Reise von Menschen in den Weltraum, von einer echten Astronautik, zu Ende wäre, noch ehe er überhaupt begonnen hätte. Die Strahlung war so intensiv, daß Bleiabschirmungen von vielen Tonnen Gewicht notwendig geworden wären, wenn sich Menschen in ihrem Bereich ohne bleibende Schäden aufhalten sollten. Im Hinblick auf die Raumfahrt schien die Menschheit plötzlich unter Quarantäne gestellt durch eine Naturgewalt, die zu überwinden die Technik auf absehbare Zeit hinaus nicht die Mittel haben würde. Als einziger Ausweg wurde vorübergehend schon die Möglichkeit diskutiert, zukünftige Raumhäfen und überhaupt die Startrampen für bemannte Flugversuche in der Arktis, im ewigen Eis, anzulegen, weil beide Strahlungsgürtel sich nur bei einem Start von einem der beiden Pole aus würden umgehen lassen. Der mit einer solchen Notlösung verbundene Aufwand hätte die Entwicklung der Astronautik wahrscheinlich um Jahrzehnte aufgehalten.

Alle diese Sorgen des ersten Augenblicks erwiesen sich glücklicherweise aber rasch als nicht so gravierend, wie es anfangs schien. Die in den van Allenschen Strahlungsgürteln herrschende Strahlung ist zwar tatsächlich tödlich, aber nur dann, wenn ein Organismus ihr über eine längere Zeitspanne hinweg ausgesetzt wird. Dieser Umstand und die Tatsache, daß auch der zweite Strahlungsgürtel oberhalb einer Höhe von rund dreißigtausend Kilometern rasch an Intensität verliert, haben alle anfänglichen Befürchtungen gegenstandslos werden lassen. Es genügt, wenn die Strahlungsgürtel mit den bei Raumfahrtversuchen ohnehin üblichen Geschwindigkeiten durchquert werden. Die Astronauten sind der hier herrschenden Strahlung dann nur so kurz ausgesetzt, daß gesundheitliche Folgen nach allen bisherigen Erfahrungen praktisch nicht zu erwarten sind. Deshalb ist von diesen beiden Strahlungsgürteln in den folgenden Jahren bis heute im Zusammenhang mit der bemannten Astronautik dann auch nie wieder die Rede gewesen.

In einem ganz anderen und, wie sich bald zeigte, sehr viel grundsätzlicheren und bedeutsameren Zusammenhang aber erwies sich die Entdeckung dieser beiden Strahlungszonen als der Beginn einer völlig neuen Disziplin, nämlich als der Beginn der Erforschung des sogenannten »interplanetaren Raums«, des Teils des Weltraums also, den unser eigenes Sonnensystem einnimmt. Dafür, daß sich die Wissenschaft vom interplanetaren Raum inzwischen zu einer eigenen Disziplin entwikkelte, gibt es mehrere Gründe. Natürlich spielt dabei auch die Tatsache eine Rolle, daß wir auf absehbare Zeit hinaus nur diesen Abschnitt des Weltraums in unserer nächsten Nachbarschaft nicht nur, wie bisher, mit astronomischen Instrumenten von der Erde aus, sondern auch direkt und unmittelbar durch Raumsonden und bemannte Weltraumflüge werden erforschen können. Aber diese mehr äußerliche, durch den zufälligen Stand unserer heutigen Technik definierte Abgrenzung hat längst eine sehr gewichtige Legitimierung erfahren durch die Einsicht, daß sich dieser »interplanetarische« Ausschnitt des Weltraums von dem jenseits seiner Grenzen erst beginnenden »freien« Weltraum tatsächlich in wesentlichen und für uns sogar lebenswichtigen Eigenschaften unterscheidet. Ein dritter Grund schließlich, der das augenblickliche Interesse an der Erforschung des interplanetaren Raums mobilisiert hat, hängt mit einer grundsätzlichen Änderung unseres Bildes vom Weltraum zusammen.

Wir haben ganz am Anfang schon davon gesprochen – und in mancher Hinsicht ist dieser Gedanke tatsächlich ja eines der Leitmotive dieses Buchs –, daß der Mensch bisher, so weit und seit er sich überhaupt wissenschaftlich über den Raum jenseits der irdischen Atmosphäre Gedanken gemacht hat, immer davon ausgegangen ist, daß dieser Raum leer, daß er, laienhaft ausgedrückt, eigentlich nichts sei als Raum, als leerer Abstand zwischen den in riesigen Entfernungen in ihm schwebenden Himmelskörpern. Auch die Wissenschaftler dachten so ähnlich, wenn sie diesem Gedanken vielleicht auch nicht expressis verbis Ausdruck verliehen. Noch vor zehn Jahren hätte ein Astronom auf die Frage, warum ein Mensch unter Weltraumbedingungen nicht ohne technische Hilfsmittel überleben könne, in erster Linie wohl auf alle die Faktoren hingewiesen, die es im Weltraum nicht gibt, wie Atemluft, Wärme oder atmosphärischen Druck. Die Antwort auf die gleiche Frage würde heute aber ohne Zweifel durch eine Reihe von Faktoren einer ganz anderen Kategorie ergänzt werden, nämlich durch den Hinweis auf Einflüsse und Kräfte, die erst außerhalb unserer Atmosphäre wirksam zu werden beginnen und deren Vorhandensein uns im Raum gefährden würde, wie etwa solare »flares«, kosmische Strahlung, solares Plasma oder eben die Strahlungsgürtel.
Anders ausgedrückt: Während alle Menschen und auch die Wissenschaftler selbst bis vor kurzem davon ausgegangen waren, daß der Weltraum leer sei, gleichsam nichts als das »Nichts«, in dem die Erde isoliert und auf sich allein gestellt dahintreibt, haben die seit den ersten *Explorer-* und *Lunik-*Starts sich rasch ansammelnden Beobachtungsresultate ein ganz anderes Bild entstehen lassen. Der Weltraum ist alles andere als leer, er ist erfüllt von einer von uns noch keineswegs vollständig übersehbaren Zahl von Kräften und Faktoren, die ihn als einen Schauplatz gewaltiger Prozesse erscheinen lassen, die sich fortwährend in ihm abspielen und von denen sich einige schon heute als außerordentlich bedeutsam für unser Ergehen hier auf der Erde erwiesen haben, ungeachtet der Tatsache, daß wir noch vor so kurzer Zeit von ihrer Existenz überhaupt nichts ahnten und daß wir sie unter normalen Umständen gar nicht bemerken.
Das alles begann, wie erwähnt, vor kaum mehr als zehn Jahren mit

der Entdeckung der Strahlungsgürtel. Die nähere Untersuchung zeigte, daß beide Gürtel aus einer Konzentration elektrisch geladener Partikel bestehen, und zwar setzt sich der äußere, größere Gürtel überwiegend aus Elektronen und der innere überwiegend aus Protonen zusammen. Daneben finden sich in sehr geringen Mengen Kerne von Heliumatomen. Woher stammen diese sich in der bezeichneten Region über unseren Köpfen mit großen Energien bewegenden atomaren Teilchen? Nur eine einzige Quelle kam für sie in Betracht, und das war die Sonne. Die Aufgabe bestand jetzt also darin, herauszufinden, wie die Teilchen von der Sonne in die obersten Schichten unserer Atmosphäre gelangen, und nachzuweisen, daß sie tatsächlich solarer Herkunft sind. Mit den Mitteln der Satellitenbeobachtung ging man diesen Fragen systematisch nach. Die von den Sonden, vor allem von den russischen Mondsonden *Lunik I* und *Lunik II* sowie den amerikanischen Satelliten *Mariner II* und *Explorer X*, gelieferten Daten bewiesen sehr bald, daß der seit Jahrzehnten von den Physikern immer wieder einmal diskutierte »Sonnenwind« tatsächlich existierte.

Insgesamt ergab sich das folgende ungewohnte und neuartige Bild: die Sonne gibt nicht nur gewaltige Mengen elektromagnetischer Strahlung ab, vor allem Licht und Wärme, sondern auch korpuskulare Strahlung in Form – vor allem – von Protonen und Elektronen, welche die Sonnenoberfläche mit mehr als tausendfacher Schallgeschwindigkeit in allen Richtungen verlassen. An sich werden diese Partikel an allen Stellen der Sonnenoberfläche genau senkrecht in den Raum hinausgeschleudert. Die relativ rasche Rotation der Sonne – eine Umdrehung in rund fünfundzwanzig Tagen: für eine solche Riesenkugel eine außerordentlich hohe Geschwindigkeit – bewirkt dabei aber einen regelrechten »Rasensprenger-Effekt«, indem sie dazu führt, daß die Bahnen der von der Sonne wegfliegenden Teilchen relativ langgestreckte Spiralen bilden.

Die Sonne gibt also nicht nur immaterielle Strahlung ab, elektromagnetische Wellen, sondern, so seltsam das auch klingt, sie »verströmt« sich auch körperlich, materiell, nach allen Seiten in den Weltraum. Die auf den Satelliten-Daten fußenden Berechnungen haben ergeben, daß die Sonne auf diese Weise in jeder Sekunde nicht weniger als eine Million Tonnen ihrer Materie verliert. Das ist ein gewaltiger Betrag, jedoch bei der unvorstellbaren Größe der Sonne doch nur ein relativ harmloser »Aderlaß« für unser Zentralgestirn. In der ganzen langen Zeit ihrer bisherigen Existenz hat die Sonne auf diese Weise bis heute erst weniger als ein Zehntausendstel ihrer Gesamtmasse eingebüßt.

Der Ausdruck Sonnen-»Wind« ist insofern höchst treffend und anschaulich, als er deutlich macht, daß es sich bei diesem Phänomen eben nicht um eine Strahlung im üblichen Sinn handelt, sondern um die Aussendung von körperlichen Teilchen, wenn diese auch nur winzig sind und atomaren Größenordnungen angehören. Es »bläst« hier also buchstäblich ein von der Sonne ausgehender Wind durch den Weltraum, allerdings ein Wind, der so außerordentlich dünn ist, daß er trotz seiner riesigen Geschwindigkeit keine irdische Fahne wehen lassen würde. Jedoch reicht seine Gewalt selbstverständlich dazu aus, das mit einem Gebilde zu tun, das ähnlich dünn und gewichtslos ist wie er selbst, also zum Beispiel mit einem Kometenschweif. Es gibt keinen Zweifel mehr daran, daß der Wind, den die Wetterfahnen der Kometenschweife anzeigen, der aus Protonen und Elektronen bestehende Sonnenwind ist.

Die unsichtbare Kugel

Genau genommen, ist der Sonnenwind nichts anderes als die sich mit wachsender Geschwindigkeit in allen Richtungen ausdehnende Sonnenatmosphäre selbst. Die sonnennächsten Abschnitte dieser Atmosphäre kann man unter bestimmten Umständen, bei Sonnenfinsternissen oder unter Zuhilfenahme spezieller astronomischer Instrumente, direkt sehen oder photographieren. Sie bilden die bekannte, die Sonne strahlenförmig umgebende Korona (Abb. 19, S. 207). Diese ist mit einer Million Grad sehr viel heißer als die Sonnenoberfläche, von der sie ausgeht – wobei bis heute nicht wirklich geklärt ist, wie dieser Temperatursprung zustande kommt.
Eine sehr seltsam klingende, physikalisch gleichwohl sehr plausible und heute wohl von den meisten Astrophysikern bevorzugte Theorie nimmt an, daß die Aufheizung der Korona zu der genannten hohen Temperatur mechanisch erfolgt, und zwar durch das Platzen der sogenannten Granula an der Sonnenoberfläche. Bei diesen handelt es sich um gewaltige, durchschnittlich etwa tausend Kilometer Durchmesser aufweisende Gasblasen, in denen Turbulenzen mit Geschwindigkeiten von mehr als hundert Kilometern pro Sekunde ablaufen und aus der Tiefe der Sonne aufsteigen (vgl. Abb. 20, S. 219). Das Geräusch, das durch das fortwährende Platzen dieser nahezu sechstausend Grad heißen Riesenblasen an der Sonnenoberfläche entsteht, muß alle menschliche Vorstellung übersteigen. Es läßt sich aber berechnen. Nach Ansicht namhafter Astrophysiker ist es nichts anderes als der Knall dieser Blasen, der die wesentliche Kraft zur Aufheizung der Sonnen-

atmosphäre und damit zur Beschleunigung der den Sonnenwind bildenden Partikel liefert. So scheint die Sonne ihre »vorgeschriebene Reise« wirklich »mit Donnergang« zu vollenden, wenn es auch nie ein Ohr geben wird, das das hören wird.
Der scheinbar so stabile Anblick, den die Korona bietet, beruht also auf einer Illusion. Die Korona ist genauso stabil wie eine Kerzenflamme. Bei im wesentlichen gleichbleibender äußerer Gestalt wird dennoch der Stoff, aus dem beide bestehen, unaufhörlich erneuert. Trotz ihrer riesigen Ausdehnung dauert es nur vierundzwanzig Stunden, bis der sichtbare Teil der Korona einmal vollständig ausgetauscht worden ist.
Damit aber erhebt sich sofort eine weitere Frage. Es ist ohne Nachprüfung klar, daß Materie, welche die Sonnenoberfläche mit solcher Geschwindigkeit verläßt, auch entsprechend weit in den Raum hinausfliegen muß. Nachdem einmal geklärt war, daß in der Korona eine solche heftige, von der Sonne weggerichtete Bewegung herrschte, stand alsbald auch fest, daß die Korona, oder genauer: die Sonnenatmosphäre, nicht dort enden konnte, wo der sichtbare Bereich der Korona aufhört. Auch in dieser Hinsicht mußte die Analogie zur Kerzenflamme gelten, deren Substanz ja auch den sichtbaren Bereich der Flamme selbst verläßt und aus dem Docht laufend ergänzt wird. Wie weit also, so lautet die nächste Frage, reicht die Korona in den Weltraum hinaus, oder, was auf das gleiche hinausläuft: Wie weit bläst der Sonnenwind?
Genaue Untersuchungen, mit speziellen Instrumenten während der seltenen Sonnenfinsternisse durchgeführt, hatten gezeigt, daß sich die feinsten, eben noch sichtbaren Spuren der Korona immerhin bis zu einem Abstand von etwa fünfzehn Millionen Kilometern von der Sonne feststellen ließen. Das ist eine ansehnliche Strecke, andererseits würde das aber bedeuten, daß der Sonnenwind nicht einmal den innersten Planeten unseres Systems, den Merkur, erreichen würde, der 57 Millionen Kilometer von der Sonne entfernt ist.
Neue Beobachtungsmöglichkeiten ergaben sich erst mit der Entwicklung der Radioastronomie kurz nach dem letzten Krieg. Die riesigen Parabolantennen der Radioteleskope dienen vor allem der Auffindung und Untersuchung von sogenannten »Radioquellen« im Weltall, also von Fixsternen, Nebeln oder galaktischen Systemen, die neben sichtbarem Licht auch Wellen im Radiobereich, also im Vergleich zum sichtbaren Licht besonders lange Wellen mit niedriger Frequenz, weit außerhalb der Sichtbarkeitsgrenze, aussenden. In einigen Fällen hat sich bei der Entwicklung dieses neuen Zweigs der Astronomie aber auch die Möglichkeit ergeben, mit dieser Methode indirekt auch etwas Neues über ganz andere Beobachtungsobjekte zu erfahren, die selbst

keine Radioquellen sind. Dazu gehört auch die Korona. Als die Astronomen erst einmal auf den genialen Gedanken verfallen waren, begannen sie nämlich immer dann, wenn die Bahnbewegung der Erde im Lauf des Jahres eine der ihnen bekannten Radioquellen am Himmel in der Nähe der Sonne vorbeiwandern ließ, die Abschirmung dieser Quelle durch die Korona zu registrieren und fortlaufend zu messen. So wenig kompakt, so hauchdünn die Korona auch ist, ihre Substanz ruft an den Wellen kosmischer Radioquellen, die durch sie hindurchtreten müssen, trotzdem Streuungs- und Brechungserscheinungen hervor, die sich mit radioastronomischen Methoden schon verhältnismäßig früh und mit großer Empfindlichkeit registrieren ließen.
Mit Hilfe dieser raffinierten Methode gelang es in den fünfziger Jahren, die Existenz der Korona oder besser: die Existenz der den Sonnenwind bildenden Substanzen noch bis in Entfernungen von etwa siebzig Millionen Kilometern nachzuweisen, also schon bis über die Merkurbahn hinaus. Dann wurde der Sonnenwind wieder so dünn, daß er auch auf diese Weise nicht mehr feststellbar war. Daß das solare Plasma – so lautet die wissenschaftlich korrekte Bezeichnung für den »Sonnenwind« – aber noch sehr viel weiter, über die Erdbahn hinaus und mit Sicherheit auch noch über die Umlaufbahn des Mars hinaus, reicht, haben uns wieder erst Raumfahrtexperimente gezeigt, vor allem die Flüge der amerikanischen *Mariner*-Sonden zu Venus und Mars.
Mit Sicherheit also werden nicht nur der sonnennächste Planet Merkur, sondern auch noch Venus, Erde und Mars vom Sonnenwind »umweht«. Bei ihm handelt es sich aber, wie wir gesehen haben, im Grunde ja um nichts anderes als um die sich mit außerordentlicher Geschwindigkeit ausbreitende oberste Schicht der Sonnenatmosphäre. Daraus ergibt sich die ungewohnte und bemerkenswerte Einsicht, daß zumindest diese inneren Planeten – in Wirklichkeit aber, wie wir noch sehen werden, mit größter Wahrscheinlichkeit auch alle anderen Planeten, mit anderen Worten also das ganze Sonnensystem – sich tatsächlich noch innerhalb der Sonnenatmosphäre befinden!
Die Sonne beleuchtet die Planeten also nicht nur und wärmt sie, sondern sie hüllt sie darüber hinaus auch noch in ihre Atmosphäre ein. Wem bei dieser erst seit wenigen Jahren bekannten Situation jetzt das naheliegende Bild von einer Glucke, die ihre Küken schützend unter die Fittiche nimmt, einfallen sollte, der wird sich natürlich sofort selbst verdächtigen, damit einer allzu anthropomorphen, allzu poetischen und phantastischen Analogie auf den Leim gegangen zu sein. Es ist wirklich wohl die faszinierendste Entdeckung der Astronomie des letzten Jahrzehnts, jedenfalls im Zusammenhang mit der Untersuchung des Sonnenwindes, daß diese Analogie, nach allem, was wir heute wissen, ein ganz wesentliches Charakteristikum unserer Situation im

Weltraum tatsächlich sogar haargenau trifft! Ohne diesen Sonnenwind, ohne den Schutz durch die solare Atmosphäre gäbe es uns nicht, wäre die Erde unbewohnbar.
Sehen wir uns an, welche Tatsachen zu dieser Schlußfolgerung zwingen. Wir müssen dazu wieder bei der Frage anknüpfen, durch die wir auf diese ganzen Überlegungen kamen, nämlich bei der Frage: Wie weit bläst der Sonnenwind? Wenn wir eben festgestellt haben, daß er mit Sicherheit bis über die Marsbahn hinausweht, so war das insofern eine sehr bescheidene Feststellung, als wir uns dabei nur auf die Daten bezogen haben, die von den amerikanischen *Mariner*-Sonden zur Erde zurückgefunkt worden sind, also auf den Bereich, innerhalb dessen der Sonnenwind heute schon durch direkte Beobachtung nachgewiesen worden ist. In Wirklichkeit aber gibt es natürlich keinen Grund, anzunehmen, daß der Strom des solaren Plasmas ausgerechnet an den Grenzen des von uns heute schon zufällig beforschten Bereichs plötzlich abbrechen sollte. Im Gegenteil, wenn wir einmal davon ausgehen, daß die dieses Plasma bildenden Partikel dann, wenn sie im Bereiche der Erdumlaufbahn eintreffen, immer noch eine Geschwindigkeit von mehr als dreihundert Kilometern pro Sekunde haben, dann wird man vermuten dürfen, daß sie mit dieser Geschwindigkeit noch ein gehöriges Stück auch über die Marsbahn hinaus gelangen können.
Die Wissenschaftler vermuten das auch. Mehr noch, sie sind in der Lage, auf Grund des Zustands des solaren Plasmas in den bisher von Sonden erforschten Regionen des Weltraums, vor allem natürlich ausgehend von seiner Geschwindigkeit und seiner Dichte (von dem »Partikelstrom«, wie der Fachmann sagt) und unter Berücksichtigung der Faktoren, die geeignet sind, diesem Plasma Widerstand entgegenzusetzen – mit Hilfe aller dieser Daten sind die Wissenschaftler in der Lage, eine Rechnung aufzustellen, aus der sich ergibt, wie weit der Sonnenwind mindestens in den Raum hinauswehen muß, auch wenn wir das heute noch nicht direkt nachweisen können, weil wir in die betreffenden Regionen bisher noch keine Raumsonden geschickt haben.
Zwei Faktoren sind es, die auf den von der Sonne ausgehenden Plasmastrom bremsend einwirken. Der wahrscheinlich stärkere von beiden ist

10 Je weiter die modernen Teleskope in den Weltraum eindringen, um so mehr fremde Galaxien außerhalb unseres eigenen Milchstraßensystems werden sichtbar. Hier sind schon vier von ihnen auf einer Aufnahme gleichzeitig abgebildet. Entfernung von uns rund 20 Millionen Lichtjahre. Dazwischen, unvermeidlich, zahlreiche »Vordergrundsterne«, Mitglieder unseres eigenen Systems, aus dem wir ja immer »herausphotographieren« müssen.

die interstellare Materie, bestehend vor allem aus gasförmigem Wasserstoff, aber auch aus dem äußerst feinen und extrem dünn verteilten Staub, der in ungleichmäßigen Schlieren im ganzen Weltraum vorkommt. Daß es ihn gibt, weiß man deshalb, weil man ihn photographieren und seinen Effekt auf das Licht der Sterne nachweisen kann. Man muß dazu nur weit genug in den Raum hinausgreifen, einige hundert Lichtjahre oder mehr. Erst dann wird die »optische Schichtdicke« dieses Staubes groß genug, um sich spürbar auszuwirken.

Auf diese Weise läßt sich die durchschnittliche Dichte des interstellaren Staubs auch ziemlich zuverlässig abschätzen. Man braucht dazu nur die Veränderung zu bestimmen, die das Licht eines bestimmten Sterns erfährt, wenn es eine solche Staubschicht durchquert. Bei dieser Veränderung kann es sich zum Beispiel um eine Rötung des von dem Stern ausgesendeten Lichtes handeln. Nun könnte man natürlich fragen, wie es denn möglich sein soll, festzustellen, daß das Licht eines rötlich erscheinenden Sternes nicht dessen ursprünglicher Farbe entspricht, sondern durch Staub verändert, »verfälscht« worden ist. Das ist aber tatsächlich gar kein Problem, weil die Astronomen durch die spektroskopische Untersuchung eines Sterns mit großer Genauigkeit auch seine Temperatur und die Farbe feststellen können, in der er »wirklich« leuchtet. Hat man aber mit dieser Methode erst mal das Ausmaß der Verfärbung ermittelt, dann braucht man nur noch die Dicke der Staubschicht zu wissen, die diese Rötung bewirkt hat, mit anderen Worten also die Entfernung bis zu dem untersuchten Stern, um berechnen zu können, wie stark der Staub in dieser Richtung im Weltall durchschnittlich konzentriert ist.
Die Konzentration der interstellaren Materie ist außerordentlich gering. Im freien Weltraum beträgt sie durchschnittlich etwa ein Atom pro Kubikzentimeter. Das übertrifft jedes mit noch so aufwendigen technischen Mitteln auf der Erde herstellbare Vakuum um Größenordnungen. Trotzdem muß auch diese so unglaublich fein verteilte Materie früher oder später natürlich zum »Hindernis« für die weitere Ausdehnung des solaren Plasmas werden, denn dieses verdünnt sich mit seiner zunehmenden Entfernung von der Sonne, bei der es sich ja laufend nach allen Seiten weiter ausbreiten muß, natürlich ebenfalls. Wie dicht es noch ist, wenn es an der Erde vorbeifliegt, wissen wir genau, das haben die Raumsonden wiederholt genau vermessen. Es sind pro Kubikzentimeter hier noch etwa fünf bis zehn Teilchen. Damit aber ist es für einen Mathematiker ein leichtes, auszurechnen, in welcher Entfernung von der Sonne dieses Plasma so dünn geworden sein muß, daß seine Konzentration der der interstellaren Materie entspricht.

Spätestens dann ist wieder die Situation zu verzeichnen, die wir in ganz anderem Zusammenhang schon erörtert haben: daß nämlich zwei zwar unvorstellbar dünne, aber eben doch *gleich* »dichte« Medien mit großer Geschwindigkeit aufeinanderprallen. Weil die beiden Kollisionspartner aber im wahren Sinne des Wortes eben gleich gewichtig sind, kommt es an dieser Stelle zu allen Erscheinungen eines echten Zusammenpralls, also zu Turbulenzen, Hitzeerscheinungen und allen sonstigen Folgen eines plötzlichen Bremsvorgangs. Spätestens in dieser Region ist also die oberste oder äußerste Grenze der Sonnenatmosphäre anzunehmen, deren Auswärtsströmung hier ihr Ende findet.
Diese relativ einfache Rechnung allein genügt zur Bestimmung der Lage dieser interessanten Grenze aber noch nicht. Bisher haben wir nämlich den zweiten Faktor noch gänzlich außer acht gelassen, der bremsend auf den Sonnenwind einwirkt und dessen Einfluß die Verhältnisse, auch rechnerisch, doch ein wenig schwieriger macht. Bei diesem zweiten Faktor handelt es sich um die Magnetfelder innerhalb des Sonnensystems.

Auf Grund bestimmter theoretischer Überlegungen war schon seit langer Zeit angenommen worden, daß es so, wie im ganzen Weltraum, auch in unserem eigenen Planetensystem schwache magnetische Kraftfelder geben muß, die dann in den letzten Jahren wieder durch Raumsondenuntersuchungen tatsächlich auch direkt nachgewiesen werden konnten. Diese Magnetfelder aber bremsen das solare Plasma natürlich ebenfalls ab. Wir hatten ja gesehen, daß der »Sonnenwind« vor allem aus Protonen und Elektronen, also, wenn man so will, aus den Bruckstücken von Wasserstoffatomen besteht. Innerhalb eines vollständigen Atoms gleichen sich die elektrischen Ladungen von Protonen und Elektronen bekanntlich gerade aus. Wenn die Atome aber, wie im Sonnenwind, in ihre Bestandteile getrennt oder »ionisiert« auftreten (als bleibende Folge der ungeheuren Hitze an der Sonnenoberfläche), dann stellen sie, wie schon kurz erwähnt, elektrisch geladene Partikel dar, die durch magnetische Kräfte beeinflußt werden können.
Der Effekt, den diese Magnetfelder im interplanetaren Raum auf den Sonnenwind ausüben, ist sehr viel schwerer zu berechnen oder abzuschätzen, weil wir über die Stärke dieser Felder bisher noch immer nur recht unvollkommen unterrichtet sind, und weil zusätzlich natürlich auch die Lage dieser Felder im Raum und ihr eigener Bewegungszustand eine gewisse Rolle spielen, über die wir so gut wie gar nichts wissen. Immerhin kann man aber mit Grenzwerten rechnen. Man kann also zwei Rechnungen durchführen, bei denen man einmal die theoretisch überhaupt möglichen obersten Werte für die Faktoren ein-

setzt, die den Sonnenwind abbremsen, während man bei der zweiten Rechnung umgekehrt vorgeht, indem man hier von den niedrigsten überhaupt denkbaren Werten ausgeht. Auf diese Weise bekommt man dann heraus, wie weit die Sonnenatmosphäre mindestens in den Raum hinausreichen muß (wenn alle bremsenden Faktoren den höchsten theoretisch überhaupt möglichen Einfluß tatsächlich ausüben sollten) und wie weit sie sich im äußersten Falle erstrecken kann – dann nämlich, wenn der Einfluß aller genannten Faktoren so niedrig wie theoretisch überhaupt denkbar sein sollte.

Diese Rechnung ist von den Astronomen natürlich mit großer Sorgfalt wiederholt angestellt worden. Aus ihr ergibt sich, daß die Sonnenatmosphäre ganz sicher, selbst unter Annahme der ungünstigsten Bedingungen, noch bis in eine Entfernung von 1,5 Milliarden Kilometer reichen muß, also noch bis über die Bahn des Saturn hinaus, während sie im umgekehrten Fall einen Radius von nicht weniger als fünfundzwanzig Milliarden Kilometer haben würde, so daß ihr Durchmesser dann den des ganzen Sonnensystems um das Vierfache überträfe.

Angesichts dieser Berechnungen erscheint es vernünftig, von einem mittleren Wert auszugehen. Alle Wahrscheinlichkeit spricht ja dafür, daß nicht ausgerechnet alle bremsenden Faktoren den höchsten theoretisch möglichen Einfluß entfalten, und umgekehrt gilt das gleiche. Wenn man diese plausible Annahme zugrunde legt, kommt man zu dem interessanten und bemerkenswerten Resultat, daß die Ausdehnung der Sonnenatmosphäre etwa der Größe des Sonnensystems entspricht. Mit anderen Worten ist also anzunehmen, daß unser ganzes Planetensystem nicht nur von der Anziehungskraft der Sonne in der Ordnung, die es seit Jahrmilliarden hat, im freien Raum zusammengehalten wird und daß die einzelnen Planeten von dieser Sonne nicht nur beleuchtet und, je nach ihrer Entfernung, mehr oder weniger auch gewärmt werden, sondern es zeigt sich darüber hinaus, daß das ganze System außerdem auch noch eingehüllt ist in die Atmosphäre der Sonne, die in Gestalt des Sonnenwindes bis an dessen äußerste Peripherie nach außen strömt und erst außerhalb der Umlaufbahn des Pluto zum Stillstand kommt.

Damit ist unter dem Eindruck der von den modernen Weltraumsonden gemeldeten Resultate ein ganz neues Bild des Sonnensystems entstanden. Und es ist nicht nur von akademischem, also astronomischem oder astrophysikalischem Interesse, daß der ganze Raum, den das Sonnensystem einnimmt, noch ausgefüllt wird von der solaren Atmosphäre. Aus diesen Entdeckungen der letzten Jahre ergibt sich vielmehr unter anderem, daß der Weltraum in deutlich voneinander unterscheidbare und abgrenzbare Zonen gegliedert ist.

Genau genommen haben wir den »eigentlichen« Weltraum, von dessen »Eroberung« einige Enthusiasten beim ersten erfolgreichen Mondflug sogleich wieder einmal zu reden begannen, mit unseren bisherigen Raumsonden überhaupt noch nicht erreicht, auch nicht bei den unbemannten Erkundungsflügen, die bis zur Venus und bis zum Mars gingen. Denn wir müssen die durch die Entdeckung und die nähere Erforschung des Sonnenwindes aufgedeckte Situation doch so deuten, daß innerhalb des ganzen Sonnensystems ein vom übrigen Weltraum, der erst jenseits des Pluto beginnt, deutlich unterschiedenes »Milieu« besteht, eine Umwelt für die Planeten, deren Bedeutung wir eben erst zu verstehen beginnen.

Ein Punkt ist allerdings schon heute deutlich geworden: Ohne dieses besondere »Milieu«, das die Sonne in dem ganzen von ihr beherrschten und zusammengehaltenen Planetensystem schafft, könnten wir auf der Erde nicht existieren. Wir haben diese Feststellung schon am Anfang dieses Abschnitts getroffen und können uns jetzt ihrer Begründung zuwenden. Dazu müssen wir uns den Verlauf der Grenzzone einmal vorstellen, welche die äußerste von der Sonnenatmosphäre erreichte Region von der anschließenden ungestörten interstellaren Materie trennt. Wir hatten schon davon gesprochen, daß diese Grenze durch eine Art »Schockzone« gebildet wird, die an der Stelle entsteht, wo das immer noch sehr schnelle, aber inzwischen bis zu einem kritischen Wert verdünnte solare Plasma auf den ruhenden interstellaren Staub prallt. Ganz offensichtlich hat diese Schock- oder Grenzzone die Gestalt einer riesigen und dabei, im Vergleich zu ihrer Größe, hauchdünnen Kugel. Die durch den Aufprall des solaren Plasmas bewirkten Turbulenzen und magnetischen Wirbel entstehen ja, von der Sonne als dem Ausgangspunkt des ganzen Prozesses aus betrachtet, nicht nur an *einer* Stelle, sondern in allen Richtungen und in etwa der gleichen Entfernung.

Diese Kugel hat, wenn wir uns an die eben skizzierte Grenzwert-Rechnung und unsere daran anknüpfenden Überlegungen erinnern, einen Durchmesser von etwa zwölf bis fünfzehn Milliarden Kilometer. Ihre »Wände« sind dabei nur wenige hundert, allenfalls vielleicht einige tausend Kilometer dick. Das etwa dürfte der Tiefe entsprechen, in der sich die Turbulenzen abspielen, welche die Grenzzone bilden. Unser ganzes Sonnensystem ist also in eine riesige Kugel eingehüllt – eine Kugel, von der wir noch vor wenigen Jahren nichts wußten und die tatsächlich auch nicht nur unsichtbar, sondern im wesentlichen sogar »immateriell«, unkörperlich ist, denn viel bedeutsamer als die mechanischen Turbulenzbewegungen der solaren Partikel in dieser Grenzregion sind die von diesen immer noch elektrisch geladenen Teilchen dabei erzeugten magnetischen Wirbel. In deren Schutze leben wir.

Auf der Erde trifft ständig eine aus den Tiefen des Weltraums stammende, sogenannte »kosmische Höhenstrahlung« ein. Sie wurde schon kurz nach der Jahrhundertwende zufällig entdeckt und löst bei den Physikern noch heute großes Kopfzerbrechen aus. Fest steht, daß diese kosmische Strahlung die »härteste«, energiereichste Strahlung ist, die je gemessen wurde und die es überhaupt geben kann. Die Teilchen, aus denen sie besteht, sind praktisch fast bis auf Lichtgeschwindigkeit beschleunigt. Das aber ist bekanntlich die höchste *theoretisch* überhaupt mögliche Geschwindigkeit. Entsprechend hoch ist auch die Durchdringungsfähigkeit der Höhenstrahlung. Sie läßt sich selbst durch meterdicke Bleiwände nicht abschirmen und ebensowenig durch Hunderte von Metern gewachsenen Felsens, wie die Tatsache beweist, daß sie auch in tiefen Bergwerken noch registriert werden kann. Glücklicherweise ist diese extrem energiereiche Strahlung außerordentlich dünn. So schnell die Teilchen sind, aus denen sie besteht, so spärlich sind sie auch. Andernfalls wäre es hier auf der Erdoberfläche zweifellos sehr ungemütlich.

Dies alles wußte man schon seit einigen Jahrzehnten. Erst die Erforschung des Sonnenwindes mit ihren Konsequenzen hat aber klar gemacht, daß die kosmische Strahlung in Wahrheit gar nicht so harmlos und spärlich strömt, wie wir es bisher auf Grund unserer Messungen auf der Erde angenommen hatten. Draußen, im freien Weltraum, jenseits der Grenzen unseres Planetensystems, tobt sie wahrscheinlich mit uns noch unbekannter und bisher auch unmeßbarer Gewalt. Was bei uns eintrifft, sind nur spärliche Reste, harmlose Kostproben, bestehend aus jenen wenigen Teilchen, denen es gelang, durch die so hauchdünn und zerbrechlich wirkende Barriere zu schlüpfen, welche der Sonnenwind als unsichtbare Kugel um unser ganzes System legt. Denn so dünn diese Kugel auch ist, sie ist die einzige Wand, die zwischen uns und der von allen Seiten aus dem Weltraum mit Lichtgeschwindigkeit auf das Sonnensystem niederprasselnden Höhenstrahlung liegt.

Der scheinbare Widerspruch zwischen der Leichtigkeit der uns abschirmenden Kugel und ihrer Wirksamkeit als Schutz gegen die härteste Strahlung, die es in der Natur gibt, löst sich auf, sobald man bedenkt, auf welchem Prinzip der abschirmende Mechanismus beruht. Die kugelförmige Schockzone hält die mit Lichtgeschwindigkeit heranrasende Strahlung nicht etwa einfach auf. Was meterdicke Bleiwände nicht vermögen, bringt auch diese zwar einige hundert Kilometer tiefe, in ihrer Substanz aber vakuumartig dünne Grenzschicht nicht zuwege. Aber die unsichtbaren, unkörperlichen Magnetwirbel, die durch die Turbulenz der elektrisch geladenen Teilchen des Sonnenwindes hier erzeugt werden, wirken auf die Höhenstrahlung anscheinend wie ein Spiegel. Die Partikel der Höhenstrahlung werden nicht einfach aufgefangen oder auch nur abgebremst. Dazu ist ihre Energie viel zu gewaltig. Aber sie werden in der Grenzzone von magnetischen Kraftlinien abgelenkt und durch einen gewissermaßen elastischen Widerstand gestreut und auf andere Bahnen gebracht. Die Riesenkugel jenseits des Pluto wirkt auf die aus der Tiefe des Weltraums heranstürmenden Gewalten nicht wie eine feste Wand, sondern eher wie ein Spiegel, der diese Gewalten ablenkt und wieder in den freien Weltraum abgleiten läßt.

Das völlig neuartige Bild des Sonnensystems, das sich damit bietet, kann man auch so beschreiben, daß man sagt, daß die Sonne nach allen Seiten mit solcher Gewalt nach außen »bläst«, daß dadurch ein kugelförmiger Raum erzeugt wird, in den die kosmische Höhenstrahlung nicht eindringen kann, und der so groß ist, daß das ganze Sonnensystem hineinpaßt. Das ist ein so ungewohntes und faszinierendes Bild, daß es angebracht erscheint, hier darauf hinzuweisen, daß das alles heute schon weit mehr ist als nur eine interessante wissenschaftliche Theorie. Daß der Sonnenwind in der angegebenen Entfernung auf den interstellaren Staub prallt, und daß dabei die beschriebene Grenzzone erzeugt wird, die erfüllt ist von mechanischen Turbulenzen und daraus resultierenden magnetischen Wirbeln, ergibt sich als zwangsläufige Folge aus den von zahlreichen Raumsonden gemessenen Eigenschaften des solaren Plasmas in den von uns bereits untersuchten inneren Bereichen des Sonnensystems. Und auch die Tatsache, daß die kosmische Höhenstrahlung von den magnetischen Feldern der Grenzzone daran gehindert wird, in das Sonnensystem selbst einzudringen, ist schon nicht mehr nur Theorie, nicht mehr bloß eine interessante Spekulation. Die Schutzwirkung der kugelförmigen Grenzzone wird vielmehr durch ein schon seit längerer Zeit bekanntes, aber erst jetzt im Licht der hier geschilderten Entdeckungen verstandenes Phänomen direkt bewiesen, nämlich durch den sogenannten *Forbush-Effekt.*

Der mit diesem Namen nach seinem Entdecker bezeichnete Effekt besteht in einer deutlichen, relativ plötzlich einsetzenden Abnahme des auf der Erde zu registrierenden Anteils der kosmischen Höhenstrahlung, die im allgemeinen mehrere Tage anhält, bevor die Strahlungsintensität wieder die vorherige und durchschnittliche Höhe erreicht. Schon seit längerer Zeit war ferner bekannt, daß diese unregelmäßig auftretenden Abschwächungen der Höhenstrahlung zeitlich stets zusammenfielen mit großen Eruptionen auf der Sonnenoberfläche, genauer: daß sie einer solchen Eruption regelmäßig einige Tage später zu folgen pflegten. Daß zwischen beiden Phänomenen ein Zusammen-

hang bestehen mußte, war damit bewiesen – bis vor kurzem hatte nur niemand eine Vorstellung davon, um was für einen Zusammenhang es sich handeln könnte. Heute kann auch diese Frage beantwortet werden. Der *Forbush-Effekt* fügt sich zwanglos, beinahe selbstverständlich, in das Bild ein, das wir in diesem Abschnitt von den dynamischen Verhältnissen innerhalb des Sonnensystems und ihren Beziehungen zu dem angrenzenden freien Weltraum skizziert haben. Wenn man das Bild im Ganzen bedenkt, so ist es selbstverständlich, daß die gelegentlich auf der Sonnenoberfläche auftretenden lokalen Ausbrüche eine vorübergehende Abschwächung der kosmischen Höhenstrahlung nach sich ziehen müssen. Denn die durch eine solche Eruption vermehrt und mit vergrößerter Geschwindigkeit in den Raum geschleuderten Partikel aus der Korona verstärken natürlich vorübergehend auch den Sonnenwind und damit auch die abschirmende Wirkung der Grenzzone. Am *Forbush-Effekt* wird die Schutzwirkung dieser Zone mit anderen Worten also direkt ablesbar.
Jetzt ist verständlich, warum einige Abschnitte zuvor davon die Rede war, daß die Sonne nicht nur deshalb den Namen eines »lebenspendenden« Gestirns verdiene, weil sie das Raumschiff Erde mit Licht und Energie versorgt, und warum die Energie, welche die Sonne nach allen Seiten so verschwenderisch abgibt, auch dann, wenn diese unsere Erde gar nicht erreicht, für unsere Existenz dennoch nicht weniger bedeutsam ist, als der winzige Bruchteil, für den das gilt.
Wenn die Sonne plötzlich erlöschen würde, dann würden wir nicht erfrieren, sondern den Strahlentod sterben. Noch bevor die in der Erdkruste und in der Atmosphäre gespeicherten mächtigen Wärmereservoire restlos verbraucht wären, hätte uns die kosmische Höhenstrahlung getötet, die ungehindert auf die Erdoberfläche prasseln würde, sobald der riesige Schutzschirm zusammenbräche, der unser ganzes Sonnensystem einhüllt und uns vor diesem Schicksal bewahrt.
Mit solchen Entdeckungen aber ist die Geschichte keineswegs zu Ende, sondern damit fängt sie eigentlich erst richtig an. Die völlig neue Perspektive, unter der sich die Rolle der Erde im Sonnensystem und die Beziehungen dieses Systems zu dem es umgebenden Weltraum im Licht dieser neuen Erfahrungen präsentieren, hat eine ganze Kette von Folgerungen und wirft eine Fülle überraschender Fragen auf. Natürlich sind bei weitem nicht alle diese Fragen heute schon beantwortet. Dafür sind die Entdeckungen, von denen hier die Rede ist, noch viel zu jung. Aber insgesamt zeichnet sich doch heute schon ein eindrucksvolles, eigenartig geschlossenes Bild ab, das uns zwingt, unsere bisherigen Anschauungen über die Stellung der Erde im Weltraum und unsere Beziehungen zu den im Weltraum herrschenden Kräften gründlich zu revidieren.

Wer hätte noch vor ein paar Jahren mit der Möglichkeit gerechnet, daß wir im Schutz einer gewaltigen magnetischen »Blase« leben, die unsichtbar weit draußen außerhalb der Umlaufbahn des Pluto existiert? Wenn man den Faden hier aufnimmt und konsequent weiter verfolgt, kann man noch andere derartige Überraschungen erleben. Sie alle laufen darauf hinaus, daß die Erde, und damit auch wir selbst, keineswegs beziehungslos in einem für uns letzten Endes gleichgültigen Weltraum existieren, sondern daß wir und unser Ergehen einbezogen sind in ein unglaublich kompliziert verzweigtes Netz von kosmischen Einflüssen und Zusammenhängen, an die unsere Existenz gebunden ist. Als nächste Überraschung steht uns in den folgenden Abschnitten die Schlußfolgerung bevor, daß die Erde für die uns bekannten Lebensformen unbewohnbar wäre, und daß auch wir selbst sterben müßten, wenn es den Mond nicht gäbe.
Aber wir wollen wieder ganz systematisch vorgehen, nicht nur deshalb, weil es für das Verständnis notwendig ist, sondern auch schon deshalb, weil die Einzelheiten so interessant sind, daß sie nicht unterschlagen werden sollen.

Vor einigen Jahren wurde in der Sahara ein Experiment durchgeführt – es ist inzwischen an anderen Stellen der Erde verschiedentlich wiederholt worden –, das gegenüber den sehr viel mehr aufsehenerregenden Satelliten-Versuchen von der Öffentlichkeit kaum beachtet worden ist und dessen Zielsetzung einem Nichtfachmann zunächst auch kaum einleuchten dürfte. Damals wurde eine Forschungsrakete in die obersten Schichten der Erdatmosphäre geschickt, die in der immerhin beachtlichen Höhe von etwas mehr als zweihundert Kilometern eine kleine Bariumwolke ausstieß, die von den Wissenschaftlern aufmerksam mit Teleskopen beobachtet und mehrfach, farbig und schwarz-weiß, photographiert wurde. Wenn man die bei diesem Versuch gemachten Aufnahmen in der Reihenfolge, in der sie entstanden, genau betrachtet, dann kann man feststellen, daß sich die von der Rakete ausgestoßene Wolke sehr eigenartig verhielt. Sie war gut zu beobachten, weil sie in dieser Höhe, in der sogenannten Ionosphäre, von der Sonnenstrahlung zu kräftigem Fluoreszenz-Leuchten angeregt wurde. Die Wolke begann zunächst, sich nach allen Seiten gleichmäßig auszubreiten, wobei sie langsam größer wurde, ihre anfängliche Kugelgestalt aber beibehielt. Soweit entsprach ihr Verhalten durchaus dem, was man hätte annehmen sollen. Einige Minuten später hatte es aber den Anschein, als ob die Wolke aus zwei verschiedenen Substanzen bestände, die sich völlig verschieden verhielten. Nach wie vor dehnte sich ein Teil des Bariums gleichmäßig, kugelförmig weiter aus. Gleichzeitig begann sich aber eine zweite, geringfügig anders gefärbte und zylin-

drisch geformte Wolke aus der ersten herauszuschieben und nur in den beiden der Längsachse des zylindrischen Gebildes entsprechenden Richtungen auszudehnen, wobei noch hinzuzufügen ist, daß diese Längsachse exakt nord-südlich ausgerichtet war. Wie ist das seltsam erscheinende Resultat dieses Versuchs zu erklären?
Nun, die Erklärung ist im Grunde sehr einfach. Das Barium wird in dieser Höhe der Atmosphäre, in der nur noch etwa fünf Milliarden Atome im Kubikzentimeter enthalten sind (in Meereshöhe sind es 2,5 mal 10^{19}, eine Zahl mit neunzehn Nullen: 25 Quadrillionen), von der nahezu ungehindert einfallenden Sonnenstrahlung nicht nur zum Leuchten gebracht, sondern außerdem zum Teil auch »ionisiert«. Die Bariumatome, bei denen das passiert, verlieren eines ihrer Elektronen. Damit aber sind in der Wolke, physikalisch gesehen, tatsächlich zwei Substanzen mit verschiedenen Eigenschaften entstanden. Der nicht ionisierte Anteil der Wolke dehnt sich auch weiterhin, lediglich mechanischen Einflüssen gehorchend, kugelförmig weiter aus. Der ionisierte Anteil dagegen leuchtet nicht nur in einer etwas anderen Farbe, sondern er ist nun, da er aus Teilchen besteht, deren »innere« Ladung nicht mehr völlig ausgeglichen ist, auch durch magnetische Kräfte beeinflußbar. Indem er sich exakt nord-südlich orientiert und nur noch in diesen beiden Richtungen ausbreitet (und so nicht eine kugelförmige, sondern zylindrische Gestalt annimmt), macht er eine Naturkraft sichtbar, die sich normalerweise nicht beobachten läßt, obwohl sie nichtsdestoweniger real existiert, nämlich den Verlauf der Linien des irdischen Magnetfelds. Dieses mit Hilfe des Barium-Tricks in verschiedenen Höhen exakt zu beobachten und zu vermessen war der Sinn des Versuchs in der Sahara.

Das Interesse der Wissenschaftler an diesem Magnetfeld hatte sehr viele Gründe. Darunter war aber auch einer, der in unmittelbarem Zusammenhang steht mit dem Sachverhalt, den wir im vorangehenden Abschnitt erörtert haben. Dieser Grund ergibt sich aus der naheliegenden Frage, was uns denn nun eigentlich vor dem Sonnenwind schützt.
Es ist, wie wir gesehen haben, ein eindrucksvoller und faszinierender Gedanke, sich vorzustellen, wie die Sonne die gesamte von ihr abhängige Planetenfamilie schützend in ihre Atmosphäre hüllt, und daß sie

11 Auf dieser Photographie sind in 80 Millionen Lichtjahren Entfernung schon mehr fremde Galaxien als Vordergrundsterne zu sehen, erkennbar an ihrer elliptischen Form oder ihrer verwaschenen Kontur. Jede einzelne von ihnen enthält 20, 100 oder 200 Milliarden Sonnen und hat einen Durchmesser von 50–100000 Lichtjahren.

ihre Trabanten damit vor der lebensfeindlichen kosmischen Strahlung abschirmt. Aber sie tut das ja schließlich durch die Aussendung elektrisch geladener Partikel, die sie mit Geschwindigkeiten von einigen hundert Kilometern in der Sekunde bis an die äußerste Peripherie unseres Systems jagt. Wieso wird damit eigentlich nicht bloß der Teufel mit dem Beelzebub ausgetrieben? Wie kommt es, daß der Sonnenwind selbst uns nicht gefährdet? Natürlich sind die von ihm mitgeführten Protonen und Elektronen mit ihren – auf der Höhe der Erdbahn – rund dreihundert Kilometern pro Sekunde nicht annähernd so vernichtend, wie es die kosmische Strahlung mit ihrer nahezu der Lichtgeschwindigkeit entsprechenden Bewegungsenergie ist. Aber ein fortwährendes Bombardement mit Partikeln von tausendfacher Schallgeschwindigkeit aus der astronomisch lächerlichen Entfernung von nur hundertfünfzig Millionen Kilometern ist, und dafür werden wir später im weiteren Ablauf des Gedankenganges noch einige konkrete Beispiele nachzutragen haben, ganz sicher auch nicht bekömmlich.
Also: der Sonnenwind schützt uns vor der kosmischen Strahlung. Was aber schützt uns vor dem Sonnenwind? Die überraschende Antwort lautet: die schwache Kraft, die eben ausreicht, eine Kompaßnadel nach Norden auszurichten, das irdische Magnetfeld!

Ein Käfig für den Sonnenwind

Die unsichtbaren, nur an Ort und Stelle mit einer Kompaßnadel oder einem anderen geeigneten Instrument meßbaren oder durch raffinierte Tricks wie den Versuch in der Sahara an einzelnen Punkten nachweisbaren Kraftlinien des irdischen Magnetfelds hüllen unseren Globus wie ein dichtes Netz rundum ein. Wenn wir magnetische Felder sehen könnten, so würde uns die Erde wie durch einen gewaltigen Käfig aus Kraftlinien eingeschlossen erscheinen, der grundsätzlich aus zwei gleichgroßen Halbkugeln bestehen müßte. Diese spezielle Form ist theoretisch zu erwarten, weil sich die Erde wie ein Stabmagnet verhält, dessen Pole den geographischen Polen am nördlichen und südlichen Ende der irdischen Rotationsachse ungefähr, wenn auch nicht ganz exakt entsprechen. Von diesen beiden Polen gehen daher auch bei der Erde die Linien des Magnetfeldes aus. Sie gehen hier nahezu senkrecht in die Höhe, biegen dann allmählich in die Horizontale um und ziehen so in großer Höhe zum jeweils gegenüberliegenden Pol, den sie wieder nahezu senkrecht erreichen.

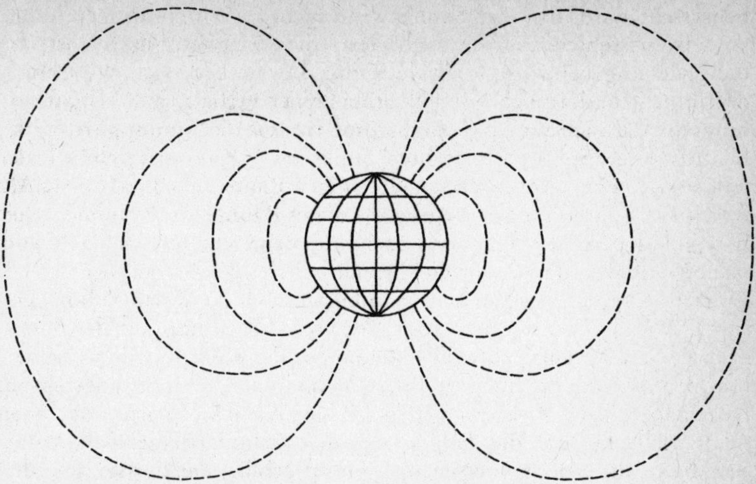

Verlauf der Kraftlinien des irdischen Magnetfeldes.

Bei der Untersuchung der zunächst recht akademisch anmutenden Frage, wie hoch hinauf die Linien des Erdmagnetfelds wohl in den Raum reichen, die durch die Raumsonden in den letzten Jahren ebenfalls ermöglicht wurde, machte man bald eine sehr bemerkenswerte Entdeckung. Bei den gleichen Raumfahrtexperimenten wurde, wie schon geschildert, ja auch der Sonnenwind zuerst überhaupt entdeckt und dann im Detail untersucht. Dabei zeigte sich nun, daß sich Sonnenwind und irdisches Magnetfeld gegenseitig auszuschließen scheinen. Das war für die Physiker, die diese Untersuchungen durchführten, insofern kein allzu überraschendes Ergebnis, als der Sonnenwind im wesentlichen aus elektrisch geladenen Teilchen besteht, die durch Magnetfelder abgelenkt werden können. Die genaue Untersuchung der in der Erdumgebung herrschenden Verhältnisse im Lauf sehr zahlreicher Satellitenflüge ergab dann, daß es in dem ganzen von den magnetischen Kraftlinien der Erde erfüllten Raum praktisch nicht ein einziges aus dem Sonnenwind stammendes Teilchen gab (von einer ganz bestimmten, noch zu erläuternden, Ausnahme abgesehen). Diese Erfahrung bestätigte sich mit solcher Regelmäßigkeit bei allen Nachprüfungen, daß man sie zur Definition einer erneuten Abgrenzung zwischen verschiedenen Regionen im erdnahen Weltraum benutzte, nämlich zur Definition der »Magnetosphäre«.

Diesen Namen erhielt der Raum oberhalb der Atmosphäre der Erde, der von den Einflüssen des irdischen Magnetfelds in solchem Maß beherrscht wird, daß der Sonnenwind nicht in ihn eindringen kann. Anders, wissenschaftlicher formuliert: die »Magnetosphäre« ist der die Erde umgebende plasmafreie Raum. Da die Erde sich, wie bereits erwähnt, grundsätzlich wie ein Stabmagnet verhält, nahm man anfangs an, daß sich auch die Magnetosphäre, wie die Atmosphäre, wirklich als eine »Sphäre« im echten Sinne des Wortes erweisen würde, daß sie also einen praktisch kugelförmigen Raum ausfüllen müsse. Als man jedoch daran ging, die Ausmaße dieses Raumes durch immer neue Satellitenexperimente genauer zu bestimmen, schälte sich nach und nach ein ganz anderes, sehr viel dramatischeres Bild heraus.

Zunächst einmal ergaben sich ständig wechselnde Werte für die Distanz, bis zu der die Magnetosphäre in der Richtung auf die Sonne in den Raum hinausreichte. Die Meldungen der Raumsonden schwankten hier um nahezu hundert Prozent, ohne daß man anfangs sicher hätte sagen können, ob es sich dabei um reale Meßwerte oder aber nicht vielleicht um die Folgen von Beobachtungsfehlern handelte. Für die Realität der gemessenen Werte sprach bei der Fortsetzung der Untersuchungen aber die Beständigkeit der oberen und unteren Grenze der von den Sonden gelieferten Daten. Waren die Werte im Einzelfall auch unvorhersehbar und jedesmal anders, so lag doch die geringste Entfernung für diesen Teil der Magnetosphäre immer bei etwa fünfundvierzig- bis fünfzigtausend Kilometern über dem Erdboden, während die größte einen äußersten Wert von etwa achtzigtausend Kilometern nie überstieg. Wie diese Resultate zu deuten waren, wurde sofort klar, als jemand auf den Gedanken kam, das scheinbar willkürliche Hin- und Herpendeln der Meßdaten einmal in Beziehung zu setzen zu den sich gleichzeitig auf der Sonnenoberfläche abspielenden Prozessen.

Sofort ergab sich eine strenge Parallelität zwischen den Abläufen in beiden Gebieten. Die eben noch so willkürlich erscheinenden Schwankungen der von den Raumsonden zurückgefunkten Werte erwiesen sich als in Wirklichkeit gesetzmäßig gebunden an die auf der Sonne ablaufenden Prozesse. Immer dann, wenn die Sonne relativ »ruhig« war, kamen von der Sonde die höchsten Werte zurück, dann entfernte sich also die Grenze zwischen Magnetosphäre und dem solaren Plasma des Sonnenwindes bis auf siebzig- oder achtzigtausend Kilometer von der Erdoberfläche. Umgekehrt verringerten sich die Meßwerte mit der gleichen Regelmäßigkeit immer kurz nach dem Auftreten besonderer Ereignisse auf der Sonnenoberfläche, also etwa nach dem Ausbruch besonders starker Protuberanzen oder *flares.*

Die Deutung dieses Zusammenhangs lag auf der Hand: Der unsichtbare magnetische Käfig, der die Erde einhüllt und der durch seine Kraftlinien das solare Plasma von uns abhält, zittert und bebt unter dem Trommelfeuer der von der Sonne wegfliegenden Partikel wie eine Seifenblase in einem Luftzug. Immer dann, wenn Eruptionen (*»flares«*; vgl. Abb. 18, S. 193) auf der Sonne den Partikelstrom des Sonnenwindes vorübergehend zu einem »Sturm« verstärken, deformiert dieser die Kugelgestalt der Magnetosphäre, indem er ihre äußerste Grenze um zwanzig- bis dreißigtausend Kilometer in Richtung auf die Erde zurückdrängt. Die der Sonne zugekehrte Seite der Magnetosphäre wabert, mit anderen Worten, unter dem wechselnden Druck des Sonnenwindes um diesen gewaltigen Betrag, der das Zwei- bis Dreifache des Erddurchmessers ausmacht, hin und her.

Man muß sich hier noch einmal vor Augen halten, daß alle diese gewaltigen Vorgänge absolut unsichtbar sind und auch körperlich gar nicht faßbar, mit Ausnahme des Verhaltens der vom Sonnenwind mitgeführten Korpuskeln. Selbst wenn man sich mit einem Raumschiff in der betreffenden Region des Weltraums aufhielte und dort aus dem Fenster blickte, würde man nichts sehen als »leeren« Weltraum. Diese Situation ist zweifellos ein besonders eindrucksvolles Beispiel der von uns in der Regel kaum jemals bedachten Tatsache, daß unsere Sinnesorgane ja nur einen vergleichsweise winzigen Ausschnitt der Wirklichkeit wahrzunehmen vermögen, eben den Ausschnitt, der für unser Verhalten unter speziell irdischen Verhältnissen biologisch bedeutsam ist. Man vergißt zu leicht, in welchem Ausmaß die Wirklichkeit der Welt in ihrer ganzen Realität das übersteigt, was wir allein als unsere Anschauungswelt kennen. So ist auch die ganze Magnetosphäre und ebenso ihr ständiges dynamisches Reagieren auf das Trommelfeuer des Sonnenwindes für uns weder sichtbar noch anders als mit den künstlichen Sinnesorganen unserer modernen Raumsonden überhaupt feststellbar. Und dennoch sind alle diese Vorgänge nicht nur reale Bestandteile unserer Welt, sondern in diesem speziellen Fall auch für uns selbst von größter Bedeutung. Denn die Magnetosphäre erfüllt für uns gegenüber dem Sonnenwind die gleiche Schutzfunktion wie dieser gegenüber der aus dem Weltraum heranrasenden kosmischen Höhenstrahlung.

Wir leben somit im Schutz zweier ineinandersteckender, unsichtbarer Kugeln, von deren Existenz bis vor wenigen Jahren kein Mensch etwas wußte. Die erste wird vom Sonnenwind aufrechterhalten und besteht aus der jenseits des Pluto sich erstreckenden Schockzone, die durch den Aufprall des solaren Plasmas auf die interstellare Materie entsteht. Sie hüllt das ganze Sonnensystem ein. Die zweite Kugel ist sehr viel kleiner, aber, jedenfalls für uns Menschen, nicht weniger bedeutsam und lebenswichtig. Sie wird durch die hier beschriebene Magnetosphäre gebildet, welche »nur« die Erde umgibt und diese so gegen das solare Plasma abschirmt.

Wir müssen uns noch einmal der Gestalt dieser zweiten »Kugel« zuwenden und den außerordentlich lebhaften und energiereichen Prozessen, die sich an ihrer Oberfläche abspielen. Die zwanzig- bis dreißigtausend Kilometer betragenden Schwankungen ihrer der Sonne zugekehrten Hälfte stellen nämlich erst den kleineren Teil des eigenartigen Bildes dar, der sich bei den Weltraumuntersuchungen der letzten Jahre herausgeschält hat.

Daß die Schwankungen dieser »Frontseite« der irdischen Magnethülle tatsächlich als direkte Folgen des vom Sonnenwind erzeugten Druckes angesehen werden müssen, ergab sich indirekt auch daraus, daß die Fluktuationen dieser Grenze um so schwächer wurden, je weiter seitlich, immer von der Sonne aus gesehen, die Raumsonden ihre Entfernung vermaßen. Querab zum Sonnenwind, gewissermaßen also an den Flanken der Magnetosphäre, waren die Werte nahezu konstant. Unabhängig vom jeweiligen Zustand der Sonnenoberfläche wurde hier von allen Sonden immer wieder der gleiche Entfernungswert von rund neunzigtausend Kilometern gemeldet. Es leuchtet unmittelbar ein, daß hier, wo der Sonnenwind auf die Grenzzone nur noch aus ganz flachem Winkel gleichsam »streifend« auftreffen kann, die Kugelform der Magnetosphäre praktisch auch nicht gestört ist – daß sie hier also der Gestalt am nächsten kommt, die sie im ganzen hätte, wenn es den Sonnenwind nicht gäbe. Daß die nahezu konstante Entfernung der magnetischen Hülle an dieser Stelle die größte in Sonnenrichtung jemals gemessene Distanz immer noch um rund zehntausend Kilometer übersteigt, ist gleichzeitig ein anschaulicher Hinweis darauf, daß der Sonnenwind eben ständig »weht«, daß er auch dann, wenn die Sonnenoberfläche relativ ruhig ist, doch immer noch mit einer Gewalt auf die Magnetosphäre prallt, die ausreicht, um sie um eben diese zehntausend Kilometer einzudrücken.

Zunächst könnte man nun annehmen, daß die gleiche Beständigkeit und Ruhe, die für die Flanken der Magnetosphäre gilt, sich auch bis zu deren Rückseite erstrecken müsse. Diese liegt ja gleichsam hinter der Erde, ist von der Sonne aus also gar nicht zu sehen. In Wirklichkeit ist das Gegenteil der Fall. Die Deformation der Magnetosphäre ist gerade an ihrer Rückseite mit Abstand am stärksten, hier herrschen die turbulentesten und unübersichtlichsten Verhältnisse überhaupt. Diese Tatsache ist, wie wir noch sehen werden, eine unmittelbare Folge davon, daß es sich beim Sonnenwind eben wirklich um einen »Wind« handelt, der daher viele auch der anderen Wirkungen entfaltet, die wir von irdischen Winden her kennen. Nach wiederholten Flügen und Messungen und nach mühevollen Berechnungen, die alle erschwert wurden durch die gerade in dieser Region so gänzlich unerwarteten und verwickelten Verhältnisse, steht nunmehr fest, daß die Magneto-

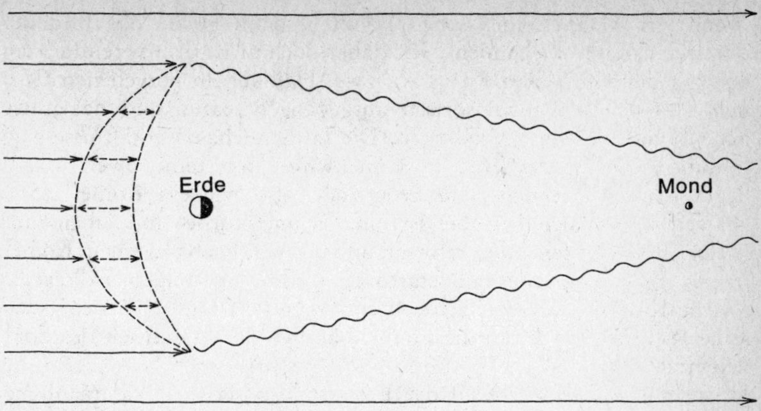

Die Situation der Erde im Sonnenwind. Im gleichen Maßstab wäre die Sonne ein Glutball von 45 Zentimetern Durchmesser, 50 Meter vom linken Bildrand entfernt. Von dort treffen die Protonen und Elektronen des Sonnenwindes mit 300 km/sec bei der Erde ein. Sie werden hier von der Magnetosphäre aufgefangen, deren der Sonne zugewandte Seite unter dem Druck des Aufpralls um 20000 bis 30000 km vor- und zurückschwankt (gestrichelte Kreisbögen). Nach hinten zieht der Druck des Sonnenwindes die Magnetosphäre wie eine flackernde Kerze zu einem langen Schweif aus, der bis über die Mondbahn hinaus reicht.

sphäre an ihrer von der Sonne abgewandten Rückseite vom Sonnenwind über Hunderttausende, wahrscheinlich sogar über mehr als eine Million Kilometer hinaus in den Weltraum mitgenommen und gewissermaßen ausgefranst wird. Die Magnetosphäre flattert also in den Wirbeln des solaren Plasmas buchstäblich wie eine Kerze in einem Luftzug.

Daß dieses Flattern ganz wörtlich zu verstehen ist, haben erstmals die Messungen ergeben, welche die interplanetarische Sonde *Mariner IV* Ende 1964 während des ersten Teils ihres historischen Fluges zum Mars zur Erde zurückfunkte. *Mariner IV* passierte damals die rückwärtige, der Sonne abgekehrte Seite der Magnetosphäre auf ihrer gradlinigen Flugbahn innerhalb einer knappen Stunde nicht weniger als sechsmal hintereinander, weil sie in dieser kurzen Zeitspanne trotz ihrer Geschwindigkeit von vierzigtausend Stundenkilometern von dem im Sonnenwind flatternden Schwanz der Magnetosphäre so oft eingeholt und überholt wurde. Wenn man sich diesen Vorgang einmal anschaulich vorstellt, kann man einen Begriff gewinnen von der Gewalt und dem Ausmaß der da unsichtbar und lautlos über unseren Köpfen tobenden Kräfte.

Wenn wir Magnetfelder sehen könnten, dann gliche das Bild der durch den Raum ziehenden Erde daher doch nicht dem vereinfachten Schema des von einem Käfig aus zwei Halbkugeln umgebenen Globus, von dem wir provisorisch ausgegangen waren und das unser Schema auf Seite 107 wiedergab. Die tatsächlichen Verhältnisse sind in diesem Schema der Erde im Sonnenwind dargestellt, soweit wir sie heute schon übersehen. Die Erde zieht also wie ein Komet einen Schweif hinter sich her. Sie ist ein Himmelskörper mit einem aus Magnetlinien bestehenden Schweif, und der Vergleich mit einem Kometen ist hier schon deshalb statthaft, weil es in beiden Fällen die gleiche Kraft ist, die den Schweif entstehen läßt und außerdem auch seine Richtung im Raum bestimmt, nämlich der Staudruck des Sonnenwindes.

Dieser magnetische Schweif der Erde ist in unserem Zusammenhang auch deshalb interessant, weil er die weiter vorn schon beschriebenen van Allenschen Strahlungsgürtel erklären kann. Denn wer den Gang der Dinge bis hierher aufmerksam mitverfolgt hat, dem wird ein Widerspruch aufgefallen sein, der jetzt noch aufgeklärt werden muß, bevor wir das Kapitel »Magnetosphäre und Sonnenwind« abschließen können. Dieser Widerspruch besteht darin, daß wir die Magnetosphäre als den plasmafreien Raum um die Erde definiert und gleichzeitig gesagt haben, daß der von dieser Sphäre gebildete magnetische Käfig uns vor dem solaren Wind abschirmt. Tatsächlich aber existieren ja tief innerhalb dieser Magnetosphäre, also sehr viel dichter über unseren Köpfen, als es ihren Grenzen entspricht, die beiden van-Allen-Gürtel, bestehend aus Protonen und Elektronen, die aus dem solaren Plasma stammen. Wie gelangen diese Partikel in die Magnetosphäre, wo schlüpfen sie durch die magnetische Abwehr?

Ganz geklärt ist diese Frage bis heute nicht. Mit größter Wahrscheinlichkeit erfolgt der Einbruch aber gerade an der Rückseite, im Bereich des »Schwanzes« der Magnetosphäre. Hier ist die Verwirbelung ihrer Grenze so beträchtlich, daß von einer zusammenhängenden Abdichtung stellenweise offenbar nicht mehr die Rede sein kann. Buch-

12 Bei dieser starken Vergrößerung sind nur noch ganz wenige Vordergrundsterne innerhalb des Gesichtsfeldes abgebildet. Fast jedes einzelne dieser wimmelnden Lichtpünktchen ist eine ganze Welt, eine Galaxie von der Größe unserer eigenen Milchstraße. Von den kleinsten hier noch sichtbaren Systemen braucht das Licht bis zu uns schon nahezu 1 Milliarde Jahre. Jedes einzelne dieser fernen Milchstraßensysteme muß man sich auch millionenfach belebt vorstellen, erfüllt von Lebensformen in einer Mannigfaltigkeit, die sich unserem Vorstellungsvermögen entzieht.

stäblich von hinten also mogeln sich immer wieder einmal einige Partikel des solaren Plasmas durch den Abwehrschirm.
Aber auch sie gelangen nicht bis an die Erdoberfläche. Sie werden vielmehr gleichsam von einer zweiten Widerstandslinie aufgefangen, nämlich von den in Erdnähe noch enger und damit kräftiger werdenden Linien des magnetischen Feldes, das die Eindringlinge je nach ihrer physikalischen und elektrischen Charakteristik in zwei Zonen in zwanzigtausend und sechstausend Kilometern Höhe über der Erde einfängt und, wie die Physiker sagen, in einer Art »magnetischer Flasche« eingeschlossen hält. Nichts anderes sind die beiden früher schon besprochenen van Allenschen Strahlungsgürtel, die sich bei näherer Betrachtung der Zusammenhänge somit als die Auffang-Reservoire für *die* Partikel des Sonnenwindes entpuppen, denen es unter den geschilderten Umständen ausnahmsweise gelungen ist, durch die magnetische Abschirmung hindurchzuschlüpfen.
Wie energiereich und damit gefährlich diese Partikel auch hier noch sind, geht aus ihrem Verhalten in ihrem magnetischen Gefängnis hervor. Ihre Bewegungsenergie ist fast ungebrochen und viel zu groß, als daß sie in den Strahlungsgürteln einfach abgestoppt werden könnten. Sie rasen dort vielmehr mit kaum verminderter Geschwindigkeit weiter, jetzt aber auf korkenzieherartigen Bahnen immer zwischen Nord- und Südpol der Erde hin und her. Für diese ganze Strecke, einmal hin und wieder zurück, benötigen sie kaum mehr als eine Sekunde. Ein einzelnes Teilchen kann auf diese Weise innerhalb eines der beiden Strahlungsgürtel Wochen und Monate, im unteren Strahlungsgürtel, der sich durch eine besondere Stabilität auszeichnet, sogar mehrere Jahre am Leben bleiben, bis es schließlich einmal durch eines der Löcher an den Polen in die Atmosphäre abfließen kann. Ein solches Ereignis, das entweder durch eine vorübergehende Verringerung des irdischen Magnetfeldes oder durch eine besonders kräftige Sonneneruption vorbereitet werden kann, geht dann mit Störungen des Funkverkehrs auf der Erde und dem starken Auftreten von Polarlichtern einher.
Olaf Birkeland hatte also mit seiner heute mehr als siebzig Jahre zurückliegenden Vermutung den wahren Sachverhalt mit staunenswerter Genauigkeit erfaßt. Jedoch sind die Verhältnisse in Wirklichkeit noch weitaus komplizierter, als er ahnen konnte.

Was haben wir bis hierher für Zusammenhänge gefunden? Wir waren davon ausgegangen, daß die Erde auf ihrem Flug durch den Raum nicht autark, nicht unabhängig ist von einer Versorgung von außen. Sie stellt zwar den auf ihr existierenden Lebensformen Nahrung und Atemluft durch fortlaufende Regeneration der vorhandenen Vorräausreichend zur Verfügung, sie ist ihrerseits zur Aufrechterhaltung dieser Kreisläufe aber auf eine ständige Energiezufuhr angewiesen. Der Lieferant dieser Energie ist die Sonne. Wie wir gesehen haben, sind angesichts der hohen Energiebeträge, vor allem aber angesichts der riesigen Zeitspannen, über die hinweg diese Energie in stets gleichbleibender Stärke geliefert werden muß, die einzigen in Betracht kommenden Energiequellen thermonuklearer Reaktionen.

Die außerordentliche Größe der Sonne hatte sich dabei gleich aus einem zweifachen Grund als erstaunlich zweckmäßig erwiesen. Sie ist erstens die unbedingte Voraussetzung zur Erreichung der extremen Drucke und Temperaturen, die als »Initialzündung« für das Anlaufen der atomaren Prozesse im Sonnenzentrum notwendig sind. Der riesige Leib unseres Zentralgestirns erfüllt darüber hinaus aber ganz offensichtlich auch noch die Aufgabe eines gewaltigen Filters von kosmischen Dimensionen, der die im Kern der Sonne entstandene Energie auf eine Intensität herabdämpft, die uns bekömmlich ist.

Hier erscheint folgende Anmerkung angebracht: Diese Beschreibung des Sachverhalts scheint den Gedanken nahezulegen oder vorauszusetzen, daß die Sonne die geschilderten Eigenschaften hat, »damit« wir hier auf der Erde haben entstehen können, was natürlich sofort die weitere Frage aufwerfen würde, welche lenkende Kraft es denn bewirkt haben könnte, daß die Dinge so zweckmäßig eingerichtet sind, wie wir sie vorfinden. In Wirklichkeit muß der Zusammenhang hier aber natürlich umgekehrt gesehen werden. Ganz sicher ist es nicht so, daß die Sonne sich – unter welchen Einflüssen auch immer – den Bedingungen des bei ihrer Entstehung ja noch in fernster Zukunft liegenden Lebens auf dem dritten ihrer neun Planeten angepaßt hätte. Ohne Zweifel muß man davon ausgehen, daß die unbestreitbare Zweckmäßigkeit der hier waltenden Zusammenhänge und Entsprechungen nur so erklärt werden kann, daß das Leben, so wie wir es auf der Erde kennen, sich an die vorgegebenen, hier herrschenden und zu einem wesentlichen Teil eben durch die charakteristischen Eigenschaften der Sonne verursachten Bedingungen optimal angepaßt hat. Es braucht wohl kaum betont zu werden, daß das Resultat dieser Entwicklung deshalb um nichts weniger staunenswert ist. Jedoch fällt auf die falsche Perspektive seines eigenen, zufälligen Standpunkts herein, wer den Grund zur Bewunderung auf der anderen Seite sucht oder gar zu finden glaubt.

Trotzdem enthält die Strahlung der Sonne – um den Faden wieder aufzunehmen – auch Anteile, nämlich die energiereichen Partikel des Sonnenwindes, die uns gefährlich werden können.

Überraschenderweise ergab sich bei näherer Betrachtung dennoch, daß gerade dieser Anteil die Rolle der Sonne als die eines für uns lebensnotwendigen Himmelskörpers entscheidend mitbegründet. Denn dieser Sonnenwind läßt rund um das ganze Planetensystem jene riesige Kugel entstehen, die das Eindringen der absolut tödlichen kosmischen Strahlung in unser System verhindert. Gegen den vergleichsweise sehr viel harmloseren Sonnenwind selbst schützt uns dagegen das Magnetfeld unserer Erde, das uns wie eine zweite Kugel oberhalb unserer Atmosphäre einhüllt.

Schon bis hierher haben wir damit an der Stelle des leeren, lebensfeindlichen Weltraums, in welchem die Erde angeblich isoliert und verloren dahinzieht, ein ganzes Netz beziehungsvoller Verflechtungen kennengelernt, die in diesem sonnennahen Weltraum herüber und hinüber reichen und von deren kunstvollem und vielfältig ineinander verschachteltem Gleichgewicht die uns irrtümlich und sehr zu Unrecht so selbstverständlich erscheinende Stabilität unserer gewohnten irdischen Umwelt abhängt. An Stelle der jahrhundertelang gewähnten Beziehungslosigkeit deckt die moderne Raumforschung laufend so viele bisher unbekannte Verbindungen zwischen den verschiedenen Himmelskörpern unserer Nachbarschaft auf, daß das Sonnensystem als Ganzes angesichts des subtilen Gleichgewichts seiner inneren Beziehungen an ein besonders kunstvoll entworfenes, im freien Raum schwebendes kosmisches Mobile gemahnt.

Dabei sind wir mit unserem Versuch, die neuesten Forschungsergebnisse auf diesem Gebiet einmal im Zusammenhang zu sehen, noch keineswegs am Ende angekommen. Auch unser Mond ist in das Netzwerk kosmischer Beziehungen eingespannt, die uns am Leben erhalten. In welcher Form das der Fall ist, ergibt sich im Verlauf der Beantwortung der nächsten Frage, der wir uns jetzt zuzuwenden haben, der Frage nämlich, wodurch denn nun das irdische Magnetfeld entsteht.

Ein Planet wird durchleuchtet

Wenn man an einem völlig windstillen Tag am Ufer eines Teiches oder Sees steht, dessen Oberfläche spiegelglatt ist, kann man eine Beobachtung machen, die jedem von uns aus alltäglicher Erfahrung so vertraut ist, daß wir sie in der Regel gar nicht beachten, die zu *erklären* aber wohl den meisten nicht ganz leicht fallen würde. Gemeint ist die Tatsache, daß man in der beschriebenen Situation vor sich, in unmittelbarer Nähe, durch die Oberfläche des Wassers hindurch auf den Grund sehen kann, daß man auch in einiger Entfernung noch Fische scheinbar ganz dicht unter der Oberfläche schwimmen sieht, daß aber schon in wenig größerer Entfernung der Wasserspiegel zu einer für unseren Blick undurchdringlichen Barriere wird, in der sich dafür entferntere Dinge, Wolken am Himmel oder das gegenüberliegende Ufer, zu spiegeln beginnen.

Die Erklärung besteht natürlich darin, daß Wellen – in diesem Fall also Lichtwellen, die von einem dünneren in ein dichteres Medium oder umgekehrt überwechseln, hier vom Wasser in die Luft – an der Grenzfläche gebrochen, also mehr oder weniger aus ihrer ursprünglichen Richtung abgelenkt werden. Der Brechungswinkel hängt dabei von der Wellenlänge des gebrochenen Strahls ab, ferner von den Eigenschaften der aneinander grenzenden Medien, vor allem aber von dem Winkel, in dem der Strahl auf die brechende Grenzfläche auftrifft. Je flacher dieser Winkel wird, um so stärker wird die Brechung, bis schließlich ein kritischer Punkt erreicht wird, von dem ab der Strahl nicht mehr gebrochen, sondern reflektiert wird. Ähnlich wie ein Geschoß, das in einem zu flachen Winkel auf eine harte Oberfläche trifft, dringt der Strahl dann durch die Grenzschicht nicht mehr hindurch, er prallt vielmehr von ihr ab und fliegt zurück in das gleiche Medium, aus dem er gekommen ist.

Das alles ist elementare Schulbuchphysik. Es kommt hier zur Sprache, weil es das Prinzip verdeutlichen kann, mit dem die Geophysiker es fertig gebracht haben, den inneren Aufbau der Erde zu untersuchen. Zu allen den Menschen von Natur aus verschlossenen Räumen, wie zu den Polarregionen, den lichtlosen Weiten der Tiefsee oder, jetzt zuletzt, dem Weltraum, hat die Technik im Lauf der Zeit Zugangswege finden können. Eine sogar relativ nahegelegene Region wird unserem *direkten* Zugriff dagegen wohl für immer entzogen bleiben: das Innere der Erde. Wenn man einmal von relativ bescheidenen Bohrungen in der Erdkruste absieht, die vielleicht in Zukunft zu Forschungszwecken einmal bis in den äußersten Bereich des Erdmantels weitergetrieben werden könnten, ist das eine relativ sichere Vorhersage. Zunehmender Druck und laufend ansteigende Temperaturen machen jeden Gedanken an ein Vordringen in noch größere Tiefen illusorisch. Trotzdem wissen die Geophysiker, daß die Erdkruste durchschnittlich 33 Kilometer dick ist, daß dann der fast 3000 Kilometer dicke Erdmantel folgt, anschließend ein aus Eisen und Nickel bestehender 2160 Kilometer dicker äußerer Erdkern, der flüssig ist, während die letzte Schicht der aus dem gleichen Material bestehende, aber feste innere Kern mit einem Durchmesser von 2400 Kilometern ist, der den eigentlichen Erdmittelpunkt bildet. Die Wissenschaftler können diese Werte heute mit einer Genauigkeit von etwa einem Prozent angeben, weil sie Möglichkeiten gefunden haben, in diese absolut unzugänglichen Tiefen des Erdinneren buchstäblich hineinzusehen, wenn auch nicht mit Licht. Sie machen sich dabei die Tatsache zunutze, daß eine Grenzfläche dann bemerkbar wird, wenn sie Wellen – welcher Art auch immer – entweder »bricht«, also aus ihrer Richtung ablenkt, oder reflektiert. Das ist genau die Erfahrung, die wir am Seeufer machen können. Denn man kann die eingangs skizzierte Situation ja auch so beschreiben, daß man sagt, daß bei fast senkrechter Blickrichtung, also in der Nähe, die hier existierende »Grenzschicht«, nämlich die Wasseroberfläche, unsichtbar bleibt. Man sieht hier den Grund und die Fische, aber nicht den Wasserspiegel – deshalb nicht, weil er in dieser Blickrichtung glatt durchdrungen wird. Umgekehrt ist es, wenn wir weiter in Richtung auf die Seemitte blicken. Jetzt ist der Blickwinkel so flach, daß die zunehmende Brechung an einer Verzerrung der Leiber der Fische bemerkbar wird und dadurch indirekt auf die dazwischenliegende Grenzfläche schließen läßt. Schließlich wird der Blickwinkel so flach, daß die Lichtstrahlen nicht mehr durch die Wasseroberfläche hindurchdringen, was gleichbedeutend ist mit der Tatsache, daß diese selbst jetzt als spiegelnde Fläche in Erscheinung tritt.

Im Grunde gilt das alles natürlich für jeden Sehvorgang, wir können einen Gegenstand ja tatsächlich nur dann und nur in dem Maß sehen, in dem er Lichtstrahlen aufhält oder sie wenigstens, wie etwa heiße Luftschlieren über einer sommerlichen Asphaltstraße, verzerrt. Es gibt utopische Romane, in denen Menschen vorkommen, die über die Möglichkeit verfügen, sich unsichtbar zu machen. Mit großer Phantasie beschreiben die Autoren die seltsamen, spannenden oder auch komischen Situationen, die sich daraus ergeben. Trotz aller Phantasie wird eine bestimmte und ganz zwangsläufige Konsequenz von den Autoren aber regelmäßig übersehen, obwohl sie für die Betroffenen sehr spürbar wäre: ein Mensch, der sich wirklich vollkommen unsichtbar gemacht hätte, wäre in dieser Situation nämlich unweigerlich total blind.

Er könnte seine Unsichtbarkeit nämlich auch in Utopia nur auf einem von zwei Wegen bewirken: entweder gibt eine utopische Technik ihm die Mittel, alle Lichtstrahlen so um seinen Körper herumfließen zu lassen, daß man aus jedem Blickwinkel stets die direkt hinter ihm liegenden Gegenstände unverzerrt sehen kann. Oder aber eine utopische Medizin müßte ihn dazu instand setzen, seinen ganzen Körper völlig, aber wirklich restlos, durchsichtig werden zu lassen. In beiden Fällen aber wäre dieser Mensch nicht mehr in der Lage, irgend etwas zu sehen. Bei der Anwendung der ersten Methode nämlich würden seine Augen ja von keinem einzigen Lichtstrahl mehr erreicht werden, und bei der zweiten Möglichkeit würden sie von den Lichtstrahlen widerstandslos durchdrungen. Um etwas zu sehen, muß ein entsprechend gebautes Sinnesorgan Lichtstrahlen aber auffangen, brechen und in irgendeiner Weise in Nervenimpulse umsetzen können. Um selbst noch etwas sehen zu können, müßte der unsichtbare Mann daher wenigstens seine Augen sichtbar bleiben lassen, woraus ein grotesker Anblick resultieren würde, der den Zweck des ganzen aufwendigen Unternehmens zweifellos illusorisch werden ließe. Immerhin gibt es das aber, und diese Tatsache kann den Skeptiker von der Stichhaltigkeit dieser Überlegungen überzeugen, und zwar in Gestalt bestimmter durchsichtiger Meerestiere, insbesondere mancher Quallen. Deren glasartige Körper sind im Wasser nämlich unsichtbar, mit Ausnahme der lichtempfindlichen Augenflecken, die auch bei diesen Tieren immer undurchsichtig sind (wir verstehen jetzt, warum das so sein muß) und die daher als schwarze oder bunte Punkte isoliert im Wasser zu schweben scheinen. Sichtbar ist also nur, was, wenigstens in Spuren, undurchsichtig ist oder Lichtstrahlen bricht, wie jeder bestätigen wird, der schon einmal gegen eine Glastür gelaufen ist.

Die Wellen, mit denen die Geophysiker in den Erdball hineinsehen, mit denen sie unseren Planeten regelrecht durchleuchten können, sind die Erdbebenwellen. Auch wenn es sich bei ihnen nicht um elektromagnetische, sondern um verhältnismäßig einfache mechanische Wellen handelt, gelten für sie die gleichen Regeln und Eigenschaften, die wir eben an einigen Beispielen geschildert haben, insbesondere die Brechung an Grenzzonen zwischen Medien unterschiedlicher Dichte und die Möglichkeit der Totalreflektion dann, wenn Erdbebenwellen in einem zu flachen Winkel auf eine solche Grenzzone stoßen. Selbstverständlich kann man zur Durchleuchtung des Globus auch die durch künstliche Explosionen ausgelösten Wellen benutzen. Sie haben den großen Vorteil, daß man genau weiß, wann sie auftreten werden, sind aber, selbst wenn es sich um unterirdische Atomversuche handelt, sehr viel schwächer. (Zum Vergleich: ein schweres Erdbeben entspricht der Energie von mindestens hunderttausend Atombomben des Hiroshima-Typs.) Da jedes Jahr auf der Erde insgesamt mehr als hunderttausend Beben auftreten – von denen weitaus die meisten glücklicherweise zu schwach sind, um Schäden anzurichten –, genügen die natürlich auftretenden Wellen zur Erforschung des Erdinneren aber vollkommen. Die Geschwindigkeit, mit der diese Wellen sich durch die Erdkruste oder das Erdinnere fortpflanzen, hängt von der Dichte des Materials ab, in dem sie sich bewegen. Sie ist am geringsten im Wasser, beträgt hier etwa anderthalb Kilometer pro Sekunde, erreicht in Granit durchschnittlich fünf bis sechs Kilometer pro Sekunde und in den härtesten Schichten des Erdmantels mehr als acht Kilometer pro Sekunde. Die größten Geschwindigkeiten werden naturgemäß im inneren Erdkern erreicht. Sie betragen hier mehr als elf Kilometer in der Sekunde. Ausreichend starke Wellen können den ganzen Globus von einer Seite bis zur gegenüberliegenden durchwandern, mitten durch den Mittelpunkt der Erde hindurch. Sie brauchen dazu nur zweiundzwanzig Minuten.

Mit Hilfe dieser Wellen kann man also nicht nur die Lage bestimmter Grenzzonen zwischen Schichten unterschiedlicher Dichte im Erdinnern feststellen, sondern auch, durch die Ermittlung der Geschwindigkeit, mit der sie von Erdbebenwellen durchwandert werden, ihre physikalische Beschaffenheit und damit ihre wahrscheinliche chemische Zusammensetzung. Man braucht dazu eine möglichst große Zahl verschiedener Punkte an der Erdoberfläche, an denen die von dem gleichen Beben eintreffenden Wellen registriert werden. Aus den Zeitunterschieden ihres Eintreffens läßt sich ihre Geschwindigkeit und auch das Maß ihrer Brechung berechnen.

Schließlich gibt es noch eine ganz bestimmte Art von Scherwellen, die bei Erdbeben ebenfalls auftreten und von denen aus Laboratoriumsversuchen und auf Grund theoretischer Berechnungen bekannt ist, daß sie nur durch festes Material, dagegen nicht durch Flüssigkeit laufen können. Wenn daher zum Beispiel in Neuseeland ein Erdbeben auftritt und eine seismographische Station in England von diesem Beben nur die »Primärwellen« registriert, dagegen nicht die eben erwähnten Scherwellen, so ist das ein Hinweis darauf, daß es zwischen dem Ort des Bebens und dem Punkt, an dem die Erdbebenstation liegt, im Inneren der Erde eine flüssige Zone geben muß.

Beobachtungen dieser Art sind es, aus denen sich ableiten läßt, daß die äußeren Schichten des aus Eisen und Nickel bestehenden Erdkerns, etwa 2900 bis 5060 Kilometer tief unter der Erdoberfläche, flüssig sein müssen, während der darunterliegende, das eigentliche Zentrum unseres Globus bildende innere Eisen-Nickel-Kern wieder fest ist.

Die flüssige Natur des äußeren Erdkerns ist nun der in unserem Zusammenhang wichtigste Befund der Geophysiker über den inneren Aufbau unseres Planeten. Denn wir waren ja ausgegangen von der Frage, wie es kommt, daß die Erde ein Magnetfeld hat. Das ist keineswegs eine Selbstverständlichkeit – wie sich schon daraus ergibt, daß unsere beiden Nachbarn im Planetensystem, nämlich Venus und Mars, kein der Erde vergleichbares magnetisches Kraftfeld besitzen, ein Befund, dessen Kenntnis wir wiederum den Raumsondenversuchen der letzten Jahre verdanken. (Die Oberfläche dieser Planeten ist der Einwirkung des Sonnenwindes daher schutzlos ausgesetzt.)

Die magnetischen Effekte, die den Seeleuten seit der Erfindung des Kompaß durch die Chinesen die Orientierung auf hoher See ermöglichten, waren schon lange bekannt, als der englische Arzt William Gilbert in seinem 1600 veröffentlichten Buch »De Magnete« erstmals die Vermutung äußerte, die ganze Erde sei ein einziger großer Magnet. Später ergaben sich dann aus astronomischen und geophysikalischen Beobachtungen erste Hinweise auf die Beschaffenheit des Erdinneren, die diese Vermutung stützten und das Phänomen auf sehr einfache Weise zu erklären schienen. Aus der Bahn des Mondes nämlich ließ sich die Kraft berechnen, mit der die Erde ihren Trabanten anzieht. Aus dieser wieder ergab sich der Wert für die Gesamtmasse der Erde. Und wenn man dazu das in Beziehung setzte, was man über die Zusammensetzung und das Gewicht der bekannten Erdkruste wußte, dann ergab sich daraus der zwingende Schluß, daß es im Erdinneren große Mengen an Eisen geben müsse, da sonst die berechnete Gesamtmasse in dem ebenfalls bekannten Volumen der Erde nicht unterzubringen war. So schien alles klar und selbstverständlich zu sein, man brauchte nur anzunehmen, daß diese im Erdinneren angehäuften Metalle magnetisch seien.

Mehr als hundert Jahre lang gaben sich die Wissenschaftler mit dieser Erklärung zufrieden. Eigentlich hätte sie der Umstand stutzig machen müssen, daß die Umdrehungsachse der Erde mit der Achse ihres Magnetfeldes nahezu übereinstimmt. Denn wenn in der Erde einfach ein großer Eisenmagnet steckte, sollten Magnetismus und Erdumdrehung eigentlich nichts miteinander zu tun haben können. Der Haupteinwand, der diese allzu einfache Theorie schließlich endgültig widerlegte, kam dann aber aus einer ganz anderen Richtung. Auf ihn stieß man bei der Entdeckung der hohen Temperaturen des Erdinneren. Bei Bohrungen und bei der Anlegung von Bergwerksschächten stellte man fest, daß die Temperatur der Erdkruste mit zunehmender Tiefe sehr rasch ansteigt. Man rechnet in Oberflächennähe bekanntlich mit einem Temperaturanstieg von durchschnittlich drei Grad Celsius auf je hundert Meter. Allerdings ist sicher, daß dieser Temperaturgradient sich in größeren Tiefen stark abflachen muß, weil man sonst auf Hitzegrade käme, die nicht mehr plausibel sind. So ergibt sich zum Beispiel aus der Beobachtung von Erdbebenwellen, daß die Materie des Erdmantels, abgesehen von lokalen Lavaherden im Bereiche aktiver Vulkane, bis in etwa dreitausend Kilometer Tiefe noch fest ist. Das wäre aber – trotz des hier herrschenden ungeheuren Drucks – natürlich nicht der Fall, wenn in dieser Tiefe schon, wie sich aus einer einfachen Extrapolation bei der Anwendung des oben genannten Temperaturgradienten ergäbe, eine Temperatur von nahezu hunderttausend Grad herrschte.

Sehr zuverlässig ist unser Wissen über die im Erdinneren herrschenden Temperaturen nicht. Auf Grund der berechneten Drucke und der durch den Zerfall von natürlich vorkommenden radioaktiven Elementen laufend festgesetzten Wärmemengen schätzt man heute die Temperatur in vierzig Kilometern Tiefe auf tausend Grad, in dreitausend Kilometern auf drei- bis fünftausend Grad, und im Erdmittelpunkt, also rund sechstausend Kilometer unter der Oberfläche, auf etwa zehn- bis zwölftausend Grad. So unsicher diese Werte auch sein mögen, eines steht doch sicher fest, nämlich die Tatsache, daß schon in einer Tiefe von etwa zwanzig Kilometern die Temperatur von 775 Grad erreicht wird, jenseits derer Eisen seine magnetischen Eigenschaften vollständig verliert. Mit dieser Einsicht war ein seit langer Zeit als gelöst und verstanden angesehenes Phänomen erneut zum Problem geworden. Die »Magnetstabtheorie« des Erdmagnetismus hatte sich als endgültig unhaltbar erwiesen. Die anschließend erneut in Angriff genommenen und bis heute fortgesetzten Untersuchungen haben gezeigt, daß das Problem der Entstehung des Erdmagnetismus sehr viel verwickelter und komplizierter ist, als man früher angenommen hatte.

Die Untersuchungen förderten zunächst einmal einen Befund zutage, der nicht nur die Unhaltbarkeit der bisherigen Theorie erneut unterstrich, sondern der darüber hinaus bewies, daß jeder Versuch, das irdische Magnetfeld als Folge einer statischen, permanenten Magnetisierung zu erklären, von falschen Voraussetzungen ausging. Dieser Befund bestand in dem Nachweis unregelmäßiger Schwankungen in der Stärke des Magnetfelds, die natürlich nicht hätten auftreten dürfen, wenn dieses Feld einfach die Folge eines in der Erde enthaltenen »Dauermagneten« wäre. Umgekehrt ausgedrückt: dieser Befund führte zwingend zu der Annahme, daß das Magnetfeld laufend durch einen noch unbekannten Prozeß im Inneren der Erde erzeugt werden mußte.

Dies war der Ausgangspunkt für die heute wohl allgemein akzeptierte »Dynamo-Theorie« des Erdmagnetismus, deren Grundgedanke von dem amerikanischen Physiker Walter Elsasser stammt. Diese Theorie geht von der einzigen in der Physik bekannten Möglichkeit zur Erzeu-

13 Unsere Sonne mit ihren typischen »Flecken«. Kant und auch der berühmte Herschel hielten die scheinbar so dunklen Sonnenflecken noch für die Spitzen hoher Berge, die durch das flüssig-feurige Meer an der Sonnenoberfläche hindurchragten. In Wirklichkeit sind auch diese Flecken noch immer heißer als weißglühender Stahl. Wenn man einen von ihnen aus der Sonnenoberfläche herausnehmen und isoliert an den Himmel versetzen würde, würde er die Erde genauso stark beleuchten wie der Vollmond. Warum diese Flecken auf allen Aufnahmen (und auch bei der Betrachtung der Sonne durch abschirmende Filter) so dunkel aussehen, wird im Text erläutert.

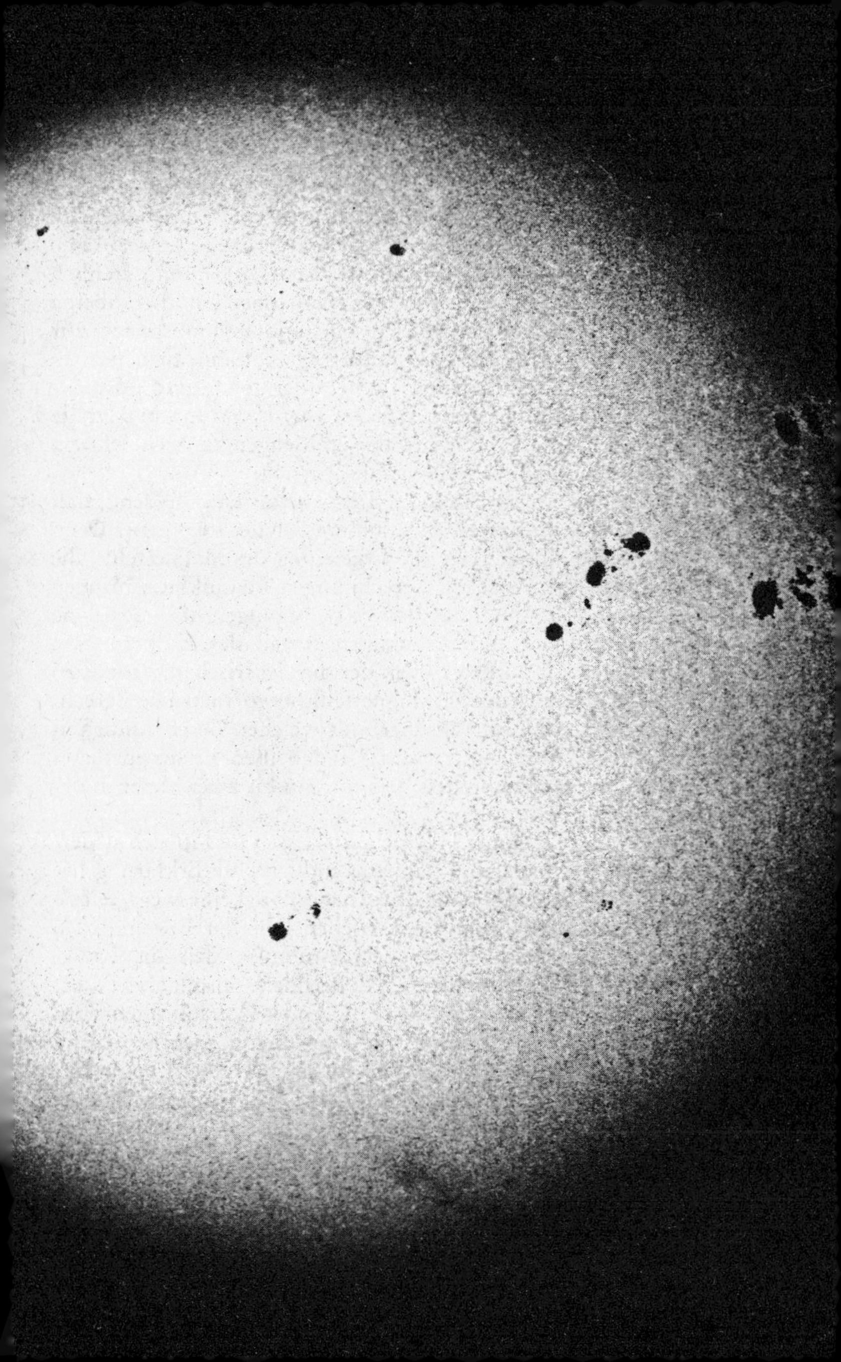

gung und Aufrechterhaltung eines nicht permanenten Magnetfelds aus, nämlich der Erzeugung magnetischer Kraftlinien durch elektrischen Strom. Die Frage, die sich damit stellte, lautete also: Wo gibt es im Erdinneren elektrische Ströme, die als Ursache des Magnetfelds in Betracht kommen?

Derartige Ströme können nur in einem elektrisch gut leitenden Material fließen. In Frage kommen hier natürlich in erster Linie Metalle, dann aber auch ionisiertes Gas. Man hält es heute tatsächlich für möglich, daß die Bewegungen der Gas-Ionen in den oberen Schichten der Atmosphäre, also in der sogenannten Ionosphäre, zur Entstehung des irdischen Magnetfelds beitragen, wenn auch nur zu einem sehr bescheidenen, nur wenige Prozent der gesamten Feldstärke ausmachenden Anteil. Im Erdinneren selbst aber kommen nur Metalle in Betracht, und da vor allem die gewaltigen Mengen an Nickel-Eisen, aus denen der Erdkern, wie schon erwähnt, besteht.

An diesem Punkt erweist sich nun die Tatsache als entscheidend, daß ein Teil dieses Kerns, und zwar seine äußere Schale, flüssig ist. Denn die einzige denkbare Möglichkeit zur Erzeugung des Magnetfelds, die sich auch mit allen theoretischen Berechnungen in Einklang bringen ließ, besteht nun in der Annahme, daß es Bewegungen in dieser Zone flüssigen Eisens sind, die diesen flüssigen Anteil des Erdkerns wie einen riesigen Generator wirken lassen, der die elektrischen Ströme erzeugt, deren Fließen das irdische Magnetfeld hervorruft. Die Berechnungen geben sogar Auskunft darüber, mit welcher Geschwindigkeit die Bewegungen des rund viertausend Grad heißen Eisens in dieser Region des Erdinneren ablaufen: es sind nur ein bis zwei Meter in der Stunde!

Physikalisch ist diese Dynamo-Theorie geschlossen und in sich widerspruchslos. Darüber hinaus aber kann sie endlich eine Erklärung liefern für die schon wiederholt angesprochene und keineswegs selbstverständliche Tatsache, daß die magnetischen Pole der Erde mit den geographischen Polen weitgehend übereinstimmen, daß die Kraftlinien des magnetischen Feldes die Erdoberfläche also gerade dort verlassen, wo die Rotationsachse der Erde endet. Verständlich wird das im Licht der Dynamo-Theorie, weil man davon ausgehen kann, daß es sich bei den Fließbewegungen im flüssigen Erdkern ursprünglich um ungeordnete, nicht systematisch zusammenhängende Wirbelbewegungen oder Turbulenzen handelt. Auch diese würden natürlich Ströme erzeugen und diese ihrerseits Magnetfelder, aber eben viele, unterschiedlich große und scheinbar willkürlich über die ganze Erde verstreute Magnetfelder. Es gäbe dann also nicht den einheitlichen, zusammenhängenden Magnetkäfig, in dem sich der Sonnenwind fängt, sondern die Karte des irdischen Magnetfeldes gliche eher einem großen

Flickenteppich. Es ist kaum zu bezweifeln, daß die tatsächlich beobachteten Verhältnisse, also die Einheitlichkeit des Magnetfelds der Erde und dessen grundsätzlich symmetrische, nur vom Sonnenwind verzerrte Gestalt, Auswirkungen der Erdumdrehung sind. Die stetige Rotation des Globus erst bringt Ordnung in die regellosen Wirbel des Erdkerns. Ihre Richtung läßt nach dem Prinzip der Kreiselwirkung bestimmte Wirbel sich besonders kräftig ausbilden, während andere gedämpft werden. Auf diese Weise aber entsteht zwangsläufig eine einheitliche, zusammenhängende Vorzugsrichtung für alle einzelnen Fließbewegungen im Kern, die so zu einem einzigen Strom werden, dessen Drehbewegung am Verlauf der Erdachse orientiert ist.

Die Flüssigkeit und der metallische Charakter des Erdkerns also und zusätzlich auch noch die Drehung der Erde um sich selbst – alle diese verschiedenen Faktoren müssen zusammentreffen, damit die Magnetosphäre entstehen kann, jener Magnetschirm, der uns vor dem Bombardement des solaren Plasmas schützt. Der Aufwand, der hier getrieben wird, um uns am Leben zu erhalten, ist offensichtlich groß. Und trotzdem ist auch das noch immer nicht alles. Noch fehlt in der Rechnung, die wir hier aufgemacht haben, ein ganz entscheidender Faktor. Wir stoßen auf ihn, wenn wir uns jetzt die Frage vorlegen, ob die hier geschilderte Theorie auch dazu taugt, zu erklären, warum Mars und Venus im Unterschied zur Erde kein Magnetfeld besitzen. Wenn die Theorie so, wie wir sie bisher skizziert haben, zur Erklärung des Erdmagnetfeldes wirklich ausreichen sollte, dann müßte sie auch den negativen Befund erklären können, den die Raumsonden über unsere beiden Planeten-Nachbarn geliefert haben.

Beim Mars scheint das der Fall zu sein. Dieser von seinen beiden Mini-Monden Phobos und Deimos umkreiste äußere Nachbarplanet ist zwar rund halb so groß wie die Erde (Erddurchmesser rund 12700 Kilometer, Durchmesser des Mars 6800 Kilometer), er hat aber nur etwa ein Zehntel ihrer Masse und nur rund siebzig Prozent ihrer durchschnittlichen Dichte. Mit anderen Worten kann der Mars also aller Wahrscheinlichkeit nach keinen der Erde vergleichbaren metallischen Kern haben, und die in seinem Inneren vielleicht doch vorhandenen Erzlager sind bei den verhältnismäßig niedrigen Drucken, die sich aus seiner geringen Masse ableiten lassen, wahrscheinlich nicht flüssig. Daß der Mars kein Magnetfeld hat, ist also mit der Dynamo-Theorie in ihrer bisher von uns dargestellten Form verhältnismäßig einfach zu erklären.

Anders liegen die Dinge jedoch, wenn wir uns die gleiche Frage angesichts der Venus vorlegen. Die Venus ist fast genau so groß wie die Erde (Venusdurchmesser am Äquator 12400 Kilometer), und sie ist mit einer nur knapp zwanzig Prozent geringeren Masse auch fast so schwer und so dicht wie die Erde. Bei ihr muß man also das Vorhandensein eines metallischen Kerns in wenigstens teilweise verflüssigtem Aggregatzustand aus den gleichen Gründen annehmen, die auch bei der Erde zu diesem speziellen inneren Aufbau geführt haben.

Dessenungeachtet hat aber auch die Venus nun kein Magnetfeld. Woran kann das liegen? Eine Möglichkeit der Erklärung ergibt sich vielleicht aus der außerordentlich langsamen Rotationsgeschwindigkeit des Planeten. Bis vor kurzer Zeit wußte man über die Umdrehung der Venus so gut wie nichts. Wir bekommen ihre Oberfläche bekanntlich nie zu sehen, weil ihre Atmosphäre ständig dick getrübt ist. Radarbeobachtungen in jüngster Zeit haben aber Hinweise darauf erbracht, daß die Venus sich einmal in 243 Tagen um ihre Achse dreht.

Das ist übrigens, wie hier nur am Rande angemerkt sei, ein auch in anderer Hinsicht sehr interessanter Befund. Wenn er sich bestätigen sollte, so bedeutet das nämlich, daß die Venus der Erde jedesmal, wenn die beiden mit unterschiedlicher Geschwindigkeit die Sonne umkreisenden Planeten einander am nächsten sind, die gleiche Seite zukehrt. Diese Merkwürdigkeit ist aber nur damit zu erklären, daß die Rotation der Venus – also ihre Drehung um ihre eigene Achse, aber natürlich nicht ihre Umlaufbewegung um die Sonne – von der Anziehungskraft der Erde kontrolliert wird. Auf der für uns unsichtbaren Venusoberfläche müssen dann gewaltige Asymmetrien angenommen werden, an denen die Anziehungskraft unseres Planeten angreifen konnte, um die Drehung der Venus so lange zu bremsen oder zu beschleunigen, bis die heutige, durch die beiderseitige Anziehungskraft bewirkte »Koppelung« erreicht war. Manche Astronomen denken dabei an gewaltige Gebirge, die sich ungewöhnlich hoch über die Venusoberfläche erheben müßten, um einen ausreichenden Angriffspunkt für die Erdanziehung abzugeben. Immerhin hatte 1962 schon *Mariner II* die Existenz eines »kalten Flecks« auf der Venus gemeldet, eine allerdings nur relativ kalte Zone auf der sonst glühendheißen Oberfläche des Planeten. Als wahrscheinlichste Erklärung hatte man damals vermutet, es handele sich um die Spitze eines Berges, der so hoch sei, daß er in die kühlere Wolkendecke der Venus hinaufrage. Andere Astronomen denken an die Möglichkeit einer flüssig-viskösen Beschaffenheit der Venusoberfläche, die sich daher unter dem Einfluß der Erdanziehung deformiere, so daß ein Gezeiteneffekt resultiere, der den Koppelungseffekt ebenfalls erklären könnte.

Genügt also die außerordentlich langsame Rotationsgeschwindigkeit der Venus vielleicht nicht, um die in ihrem flüssigen Kern ebenfalls anzunehmenden Wirbel zu ordnen, um sie zusammenzufassen und zu orientieren, so daß sie, wie es bei der Erde der Fall ist, ein einheitliches und entsprechend starkes Magnetfeld erzeugen können? Sehr befriedigend ist diese Erklärung nicht, wenn man an die gewaltigen Massen denkt, die hier im Spiel sind. Denn je größer diese Massen sind, die sich bewegen, um so stärker wirkt eine ihrem eigenen Drehimpuls nicht entsprechende Kreiselbewegung auf sie ein, mag diese uns auch noch so langsam erscheinen.

Vielleicht hat die Venus kein Magnetfeld, weil sie keinen Mond hat? Im ersten Augenblick scheint das eine willkürlich aus der Luft gegriffene Vermutung zu sein. Das ändert sich allerdings sofort, wenn man einmal anfängt, über die Frage nachzudenken, woher eigentlich die Kräfte stammen sollen, die die Wirbel im flüssigen Kern eines Planeten in Gang setzen, und die wir bei der Dynamo-Theorie bisher stillschweigend vorausgesetzt hatten. Denn seine Rolle als stromerzeugender Anker eines »Dynamo-Aggregats« kann auch der Erdkern trotz seines flüssigen Zustands natürlich nur dann spielen, wenn er sich nicht genau so rasch wie die übrigen (festen) Teile unseres Globus dreht, sondern minimal schneller oder langsamer – wenn er sich also, anders formuliert, gegenüber dem festen Erdmantel bewegt. Die Wissenschaftler sprechen hier von der Notwendigkeit einer »differentiellen Rotation« zwischen den flüssigen Anteilen des Erdkerns und dem Erdmantel.

Bisher hatten wir das Vorliegen einer solchen differentiellen Rotation einfach angenommen und uns zu ihrer Erklärung mit der Feststellung begnügt, daß ein großer Teil des Erdkerns flüssig sei. Sobald man die Verhältnisse aber einmal etwas genauer bedenkt, stößt man hier auf eine bemerkenswerte Schwierigkeit. Es ist nämlich keineswegs selbstverständlich, daß Erdkern und Erdmantel mit unterschiedlicher Geschwindigkeit rotieren. Im Gegenteil, es ist sogar außerordentlich schwierig, eine solche Annahme zu begründen. Tatsächlich hat sich die Notwendigkeit, eine solche Differenz der Bewegungsabläufe zwischen verschiedenen inneren Schichten der Erde plausibel zu machen, eine Annahme, mit der die Dynamo-Theorie des Erdmagnetismus steht und fällt, als die härteste Nuß im Rahmen der ganzen Theorie erwiesen – als ein Problem, das bis heute noch nicht wirklich befriedigend geklärt ist.

Die hier bei näherer Betrachtung auftretende Schwierigkeit kann man sich durch ein ganz einfaches Beispiel aus dem täglichen Leben sofort klar machen. Man denke sich eine Teetasse, in die trotz aller Sorgfalt der Hausfrau außer dem Tee auch einige Teeblätter geraten sind. Wenn man eine solche Tasse dreht, wird man feststellen, daß die am Boden liegenden Blätter zunächst an Ort und Stelle bleiben. Ihre Trägheit hindert sie daran, sich an der Umdrehung der Tasse zu beteiligen, und die Flüssigkeit, in der sie dicht über dem Boden schwimmen, erlaubt es ihnen, sich der Rotation zu entziehen. Je länger man aber die

Drehung der Tasse nun fortsetzt, um so rascher ändert sich das Bild. Erst langsam, dann immer schneller, beginnen sich auch die Teeblätter in Bewegung zu setzen, bis nach kurzer Zeit der ganze Inhalt der Tasse, der flüssige Tee ebenso wie die Blätter, sich mit der gleichen Geschwindigkeit im Kreise drehen wie die Tasse, in der sie sich befinden.

Die Erklärung ist natürlich ganz einfach. So gering die innere Reibung der Flüssigkeit auch ist, sowie die Reibung zwischen den äußersten Schichten der Teeflüssigkeit und der an sie angrenzenden Oberfläche des Inneren der Tasse, diese Reibung und die noch so schwache »Viskosität« des Tees sind dennoch vorhanden, und sie genügen, alle Teile der Flüssigkeit schließlich »mitzunehmen« – mit dem Resultat, daß die Tasse und ihr ganzer Inhalt sich schon nach relativ kurzer Zeit völlig einheitlich und wie ein geschlossener Körper bewegen. Der ganze Ablauf der Dinge ist ebenso simpel wie zwingend und einleuchtend.

Aber warum dreht sich dann der flüssige Erdkern nicht auch längst genauso wie die übrigen festen Schichten der Erde? Flüssig oder nicht, die innere Reibung, die Viskosität dieses unter ungeheurem Druck stehenden metallischen Erdkerns ist so groß, daß dann, wenn man davon ausgeht, daß die Erde sich seit mehreren Milliarden Jahren mit unveränderter Geschwindigkeit um sich selbst dreht, beim besten Willen nicht einzusehen ist, warum sich an dieser Rotation nicht alle Teile der Erde mit genau der gleichen Geschwindigkeit beteiligen sollen.

So überzeugend die Dynamo-Theorie zunächst also erscheint, dies ist ihr schwacher Punkt. Eine Dynamo-Maschine kann nur funktionieren, wenn sich in ihr ein stromerzeugender Anker bewegt. Wie wir eben gesehen haben, ist diese Voraussetzung im Fall des Erdkerns keineswegs so selbstverständlich gegeben, wie wir es bisher stillschweigend angenommen haben. Wo ist ein Ausweg aus diesem Dilemma?

Die meisten Wissenschaftler behelfen sich in dieser Situation heute mit der Hilfs-Hypothese des Vorhandenseins »thermischer Konvektionsströmungen« im Erdkern. Gemeint ist damit folgendes: Zwischen den tiefsten Schichten des flüssigen Erdkerns und seinen äußeren, weiter vom Erdmittelpunkt entfernten Zonen ist eine nicht unbeträchtliche Temperaturdifferenz anzunehmen, denn der durch die darüber liegenden Schichten der Erde hervorgerufene Druck ist in beiden Regionen natürlich ebenfalls sehr unterschiedlich. Nun neigen aber die heißeren Teile einer Flüssigkeit dazu, nach oben zu steigen, während kältere umgekehrt die Tendenz haben, nach unten abzusinken.

Es ist daher in der Tat zulässig, das Vorhandensein derartiger durch Temperaturunterschiede erzeugter (»thermischer«) Fließvorgänge auch im flüssigen Erdkern anzunehmen – wenn wir auch vorerst keine Methode angeben können, die es uns erlauben würde, sie direkt nachzuweisen. Nimmt man derartige Konvektionsbewegungen aber einmal an, dann ist man natürlich aus allen Schwierigkeiten heraus. Denn wenn in diesen Schichten des Erdkerns überhaupt irgend etwas fließt, wenn hier überhaupt Bewegungsvorgänge ablaufen, welcher Art auch immer, dann hat die Erdrotation gewissermaßen etwas, an dem sie angreifen kann, dann existieren dort in den unerreichbaren Tiefen unseres Planeten Wirbel, die durch seine Umdrehung in der bereits beschriebenen Weise systematisch »geordnet« werden können. Dann gäbe es, mit anderen Worten, im Erdinneren tatsächlich jenen »Anker«, der unseren Globus als Ganzes zu einer Dynamo-Maschine machen und auf diese Weise sein Magnetfeld erklären könnte.

Mit dieser zusätzlichen Überlegung sind wir an der Grenze dessen angekommen, was man heute über diese Vorgänge weiß oder wenigstens aus mehr oder weniger guten Gründen vermutet. Die Dynamo-Theorie des Erdmagnetismus jedenfalls erscheint so plausibel, und sie erklärt die wesentlichen Eigenschaften des irdischen Magnetfelds – vor allem seine Übereinstimmung mit der Umdrehungsachse der Erde – so befriedigend, daß es heute kaum noch einen Wissenschaftler gibt, der daran zweifelt, daß diese Theorie das Prinzip der Sache trifft. Aber wie es eigentlich dazu kommt, daß der Erdkern sich wie der Anker einer solchen Maschine verhält, das zu erklären ist bis heute noch niemandem wirklich befriedigend gelungen. Auch die zusätzliche Annahme thermisch entstandener Wirbel hat nämlich einige Schönheitsfehler.
Kein Wissenschaftler greift gern zu Hilfs-Hypothesen, also zu Annahmen, die einzig und allein zu dem Zweck gemacht werden, um eine bestimmte Theorie »zu retten«. Bei den wiederholt erwähnten thermischen Konvektionsbewegungen handelt es sich aber um ein Schulbeispiel für eine solche Hilfs-Hypothese: Es gibt keinerlei Hinweise auf ihre Existenz – das einzige, was man über sie sagen kann, ist: es sind keine Gründe bekannt, die gegen die Möglichkeit sprechen, daß es sie gibt. Das ist aber auch alles. Wenn man sich heute trotzdem auf sie bezieht, so eben nur deshalb, weil sie in idealer Weise geeignet sind, alle noch bestehenden Schwierigkeiten aus einer sonst lupenrein erscheinenden Theorie zu beseitigen.
Der zweite Schönheitsfehler dabei ist, daß sich die Existenz dieser Wirbel voraussichtlich niemals beweisen oder widerlegen lassen wird. Annahmen aber, bei denen das nicht möglich ist, werden in der Wissenschaft aus prinzipiellen und ohne weiteres einleuchtenden Gründen mit äußerstem Mißtrauen betrachtet. Und schließlich müssen wir jetzt, drittens, uns hier nochmals an den Fall unseres Nachbarplaneten Venus

erinnern, der trotz seiner Erdähnlichkeit kein meßbares Magnetfeld aufweist. Erdähnlich, das heißt in diesem Fall doch, daß die Venus eine der Erde vergleichbare Größe und Dichte hat. Auch sie muß daher, wie gesagt, einen flüssigen Kern aus Schwermetall haben, und es ist ohne die Kettenreaktion einer weiteren, ad hoc konstruierten Zusatzhypothese nun eigentlich nicht einzusehen, warum in diesem flüssigen Venuskern nicht die gleichen thermischen Ströme fließen sollen, die im Fall der Erde das hier bestehende Magnetfeld angeblich erklären.

Wie man sieht, ist das letzte Wort hier noch keineswegs gesprochen. Das ist ein Grund mehr, eine andere Theorie um so ernster zu nehmen, die von einem zwischen den beiden Nachbarplaneten bestehenden Unterschied ausgeht, der nicht hypothetischer, sondern höchst konkreter Natur ist – von der Tatsache nämlich, daß die Erde einen Mond hat, die Venus aber nicht.

Diese Theorie hat den entscheidenden Vorzug, daß die maßgeblichen Faktoren, welche sie zur Erklärung der Bewegungen im Erdkern anführt, direkt nachweisbar sind. Ihr Grundgedanke ist ebenso einfach wie verblüffend: Die Schwierigkeit der Dynamo-Theorie besteht darin, plausibel zu machen, wie es zu Bewegungen im Erdinneren kommen kann, wenn sich die Erde seit Jahrmilliarden gleichmäßig gedreht hat. Die Erklärung, mit der wir uns im folgenden Abschnitt näher beschäftigen wollen, besteht in der Annahme, daß dieses Problem in Wirklichkeit wahrscheinlich gar nicht existiert, weil die entscheidende Voraussetzung nicht gegeben ist: die Gleichförmigkeit der Erdrotation.

Atom-Uhren haben im letzten Jahrzehnt erstmals die Möglichkeit geschaffen, den Glauben an das »ewige Gleichmaß der Bewegung der Gestirne« im Fall der Erdumdrehung kritisch zu überprüfen. Dabei hat sich ein auf Grund bestimmter Beobachtungen seit langem genährter Verdacht endgültig bestätigt: Der Zeitmaßstab, mit dem die Wissenschaftler unter Anleitung der Astronomen bisher gearbeitet haben, ist unbrauchbar. Man kann das Ergebnis aller dieser Überlegungen in unserem Zusammenhang auch so formulieren, daß man sagt, unsere Erde habe deshalb ein Magnetfeld, weil wir alle dann, wenn der Vollmond hoch am Himmel steht, ein ganz klein wenig leichter sind als sonst. Sehen wir zu, wie das zu verstehen ist.

Die »Weltzeit« gerät aus den Fugen

Was ist eigentlich »Zeit«? Wir gebrauchen den Begriff täglich, und er wird bei diesem alltäglichen Gebrauch von uns allen auch zutreffend verstanden. Sobald man aber erst anfängt, über ihn nachzudenken, scheint er sich auf geheimnisvolle Weise der Begreifbarkeit zu entziehen. Mit dieser Erfahrung ist man in guter Gesellschaft. »Was aber ist die Zeit?« so fragt schon der heilige Augustinus. Und er fährt fort: »Wenn niemand mich danach fragt, dann weiß ich es. Wenn ich es aber einem Frager erklären soll, so kann ich es nicht sagen.«

Die moderne Philosophie erklärt diese charakteristische Erfahrung, die jeder machen kann, sobald er über das »Wesen« der Zeit nachzudenken beginnt, damit, daß sie sagt, die »Zeit« sei eine der konstituierenden *Vor*bedingungen unseres Erlebens und Bewußtseins und als solche selbst deshalb nicht erfahrbar, weil sie *Voraussetzung* aller Erfahrung ist. Was wir erleben, seien immer schon bestimmte Weisen der »Zeitlichkeit«, und von dieser gebe es ganz verschiedene Formen. Wenn also von Zeit die Rede ist, muß man korrekterweise angeben, welche Form der Zeitlichkeit gemeint sein soll.

Um ein Beispiel zu nennen für eine Form der Zeitlichkeit, von der hier nicht die Rede sein soll, könnte ich das anführen, was die Psychologen die »gelebte Zeit« nennen. Das ist die Zeit, von der wir sagen, daß sie uns erfüllt oder leer erscheint, daß sie uns rasch oder langsam vergeht. Das alles sind keine vagen, nichtssagenden Formulierungen, sondern wissenschaftlich nachprüfbare Erlebnisweisen. Im psychologischen Experiment lassen sich die Bedingungen, von denen es abhängt, ob »Zeit« schnell oder langsam vergeht, zuverlässig ermitteln, ebenso wie das Ausmaß, in dem das Zeitleben verändert wird.

Diese psychologische oder »gelebte« Zeit weist noch andere sehr charakteristische Merkmale auf. Bei ihr sind zum Beispiel, so paradox das im ersten Augenblick auch klingen mag, eigentlich nur die Zukunft und die Vergangenheit real gegeben, nicht dagegen die Gegenwart. Alles, was wir denken und erleben, erhält seine Bedeutung für uns allein durch die Erwartungen, Hoffnungen und Befürchtungen, die wir daran knüpfen, und ebenso durch unsere Erfahrungen und Erinnerungen. Der gegenwärtige Augenblick schrumpft demgegenüber zu einem nahezu irrealen Punkt zusammen.

Ganz anders, eigentlich genau entgegengesetzt ist das alles im Fall der »objektiven« Zeit der Physiker und Astronomen. Ihr entscheidendes Charakteristikum ist es gerade, daß sie immer *gleichmäßig* »fließt«, daß sie eben objektiv und unveränderlich ist. Und bei ihr ist, wie wir noch hinzufügen können, das einzig Reale gerade der punktförmige

Augenblick der Gegenwart in all seiner Flüchtigkeit, während weder dem Vergangenen noch dem Zukünftigen eine Realität im eigentlichen Sinne zuerkannt wird.

Dieser kleine Exkurs über Zeit und Zeitlichkeit soll nur daran erinnern, daß ein Psychologe und ein Physiker, die von diesem Begriff sprechen, wesentlich verschiedene Sachverhalte meinen, eine Tatsache, die von den wenigsten Menschen beachtet wird. Das kann dann zu verwirrenden Trugschlüssen führen. Einer der bekanntesten ist die Hartnäckigkeit, mit der manche Science-fiction-Autoren aus bestimmten Aussagen der Relativitätstheorie, etwa der von der Abhängigkeit der Zeit vom Bewegungszustand des Beobachters oder der von einer »Dehnung« der Zeit bei Annäherung an die Lichtgeschwindigkeit, die zukünftige Möglichkeit einer Reise »durch die Zeit« ableiten wollen. Ein solcher Schluß ist in Wirklichkeit durch nichts gerechtfertigt, denn Physiker und Autor meinen hier beide mit dem gleichen Begriff völlig verschiedene Dinge.

Das im einzelnen zu erläutern und zu beweisen würde uns hier zu weit von unserem eigentlichen Gedankengang abführen. Es erschien mir aber zweckmäßig, auf die grundlegenden Bedeutungsunterschiede des Wortes »Zeit« wenigstens kurz einzugehen, um Mißverständnissen vorzubeugen. Wir werden jetzt nämlich darauf stoßen, daß der seit Jahrtausenden mit Selbstverständlichkeit für stabil gehaltene Zeitmaßstab der Astronomen neuerdings völlig in Mißkredit geraten ist. So interessant und überraschend die dadurch aufgeworfenen Fragen und Probleme aber auch sind, wir müssen uns davor hüten, aus ihnen allzu weitgehende Schlußfolgerungen etwa auf »die« Zeit schlechthin zu ziehen.

Das Ganze begann schon vor etwa hundert Jahren mit sehr eigenartigen, für einen Wissenschaftler sogar ein wenig unheimlichen Beobachtungen, welche die Astronomen zu machen begannen, die sich auf die genaue Beobachtung und Berechnung der Umlaufbahnen des Mondes und der Planeten spezialisiert hatten. Die ersten Auffälligkeiten bestanden in der Beobachtung unerklärlicher, mit den bekannten Naturgesetzen nicht zu erklärender Schwankungen der Geschwindigkeit, mit welcher der Mond die Erde umkreist. Bei genauerem Zusehen ergaben sich die gleichen Unregelmäßigkeiten dann auch bei einigen Planeten. Und bemerkenswerterweise vermehrte dieser Umstand nicht die Verwirrung der Astronomen, sondern gerade er brachte sie schließlich auf die richtige Spur.

Das sprichwörtliche »ewige Gleichmaß der Bewegung der Gestirne« war seit den Anfängen der Wissenschaft die selbstverständliche Grundlage aller Berechnungen gewesen, bei welchen die Messung der »objektiven« Zeit, die Messung der »Dauer« eines Vorgangs, eine Rolle spielte. So, wie das Urmeter der Physiker – ursprünglich definiert als der vierzigmillionste Teil des Erdumfangs – die Grundeinheit aller Längenmessung, so bildeten der »Stern-Tag« der Astronomen und seine Untereinheiten den Standard- und Eichwert aller Zeitmessungen, die Grundlage der »Welt-Zeit«.

Der Maßstab, mit dem diese Weltzeit festgestellt und gemessen wird, ist die sich um sich selbst drehende Erde, ihre natürliche Grundeinheit der Tag oder, astronomisch präziser gesprochen, der »Stern-Tag«. Bekanntlich ist die Länge eines Tages definiert durch die Zeit, die vergeht, bis sich die Erde genau einmal um sich selbst gedreht hat. Vom »Stern-Tag« sprechen die Astronomen deshalb, weil das exakte Messen der Dauer einer solchen Umdrehung durch die Ermittlung der Stellung erfolgt, welche die Erde zu einem bestimmten Fixstern einnimmt.

Es gibt keine andere Möglichkeit. Wie anders soll man feststellen, wann genau eine Umdrehung der Erde abgeschlossen ist, wenn der Himmelskörper, auf dem der messende Beobachter sitzt, sich im leeren Raum dreht? Sonne, Mond und die übrigen Planeten scheiden als Markierungspunkte aus, weil sie sich selbst viel zu rasch bewegen. Die Fixsterne bewegen sich in Wirklichkeit zwar auch, ihrer ungeheuren Entfernung wegen ist ihre scheinbare Bewegung am Himmel aber, von den allernächsten einmal abgesehen, so gering, daß sie sich auch mit den feinsten modernen Meßgeräten nicht fassen läßt. Ein Astronom, der die Dauer der Umdrehung der Erde messen will, sucht sich daher einen geeigneten Fixstern aus und bestimmt mit einem Spezialfernrohr, das sich nur genau in nord-südlicher Richtung schwenken läßt (einem sogenannten »Meridian-Kreis«), so genau wie möglich den Augenblick, in dem dieser Stern ihm auf seiner durch die Erddrehung hervorgerufenen ost-westlich verlaufenden Bahn am Himmel quer durchs Visier läuft. Und dann mißt er die Zeit, die vergeht, bis der gleiche Stern am nächsten Tag wieder an dem gleichen, durch einen feinen Strich im Gesichtsfeld seines Instruments markierten Punkt angekommen ist. In diesem Augenblick hat sich die Erde dann genau einmal um sich selbst gedreht. Die Zeit, die zwischen zwei solchen »Stern-Durchgängen« liegt, nennt man einen Stern-Tag. Mit all den Raffinessen, welche die Astronomie im Lauf ihrer Geschichte zur Erhöhung der Meßgenauigkeit entwickelt hat, mit automatischer, photoelektrischer Bestimmung des exakten Augenblicks des Sterndurchgangs, und durch Ausschaltung oder Korrektur einer ganzen Reihe typischer und in jahrzehntelanger Arbeit genau analysierter Fehlerquellen (zu denen, um nur ein einziges Beispiel zu nennen, etwa die Möglichkeit gehört, daß das Beobachtungsfernrohr infolge

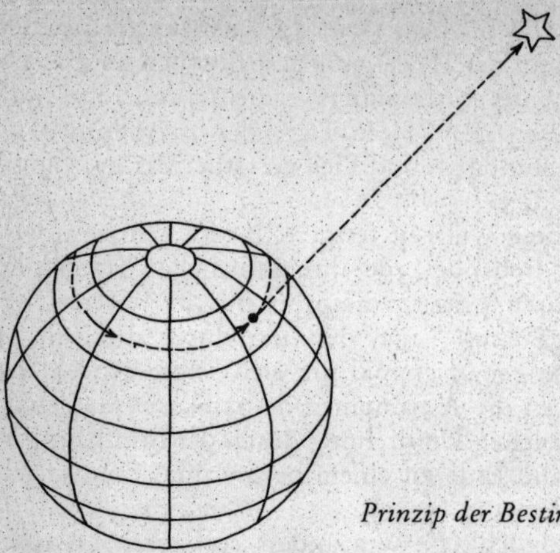

Prinzip der Bestimmung eines »Stern-Tages«.

von Temperaturschwankungen ganz geringfügig seine Stellung verändert) ist es heute möglich geworden, die Dauer eines Stern-Tages auf eine tausendstel Sekunde genau zu bestimmen.

Das ist die »Elle«, mit der die Astronomen alle Vorgänge, die sie am Himmel beobachten können, messen und kontrollieren. Die Untereinheiten dieses Zeitmaßstabes sind bekanntlich die Stunden, Minuten und Sekunden. Zu ihnen gelangt man durch die Konstruktion von Instrumenten, die es erlauben, die astronomisch ermittelte Zeitstrecke, welche der Dauer eines Tages entspricht, in Teilstrecken zu zerlegen, die sich so genau wie nur irgend möglich gleichen. Ein derartiges Instrument ist die Uhr. Uhren mit großer Ganggenauigkeit also und die Verfeinerung der Meßgenauigkeit bei der Bestimmung von Sterndurchgängen – das waren die beiden Voraussetzungen, die so gut wie möglich erfüllt sein mußten, wenn man die in unserem Sonnensystem ablaufenden Bewegungen von Planeten, Monden und Kometen exakt vermessen wollte.
Die Geschichte der Astronomie ist jahrhundertelang im Wesentlichen die Geschichte der laufenden Verbesserung dieser beiden Voraussetzungen gewesen, ein zäher, mit allen Mitteln einer sich immer raffinierterer Methoden der Technik bedienender Kampf um eine immer feinere, immer präzisere Unterteilung von Stunden, Minuten, Sekunden und schließlich sogar Sekunden-Bruchteilen.

Schon vor viertausend Jahren hatten die Ägypter durch geduldige Beobachtungen ermittelt, daß die Erde sich im Verlauf eines Jahres – also in der Zeit, die vergeht, bis sie die Sonne einmal umkreist hat – 365,25-

mal um sich selbst dreht. Die Zahl stimmt, wenn sie für moderne Maßstäbe natürlich auch noch außerordentlich ungenau ist. Immerhin wird mit dieser Zahl die Länge eines durchschnittlichen Jahres schon bis auf zwei Stellen hinter dem Komma angegeben, das heißt also, sie ist bis auf einen »hundertstel Tag« oder rund eine Viertelstunde genau. Für die primitiven Beobachtungsmöglichkeiten der Antike (einfaches »Anpeilen« von Sonne oder Sternen über Kimme und Korn) ein recht befriedigendes Ergebnis. Entscheidend verbessert wurde es erst nach der um 1600 erfolgten Erfindung des Fernrohrs.

Bei dem Vergleich der besten und zuverlässigsten Beobachtungen jener Zeit fiel gelegentlich schon auf, daß das Verhältnis zwischen dem Tag und dem Jahr zu schwanken schien. Mitunter besagten die Resultate, daß die Erde sich im Verlauf eines Jahres ein wenig weiter gedreht zu haben schien, als in einer anderen Beobachtungsperiode. Obwohl diese wiederholt festgestellten Differenzen größer waren als die theoretische Ungenauigkeit der angewendeten Meßmethode, lag natürlich der Gedanke nahe, sie auf »persönliche Fehler« des Beobachters, also auf Ungenauigkeiten bei der Ablesung, Verwechslungen und ähnliche Ursachen zurückzuführen.

Auch die Unterteilung des Tages in kleinere Untereinheiten konnte mit der für astronomische Bahnbestimmungen wünschenswerten Genauigkeit erst vom 17. Jahrhundert ab in Angriff genommen werden. Die entscheidenden Erfindungen waren in diesem Fall das Pendel und kurz darauf die transportable, da mit ihrer schwingenden »Unruhe« lageunabhängige Federuhr. Pendel und Unruhe erwiesen sich wegen der bis dahin unerreichten Regelmäßigkeit ihrer Schwingungen als ideale Einrichtungen zur Unterteilung definierter Zeitstrecken.

Die bis zu diesen beiden Erfindungen gebräuchlichen Uhren waren zwar im Alltag recht nützlich, für einen Wissenschaftler aber gänzlich unbrauchbar gewesen. Ihre Präzision hatte trotz aller Bemühungen ihrer Konstrukteure eine Viertelstunde pro Tag nie überschritten. Sie alle beruhten auf dem Prinzip, den gleichmäßigen Fluß einer abgemessenen Menge eines geeigneten Materials auf irgendeine Weise zu unterteilen. In der Regel waren das Wasser oder Sand, der berühmte Astronom Tycho Brahe aber experimentierte zum Beispiel auch mit Quecksilber. Mit der »Gleichmäßigkeit« des Ablaufs aller dieser Wasser- oder Sanduhren haperte es im Grunde aber eben doch erbärmlich. Pendel und Unruhe erlaubten dagegen beinahe auf Anhieb Ganggenauigkeiten von wenigen Sekunden pro Tag.

So groß der Fortschritt auch war, er genügte weder den Astronomen noch, glücklicherweise, den Seefahrern. Diese nämlich erkannten sofort die ungeheure Bedeutung der neuen Federuhren für die Navigation auf den offenen Weltmeeren. Denn ebenso, wie man durch die zeitliche

Festlegung eines Sterndurchgangs die Dauer einer Erdumdrehung feststellen kann, ist es umgekehrt natürlich auch möglich, zu berechnen, an welchem Ort ein bestimmter Stern in einem bestimmten Augenblick über verschiedenen Punkten der Erdoberfläche stehen muß. Wenn ein Navigator also auf dem offenen Meer diese »Sternörter« mit einem geeigneten Instrument mißt, weiß er genau, wo er sich befindet – unter der ganz entscheidenden Voraussetzung allerdings, daß er die infolge der Drehung der Erde sich laufend ändernde Position seines Zielsterns in genau dem richtigen Augenblick mißt. Mit anderen Worten ist der Mann auf seinem Schiff hinsichtlich der Genauigkeit seiner Orts- und damit Kursbestimmung also von der Ganggenauigkeit seiner Borduhr abhängig.

Schauen wir uns an einem konkreten Beispiel einmal an, wie groß der Nutzen eigentlich war, den er aus dem großen Sprung nach vorn ziehen konnte – und ein Sprung war die Erfindung der Federuhr in der Entwicklung der Zeitmessung tatsächlich. Eine Präzision von »einigen Sekunden pro Tag«, das ist auch an heutigen Maßstäben gemessen eine bewundernswerte technische Leistung. Die wenigsten von uns dürften Armbanduhren besitzen, die am Tag nur einige Sekunden vor- oder nachgehen. Für einen Seefahrer jedoch, der mit einem Segelschiff wochen- oder monatelang unterwegs ist, fällt der Umstand höchst nachteilig ins Gewicht, daß auch so kleine Tagesabweichungen sich im Verlauf seiner Reise natürlich fortlaufend summieren. Nehmen wir

14 Besonders große Gruppe von Sonnenflecken bei sehr starker Vergrößerung. Größter Durchmesser der Flecken dieser Gruppe etwa 50000 Kilometer (vierfacher Erddurchmesser!). Temperatur der scheinbar schwarzen Zentralgebiete über 4000 Grad, der umrahmenden Halbschattenzone (»Penumbra«) 5300 Grad, der umgebenden, bei dieser Vergrößerung schon deutlich gekörnten (»granulierten«) Sonnenoberfläche 5500 Grad. Über die Natur der Flekken ist auch heute noch sehr wenig bekannt. Man weiß nur, daß sie von starken Magnetfeldern begleitet werden und daß von ihnen aus die Materie der Sonnenoberfläche mit Geschwindigkeiten bis zu mehreren Kilometern pro Sekunde nach allen Seiten strömt. Auch die Tatsache, daß die Häufigkeit der Sonnenflecken einem elfjährigen Rhythmus folgt (der von Schwankungen unserer Wetterverhältnisse in dem gleichen Rhythmus begleitet wird), ist noch nicht erklärt.

Dafür wurde aber im letzten Jahrzehnt entdeckt, daß von der Sonne nicht nur Licht und Wärme ausgehen, sondern auch eine sogenannte Korpuskular-Strahlung, sehr stark beschleunigte Atomkerne und Elektronen, die, wie Beobachtungen der letzten Jahre vermuten lassen, für den Ablauf der Geschichte des irdischen Lebens, die sogenannte »Evolution«, von entscheidender Bedeutung gewesen sind.

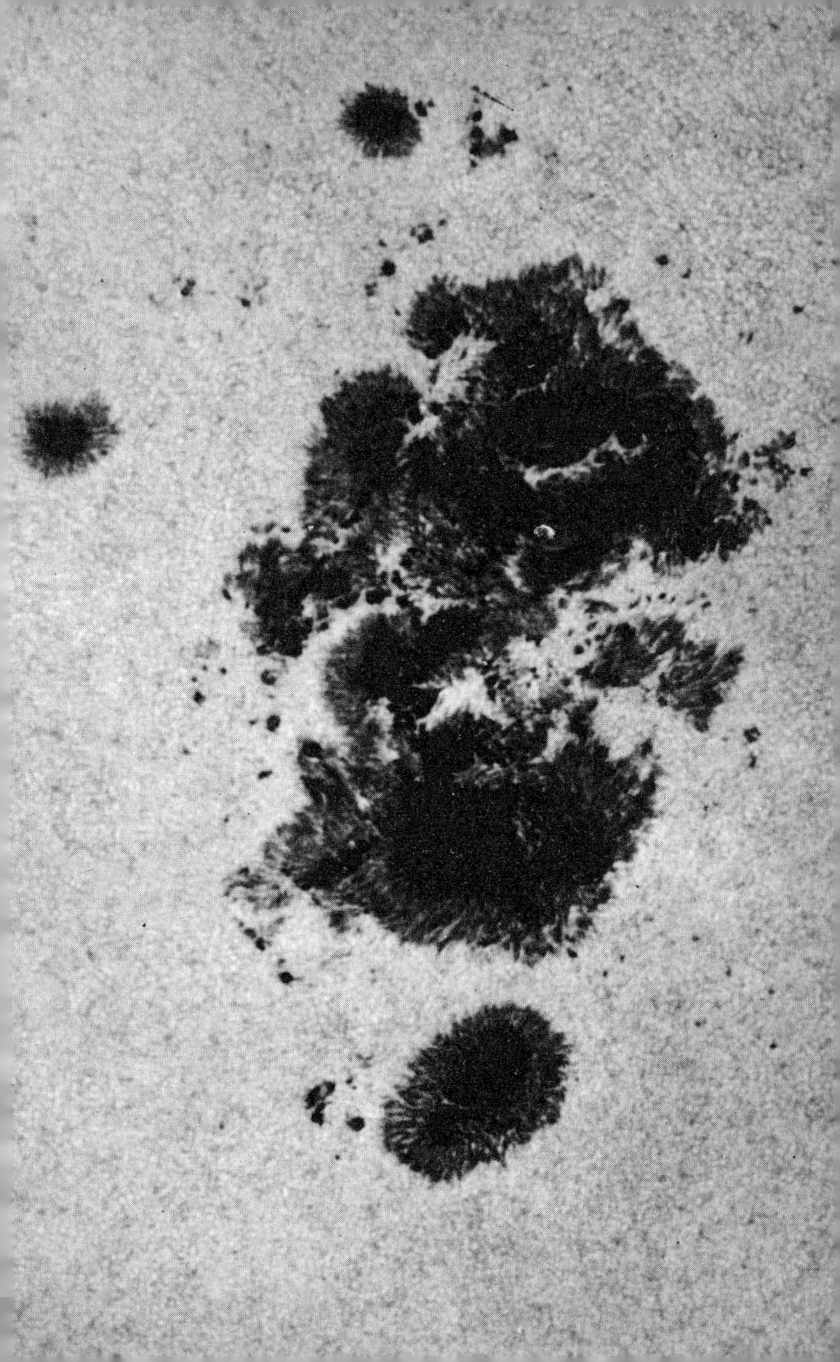

einmal an, er hätte eine Uhr an Bord, die am Tag nur drei Sekunden vorginge. Nach einer vierzigtägigen Schiffsreise (für eine Atlantik-Überquerung im 18. Jahrhundert keine schlechte Zeit) wäre die Differenz zwischen seiner Bordzeit, auf die er für seine Sternort-Bestimmungen angewiesen ist, und der wahren Sternzeit schon auf 120 Sekunden angewachsen. In diesen 120 Sekunden aber hat sich der zur Ortsbestimmung anvisierte Stern als Folge der Erdumdrehung schon eine recht ansehnliche Strecke weiterbewegt.
In den Navigationstabellen sind die Sternörter für bestimmte Zeiten mit ganz bestimmten Punkten der Seekarte in Beziehung gesetzt. Eine zu früh oder zu spät erfolgende Bestimmung des Sternorts führt daher automatisch zu einer falschen Ortsbestimmung. Der Fehler fällt auf einer Nordroute (und ebenso auf einer weit südlich des Äquators gelegenen Route) nicht ganz so gravierend ins Gewicht, weil die Erdoberfläche sich in Polnähe wesentlich langsamer von Westen nach Osten bewegt, und die Sterne hier daher auch entsprechend langsamer über den Himmel zu wandern scheinen als am Äquator. Denn während direkt am Nord- oder Südpol nur noch eine Drehung der Erdoberfläche, dagegen keine seitliche Bewegung mehr erfolgt, muß jeder Punkt am Äquator natürlich innerhalb von nur 24 Stunden vierzigtausend Kilometer zurücklegen, was der Geschwindigkeit eines modernen Düsenjägers entspricht, nämlich rund 1670 Kilometer in der Stunde.
Die Konsequenzen einer Zeitdifferenz von 120 Sekunden würden für unseren Seefahrer daher davon abhängen, auf welchem Breitengrad er sich bewegt. In Äquatornähe könnte der Irrtum bei der Ortsbestimmung im Falle unseres Beispiels aber immerhin schon fünfzig Kilometer und mehr betragen – ein sehr spürbarer Fehler, wenn man etwa einen bestimmten Hafen anlaufen will und dann, an der fremden Küste angelangt, nicht einmal sicher sein kann, ob der Zielort um den genannten Betrag weiter nördlich oder südlich zu suchen ist.
Es ist nicht schwer, sich auszumalen, mit welcher Begeisterung die durch die Erfindung der Federuhr prinzipiell auftauchenden Möglichkeiten von den Admiralitäten aller seefahrenden Großmächte des 17. und 18. Jahrhunderts begrüßt worden sind. Hier bot sich endlich eine Methode, auch nach wochenlangem Kreuzen auf offener See, genau zu bestimmen, wo man sich befand. Es kam nur darauf an, die Ganggenauigkeit der neuen Zeitmesser oder »Chronometer«, wie man sie in der Seefahrt damals taufte und heute noch nennt, immer weiter zu vergrößern.
Dieses Interesse der Admirale war ein Glück für die Weiterentwicklung der wissenschaftlichen Zeitmessung und damit auch für die Astronomen. Es handelt sich hier um einen jener nicht eben seltenen (und

nicht in jedem Fall unbedenklichen) Fälle, in denen ein bestimmter Wissenschaftszweig plötzlich eine starke Förderung erfährt, weil außerwissenschaftliche – politische oder wirtschaftliche – Gruppen Möglichkeiten einer unmittelbaren Nutzanwendung im Interesse ihrer eigenen Zielsetzungen entdecken. Genau das geschah im 17. Jahrhundert auf dem Gebiet der Zeitmessung. Plötzlich gab es Geld, Preise wurden ausgesetzt, und zwischen den Marinen der konkurrierenden Großmächte begann ein Wettlauf im Chronometer-Bau.

Es ist amüsant zu wissen, daß auch der große Newton die Chance offenbar sofort erfaßte und nun seinerseits den erfolgreichen Versuch unternahm, die Mittel der englischen Admiralität für die Verbesserung der Zeitmessung einzuspannen. Auf sein Betreiben wurde im Jahr 1714 von der englischen Regierung ein Preis ausgesetzt, der die für die damalige Zeit phantastische Höhe von 20000 englischen Pfund hatte. Dieses Vermögen sollte dem zufallen, dem es als erstem gelingen würde, ein Chronometer zu bauen, das in der Lage wäre, den europäischen und den amerikanischen Kontinent auf mindestens eine Minute genau zu synchronisieren. Der Gewinner mußte also eine Uhr bauen, die einem Segelschiff mitgegeben würde, das von London aus einen amerikanischen Hafen anlaufen und anschließend wieder zurückkehren sollte. Die mitgeführte Uhr, die während der ganzen auf 120 bis 160 Tage zu veranschlagenden Reise natürlich nicht nachgestellt werden konnte, durfte dann bei ihrem Wiedereintreffen in London von der dortigen Ortszeit nicht mehr als sechzig Sekunden abweichen.
Das war nicht nur damals eine harte Nuß, selbst heute gibt es nur wenige Armbanduhren, die einen solchen Test bestehen würden. Newton hat denn auch die Lösung der von ihm angeregten Aufgabe nicht mehr erlebt. Er starb 1727. Erst fast ein halbes Jahrhundert nach der Ausschreibung brauchte die englische Regierung in den Staatssäckel zu greifen und den Preis auszuzahlen. Der glückliche Gewinner war John Harrison, ein gelernter Zimmermann aus der Grafschaft York, den Bastlerpassion und technisches Geschick schon früh zum Uhrmacher hatten werden lassen. Harrison arbeitete sein ganzes Leben lang an der angesichts der damaligen technischen Möglichkeiten nahezu unlösbaren Aufgabe, und es hat nicht viel daran gefehlt, daß er ihre Lösung trotzdem einem Nachfolger hätte überlassen müssen. Erst 1761 – Harrison war damals schon 68 Jahre alt – war das große Ziel erreicht. Ein Harrison-Chronometer reiste mit einem Schiff in 151 Tagen von London nach Jamaika und zurück und wich bei der Rückkehr nur um 56 Sekunden von der Londoner Zeit ab.
An dieser Stelle wollen wir einmal kurz einen Sprung durch die zwei Jahrhunderte machen, die seit Harrisons Meisterleistung vergangen

sind, um vergleichen zu können, wie sich das gleiche Problem heute darstellt. Europa und Amerika sind heute, seit etwa einem Jahrzehnt, auf eine millionstel Sekunde genau synchronisiert. Das bedeutet eine Vergrößerung der Präzision in der Zeitmessung von rund eins zu zehn Millionen, verglichen mit dem Stand des Jahres 1761. Ermöglicht wird diese unvorstellbare Meßgenauigkeit durch die neueste Erfindung im Chronometerbau, durch die sogenannten Atom-Uhren, auf die wir noch eingehen. Durchgeführt wurde die Synchronisation parallel nach zwei verschiedenen Methoden. Die erste bediente sich des künstlichen Satelliten Telstar, mit dessen Hilfe zwischen beiden Kontinenten Zeitsignale ausgetauscht wurden. Aber man bediente sich auch dieses Mal außerdem wieder der grundsätzlich gleichen Methode, die der englische Zimmermann vor zwei Jahrhunderten hatte anwenden müssen: eine laufende Atom-Uhr wurde mit dem Flugzeug von Europa in die USA transportiert, dort zur Eichung einer ortsfesten Atom-Uhr eingesetzt und anschließend wieder zurückgeflogen, um nach ihrer Rückkehr von einer an Ort und Stelle verbliebenen dritten Atom-Uhr auf etwaige Gangabweichungen in der Zwischenzeit kontrolliert zu werden. (Warum man einen solchen Aufwand überhaupt treibt, worin der Nutzen besteht, wenn verschiedene Gebiete der Erde in der beschriebenen Weise auf millionstel Sekunden genau synchronisiert werden – davon wird auch noch die Rede sein.)

Dank der Begabung und Fähigkeit von John Harrison und zahlreichen seiner Berufskollegen und Nachfolger in aller Welt, dank aber auch der (wenn auch nicht uneigennützigen) Unterstützung der Admiralitäten der großen Seefahrer-Nationen war dann die Präzision der Chronometer im vorigen Jahrhundert schließlich so weit getrieben, daß die täglichen Gangabweichungen nur noch Bruchteile von Sekunden betrugen. Um die Jahrhundertwende gab es bereits ortsfeste Pendeluhren, die, in Spezialgehäusen vor Temperaturschwankungen, Feuchtigkeitseinflüssen und Erschütterungen peinlichst geschützt, täglich nur noch wenige hundertstel Sekunden vor- oder nachgingen.

So weit ließ sich die Präzision bei den für die Schiffahrt allein in Frage kommenden Federuhren, den Chronometern im üblichen Sinne des Wortgebrauchs, zwar nicht erhöhen. Inzwischen war aber längst eine neue Erfindung gemacht worden, die es den Seefahrern leicht machte, mit dem Erreichten völlig zufrieden zu sein: die drahtlose Telegraphie. Diese hob jetzt nämlich mit einem Male die bislang unvermeidliche absolute Isolierung eines auf hoher See fahrenden Schiffes auf und beseitigte damit die bedeutsamste Fehlerquelle einer zeitabhängigen Ortsbestimmung während langer Reisen – nämlich die laufende Akkumulation, die Summierung der täglichen Gangabweichung der Borduhren.

Telegraphisch ausgestrahlte Zeitzeichen machten es von da ab möglich, die Schiffs-Chronometer täglich nachzustellen. Unter diesen Bedingungen aber genügte plötzlich eine Präzision von nur einer Sekunde Gangabweichung pro Tag, wie sie längst ohne Schwierigkeiten erreichbar war. Denn ein Zeitfehler von einer Sekunde bedeutet selbst am Äquator nur noch einen Fehler in der Ortsbestimmung von 0,4 Kilometern. In Wirklichkeit war es überhaupt nicht möglich, Sternhöhen mit dem Sextanten so genau abzulesen, daß diese Präzision in der Praxis auch ausgenutzt werden konnte.

Die Admirale waren also zufrieden. Und eigentlich hätte man annehmen sollen, daß die Astronomen es auch sein würden. Nach jahrhundertelangen Anstrengungen und laufenden Verbesserungen war ihr Zeitmaßstab – die durch die Drehung der Erde um sich selbst definierte Zeiteinheit »Tag« – jetzt durch die modernen, bis zur Grenze des auf diesem Weg überhaupt möglichen hochgezüchteten Pendeluhren in so exakte und winzige Bruchteile zerlegbar geworden, daß Bahnvermessungen von einer bislang nie gekannten Genauigkeit möglich wurden. Das aber, die exakte Bahnbestimmung aller Mitglieder unseres Sonnensystems und die Ableitung der sich daraus unter Anwendung der bekannten Gesetze der Himmelsmechanik rechnerisch ergebenden, in diesem System ablaufenden Prozesse – das war doch schließlich, jedenfalls in den Augen der Astronomen, das Ziel der ganzen ungeheuren Arbeit gewesen.

Als die Astronomen den neugewonnenen Zeitmaßstab aber nun in Gebrauch nahmen, als sie anfingen, ihn an das Sonnensystem anzulegen, um mit ihren Messungen und Berechnungen zu beginnen, da erlebten sie eine seltsame Überraschung. Selbstverständlich hatte jedermann angenommen, daß die außerordentliche Zunahme an Genauigkeit, mit welcher der neue Maßstab zu messen gestattete, sich in einer vergleichbaren Zunahme der Genauigkeit niederschlagen würde, mit der man jetzt die Bahnen aller Himmelskörper in unserer Nachbarschaft würde bestimmen können. Das Gegenteil war der Fall. Der zu solcher Präzision hochgezüchtete Maßstab erwies sich plötzlich als für astronomische Ansprüche völlig ungeeignet. Als die Astronomen mit ihm zu arbeiten begannen, wurde es ihnen schwindlig vor Augen: Das ganze Sonnensystem schien rhythmisch zu pulsieren – in einer Weise, die allen seit Kepler und Newton bekannten Gesetzen widersprach. Was war geschehen?

Sehen wir uns an einem konkreten Beispiel einmal an, was sich den erstaunten Augen der Beobachter darbot. In unserem Schema sind in Form einer Kurve die Geschwindigkeiten dargestellt, die sich für die Bewegung des Mondes bei seinem Umlauf um die Erde aus Beobach-

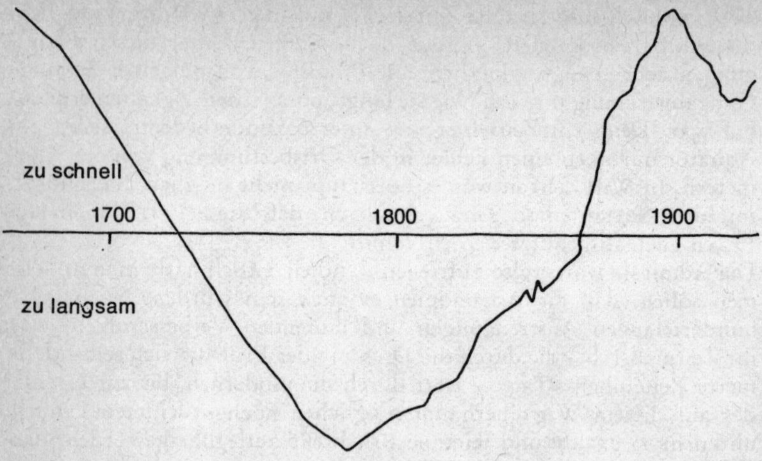

Schwankungen der Umlaufgeschwindigkeit des Mondes in den letzten Jahrhunderten. Folgt etwa das ganze Sonnensystem dem gleichen Pulsschlag?

tungen in den Jahren von 1750 bis 1920 errechnen ließen. Das ist auf dem abgebildeten Schema in der Weise geschehen, daß die waagerecht verlaufende Null-Linie die theoretisch zu erwartende Bahngeschwindigkeit unseres Trabanten markiert, und daß die eingezeichnete Kurve darstellt, wie stark und in welchem Sinne die tatsächlich ermittelte Geschwindigkeit des Mondes jeweils davon abwich.

Wie man sieht, war die Geschwindigkeit des Mondes um 1750 deutlich geringer, als sie es theoretisch hätte sein dürfen. In den folgenden Jahren nahm sie trotzdem noch weiter ab, bis die »unzulässige« Abweichung sich etwa verdoppelt hatte. Das war zur Zeit der Französischen Revolution der Fall. Von da ab erhöhte der Mond, wie es schien, seine Geschwindigkeit ganz langsam wieder. Es dauerte fast siebzig Jahre, bis er so schnell war, wie er es theoretisch während dieser ganzen Zeit hätte sein müssen. Als das aber im Jahr 1860 endlich der Fall war, erhöhte sich seine Geschwindigkeit immer noch weiter. Um die letzte Jahrhundertwende war sie um nahezu den gleichen Betrag zu hoch, um den sie etwas mehr als hundert Jahre früher zu langsam gewesen war. Von diesem Augenblick an ergeben die Beobachtungen ein ziemlich unvermittelt einsetzendes »Abbremsen« des Mondes, der dann um 1920 für einige Jahre eine gleichbleibende, wenn auch immer noch zu hohe Geschwindigkeit beibehielt, die kurz darauf von einem erneuten Anstieg des Umlauftempos abgelöst wurde.

Der Mond benahm sich, mit anderen Worten, buchstäblich »unmöglich«. Wo gab es im Weltraum eine Kraft, die diese anscheinend leidlich regelmäßig verlaufenden »langperiodischen Abweichungen der Mondbewegung«, wie die Astronomen das Phänomen nannten, hätte erklären können? Was war das für eine geheimnisvolle Ursache, die den Mond plötzlich etwas mehr als hundert Jahre lang zu beschleunigen schien, um ihn dann ebenso plötzlich wieder abzubremsen?

Bahnstörungen waren selbstverständlich schon bei verschiedenen Himmelskörpern beobachtet worden, waren nichts Ungewohntes. Im Gegenteil, die Hartnäckigkeit, mit der die Astronomen nicht müde wurden, die Bahnen von Planeten, Monden und Kometen wieder und wieder mit immer größerer Genauigkeit zu vermessen, war zu einem nicht geringen Teil tatsächlich gerade durch den Wunsch nach der Aufdeckung solcher Störungen und ihrer möglichst präzisen Feststellung motiviert. Welchen Sinn hätten diese ständig wiederholten Bahnberechnungen sonst auch haben sollen, wenn man von der Berechnung der noch unbekannten Bahnen neuentdeckter Himmelskörper wie zum Beispiel neuer Planeten und Kometen einmal absieht?

Die Gesetze der Himmelsmechanik waren seit Kepler bekannt. Sie in Zweifel zu ziehen ist bis auf den heutigen Tag niemandem in den Sinn gekommen. Seit dem Anfang des 17. Jahrhunderts wußte jeder Astronom, daß alle Planeten-Bahnen die Gestalt einer Ellipse haben, in deren einem Brennpunkt die Sonne steht, und daß die Umlaufgeschwindigkeit aller Himmelskörper auf ihren Bahnen abhängig ist von ihrer Entfernung von dem Gestirn, um das sie sich drehen. Warum das so ist, das allerdings ist eine auch heute noch unbeantwortbare Frage. Warum die Bahnen der Himmelskörper Gesetzen unterliegen, die sich uns als besonders einfache, und in ihrer Einfachheit geradezu elegant anmutende, mathematische Gleichungen präsentieren – diese Entsprechung zwischen der Bewegung von Sternen und den sich aus unserer Logik ableitenden Rechenregeln ist bis heute ein Geheimnis. Aber das gilt für alle Wissenschaft.

Daß diese von Kepler und Newton entdeckten Gesetze gelten – daran jedenfalls konnte kein Zweifel bestehen. Aber die Planeten bewegen sich nun eben nicht jeder für sich in idealer Einsamkeit um die Sonne, sondern sie umkreisen diese auf benachbarten Bahnen mit sehr unterschiedlichen, von ihrer jeweiligen Entfernung abhängigen Geschwindigkeiten. Sie überholen sich daher gegenseitig, stehen dann vorübergehend mehr oder weniger dicht nebeneinander, und zu anderen Zeiten dann wieder auf entgegengesetzten Seiten der Sonne. Wenn sie auch im Vergleich zur Sonne, die sie alle im Banne ihrer Anziehungskraft festhält, nur winzig erscheinen, so üben sie natürlich doch auch aufeinander durch ihre gegenseitigen Anziehungskräfte Wirkungen aus, sie »stören« sich gegenseitig auf ihren Bahnen.

Aus diesem Grund weichen sie alle doch immer wieder um winzige Beträge von der idealen Bahnform einer Keplerschen Ellipse ab, die sie nur dann wirklich streng einhalten könnten, wenn sie mit der Sonne im Weltraum allein wären.
Diese minimalen Bahnstörungen aufzuspüren und zu berechnen war in jener Zeit geradezu so etwas wie ein Sport, in dem die Astronomen untereinander wetteiferten. Zum Teil reizten die dabei auftretenden außerordentlich schwierigen mathematischen Probleme ihren Ehrgeiz. Die »Mehrkörper-Probleme«, um die es sich hier handelte, die Gesetze, nach denen sich die Bahnen von zwei und mehr Himmelskörpern bei ihrem Umlauf um die Sonne gegenseitig beeinflussen, waren mathematisch völliges Neuland. Aber diese Bahnstörungen ließen außerdem auch immer genauere Rückschlüsse zum Beispiel auf die Massen der beteiligten Körper zu und gestatteten damit einigermaßen plausible Vermutungen hinsichtlich der physikalischen Natur dieser sonst gänzlich unerreichbaren Gestirne.
Vor allem aber stand nicht nur die ganze wissenschaftliche Welt, sondern auch die Öffentlichkeit seit dem Jahr 1846 unter dem Eindruck der Entdeckung des Planeten Neptun. Neptun nämlich war buchstäblich am Schreibtisch entdeckt worden.
Bis 1781 glaubte alle Welt, daß die Sonne von insgesamt nur sechs Planeten (einschließlich der Erde) umkreist werde. In diesem Jahr jedoch entdeckte der bis dahin weitgehend unbekannte Herschel den Uranus und wurde damit weltberühmt. Der neue Planet, dessen Bahnelemente alsbald von den Observatorien in aller Welt studiert und berechnet wurden, bereitete den Astronomen sehr bald beträchtliches Kopfzerbrechen. Es gelang ihnen einfach nicht, endgültige Werte für seine Umlaufbahn festzulegen. Immer wenn das geschehen war, und zwar durchaus in gegenseitiger Übereinstimmung der Ergebnisse verschiedener Beobachter, und wenn man sich dann einige Zeit später zuversichtlich daran machte, den Planeten an dem vorausberechneten Punkt am Himmel aufzusuchen, gab es eine Enttäuschung. Uranus stand nie da, wo er nach allen Gesetzen hätte stehen müssen, sondern immer ein Stückchen daneben. Die Differenz war nie sonderlich groß. Ihr höchster Wert lag bei nur zwei Bogenminuten. (Zum Vergleich: der Vollmond hat einen scheinbaren Durchmesser von etwas über dreißig Bogenminuten.) Für die in dieser Zeit längst erreichte Genauigkeit astronomischer Messungen aber war auch ein Betrag von nur zwei Bogenminuten viel zu hoch. Er widersprach den Keplerschen Gesetzen. Wenn man nicht zu der sehr unbefriedigenden und beunruhigenden Hilfs-Hypothese seine Zuflucht nehmen wollte, daß in so großer Entfernung von der Sonne diese Gesetze vielleicht nicht mehr ganz genau gälten, so blieb nur die Erklärung, daß irgendeine ausreichend große

Masse in der Umgebung des Uranus dessen Bahn um den beobachteten Betrag »störte«. Da die Bahn des dem Uranus »innen«, in Richtung auf die Sonne, benachbarten Saturn keine Störungen aufwies, die sich nicht durch dessen beide Nachbarn, also den Uranus und, auf der anderen Seite, den Jupiter, vollständig erklären ließen, war weiterhin anzunehmen, daß die störende Masse sich außerhalb der Bahn des Uranus bewegen mußte. Mit anderen Worten: Es bestand Grund zu der Annahme, daß das Sonnensystem viel größer war, als man bis dahin geglaubt hatte. Weit jenseits des erst kürzlich entdeckten Uranus mußte es noch einen weiteren Planeten von nicht unbeträchtlicher Größe geben. Alsbald begann eine fieberhafte Suche nach dem »transuranischen Planeten«.
Sie wurde am Schreibtisch durchgeführt. Da man nicht wissen konnte, wo man suchen sollte, und da eine ziellose Suche mit dem Teleskop bei der zu erwartenden Lichtschwäche des weit entfernten Objektes aussichtslos war, gab es nur die Möglichkeit, aus den festgestellten Störungen der Uranus-Bahn den Ort und die Geschwindigkeit des noch von niemandem gesehenen Planeten zu berechnen. Die Schwierigkeiten einer solchen Aufgabe kann der Außenstehende kaum ermessen. Sie wurde 1846 gleich von zwei Astronomen glänzend gelöst, die beide nichts voneinander wußten, von dem Engländer John Adams und dem Franzosen Jean Joseph Leverrier. Adams kam zwar schon wenige Monate vor Leverrier zu dem richtigen Ergebnis, zu seinem Unglück teilte er dieses aber nur mündlich einem ihm bekannten Astronomen der Sternwarte in Cambridge mit (der den neuen Planeten, wie sich nachträglich aus seinen Beobachtungsprotokollen ergab, an den folgenden Tagen wahrscheinlich auch tatsächlich zweimal sah) und versäumte es, seine Entdeckung schriftlich bekanntzugeben. Daher heimste der Franzose den Ruhm ein. Leverrier publizierte seine Rechenresultate am 31. August 1846 und bat gleichzeitig den Berliner Astronomen Galle schriftlich, an dem von ihm berechneten Ort am Himmel nach dem neuen Planeten zu suchen. Galle fand das bis dahin unbekannte Mitglied unseres Sonnensystems tatsächlich kurze Zeit später fast genau an der von Leverrier berechneten Stelle – ein von aller Welt mit Recht bewundertes, eindrucksvolles Beispiel für die Allgemeingültigkeit der Keplerschen Gesetze und die mittlerweile erreichte Präzision astronomischer Berechnungen.
Fast hundert Jahre später hat die gleiche Methode, verbunden mit der inzwischen noch weiter verfeinerten Beobachtungstechnik, übrigens ein weiteres Mal zum Erfolg geführt. 1930 entdeckte der amerikanische Astronom Clyde Tombaugh auf einer Photoplatte ein winziges Lichtpünktchen: den Pluto, einen die Sonne noch weit außerhalb der Neptunbahn umkreisenden Kleinplaneten. Ermöglicht wurde diese Ent-

deckung durch Berechnungen des Amerikaners Percival Lowell, deren Grundlagen Bahnstörungen des Neptun gebildet hatten, die in diesem Falle nur wenige Bogensekunden betrugen. Einige Astronomen halten es für wahrscheinlich, daß auch Pluto noch nicht das äußerste Mitglied unseres Sonnensystems ist. Auch er nämlich läuft auf einer Bahn, die Störungen aufweist, welche bisher nicht befriedigend erklärt sind. Eine endgültige Entscheidung über diese Frage wird aber wohl erst in einigen Jahrzehnten möglich sein. Entsprechend seiner großen Entfernung von der Sonne – fast sechs Milliarden Kilometer – läuft Pluto so langsam auf seiner Bahn, daß das seit 1930 beobachtete Bahnstück noch viel zu klein ist, um exakte Schlüsse ziehen zu können.

Bahnstörungen also waren für die Astronomen ein sehr bekanntes, geradezu aktuelles Problem. Die Störungen aber, die sich an der Mondbahn zeigten, als man daran ging, sie mit Hilfe der neuen Uhren genauer zu überprüfen als jemals zuvor, waren von einer ganz anderen Art. Der Mond war mit seinen nur 380000 Kilometern Distanz der Erde so nahe, daß ein bis dahin unbekannter Himmelskörper als Ursache seines regelwidrigen Verhaltens ausschied. Wo also lag der Fehler? Wie war es zu erklären, daß unser Trabant ein Jahrhundert lang um eine Winzigkeit zu langsam und dann plötzlich für einen vergleichbaren Zeitraum zu schnell lief, wobei die vorliegenden Beobachtungen die Vermutung zuließen, daß dieser Wechsel in einem einigermaßen gleichmäßigen Rhythmus erfolgte? War man etwa einer neuen, bis dahin noch unbekannten Naturkraft auf die Spur gekommen?

Während die Astronomen sich mit diesen Fragen näher beschäftigten, kam ihnen ein sehr eigenartiger und für sie höchst beunruhigender Verdacht. Vielleicht suchten sie das Problem am verkehrten Ende, vielleicht verhielt sich der Mond in Wirklichkeit völlig normal auf seiner Bahn, und der Fehler lag bei ihrem Zeitmaßstab? Jetzt erinnerte man sich mit einem Male auch wieder daran, daß es in der letzten Zeit Schwierigkeiten gegeben hatte, eine feststehende Relation zwischen dem Tag und dem Jahr zu bestimmen. Wie erwähnt, kam es immer wieder vor, daß die Erde sich, wenn man die Vermessung ganz genau vornahm, im Verlauf eines Jahres ein ganz klein wenig weiter gedreht zu haben schien, als sie es eigentlich hätte tun dürfen, nicht genau 365,25636mal, sondern eine Kleinigkeit mehr.

Mißtrauisch geworden, ging man jetzt daran, auch einige der näheren Planeten – deren größere Bahngeschwindigkeiten etwaige Abweichungen leichter würden aufspüren lassen – mit der gleichen Genauigkeit zu überprüfen, wie es beim Mond geschehen war. Das Ergebnis bestätigte die Befürchtungen und zog den astronomischen Rechenkünstlern gleichsam den Boden unter den Füßen weg, auf dem sie bisher gearbeitet und den sie durch die Jahrhunderte hindurch für die unbezweifelbar solide Basis aller ihrer Anstrengungen gehalten hatten: Bei allen untersuchten Planeten ließen sich die gleichen Bahnstörungen feststellen, wie sie am Mond beobachtet worden waren, und zwar, und das war das entscheidende Resultat, völlig synchron und gleichsinnig. Immer wenn der Mond seinen Lauf zu beschleunigen schien, taten das auch die Planeten, und in Zeiten, in denen die Bewegung des Mondes am Himmel hinter der von den Keplerschen Gesetzen geforderten Geschwindigkeit zurückblieb, schienen auch die Planeten ihren Lauf zu verlangsamen. Im ganzen Sonnensystem schienen somit die Geschwindigkeiten rhythmisch zu schwanken, zwar nur um winzige Beträge, aber wie in einem gewaltigen Pulsschlag völlig im gleichen Takt.

Dafür aber gab es nur eine einzige Erklärung. Man war nicht einer neuen Naturkraft auf der Spur gewesen, sondern einem Phantom. Die rhythmischen Schwankungen aller Geschwindigkeiten im Sonnensystem waren nicht real. Sie wurden vorgetäuscht durch rhythmisch auftretende Gangabweichungen des verwendeten Zeitmaßstabs, des durch die Umdrehung der Erde definierten »Stern-Tags«. Kein Zweifel war mehr möglich, des Rätsels Lösung bestand darin, daß die Umdrehung der Erde ganz offensichtlich nicht mit dem Gleichmaß erfolgte, wie es bisher für selbstverständlich gehalten worden war.

Machen wir uns an einem anschaulichen Vergleich klar, was passiert war. Nehmen wir an, ein Sportverein würde eine Mannschaft von Läufern zu einem Leichtathletik-Wettbewerb entsenden. Alle Läufer sind sorgfältig trainiert worden, und der Mannschaftskapitän kennt ihre »persönlichen Zeiten« ganz genau. Am ersten Tag des Wettbewerbs stellt er nun fest, daß alle seine Männer besser gelaufen sind als je zuvor, und zwar alle um den gleichen Betrag. Im ersten Augenblick wäre der Mann vielleicht erfreut. Stutzig würde er aber spätestens dann, wenn er anschließend erführe, daß die gleiche »Leistungssteigerung« um genau den gleichen Betrag bei allen anderen teilnehmenden Läufern auch beobachtet wurde. Wenn es zu einem solchen Vorfall wirklich einmal kommen sollte, würden alle Beteiligten vermutlich sofort auf den Gedanken kommen, daß mit der Stoppuhr des Zeitnehmers etwas nicht in Ordnung gewesen sein kann.

Bei unserem Beispiel würde sich herausstellen, daß die zur Messung der Geschwindigkeiten der Läufer verwendete Uhr etwas zu langsam gegangen ist. Denn es leuchtet natürlich sofort ein: Wenn eine Stoppuhr zu langsam geht, wenn sie zum Beispiel erst 10,0 Sekunden anzeigt, obwohl schon 11,0 Sekunden vergangen sind, dann werden für einen bis dahin bloß »guten« Sprinter plötzlich Weltklasse-Zeiten gestoppt. Umgekehrt wäre es, wenn die Uhr zu schnell liefe. Dann würde sie unter Umständen schon 12,0 Sekunden anzeigen, wenn in Wirklichkeit erst 11,0 Sekunden vergangen sind. Der eben noch »gute« Sprinter

15 Versteinerter Überrest eines Ammoniten, eines schneckenähnlichen Meerestieres, das es schon vor 500 Millionen Jahren auf der Erde gab. Derartige Funde brachten die Astronomen noch vor wenigen Jahrzehnten in Verlegenheit, weil sie bewiesen, daß unsere Sonne seit mindestens so langer Zeit mit unveränderter Intensität gestrahlt haben muß. Eine so große Lebensdauer der Sonne konnte man sich aber vor der Entdeckung der atomaren Kernreaktionen auf keine Weise erklären.

erreichte plötzlich wie durch einen Zauberschlag nur noch Durchschnittsergebnisse. Solange niemand darauf kommt, daß das an der Uhr liegt, muß der allgemeine Eindruck entstehen, daß sich die Geschwindigkeit des Läufers geändert hat. Geht die Uhr langsamer, scheint seine Geschwindigkeit zuzunehmen – und umgekehrt.
Nicht anders war es bei den stets gleichsinnigen und in völligem Gleichtakt erfolgenden Geschwindigkeitsänderungen innerhalb des Sonnen-

systems. Auch sie waren nur scheinbar, wie sofort jedermann einsah, sobald man erst einmal auf den unglaublich erscheinenden Gedanken gekommen war, daß der Gang der für diese Messungen verwendeten Uhr Schwankungen unterlag. Gemessen hatte man mit Hilfe des »Stern-Tags« und seiner Unterteilungen. Die Grundeinheit aller Messungen war also die Drehung der Erde um sich selbst. Mit ihrer Hilfe waren die künstlichen Uhren, mit deren Hilfe diese Grundeinheit in immer feinere Bruchteile zerlegt worden war, mit immer mehr zunehmender Genauigkeit kontrolliert und reguliert worden – in der für selbstverständlich gehaltenen Annahme natürlich, daß die Dauer aller dieser Stern-Tage absolut konstant und untereinander identisch sei, da nicht einzusehen war, warum sich die Erde nicht mit absoluter Regelmäßigkeit drehen sollte. Eben diese Voraussetzung aber erwies sich jetzt als falsch, eine Erkenntnis, die verständlicherweise sensationell wirkte. Verständlich war das nicht zuletzt deshalb, weil diese unerwartete Entdeckung sofort zwei höchst problematische Fragen aufwarf. Die erste dieser Fragen bezog sich auf die Möglichkeit eines Ersatzes für den bisher verwendeten Zeitmaßstab, der sich als so unzuverlässig erwiesen hatte. »Wenn aber das Salz taub geworden ist, womit soll man's salzen?« Wenn die kosmische Uhr, die man bisher verwendet hatte, sich bei genauerer Betrachtung als so unzuverlässig entpuppte – wo gab es einen anderen Zeitmaßstab, mit dem man die sich am Himmel abspielenden Vorgänge zuverlässiger würde messen können? Und die zweite Frage war natürlich die nach den Ursachen der Unregelmäßigkeit der Erdrotation selbst. Wie war es möglich, daß ein Himmelskörper, der sich freischwebend im leeren Weltraum um sich selbst drehte, das nicht mit absoluter Regelmäßigkeit tat? Die Antwort auf beide Fragen ließ sich mit ein und demselben Instrument finden: mit der Atom-Uhr.

Kosmische Pirouette

Immer dann, wenn im Herbst die Blätter von den Bäumen fallen, dreht die Erde sich ein ganz klein wenig schneller. Im Herbst sind die Tage folglich ein ganz klein wenig kürzer, als es dem »normalen« 24-Stunden-Durchschnitt entspricht. Die Differenz ist nicht groß, aber einwandfrei feststellbar: sie steigt bis maximal 0,06 Sekunden an, die den Tagen im Herbst also gewissermaßen »fehlen«. In jedem Frühjahr nehmen sie um exakt den gleichen Betrag wieder zu. Dies ist eine der Komponenten, um welche die für regelmäßig gehaltene Rotation unseres Globus sich bei genauerer Untersuchung als gestört erweist. Diese und noch einige andere Störungen wurden entdeckt, als es Uhren gab, welche die natürlichen astronomischen Zeitgeber an Genauigkeit so sehr übertrafen, daß sie den Wissenschaftlern die Möglichkeit in die Hand gaben, diese ihrerseits zu kontrollieren. Dabei stellte sich sehr rasch heraus, daß es mit ihrer sprichwörtlichen Regelmäßigkeit nicht so weit her ist, wie man geglaubt hatte, jedenfalls dann nicht, wenn man die Kontrolle mit der durch die neuen Uhren ermöglichten Genauigkeit vornahm.

1929 wurden zunächst die Quarz-Uhren erfunden. Ihr Prinzip beruht darauf, daß man einen Quarzkristall durch elektrischen Strom in außerordentlich schnelle und dabei äußerst regelmäßige Schwingungen versetzen kann. Schwingungen von möglichst großer Regelmäßigkeit aber sind die Grundlage aller Zeitmessungen, sie waren es schon bei den Pendeluhren und ebenso bei den mit einer »schwingenden Unruhe« versehenen Federuhren. Um einen schwingenden Quarzkristall als Uhr verwenden zu können, mußte man außerdem natürlich auch noch die sehr schwierigen technischen Probleme lösen, die damit zusammenhingen, seine Schwingungen auf irgendeine Weise registrieren oder zählen zu können, ohne sie dabei zu beeinflussen. Nachdem das gelungen war, konnte man mit einem Male Genauigkeiten von einer millionstel Sekunde pro Tag erreichen.

Der große Fortschritt, den die Quarz-Uhren darstellten, wurde allerdings durch einen entscheidenden Nachteil erheblich beeinträchtigt, der allen Uhren dieses Typs eigen ist. Der Quarzkristall wird durch die ihm elektrisch aufgezwungenen Schwingungen nämlich verhältnismäßig rasch in seinen mechanischen Eigenschaften verändert. Von diesen aber hängt die Frequenz ab, mit der er schwingt. Mit anderen Worten hatte man also jetzt zwar Uhren mit einer bisher unvorstellbaren Präzision in der Hand. Deren bewundernswerte Genauigkeit hielt aber nur relativ kurze Zeit, bestenfalls einige Monate, an. Dann kam es zu Gangabweichungen, die den eben gewonnenen Vorteil wieder zunichte werden ließen. Zur Überprüfung der Erdrotation waren daher auch die Quarz-Uhren noch kaum geeignet, denn es mußte bei dieser Kontrolle nicht nur die Länge des Tages, sondern auch die eines Jahres nachgemessen werden können.

Erst seit etwas mehr als zehn Jahren stehen Chronometer zur Verfügung, die allen Anforderungen gerecht werden, welche die Aufgabe einer Überprüfung des astronomischen Zeitstandards stellte. Diese Uhren messen die Zeit ebenfalls unter Verwendung eines natürlichen Vorgangs, bei dem es sich jetzt jedoch nicht um einen astronomischen Bewegungsablauf handelt, sondern um die Schwingungen der Atome eines bestimmten Elements. Wie diese Uhren im einzelnen gebaut sind und wie das Problem der Registrierung derartiger atomarer Schwingungen mit ihren außerordentlich hohen Frequenzen gelöst worden ist, braucht uns hier nicht zu interessieren. Wichtig ist allein die Tatsache, daß der natürliche Standard der Eigenschwingung eines bestimmten Atoms eine geradezu unvorstellbare Meßgenauigkeit erlaubt, und daß die Präzision einer solchen Atom-Uhr, wie man das Ganze nennt, nach allem, was wir wissen, absolut konstant ist.

Die Präzision dieser neuen Uhren-Generation ist in der Tat so groß, daß es schwerfällt, sie durch Vergleiche anschaulich zu machen. In einfachen Zahlen ausgedrückt beträgt sie 10^{-13} oder 1 : 10 Billionen. Das ist eine Genauigkeit von einem zehnmilliardstel Promille. Das alles klingt eindrucksvoll, sagt dem Nichtmathematiker aber nicht allzuviel. Deutlicher wird das Ausmaß der Zuverlässigkeit des neuen Zeit-Standards aber, wenn man sich klarmacht, daß zwei Atom-Uhren, die im Jahre Null gebaut und miteinander synchronisiert worden wären, und die man von da an völlig sich selbst überlassen hätte, heute, zweitausend Jahre später, höchstens um eine tausendstel Sekunde voneinander abweichen würden. Worin besteht eigentlich der Vorteil einer so unvorstellbaren Genauigkeit? Die Möglichkeit, noch eine millionstel Sekunde in Zehntausende von exakt gleichen Bruchteilen zerlegen zu können, mag den Ehrgeiz eines auf Genauigkeit versessenen Technikers befriedigen, dem Laien drängt sich hier die Frage auf, was für Vorgänge denn mit einem Zeitmaßstab, dessen Skala Bruchteile von Millionstelsekunden aufweist, eigentlich noch gemessen werden sollen. Die Frage ist so aber falsch gestellt. Es geht natürlich nicht darum, Vorgänge dieser Größenordnungen zu messen, sondern zeitliche Differenzen. Die ungeheuren Möglichkeiten, die sich aus der Erfindung der Atom-Uhren ergeben haben, bestehen in der exakten Synchronisation verschiedener Vorgänge und in der außerordentlich zuverlässigen Überprüfung der Konstanz bestimmter Abläufe.

Im vorigen Abschnitt war schon davon die Rede, daß man sich vor einigen Jahren die Mühe gemacht hat, Europa und Amerika mit der Hilfe dreier Atom-Uhren, von denen eine mit einem Flugzeug hin und wieder zurücktransportiert wurde, auf eine Millionstelsekunde genau zu synchronisieren. Wozu dieser Aufwand? Eine der vielen Antworten, die man auf diese Frage geben kann, besteht darin, daß eine so exakte Synchronisation die Voraussetzungen schafft für ein völlig neuartiges Ortungssystem für Flugzeuge. Heute sind es nicht mehr die Admirale, die bereit sind, für eine immer weiter getriebene Perfektionierung der Zeitmessung viel Geld auszugeben, heute sind es in erster Linie die Luftwaffen-Marschälle. Denn ein auf dem Zeitvergleich von Funkstrecken aufgebautes Ortungssystem ist vom Wetter und von atmosphärischen oder absichtlichen Störungen unabhängig.

Die Ortung geschieht im Prinzip folgendermaßen: Mehrere Sender, die unregelmäßig über ein großes Gebiet verteilt sind, strahlen in kurzen Abständen genau gleichzeitig ein kurzes Signal aus. Diese Signale werden an Bord eines Flugzeuges empfangen, treffen dort nun aber natürlich nicht genau gleichzeitig ein, da niemals alle Sender vom Flugzeug gleich weit entfernt sein werden, und weil auch ein Funksignal, so schnell es auch ist, stets eine gewisse Zeit braucht, um den Weg zwischen Sender und Flugzeug zurückzulegen. Eine Quarz-Uhr an Bord des Flugzeugs registriert die Zeitdifferenzen zwischen dem Eintreffen der verschiedenen Signale, von denen jedes durch eine etwas andere Frequenz eindeutig einem bestimmten Sender zugeordnet ist. Die gemessenen Zeitintervalle werden einem Computer »eingefüttert«, der sie in Entfernungs-Unterschiede umrechnet. Und dann braucht der Navigator diese Entfernungen nur noch auf seine Karte zu übertragen, in der die Orte aller Sender eingetragen sind, um genau angeben zu können, wo sich das Flugzeug im Augenblick der Messung befindet.

Unbedingte Voraussetzung dieses Systems ist selbstverständlich eine möglichst präzise Synchronisation der Sender, die die Zeitsignale ausstrahlen. Nur wenn diese Ausstrahlung wirklich gleichzeitig geschieht, können die an Bord des Flugzeugs gemessenen Zeitunterschiede als Folge unterschiedlicher Wegstrecken der Funksignale, also als Entfernungen zwischen ausstrahlendem Sender und Flugzeug, ausgewertet werden. Bei der Geschwindigkeit von 300000 Kilometern pro Sekunde, die Funksignale haben, entspricht eine Zeitdifferenz von einer Millionstel Sekunde bereits einer Wegstrecke von dreihundert Metern. Um diesen Betrag wären also alle Ortsbestimmungen, die mit diesem System gewonnen würden, von vornherein falsch, wenn die Synchronisation aller Sender, welche die Zeitsignale ausstrahlen, »nur« auf eine Millionstel Sekunde genau wäre. Dadurch, daß man eine Atom-Uhr ständig von einem der beteiligten Sender zum nächsten transportiert und mit ihr die dort jeweils fest installierten anderen Atom-Uhren eicht und nachreguliert, läßt sich die »Gleichzeitigkeit«, mit der die Signale von den einzelnen Sendern ausgehen, bis auf hundertmillionstel Sekunden und noch darüber hinaus gewährleisten. Das wäre dann theoretisch nur noch eine Fehlerbreite von drei Metern bei jeder Ortung. (Natürlich geht von der theoretisch erreichbaren Präzision immer ein nennenswerter Anteil durch unvermeidbare Fehler bei der Messung und Auswertung wieder verloren.) Indem man auf diese Weise durch immer genauere Einhaltung der »Gleichzeitigkeit« der Sendergruppen die Fehlerbreite immer weiter reduziert, kommt man allmählich in Bereiche, in denen die Ortsbestimmung so zuverlässig wird (mit theoretischen Fehlern, die nur noch Zentimeter oder

gar Millimeter betragen), daß sich eines Tages ein vollautomatisches Robot-Pilot-System mit computergesteuerter Landung bei Nacht oder auch bei dichtem Nebel auf diesem Verfahren aufbauen lassen wird. Schon heute wird dieses Prinzip zu militärischen Zwecken verwendet. Zum Beispiel bestimmen U-Boote nach langer Tauchfahrt oder auch während einer Tauchfahrt unter Wasser durch Verwendung einer aufgelassenen Empfängerboje ihre Position mit Hilfe dieser Messungen der Zeitdifferenz beim Eintreffen der Signale untereinander synchronisierter Sender. Das hat den unschätzbaren Vorteil, daß die Boote selbst »stumm« bleiben können und sich nicht durch eigene Peilsignale verraten. Auch in der Astronautik werden, etwa bei der Fernsteuerung von Raumsonden, aus ganz ähnlichen Gründen Synchronisationen von ebenso großer Präzision benötigt. Es ist tröstlich zu wissen, daß das Verfahren aber früher oder später, wenn es voll ausgereift und schließlich auch wirtschaftlich genug geworden ist, ohne Zweifel auch im öffentlichen Weltluftverkehr zur Steuerung automatischer Landesysteme, also zum Nutzen »gewöhnlicher« Zivilisten, eingesetzt werden wird.
Der zweite entscheidende Gewinn, den die ungeheure Ganggenauigkeit der Atom-Uhren mit sich bringt, ist die Möglichkeit, die Konstanz bestimmter Abläufe genauer als je zuvor zu überprüfen. Das ist vor allem für bestimmte wissenschaftliche Fragen ein unschätzbarer Vorteil. Zu Beginn dieses Abschnitts war schon davon die Rede, daß die Erde sich im Herbst immer etwas schneller dreht, und daß sie in jedem Frühjahr um den gleichen Betrag (bis zu 0,06 Sekunden pro 24 Stunden) wieder langsamer wird. Ohne Atom-Uhren wüßten wir von dieser erst kürzlich entdeckten jahreszeitlichen oder »saisonalen« periodischen Unregelmäßigkeit der Umdrehung unseres Planeten auch heute noch nichts. Von dem ganzen, hochinteressanten und bis heute nicht restlos aufgeklärten Phänomen spüren wir natürlich nichts, dafür sind die Schwankungen viel zu geringfügig. Aber wir könnten sie auch nicht durch Messungen feststellen. So geringe Zeitunterschiede, die sich zudem natürlich ganz allmählich, im Verlaufe von Wochen und Monaten, ausbilden, können wir mit noch so genauen »gewöhnlichen« Uhren nur registrieren, wenn sie sich über größere Zeiträume hin allmählich immer mehr summieren und dann zu einer meßbaren Differenz zwischen theoretisch berechnetem und faktisch gemessenem Wert anwachsen. Gerade hier aber handelt es sich ja um eine periodische Schwankung, die sich im Verlauf eines vollen Jahres in einem regelmäßigen Rhythmus immer wieder ausgleicht.
Hinsichtlich der Realität dieser periodischen Schwankungen der Erdrotation könnte man zunächst vielleicht Zweifel hegen. Die periodischen Veränderungen der Geschwindigkeit, mit welcher der Mond um

die Erde zu laufen schien, hatten sich bei genauerer Analyse des Phänomens seinerzeit doch als Scheinveränderungen erwiesen. Diese wurden dadurch vorgetäuscht, daß man die Mondbewegung mit einem Zeitmaßstab überprüfte, der als konstant angesehen wurde, in Wirklichkeit aber einer langperiodischen, erst nach Jahrhunderten spürbar werdenden Gangungenauigkeit unterlag. Könnte nun nicht auch diese seltsame jahreszeitliche Periodizität der Erdrotation durch eine Periodizität vorgetäuscht sein, die in Wirklichkeit in dem diesmal verwendeten atomaren Zeitmaßstab zu suchen ist? Anders gefragt: Können wir eigentlich wirklich absolut sicher sein, daß unser heute verwendeter Zeitstandard tatsächlich konstant ist?

Die Antwort darauf muß grundsätzlich lauten: »Nein.« Wir haben keine Möglichkeit, die Konstanz dieser atomaren Frequenzen auf irgendeine Weise zu überprüfen, es sei denn, wir verfügten eines Tages über die Möglichkeit, einen noch genaueren Standard dafür zu verwenden. Ein solcher ist aber nicht einmal theoretisch, geschweige denn praktisch vorstellbar. Außerdem würde seine Anwendung das hier angeschnittene Problem auch nur weiter hinausschieben, denn die gleiche Frage – konstant oder nicht? – könnten wir uns dann angesichts dieses neuen Standards natürlich auch gleich wieder vorlegen. Gerade im Fall der kurzperiodischen, jahreszeitlichen Schwankungen der Erdrotation aber – und das gleiche gilt für die anderen bisher aufgedeckten Störungskomponenten – sind zwar noch viele Einzelfragen ungeklärt (ihre Entdeckung ist dazu noch viel zu neu), trotzdem sind die prinzipiellen Zusammenhänge zwischen den Änderungen der Drehungsgeschwindigkeit der Erde und bestimmten jahreszeitlichen Prozessen, die sich auf ihrer Oberfläche abspielen, so einleuchtend, daß an der Realität des Phänomens ein Zweifel nicht mehr möglich ist.

Grundsätzlich ist aber zu sagen, daß wir nicht wissen können, ob der atomare Zeitmaßstab wirklich konstant ist. Logik und alle wissenschaftliche Erfahrung scheinen dafür zu sprechen. Trotzdem muß man zugeben, daß wir zeitliche Verläufe immer nur in der Weise messen können, daß wir sie mit periodischen Phänomenen vergleichen, von denen wir annehmen, daß sie gleichmäßig ablaufen. Zuerst nahm man dazu die Drehung der Erde. Schon die Pendeluhr bewies schließlich, auf dem beschriebenen Umweg über die Nachmessung der Mondgeschwindigkeit, daß dieser Standard nicht so konstant ist, wie man glaubte. Heute untersuchen wir diesen klassischen Standard, die Erdrotation, seinerseits mit den Atom-Uhren. Deren Konstanz zu prüfen haben wir nicht die geringste Möglichkeit. Wenn die atomaren Schwingungsfrequenzen im Verlaufe der Geschichte des Universums zum Beispiel ganz allmählich größer oder kleiner geworden wären – eine reine Spekulation, die sich weder beweisen noch widerlegen läßt –, so würden wir davon nichts wissen können. Aber der daraus resultierende Fehler würde, für uns unsichtbar, in allen Formeln stecken, mit denen wir das Universum zu beschreiben versuchen.

Messen heißt »vergleichen«. Bei jeder Messung ist man auf Gedeih und Verderb von der Zuverlässigkeit des angelegten Maßstabs abhängig. Wenn ein überirdischer Dämon in der Lage wäre, die ganze Welt, von den subatomaren Dimensionen bis zum durchschnittlichen Abstand zwischen den einzelnen Galaxien tausend- oder auch millionenfach schrumpfen zu lassen oder zu vergrößern, wir würden nichts davon merken können, weil wir selbst und alle unsere Maßstäbe die Veränderung mitmachen würden. Und wenn dieses Wesen auf den Gedanken käme, alle sich in diesem Universum abspielenden Abläufe zu verlangsamen oder zu beschleunigen oder auch die ganze Welt für eine beliebige Zeit »anzuhalten«, so würde es sich auch dabei um ein für uns unbemerkbares Ereignis handeln.
Mit »der« Zeit selbst haben alle diese Überlegungen und Spekulationen nichts zu tun, wie wir uns erinnern wollen. Die hier angesprochenen Möglichkeiten beziehen sich lediglich auf die grundsätzlichen Bedingungen, die ein Wissenschaftler zu berücksichtigen hat, wenn er daran geht, die »objektive« Zeit zu definieren und zu messen. Gerade diese Überlegungen können sogar sehr deutlich zeigen, daß dem Mann gar nichts anderes übrig bleibt, als ganz pragmatisch oder, wie man heute gern sagt, »operational« zu verfahren. Durch sein praktisches Vorgehen, sein tatsächliches »Operieren« oder Tun, definiert er das, was er mißt, in diesem Fall also die Zeit, ohne irgendeine Möglichkeit zu haben, sinnvoll darüber spekulieren zu können, was Zeit nun eigentlich »ist«, und in welchem Sinn es sie in dieser abstrakten Form überhaupt geben könnte. Bis 1965 war eine Sekunde offiziell der 31556925,9747te Teil eines Jahres. Seit 1965 gilt als eine Sekunde die Zeit, die ein Caesiumatom benötigt, um genau 9192631770,0mal hin- und herzuschwingen. Das ganze ist ein Beschluß, den die Internationale Vereinigung für Maße und Gewichte 1964 anläßlich ihrer Generalversammlung in Paris faßte.
Mit den Atom-Uhren ist es also in den letzten zehn Jahren möglich geworden, die Störungen, denen die Rotation der Erde unterliegt, nicht nur genau zu messen, sondern sie auch in eine Reihe voneinander unabhängiger Komponenten zu zerlegen, die auf ganz verschiedene Ursachen zurückzuführen sein dürften. So überraschend die Entdeckung auch wirkte, daß die Erde sich nicht gleichmäßig dreht, die genauere Untersuchung mit den neuen Zeitmessern hat sogar gezeigt, daß es gleich eine ganze Reihe verschiedener Faktoren zu geben scheint, die unsere Erde daran hindern, ihre Pirouette im freien Welt-

raum ungestört zu drehen. Natürlich sind heute noch keineswegs alle Ursachen bekannt – dazu ist die Untersuchungszeit noch viel zu kurz. Es wird einleuchten, daß man zum Beispiel die im vorigen Abschnitt geschilderten langperiodischen Schwankungen der Erddrehung, die im Rhythmus von Jahrhunderten zu erfolgen scheinen, nicht schon auf Grund von Untersuchungen analysieren kann, die vorerst kaum länger als ein Jahrzehnt in Gang sind. So haben wir denn vorläufig tatsächlich auch noch nicht die geringste Vorstellung, nicht einmal in Gestalt einer plausiblen theoretischen Vermutung, was diesem langperiodischen Rhythmus zugrundeliegen könnte.

Anders ist das bei den mehrfach erwähnten jahreszeitlichen Schwankungen, die sich während eines Jahres in der beschriebenen Weise immer wieder ausgleichen. Wenn man sich überlegt, welcher mit dem Wechsel der Jahreszeiten zusammenhängende, »saisonal« auftretende Faktor hinter dem Phänomen stecken könnte, wird einem klar, daß die Erde hier offenbar tatsächlich eine kosmische Pirouette aufführt. Denn diese abwechselnde Zu- und Abnahme der Geschwindigkeit kommt offensichtlich auf die gleiche Weise zustande, wie derselbe Effekt bei einer Eisläuferin, die eine Pirouette vorführt und dabei ihre Umdrehungsgeschwindigkeit mehrmals dadurch ändert, daß sie ihre Arme entweder eng an den Körper anlegt oder dann wieder nach beiden Seiten weit von sich streckt. Ihre Kreiselbewegung wird immer dann schneller, wenn sie die Arme anzieht, und sofort sehr viel langsamer, wenn sie die Arme wieder ausstreckt. Wichtig ist dabei der Umstand, daß sie das gleiche Manöver mit dem gleichen Resultat mehrmals hintereinander durchführen kann. Es ist also nicht etwa so, daß sie ihre Drehgeschwindigkeit, wenn sie diese durch das Ausstrekken der Arme erst einmal verlangsamt hat, nicht nochmals wieder steigern könnte. Physikalisch gesprochen, bleibt der »Drehimpuls«, den sie sich durch das anfängliche Hineinspringen in die Pirouette erworben hat, erhalten. Er wird folglich nicht etwa durch das Ausstrecken der Arme verbraucht (sondern lediglich ganz langsam durch die Reibung der Schlittschuhe auf dem Eis und den Luftwiderstand). Die Läuferin ist daher in der Lage, den einmal erworbenen Drehimpuls mehrfach nach Belieben gleichsam »einzuwechseln« in eine schnelle Kreiselbewegung, bei der alle Teile ihres Körpers eine relativ kurze Strecke bei jeder Umdrehung zurückzulegen haben, oder eine langsame Bewegung, die dann zu beobachten ist, wenn Teile ihres Körpers, also Arme und Hände, einen relativ weiten Weg durchmessen.

Was für die Eisläuferin gilt, trifft auch für die Erde zu, denn die Gesetze der Mechanik gelten unabhängig von der Natur des Objekts, das sich bewegt. Der stetige jahreszeitliche Wechsel zwischen langsamer und rascher Drehung, bei dem kein Drehimpuls verlorengeht, stellt also auch bei der Erde einen Pirouetten-Effekt dar. Es fragt sich jetzt nur noch, welche ihrer Teile unsere Erde nach allen Seiten in den Raum hinausstreckt, wenn sie ihre Geschwindigkeit im Frühjahr verringert, und was es ist, das sie an sich zieht, wenn in jedem Herbst das Gegenteil geschieht.

Aller Wahrscheinlichkeit nach sind das bei der Erde die gewaltigen Wassermengen, die in jahreszeitlichem Rhythmus zwischen dem Erdboden und der Atmosphäre hin und her wandern. Immer dann, wenn im Frühjahr die Intensität der Sonneneinstrahlung zunimmt und sich die Erdoberfläche daher spürbar erwärmt, trocknen die obersten Schichten der Erdkruste infolge dieser Erwärmung entsprechend aus, das heißt aber, daß die in ihnen enthaltene Feuchtigkeit zu einem wesentlichen Teil in Form von Wasserdampf nach oben in die Atmosphäre abwandert.

Diese vielen Milliarden Tonnen Wasser, die in jedem Frühjahr und Sommer viele hundert oder auch einige tausend Meter von der Erdoberfläche aus nach oben steigen, das sind gleichsam die »Arme«, welche unsere Erde in dieser Jahreszeit bei ihrer kosmischen Pirouette in den Raum hinaus ausstreckt und die ihre Kreiselbewegung dann jedesmal spürbar verlangsamen, ganz wie im Falle der Eisläuferin. Die paar hundert oder tausend Meter, über die hinweg dieses »Ausstrecken« erfolgt, sind bei einem Erddurchmesser von 12000 Kilometer zwar nur eine relativ geringfügige Veränderung der Bedingungen. Aber der Effekt beträgt maximal eben auch nur 0,06 Sekunden am Tag. Und in jedem Herbst spielt sich der umgekehrte Vorgang ab. Dann nämlich regnet der in den voraufgegangenen Monaten in die Atmosphäre aufgestiegene Wasserballast in relativ kurzer Zeit wieder auf die Erde ab.

Aber steckt in der ganzen Erklärung, so plausibel sie klingt, nicht dennoch ein Denkfehler? Denn die Jahreszeiten treten auf der Nord- und der Südhalbkugel der Erde doch alternierend auf. Wenn es im Norden Frühling wird, zieht in Australien und Südafrika der Herbst ein, und der November erfreut sich in diesen südlichen Breiten aus dem gleichen Grunde derselben Beliebtheit und – für uns eine seltsame Vorstellung – derselben romantischen Attribute wie bei uns der Mai. Deshalb müßten eigentlich auch die Vorgänge, die wir eben zur Erklärung des planetaren Pirouetten-Phänomens herangezogen haben, sich auf Nord- und Südhalbkugel gegenseitig die Waage halten. Denn immer dann, wenn bei uns im Frühjahr die im Rhythmus der Jahreszeiten hin und her pendelnden Wassermengen nach oben steigen, regnen sie in dem gleichzeitig auf der südlichen Halbkugel eintretenden Herbst doch herunter. Im ersten Augenblick scheint es also so, als ob beide Effekte sich gegenseitig aufheben müßten. Und das ließe sie als

Erklärung des ganzen Phänomens natürlich ausscheiden. Man braucht sich aber nur einmal eine Weltkarte oder, noch besser, einen Globus anzusehen, um sofort zu erkennen, warum der Ausgleich trotzdem nicht erfolgen kann. Die Landmassen, auf denen sich die ausgeprägtesten jahreszeitlichen Temperaturschwankungen abspielen, sind auf unserem Globus nämlich höchst ungleichmäßig verteilt. Die Kontinente der nördlichen Halbkugel übertreffen an Ausdehnung die der südlichen Erdhälfte in solchem Maße, daß die hier durch den Wechsel der Jahreszeiten hervorgerufenen Veränderungen überwiegen und das Phänomen verursachen. Das ist auch der Grund dafür, warum es unsere Jahreszeiten sind und nicht die der südlichen Halbkugel, die bei dem ganzen Ablauf gewissermaßen die Führung übernehmen und die bestimmende Tendenz darstellen.

Ob es *allein* diese Wasserbewegungen zwischen Erdkruste und Atmosphäre sind, die das Phänomen hervorrufen, steht dahin. Mit dem Kommen und Gehen der Jahreszeiten sind noch sehr viele andere periodisch auftretende Faktoren verbunden, die als Ursachen ebenfalls in Betracht kommen könnten. So ist es möglicherweise nicht nur eine Zeitbestimmung, wenn es im Anfang dieses Abschnitts hieß, daß die Erde sich immer dann ein wenig schneller drehe, wenn die Blätter von den Bäumen fallen. Blätter sind zwar sehr leicht, und Bäume sind nicht sehr hoch. Aber es gibt eben sehr viele Bäume auf der Erde und alles in allem unzählige Blätter. Und wenn diese im Herbst alle mehr oder weniger gleichzeitig zu Boden fallen, so trägt auch dieser Vorgang nach Ansicht ernst zu nehmender Wissenschaftler mit dazu bei, daß das Tempo der kosmischen Pirouette, die unser Planet im freien Weltraum ausführt, vorübergehend etwas zunimmt.

Die Mond-Bremse

»Keine Regel ohne Ausnahme.« Dieser in sich selbst widersprüchliche Satz – denn er selbst ist eine Regel, also muß, als Ausnahme, auch sein Gegenteil wahr sein – gilt auch für den augenblicklichen Stand der noch so jungen Disziplin innerhalb der Geophysik, die sich das Studium der Erdrotation und der Ursachen ihrer Unregelmäßigkeiten zur Aufgabe gemacht hat. Die Regel ist in diesem Fall, daß die Analyse kurzfristiger Störungen eher gelingt als die langfristiger Veränderungen. Für beide Fälle haben wir schon Beispiele kennengelernt. In diesem Abschnitt treffen wir nun auf zwei Ausnahmen. Die erste besteht in ausgesprochen kurzfristigen Veränderungen, nämlich ganz plötzlich und unberechenbar erfolgenden Beschleunigungen oder Verzögerungen des Tempos, mit dem die Erde sich im Raum dreht – wobei die einzelne Störung jeweils nur ganz winzige Beträge ausmacht. Glücklicherweise, kann man nur sagen, denn wäre es anders, dann käme jedes dieser Ereignisse einer Katastrophe gleich, die die ganze Erde verwüsten würde. Man braucht sich nur vor Augen zu halten, was sich, um nur ein einziges anschauliches Beispiel herauszugreifen, in einem vollbesetzten Omnibus bei einer überraschend erfolgenden Notbremsung abspielen kann, um eine Ahnung davon zu bekommen, was derartige ebenso unerwartet eintretende Verzögerungen anrichten würden, wenn durch sie die Erddrehung um mehr als minimale Beträge abgebremst würde. Häuser, Menschen, Bäume, der ganze lose Erdboden, unter Umständen ganze Gebirge würden plötzlich, wie von Zauberhand beschleunigt, von einem Augenblick zum anderen, von ihrem festen Standort gerissen und mit katastrophaler Geschwindigkeit in exakt östlicher Richtung davongeschleudert werden. Zum Glück ist das Ausmaß dieses Störungstyps für die Auslösung einer solchen weltweiten Katastrophe viel zu gering. Jedenfalls war das bisher so, und zwar nicht nur zu unserer Zeit, sondern ohne allen Zweifel auch während der ganzen bisherigen Erdgeschichte. Die Veränderungen, die eine Katastrophe dieser Art an der Erdkruste bewirken würde, sind so einschneidend, daß wir sie noch nach Hunderten von Jahrmillionen bei unseren heutigen geologischen Untersuchungen entdekken würden.

Dieser Umstand ist sehr geeignet, zu unserer Beruhigung beizutragen. Andernfalls wäre die Situation insofern doch ein wenig ungemütlich, als wir bis heute überhaupt noch keine Vorstellung davon haben, wie diese unberechenbar und plötzlich auftretenden Brems- und Beschleunigungsvorgänge eigentlich zustande kommen.

Manche Geophysiker vermuten als Ursache unregelmäßige Verlagerungen fester Teile innerhalb der flüssigen Schichten des Erdkerns, durch die sich also der Schwerpunkt unseres Globus jeweils etwas verschieben würde. Sehr überzeugend wirkt diese Hypothese aber nicht, weil es wahrscheinlich ist, daß sich in der Glut des Erdinneren alle Materie in dem gleichen flüssigen Zustand befindet. Gedacht worden ist auch schon an die Möglichkeit, daß es sich um weit aus dem Weltraum wirkende Einflüsse handeln könnte – und zwar im Zusammenhang mit einer Theorie, die davon ausgeht, daß die Intensität der Schwerkraft zwischen einander anziehenden Massen, die sogenannte Gravitations-Konstante, abhängig ist von dem Zustand aller anderen Massen im Weltraum. Aber auch das ist eine bloße Spekulation, um so mehr, als derartige sprunghafte Veränderungen der Gravitations-Konstante sich auch noch durch andere Veränderungen, zum Beispiel an den Bahnen der Planeten, kundtun müßten, obwohl zuzugeben ist, daß diese voraussichtlich an der Grenze der Meßbarkeit lägen. Manchem, der es gewohnt ist, daß die Wissenschaft auch die schwierigsten Fragen und die unzugänglichsten Probleme zu lösen versteht, mag es seltsam erscheinen, daß es so schwierig sein soll, die Ursache für eine so relativ handgreifliche, »mechanische« Störung zu finden. Tatsächlich ist diese Tatsache auch ein eindringliches Symptom dafür, wie wenig wir auch heute im Grunde noch selbst über die sichtbare uns umgebende Welt wissen.

So gering diese extrem kurzfristigen unregelmäßigen Störungen aber auch sind, indirekt merken wir vielleicht doch etwas von ihnen. Es ist nämlich die Vermutung geäußert worden, daß die Trägheitskräfte, die sie ohne Zweifel in der Erdkruste mobilisieren, und die durch diese in der Erdrinde erzeugten Spannungen die Bereitschaft zu Erdbeben in den ohnehin gefährdeten Regionen der Erdoberfläche erhöhen könnten. Der Gedanke liegt in der Tat nahe, fast ist man geneigt zu sagen, daß es eigentlich verwunderlich wäre, sollte sich herausstellen, daß ein solcher Zusammenhang nicht besteht. Eine Nachprüfung hätte in der Form zu geschehen, daß untersucht wird, ob im Anschluß an das Auftreten von Störungen dieser Art häufiger als sonst im Durchschnitt Erdbeben erfolgen. Bei der außerordentlich großen Zahl der jährlich registrierten Beben aller Größenordnungen – mehr als hunderttausend – ist der Nachweis einer ursächlichen Beziehung zwischen Störung und Erdbebenhäufigkeit nur statistisch möglich. Dafür ist aber auch hier die Beobachtungszeit noch viel zu gering.

Die andere Ausnahme betrifft die einschneidendste aller bisher entdeckten Störungen, die sogenannte »säkulare« Verlangsamung der Erdrotation, einen extrem langfristigen, konstanten Prozeß der Abbremsung der Erde, der nach allem, was wir heute wissen, bis in die fernste Zukunft weiter anhalten wird. Trotz der extremen Langfristigkeit dieser Störungsform ist ihr Zustandekommen heute schon praktisch vollständig aufgeklärt: Der Faktor, der die Erde abbremst und sie schließlich einmal in ferner Zukunft völlig zum Stillstand bringen wird, ist der Mond. Und bei dem Mechanismus, der hier als Bremse wirksam wird, handelt es sich um die sogenannte »Gezeiten-Reibung«.

16 Der Komet »Morehouse« aus dem Jahre 1908. Schweiflänge 30 Millionen Kilometer. Schon den Astronomen früherer Jahrhunderte fiel auf, daß die Schweife derartiger Kometen stets von der Sonne weggerichtet sind. Dies war der erste Hinweis darauf, daß von der Sonne eine geheimnisvolle abstoßende Kraft ausgehen müsse, deren Natur jedoch bis vor wenigen Jahren rätselhaft blieb.

Kein Himmelskörper zieht für sich allein auf seiner Bahn durch den Weltraum. Die Sonne beherrscht mit der ihrer weit überlegenen Masse entsprechenden Anziehungskraft unser Planetensystem. Aber sie wird ihrerseits ebenfalls wieder durch ein überlegenes Massen-Zentrum auf ihrer Bahn festgehalten – ein Zentrum, das zwischen den Sternbildern Bogenschütze und Skorpion gelegen und offensichtlich mit dem Zentrum unseres Milchstraßensystems identisch ist.
So wie die Sonne neben den anderen Planeten auch die Erde, so hält die Erde bekanntlich den Mond durch ihre Anziehungskraft auf einer Kreisbahn fest. Aber auch der Mond wirkt, auch wenn er der sehr viel kleinere Partner ist, mit seiner Gravitation seinerseits auf die Erde ein. Diese Anziehungskraft des Mondes wirkt sich in der Weise aus, daß alles, was sich auf der Seite der Erdoberfläche befindet, über welcher der Mond gerade steht, ein wenig leichter ist, als es sonst der Fall ist, wenn sich praktisch nur die Anziehungskraft der Erde allein auswirkt. Unser Gewicht und das aller anderen Dinge und Gegenstände entsteht bekanntlich durch die Anziehung, welche die gesamte Masse der Erde entfaltet, und die in der Richtung auf den Mittelpunkt der Erde als den gemeinsamen Schwerpunkt der gesamten Erdmaterie gerichtet ist. Wenn der Mond über unseren Köpfen steht, zieht dessen Anziehungskraft aber nun in der entgegengesetzten Richtung. Zwar ist die lunare Gravitation, wie heute jeder weiß, weil er die Auswirkungen dieses Faktums an den seltsam unirdischen Bewegungen der Astronauten auf dem Bildschirm selbst hat beobachten können, sehr viel geringer als die der Erde (sie beträgt nur rund den sechsten Teil). Es kommt hinzu, daß diese relativ geringe Anziehungskraft uns nur über die zwischen Mond und Erde gelegene Entfernung von 380000 Kilometern hinweg erreichen kann, was deshalb eine große Rolle spielt, weil die Anziehungskraft mit zunehmender Entfernung sehr rasch abnimmt, mit dem »Quadrat der Entfernung«, wie der Wissenschaftler sagt. Das heißt, daß die Anziehungskraft, die ein Himmelskörper ausübt, bei einer Verdoppelung seiner Entfernung nicht etwa, wie man glauben könnte, auf die Hälfte, sondern gleich auf ein Viertel zurückgeht.
Die Verringerung unseres Gewichts und die des Gewichts aller Gegenstände durch den über unseren Köpfen stehenden Mond ist daher so wenig ausgeprägt, daß wir davon nichts merken, daß wir weder davon etwas spüren, daß unser Körpergewicht herabgesetzt ist, noch davon, daß die Gegenstände unserer Umgebung leichter geworden sind. Trotzdem ist diese Wirkung des Mondes vorhanden, und sie ist groß genug, um gewaltige Veränderungen auf der Oberfläche der Erde auszulösen. Die größte und bekannteste wird durch die beiden Flutberge unserer Ozeane gebildet.

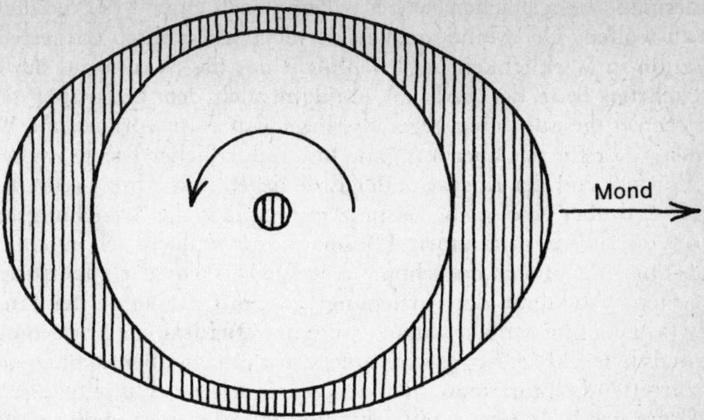

Man glaubt immer, daß die Wellenberge von Ebbe und Flut um die Erde herumlaufen, weil jeder von uns die Erde als stillstehend erlebt. In Wirklichkeit werden die Flutberge von der Anziehungskraft des Mondes festgehalten, und die Erde muß sich unter ihnen hinwegdrehen. Das aber kostet Kraft: die Umdrehung der Erde wird durch diesen Gezeiteneinfluß des Mondes ständig verlangsamt und im Verlaufe zukünftiger Jahrmillionen schließlich bis zum Stillstand abgebremst werden.

Die Skizze der Abbildung oben gibt die Situation schematisch wieder. Zur Vereinfachung sind die Kontinente nicht mit eingezeichnet. Wie man sieht, werden durch den Mond tatsächlich *zwei* Flutberge verursacht, eine Tatsache, deren Verständnis den meisten Menschen Schwierigkeiten bereitet. Der eine dieser beiden Wasserberge weist in Richtung auf den Mond. Seine Entstehung ist ganz unproblematisch und ergibt sich aus der Anschauung der Situation unmittelbar. Daß aber auf der dem Mond entgegengesetzten Seite der Erde ebenfalls ein solcher Flutberg existiert, ist zwar vielen Menschen bekannt, doch nur den wenigsten verständlich. Bekannt ist diese Tatsache insofern allgemein, als wir alle wissen, daß der Wechsel zwischen Ebbe und Flut in einem Sechs-Stunden-Rhythmus abläuft. Das aber ist, wie ein Blick auf unsere Skizze zeigt, tatsächlich nur dann möglich, wenn es zwei Flutberge gibt. Gäbe es nur einen, dann könnte jeder Punkt der Erdoberfläche in 24 Stunden nur einmal eine Flutwelle erleben.

Es gibt diesen »paradoxen« Berg also. Wie ist seine Entstehung zu erklären? Für einen Physiker ist sie sehr einfach einzusehen, aber eine verständliche Erklärung ohne Hilfe mathematischer Formeln ist nicht ganz leicht. Etwas vereinfacht kann man sich die Sachlage aber folgendermaßen klarmachen, wobei wir uns noch einmal der Skizze bedienen wollen: Der Mond zieht in der dort schematisch dargestellten Situation in Wirklichkeit natürlich nicht nur das Wasser auf der ihm zugekehrten Seite der Erde an, sondern auch den Erdkörper selbst und ebenso die auf deren gegenüberliegenden Seite vorhandene Wassermenge. Er tut das aber mit ganz unterschiedlicher Kraft. Zwischen der Vorder- und der Rückseite der Erde liegen immerhin 12000 Kilometer, und über eine solche Distanz hinweg läßt die Anziehungskraft eines von außen wirkenden Himmelskörpers doch schon spürbar nach. Hier macht sich die schon erwähnte Tatsache der »überproportionierten« Abnahme der Anziehungskraft mit Zunahme der Entfernung (»Abnahme der Massenanziehung im Quadrat der Entfernung«) abermals bemerkbar. Etwas vereinfacht, wie gesagt, aber sachlich absolut zutreffend, kann man sich den »paradoxen« Flutberg auf der Rückseite der Erde also damit erklären, daß man sagt, daß das Wasser auf der mondnahen Erdseite stärker angezogen wird als die Erde und das Wasser auf der Rückseite schwächer als die Erde selbst. Aus diesem Grund fließt das Wasser auf der Vorderseite also gleichsam »von der Erde weg« auf den Mond zu, während das Wasser auf der Rückseite gegenüber dem Erdkörper etwas zurückbleibt.

Noch einen zweiten Punkt gibt es, in dem wir uns hinsichtlich des Wechsels von Ebbe und Flut fast immer eine falsche Vorstellung machen, und dieser führt uns direkt auf den Kern der Sache, um die es hier letztlich geht. Wir alle nämlich erleben die Erde aus der Perspektive der Alltagsgewohnheit als den festen, ruhenden Pol, den konstant bleibenden Bezugspunkt aller unserer Aktivitäten. Daran hat auch die Entdeckung des Kopernikus nichts geändert. Noch immer geht auch für uns die Sonne auf oder unter, und wie zu den Zeiten des Ptolemäus und seiner Vorgänger sprechen wir davon, daß Mond und Sterne von Osten nach Westen über unseren Himmel ziehen, obwohl wir längst wissen, daß jene in Wirklichkeit ruhen, und daß es die Erde ist, die sich unter ihnen in west-östlicher Richtung hinwegdreht. Aber dem zwingenden Eindruck des unmittelbaren Augenscheins kann sich so leicht eben niemand entziehen. Und so treiben wir denn so etwas wie eine doppelte Buchführung, je nachdem, ob wir bei unseren alltäglichen Geschäften die Welt einfach so hinnehmen, wie sie sich unserem Erleben darbietet, oder ob wir sie »wissenschaftlich« betrachten, was heißen soll, daß wir versuchen, uns Rechenschaft darüber abzulegen, wie diese Welt »wirklich« beschaffen ist, also ohne Rücksicht auf unseren eigenen Standpunkt und dessen zufällige Perspektive.
Daß zwischen diesen beiden Aspekten ein solcher Unterschied besteht, ist letzten Endes eine Folge der Bedingungen, unter denen unsere Spe-

zies während der Entwicklung des Lebens auf der Erde entstanden ist. Die Eigenschaften nämlich, über die wir als Menschen heute verfügen, sind von den biologischen Mechanismen der Evolution allein unter dem einen Gesichtspunkt herausgezüchtet worden, ob sie unserer Art das Überleben unter den natürlichen Umweltbedingungen erleichtern oder nicht. Unser Gehirn ist von der Natur ursprünglich keineswegs als ein Organ entwickelt worden, das die Funktion erfüllen sollte, uns das Erkennen der Welt zu ermöglichen, so wie sie objektiv ist. Auch dieses Organ ist vielmehr wie alle anderen von der Natur als Hilfe zum Überleben entwickelt worden. Es ist daher nicht erstaunlich, daß wir uns bis heute trotz allen Wissens um die Unbeweglichkeit der Fixsternsphäre dem zwingenden Eindruck eines sich über unseren Köpfen bewegenden Himmels nicht entziehen können.
Viel rätselhafter ist es in Wirklichkeit, daß wir trotz der rein pragmatischen Funktionsziele, die über die Entwicklung des menschlichen Gehirns entschieden haben, heute fähig sind, Sachverhalte und Tatsachen zu beobachten und zu untersuchen, die, wie etwa die Gesetze der Planeten-Bahnen oder die zwischen Erde und Mond wirkenden Gezeitenkräfte, mit unseren Überlebenschancen unmittelbar nicht das Geringste zu tun haben. Wer diesen Gedankengang konsequent weiter verfolgt, der versteht plötzlich, woher es kommt, daß weite Bereiche des Naturgeschehens – etwa die Vorgänge im subatomaren Bereich – für unsere Anschauung gar nicht faßbar, daß sie für uns »unanschaulich« sind. Es ist in der Tat erstaunlich genug, daß wir in der Lage sind, in solche Bereiche der Natur, die uns als biologische Organismen gewissermaßen gar nichts »angehen«, überhaupt eindringen zu können – wenn auch nur indirekt auf den Krücken abstrakter Formeln und logischer Symbole, mit denen wir umgehen und rechnen können, die für unsere Anschauung aber leer bleiben.
Aus diesem Grund erliegen wir auch immer dem Eindruck, daß die Welle des Flutberges über die von uns als ruhend vorgestellte Erde hinwegwandert, einmal in 24 Stunden rund um den ganzen Globus. In Wirklichkeit bleiben aber die beiden Flutberge, von denen bereits die Rede war, in ihrer Ausrichtung auf den Mond fest fixiert stehen, und die Erde ist es, die sich unter ihnen hinwegdrehen muß. Das aber kostet Arbeit, im physikalischen Sinn des Wortes. Wenn man sich dieses Bild der Erde vor Augen hält, die gezwungen ist, sich im Raum schwebend unter den von ihrem eigenen Mond aufrechterhaltenen Wasserbergen um sich selbst zu drehen, dann geht einem sofort auf, wie irrig die für so selbstverständlich gehaltene Auffassung ist, daß die Drehung der Erde um sich selbst, da sie im leeren Weltraum vor sich geht, reibungslos und ohne jeden Widerstand erfolgen könne. Natürlich darf man hier auch nicht in den Fehler verfallen, nun anzu-

nehmen, daß das Wasser als Ganzes von der Anziehungskraft des Mondes festgehalten werde und stillstehe. Wäre das wirklich der Fall, dann wäre die Erde schon längst zum Stillstand gekommen. Genauer: dann würde sie sich im Monat nur noch ein einziges Mal um sich selbst drehen, dem Mond also, mit anderen Worten, stets die gleiche Seite zuwenden. Der Tag wäre dann so lang wie ein ganzer Monat, und die Sonne würde über einem bestimmten Punkt der Erdoberfläche nur noch zwölfmal im ganzen Jahre auf- und wieder untergehen.

Diese Situation wird tatsächlich eines sehr langen Tages als Folge der Bremswirkung des Mondes durch die Gezeiten-Reibung erreicht werden, daran ist kein Zweifel möglich. Dieser Endzustand des Prozesses wird aber erst in einer sehr fernen Zukunft, zwei, vielleicht auch erst drei Milliarden Jahre nach unserer Gegenwart, erreicht sein, denn ganz so strapaziös wird die Drehung für die Erde durch den Einfluß des Mondes nun doch wieder nicht gemacht. Die innere Reibung des Wassers ist viel zu groß, als daß nicht auch die Ozeane die Umlaufbewegung der Erdoberfläche längst ohne alle Verzögerung mitmachten. Es sind also immer wieder andere Wassermoleküle, die den in seiner Richtung starr fixierten Flutberg bilden, so, wie auch eine über die Oberfläche des offenen Meeres hinweglaufende Sturmwelle in Wirklichkeit nicht etwa Wasser mit sich führt und gleichsam transportiert, sondern jedes einzelne Wassermolekül nur in eine kreisende Auf- und Abbewegung versetzt. Daß diese Bewegungen von den jeweils benachbarten Wassermolekülen mit einer kleinen zeitlichen Verzögerung ausgeführt werden, das läßt dann eine sichtbare, über die Wasseroberfläche laufende Welle entstehen, die also nicht der Ausdruck einer Verlagerung von Materie ist, sondern nur der der zeitlichen Verlagerung des Taktes einer senkrechten Bewegung an Ort und Stelle.

So schwer hat es unsere Erde bei ihrer Drehung um ihre eigene Achse also nicht, wie es wäre, wenn die Wassermassen auf ihrer Oberfläche vom Mond festgehalten würden und die Rotationsbewegung nicht mitmachten. Davon kann keine Rede sein. Trotzdem ist die Pirouette, die die Erde im Raum aufführt, infolge der Einwirkung des Mondes doch recht strapaziös. Denn auch dann, wenn die Erde das Wasser auf ihrer Oberfläche bei ihrer Rotation mitnimmt, stößt dennoch jedesmal, wenn sich bei dieser Drehung einer der Kontinente einem der beiden Flutberge nähert, dessen Küste gegen diesen vom Mond festgehaltenen Wasserberg. Von der Erde, von einem Punkt der Küste aus betrachtet, sieht es wieder umgekehrt aus. Der Beobachter gewinnt den Eindruck, daß es die Flutwelle ist, die sich auf die Küste zubewegt und gegen diese anbrandet. Für die Entstehung und Berechnung der bei dem Zusammenprall zwischen Wasser und kontinentaler Küste entstehenden Kräfte ist es tatsächlich auch gänzlich belanglos, welches der beiden aufeinandertreffenden Medien man sich bewegt und welches man sich ruhend vorstellt. Das Resultat ist in beiden Fällen das gleiche – so wie es hinsichtlich der fatalen Konsequenzen auch exakt auf das gleiche hinausläuft, ob man nun mit seinem Auto mit einer Geschwindigkeit von sechzig Stundenkilometern gegen einen parkenden Wagen prallt, oder ob man selbst stillsteht und von einem anderen Wagen mit der gleichen Geschwindigkeit gerammt wird.

Wir wollen uns hier, im Sinne einer »wissenschaftlichen Betrachtungsweise« der Situation, mit einem letzten Blick auf das Schema auf Seite 163 aber klarmachen, daß es bei den Gezeiten tatsächlich die Erde mit ihren Kontinenten ist, die bei ihrer Drehung um sich selbst wieder und wieder mit den Erhebungen ihrer Küsten (die wir auf dem Schema der besseren Übersichtlichkeit halber nicht mit eingezeichnet haben) gegen die beiden vom Mond erzeugten Wasser- oder Flutberge anzugehen hat. Daß das Arbeit kostet, sieht man auf den ersten Blick. Arbeit: das heißt hier, daß der der Erde innewohnende Drehimpuls langsam verbraucht wird. Was bei der Eisläuferin die Reibung der Schlittschuhe auf dem Eis und der Luftwiderstand besorgen, das besorgt bei der Erde die Reibung der unebenen Erdoberfläche an den Flutbergen der Ozeane, die »Gezeiten-Reibung«.

Ihren Drehimpuls hat die Erde bei ihrer Entstehung vor vier oder fünf Milliarden Jahren mitbekommen – als ein einmalig erworbenes Vermögen, das sie nur ausgeben, von dem sie aber bis zum Ende ihrer Geschichte keinen noch so kleinen Bruchteil jemals wieder zurückbekommen kann. Daß die Erde sich wie die meisten – nicht alle – Planeten relativ rasch um sich selbst dreht, muß mit der von uns noch immer nicht ganz verstandenen Geschichte ihrer Entstehung zusammenhängen. Zu erklären ist es nur durch die Annahme, daß auch die Erde aus einer sehr großen Zahl sehr kleiner Materieteilchen entstanden ist, die wolkenartig einen sehr weiten Raum erfüllten, bis sie unter dem Einfluß ihrer gegenseitigen Massenanziehung begannen, sich in der Richtung auf ihren gemeinsamen Schwerpunkt in Bewegung zu setzen, was eine fortlaufende Kontraktion der Materiewolke einleitete. Die Erde ist demnach aller Wahrscheinlichkeit nach als das Ergebnis des Ablaufs der gleichen Prozesse entstanden wie die Sonne und wie wohl alle anderen Himmelskörper auch. Umstritten ist aber heute noch die Frage, ob auch die Erde aus einer Gaswolke hervorgegangen ist (eine Annahme, gegen die der hohe Anteil an Schwermetallen spricht, durch den sich die Zusammensetzung der Erde so grundsätzlich – und schwer erklärbar – von der der Sonne unterscheidet) oder aus einer Wolke, die aus fein verteiltem Staub bestand, in der die verschiedenen Elemente, aus denen sich die Erde heute zusammensetzt, schon in den entsprechenden Anteilen vorhanden waren.

Woraus auch immer diese Wolke aber bestanden haben mag, die einst den kosmischen Keim unserer Erde gebildet hat, schon bei der Sonne haben wir den Ablauf der Kontraktion eines solchen Gebildes genauer betrachtet und dabei insbesondere gesehen, daß es dabei früher oder später unweigerlich zu einer Karussellbewegung kommen muß: dazu, daß sich das ganze Gebilde im Kreis zu drehen beginnt. Auch dabei spielt der Pirouetten-Effekt, den wir inzwischen kennengelernt haben, bereits eine wichtige Rolle. Denn die anfangs mit großer Langsamkeit einsetzende Drehbewegung nimmt während des weiteren Zusammenziehens in dem Ausmaß zu, in dem das ganze Gebilde seinen Durchmesser verkleinert. Die ganze Zeit über, in der sich die Wolke, aus der die Erde hervorging, bis zu einem allmählich in Rotglut geratenden Ball zusammenzog, wurde ihre Umdrehung immer schneller. Diese Beschleunigung fand erst ein Ende, als die Kontraktion abgeschlossen war, als die glühende Ur-Erde – deren Temperaturen freilich, wieder im Gegensatz zur Sonne, ihrer geringen Masse wegen niemals auch nur annähernd groß genug waren, um atomare Prozesse in ihrem Inneren in Gang kommen zu lassen – ihre endgültige Größe angenommen hatte. Damit hatte die Erde ihre größte Rotationsgeschwindigkeit erreicht, ihre Umdrehung ist von da ab nur immer langsamer geworden.
Jetzt gab es keine Quelle mehr, aus der die Rotation der Erde eine weitere Beschleunigung hätte erfahren können. Die Geschwindigkeit einer Pirouette läßt sich nur bis zu dem Punkt steigern, an dem der Durchmesser des Objekts, das die Kreiselbewegung ausführt, den kleinsten möglichen Wert erreicht hat. Mit dem »Schwung«, den die Erde seinerzeit in dieser ersten Phase ihrer Geschichte erworben hatte, mußte sie von da ab für alle Zukunft auskommen. Jedes Quentchen, das sie davon abgab, ging endgültig und unwiderruflich verloren. Aus diesem Grund spielt die Gezeiten-Reibung, so gering sie tatsächlich auch sein mag, ihrer Stetigkeit wegen in der Geschichte der Erde trotzdem eine ganz entscheidende Rolle.
Es mag überraschend klingen, daß die Gezeiten-Reibung hier als relativ geringe Kraft apostrophiert wird. Denn bei der Schilderung ihres Zustandekommens nahmen sich die ursächlich beteiligten Vorgänge – der ständig sich wiederholende Zusammenprall der beiden Flutberge mit den Rändern der irdischen Kontinente – recht gewaltig aus. Trotzdem muß man angesichts der hier waltenden Größen- und Massenverhältnisse den Einfluß der Gezeiten auf die Erdumdrehung als schwache Kraft ansehen, denn im Verhältnis zu den Weltmeeren, aus denen sich die Flutberge bilden, ist die Masse der Erde geradezu riesig. In Zahlen ausgedrückt liegt das Verhältnis in der Größenordnung von eins zu vier Millionen. Anschaulicher kann das wieder unser altes Gedankenexperiment machen: Wenn man sich die Erde als eine glattpolierte

Billardkugel vorstellt, dann übertrifft die Dicke des Beschlages, der sich auf dieser Kugel bildet, wenn wir sie anhauchen, in dem durch dieses Modell repräsentierten Maßstab die Tiefe der Ozeane bereits beträchtlich. (Um maßstabgerecht zu sein, dürfte der Beschlag durchschnittlich nur eine Dicke von sechs hundertstel Millimetern haben.)
Ein Flutberg, der sich aus einem relativ so hauchdünnen Beschlag erhebt, kann keine allzu starke Bremswirkung entfalten. Aber die Wirkung existiert. Und wenn sie noch so klein ist, sie existierte von dem Augenblick ab, in dem die Erde einen Mond hatte, der den Mechanismus der Gezeiten in Gang setzte. Die Bremsung durch den Mond macht, wie man inzwischen herausgefunden hat, im Jahrhundert nur etwas mehr als eine tausendstel Sekunde pro Tag aus (genau: 0,00164 Sekunden). Nur um diesen winzigen Betrag also werden die Tage im Verlauf von hundert Jahren allmählich länger. Das ist für uns ein unspürbar kleiner Betrag. Aber in den Dimensionen geologischer Epochen spielt das eine Rolle, denn der Effekt sammelt sich durch alle Zeiten und bis in alle Zukunft unwiderruflich immer mehr an.

Als vor zweihundert Millionen Jahren die Saurier die Erde beherrschten, hatte das Jahr noch 385 Tage und nicht nur 365 wie heute. Denn unverändert bleibt natürlich die Geschwindigkeit, mit der die Erde um die Sonne läuft, und damit die Dauer des Jahres. Wenn die Erde sich in einer bestimmten Epoche also schneller oder langsamer um sich selbst dreht und die Tage deshalb kürzer oder länger sind, dann drückt sich das im Kalender folglich in der Weise aus, daß mehr oder weniger von solchen Tagen in den Zeitraum eines Jahres hineinpassen. Wenn das Jahr der Saurier noch 385 Tage hatte, dann heißt das, daß jeder dieser Tage damals nur 23 unserer heutigen Stunden währte, und nicht 24. Denn ein Jahr hat heute ebenso wie vor zweihundert Millionen Jahren 8760 Stunden. Teilt man diese Zahl durch 365, also durch die Zahl der Tage, die das Jahr heute hat, so kommt 24 heraus, teilt man sie aber durch 385, dann sind es nur noch 23 Stunden.
Je weiter man in der Erdgeschichte zurückgeht, um so rascher war die Erdumdrehung und um so kürzer waren folglich auch die Tage, denn um so kürzer war die Zeit, während derer die Gezeiten-Reibung die Erdrotation schon hatte abbremsen können. Als die ersten Pflanzen das Wasser zu verlassen und an den Küstenstrichen des Festlandes Fuß zu fassen begannen, also vor rund vierhundert Millionen Jahren, muß das Jahr noch 405 Tage gehabt haben, von denen jeder nur 21,5 unserer Stunden lang war. Und als sich im Kambrium, noch vor dem Auftreten der ersten Wirbeltiere, bei den in allen Ur-Meeren schon reich entfalteten wirbellosen Lebensformen als neue »Erfindung« in einigen Fällen erstmals äußere Schutzskelette ausbildeten, rund sechshundert Mil-

lionen Jahre vor unserer Zeit, da kann ein Tag erst zwanzig Stunden lang gewesen sein, und nicht weniger als 425 dieser kurzen Tage müssen damals in den Ablauf eines Jahres hineingepaßt haben.

Daß das alles mehr ist als bloße Theorie, mehr als nur logisch und zwangsläufig sich ergebende Folgerung aus dem heute festzustellenden Zustand unserer Welt, hat der amerikanische Wissenschaftler J. Wells kürzlich nachweisen können. Ein ganz brillanter Einfall gab ihm die Möglichkeit, die Zahl der Tage eines Jahres aus dem Devon direkt und buchstäblich nachzuzählen. Er nahm dazu versteinerte, oder, wie der Wissenschaftler sagt, »fossilierte« Korallen, die, wie sich durch verschiedene Methoden der Altersbestimmung einwandfrei feststellen ließ, rund 370 Millionen Jahre alt waren. Man weiß von den heute lebenden Korallen her, daß diese Organismen ihren steinharten Panzer im Rhythmus der Jahreszeiten ausbilden, so daß auf dessen Oberfläche regelrechte Jahresringe zu erkennen sind wie auf der Schnittfläche eines Baumstamms (vgl. Abb. 17 a, b und c, S. 171). Der amerikanische Wissenschaftler untersuchte seine fossilierten Korallen nun einmal noch genauer. Was zu finden er gehofft hatte, war tatsächlich vorhanden: Bei starker Vergrößerung ließen sich innerhalb der gut voneinander abgrenzenden Jahresringe sogar noch Tagesringe erkennen – die feinen Linien, die vor 370 Millionen Jahren dadurch entstanden waren, daß die Korallen damals ihre Kalkproduktion jeweils nachts, bei nachlassender Temperatur und abnehmender Helligkeit, eingestellt hatten. Und als der Amerikaner nun daran ging, diese Tagesringe auszuzählen, da fand er, daß es in jedem Jahresring genau 395 von ihnen gab, also praktisch die Zahl von Tagen pro Jahr, die sich für die Epoche, in der die Tiere gelebt hatten, aus der oben geschilderten Rückrechnung auf Grund des Verzögerungseffekts ergibt, den die Gezeiten-Reibung auf die Tageslänge ausübt.

17 c Die stärkere Vergrößerung zeigt diese Schichten des fossilierten Korallenpanzers noch deutlicher und läßt innerhalb der – durch die gröberen Einschnürungen begrenzten – »Jahresringe« sogar noch eine feinere Aufgliederung erkennbar werden. Tatsächlich sind hier mit dem Mikroskop auch noch »Tagesringe« zu entdecken. Deren Auszählung ergab kürzlich ein sensationelles Resultat: Als diese Koralle noch lebte, vor rund 370 Millionen Jahren, da muß das Jahr noch 395 Tage gehabt haben, und nicht nur 365, wie heute. Damit dokumentiert diese versteinerte Koralle die Tatsache einer allmählichen Verlangsamung der Erdumdrehung (Einzelheiten im Text), die durch den Einfluß des Mondes hervorgerufen wird. Auch dieser Einfluß hat sich neuerdings als bedeutungsvoll für die Beständigkeit unserer alltäglich gewohnten Umwelt, für die »Bewohnbarkeit« unserer Erde, erwiesen (unten rechts).

17a Eine Koralle scheidet an ihrem Fußende immer neue Schichten von Kalk ab (kegelförmiger dunklerer Unterteil der Skizze), auf denen sie wie auf einem Sokkel festsitzt. Diese Kalkproduktion erfolgt aber nicht mit absoluter Stetigkeit, sondern im Rhythmus der Jahreszeiten (rechts).

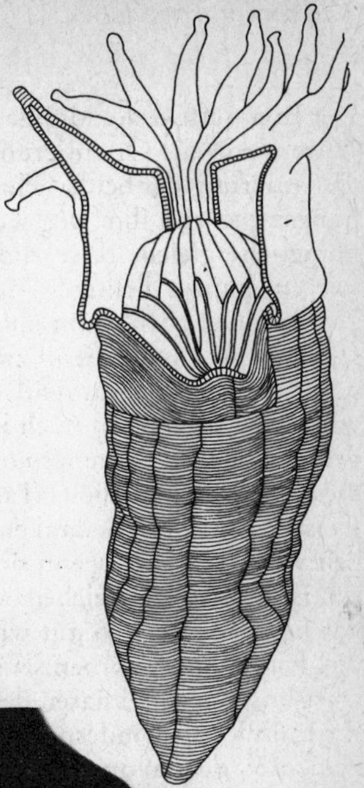

17b Auf dieser Aufnahme eines Korallenpanzers aus dem Devon sind die durch den jahreszeitlichen Rhythmus der Kalkabscheidung entstandenen Schichten deutlich zu erkennen (unten).

Der Bremseffekt des Mondes wird in ferner Zukunft unweigerlich dazu führen, daß die Orientierung der Erde im Raum gekoppelt ist mit der Orientierung der beiden Flutberge, die unverwandt zum Monde beziehungsweise von ihm weg weisen. Die Erde wird dem Mond dann also immer die gleiche Seite zudrehen. Jeder Tag wird dann so lang sein, wie ein ganzer heutiger Monat, und das ganze Jahr wird nur noch zwölf Tage haben, während derer immer zwei Wochen lang die Sonne scheint und anschließend zwei Wochen lang Nacht herrscht. Die Sonnenschein-Dauer während dieser abnorm langen Tage und Nächte wird aber auch dann noch im Rhythmus der Jahreszeiten schwanken, denn diese wird es immer noch geben, und gerade dieser Umstand wird die extreme Länge dieser Tage tödlich werden lassen.
Es ist müßig, sich Gedanken darüber zu machen, was aus der Menschheit werden würde, wenn sie diese späte Phase in der Geschichte unserer Erde noch miterleben würde. Aus verschiedenen Gründen ist es aus heutiger Sicht so gut wie sicher, daß unser Geschlecht schon sehr viel früher ausgestorben sein wird. Die Geschichte der belebten Natur lehrt uns, daß die Phasen des Wachsens, Reifens und Alterns nicht nur für Individuen, sondern für ganze Arten gelten, und wir kennen bisher keine Art, die davon ausgenommen wäre. Die einzige Ausnahme könnten vielleicht die einzelligen Organismen sein, Bakterien, Algen und Protozoen zum Beispiel, aber das sind Fälle, die uns in diesem Zusammenhang nicht interessieren. Trotzdem wollen wir einen kurzen Blick auf die Folgen werfen, die eine so spürbare Verlängerung des Tages für unser Ergehen haben würde. Denn wenn es sich dabei aus den angegebenen Gründen ganz sicher auch nicht um die Schilderung des zukünftigen Schicksals der Menschheit handelt – die es dann längst aus anderen Gründen nicht mehr geben wird –, so ist eine solche Betrachtung trotzdem interessant und lohnend, weil sie uns die Augen dafür öffnen kann, auf welche Weise und in welchem Maß das Tempo, mit dem die Erde sich dreht, unser Ergehen beeinflußt.
Was ein Tag bedeuten würde, bei dem die Sonne zwei Wochen lang ununterbrochen am Himmel stünde, kann man leicht ermessen, wenn man sich daran erinnert, wie erleichtert man nach einem besonders heißen Sommertag gelegentlich schon die abendliche Abkühlung begrüßt hat. Das aber war dann ein Tag, an dem die Sonne höchstens sechzehn Stunden lang zu sehen war. Kein Zweifel, ein vierzehntägiger Sonnenschein während des Sommers würde auf der Tagseite der Erde Temperaturen entstehen lassen, die ohne aufwendige technische Schutzvorrichtungen, wie überdimensionierte Klimaanlagen oder

Schutzanzüge, niemand von uns mehr würde überstehen können. Tier- und Pflanzenwelt würden in dieser Zeit dezimiert, ungezählte Arten völlig ausgerottet werden, was schwerwiegende Folgen für das biologische Gleichgewicht hätte. Das umgekehrte Extrem würde sich im Winter auf der Nachtseite der Erde einstellen, die zwei Wochen lang kein Sonnenstrahl erreichte. Hier würden sich arktische Verhältnisse ausbilden.

Auf dem Mond erreichen bei diesem Rhythmus von Hell- und Dunkelperioden die Temperaturen 120 Grad Wärme während des Mondtages und 130 Grad Kälte in der Mondnacht. Diese Temperaturextreme würden zwar auf der Erde sicher nicht ganz eintreten, weil die irdische Atmosphäre die Sonneneinstrahlung abdämpfen würde, jedenfalls im Verhältnis zu den atmosphärelosen Bedingungen auf dem Mond, und weil die Atmosphäre auf der Nachtseite außerdem eine gewisse Wärmemenge speichern und die Abstrahlung der in der Erdkruste enthaltenen Wärme verlangsamen könnte. Trotzdem wäre die Situation höchst ungemütlich und für unsere Begriffe ziemlich trostlos. Schließlich wäre auch der die Temperaturextreme dämpfende Effekt der Atmosphäre von einer sehr unangenehmen meteorologischen Nebenwirkung begleitet. Unter den geschilderten Bedingungen würden sich auf der Erde nämlich heftige Strömungsbewegungen in der Atmosphäre bemerkbar machen, da infolge der Temperaturgegensätze ständig Luft aus den überhitzten Tages-Regionen in die nächtlichen Kalt-Gebiete abflösse. Das würde zwar ebenfalls dazu führen, daß die Temperaturgegensätze sich etwas verringerten – auf der anderen Seite bedeutete es aber, daß die Erde ständig von schweren, orkanartigen Stürmen heimgesucht würde.

Längst aber, bevor es soweit wäre, schon in einer sehr viel näheren Zukunft, bei Tageslängen von nur 30 oder 36 unserer heutigen Stunden, welche die Umwelt sonst noch nicht spürbar verändern würden, wäre unser persönliches Wohlbefinden schon sehr erheblich beeinträchtigt. Es würde sich dann nämlich längst ein Zusammenhang bemerkbar machen, von dem wir alle deshalb nichts wissen und merken, obwohl er alle unsere Körperfunktionen steuert und beeinflußt, weil wir selbst viel zu tief in ihn verstrickt sind, um ihn ohne den distanzierenden, objektivierenden Ansatz der wissenschaftlichen Fragestellung überhaupt in den Blick bekommen zu können. Aber auch die Wissenschaft ist auf diesen Zusammenhang erst in den letzten beiden Jahrzehnten aufmerksam geworden und beginnt gerade erst, in dieses neue Gebiet einzudringen.

Es handelt sich dabei um das Phänomen der »biologischen Uhr«. Gemeint ist damit die vor relativ kurzer Zeit noch völlig unbekannte Tatsache, daß der Wechsel von Schlafen und Wachen, von Aktivität und Ruhe nicht etwa eine *Folge* des Wechsels von Tag und Nacht ist. Man könnte glauben, und man hat bis vor wenigen Jahren auch in der Wissenschaft tatsächlich geglaubt, daß Menschen und Tiere deshalb nach einiger Zeit der Aktivität müde werden und sich zur Ruhe begeben, weil es dunkel wird. Genauere Untersuchungen in abgeschlossenen Räumen mit künstlicher Beleuchtung und wechselndem Rhythmus von Hell- und Dunkelperioden haben aber gezeigt, daß der vierundzwanzigstündige Rhythmus des astronomischen Tages allen lebenden Organismen auf der Erde, auch den Pflanzen, angeboren zu sein scheint.

Pflanzen oder Tiere, die man in fensterlosen Laboratorien bei künstlichem Dauerlicht oder im Dunkeln hält, behalten diesen Rhythmus von Aktivitäts- und Ruhephasen auch unter diesen Bedingungen bei, auch dann, wenn sie ihn nie selbst erlebt haben, weil schon ihre Eltern im gleichen Laboratorium aufgezogen worden sind. Experimente, die in unterirdischen Bunkern mit freiwilligen Versuchspersonen unter völligem Abschluß von der Außenwelt über mehrere Wochen hinweg durchgeführt wurden, haben bewiesen, daß dieser 24-Stunden-Rhythmus auch uns, unabhängig von allen äußeren Bedingungen, angeboren ist.

Diese Tatsache hat eine ganze Reihe biologisch bedeutsamer Konsequenzen. Der angeborene Charakter, die Selbständigkeit und Unabhängigkeit dieser vierundzwanzigstündigen Periodik macht diese zu einer Art »innerer Uhr«, mit welcher offenbar alle lebenden Organismen auf dieser Erde ihr Verhalten unbewußt und instinktiv in äußerst zweckmäßiger Weise an die Veränderungen anpassen, die mit der im gleichen Rhythmus erfolgenden Umdrehung der Erde und dem Ablauf des Jahres einhergehen. Das wenige, was auf diesem gerade erst erschlossenen und noch kaum erforschten Gebiet heute schon bekannt ist, gewährt einen Blick in einen staunenswerten Bereich der Natur, die es hier auf eine geradezu verblüffende Art und Weise verstanden hat, ihre Geschöpfe auf die Bewältigung der in ihrer Umgebung periodisch auftretenden Veränderungen vorzubereiten.

Eines der in letzter Zeit am besten untersuchten Beispiele ist die Auslösung der Blütenbildung im Zyklus der Jahreszeiten. Wenn im Frühjahr die ersten Blumen zu blühen beginnen, begnügen wir uns, wenn wir über das Phänomen überhaupt je nachdenken, meist mit der Erklärung, daß es die in dieser Jahreszeit allmählich ansteigende Temperatur ist, die den Vorgang auslöst. Wie die Erfahrungen zeigen, die wir in dieser Hinsicht bei ungewöhnlich kaltem oder, umgekehrt, bei besonders früh einsetzendem Frühjahrswetter machen können, spielt die Temperatur tatsächlich auch eine wichtige Rolle. Aber alle Frühjahrsblumen blühen schließlich doch, wenn auch verspätet, auch

in jenen tristen Ausnahmejahren, in denen es, wie man so sagt, »überhaupt nicht Sommer werden will«, in denen die Temperatur also bis in den Mai oder Juni hinein niedrig bleibt. Wie wiederum Experimente unter künstlicher Beleuchtung in den letzten Jahren gezeigt haben, kommt das daher, weil der zweite entscheidende Auslöser für die Blütenbildung die Dauer der Tageshelligkeit ist. Erst dann, wenn diese einen bestimmten Wert überschreitet, wird in der Pflanze gewissermaßen eine »Sicherung« ausgeschaltet, welche die Ausbildung der Blüten bis dahin auch bei einer zufällig verfrüht auftretenden Warmwetter-Periode verhindert. Die außerordentliche Zweckmäßigkeit dieser Sicherung, einer solchen doppelten Abhängigkeit von zwei Auslösern – Tagesdauer plus Temperatur –, ist unmittelbar einleuchtend und in der Tat sehr verblüffend. Ein wirksamerer Schutz gegen die Gefahr, durch eine verfrühte Schönwetter-Periode schon zur Unzeit zum Blühen verlockt zu werden, ist kaum denkbar, wenn dieser Schutz auch bekanntlich nicht gegen alle Wechselfälle abnormer Witterungsumschläge ohne Ausnahme helfen kann.
Dieser Zeit-Stop hat für eine Pflanze aber auch noch eine ganz andere, nicht minder lebenswichtige Bedeutung. Die Experimente haben das erstaunliche Resultat ergeben, daß die meisten der untersuchten Pflanzen in der Lage waren, die Dauer der Tageshelligkeit mit einer Genauigkeit zu »messen«, die wenige Minuten betrug. Messen aber heißt vergleichen. Auch eine Pflanze kann die Tagesdauer nur messen, indem sie sie mit einem Standard ausreichender Genauigkeit vergleicht. In irgendeiner Form muß also in allen Pflanzen – und, wie wir gleich hinzufügen können, in allen Lebewesen auf dieser Erde – eine »Uhr« stecken, deren Präzision ganz erstaunlich ist, nämlich »einige Minuten pro Tag«, was einer Ganggenauigkeit gleichkommt, die noch bis vor wenigen Jahrhunderten die aller von Menschenhand gebauten Uhren übertraf.
Wo diese biologische Uhr in den Organismen sitzt, woraus sie besteht und wie sie funktioniert, davon wissen wir bis heute noch so gut wie nichts. Bestimmte Experimente lassen aber die Vermutung zu, daß sie im Zellkern verborgen ist, und daß sie aus ganz bestimmten elementaren chemischen Prozessen »besteht«, sogenannten enzymatischen Reaktionen, die mit großer Regelmäßigkeit ablaufen und daher als Zeitstandard geeignet sind.
Wichtig ist in unserem Zusammenhang, daß der von dieser inneren Uhr gesteuerte Zeit-Stop, der die Bereitschaft zur Blütenbildung auslöst, bei jeder Pflanzenart auf eine etwas andere, für die jeweilige Art ganz spezifische, Länge der Tageshelligkeit eingestellt ist. Die Folge dieses Faktums ist uns allen bekannt. Wir alle wissen, daß es Frühjahrsblumen und Sommerblumen gibt, und wieder andere Blu-

men, die typisch für den Herbst sind. Als man 1922 im Tal der Könige in Ägypten das unberührte Grab des Pharao Tut-ench-amon entdeckte und öffnete, fand man auf der steinernen Schwelle des Eingangs die Reste eines Blumenstraußes. Die Pflanzen waren fast zu Staub zerfallen, jedoch gelang es noch, sie botanisch zu bestimmen. Daher machte die Zusammenstellung des Straußes es möglich, noch nach mehr als drei Jahrtausenden festzustellen, in welchem Monat der Herrscher begraben worden war. Es muß Ende März oder Anfang April gewesen sein.

In der Natur geschieht nichts ohne Grund, wenn wir diesen in den weitaus meisten Fällen auch nicht kennen. Und so hat auch diese präzise Festlegung der Jahreszeit, in der die verschiedenen Pflanzenarten ihre Blüten ausbilden, einen sehr handfesten Grund. Pflanzen sind nämlich, wie alle anderen Lebewesen auch, Konkurrenten, und daher bemühen sie sich nach besten Kräften, einander »aus dem Wege zu gehen«. Pflanzen blühen bekanntlich nicht, um uns mit ihren Blüten zu erfreuen, sondern deshalb, weil sie als festsitzende Lebewesen zu ihrer Befruchtung auf die Mithilfe Dritter angewiesen sind. Die primitivste Methode, welche sie zur Lösung dieses Problems entwikkelt haben, war die einfache Ausstreuung der befruchtenden Pollen durch den Wind. Diese Methode ist nicht nur primitiv, sondern natürlich auch denkbar unrationell. Aufwand und Erfolgschance stehen bei ihr zueinander in einem extrem ungünstigen Verhältnis, denn die Pollen werden vollkommen ziellos in die Gegend geschickt.
Einen ungeheuren Fortschritt bedeutete es daher, als es den Pflanzen gelang, fliegende Insekten für diese Vermittlerrolle »einzuspannen«. Insekten, die von Blüte zu Blüte fliegen, weil sie es gelernt haben, daß sie dort Nahrung finden, und die auf diesem Weg an ihrem Körper haftende Pollen mitschleppen, sind einfach deshalb ideale Vermittler, weil sie diesen unfreiwilligen Transport nicht planlos, sondern gezielt durchführen, immer von einer Blüte zur nächsten, und weil auf diese Weise plötzlich mit nahezu absoluter Sicherheit gewährleistet ist, daß nicht nur ein verschwindend winziger Bruchteil aller Pollen, sondern praktisch jedes Pollenkorn auf einer anderen Blüte landet.
Ein Problem bleibt jedoch auch bei diesem Stand des Verfahrens noch ungelöst. Es gibt nicht nur eine einzige Pflanzenart, sondern unzählig viele. Und tatsächlich zum Erfolg, nämlich zur Befruchtung, führt ein Pollenkorn eben nicht schon dann, wenn es zu irgendeiner beliebigen anderen Blüte gelangt, sondern nur dann, wenn diese Blüte der gleichen Art angehört. So groß der Fortschritt auch war, den der Übergang von der Methode des ziellosen Ausstreuens mit Hilfe des Windes zu der gezielten Verbreitung der Pollen von Blüte zu Blüte

durch die Einschaltung der Insekten auch bedeutete – das Problem der gezielten Verteilung auf artgleiche Blüten war ohne zusätzliche Tricks auch jetzt noch nicht lösbar. Immerhin war der Fortschritt so groß, daß die Pflanzen mit der neuen Methode ihr Auskommen hätten finden können. Aber eine der grundlegenden und staunenswertesten (und geheimnisvollsten) Tendenzen in der belebten Natur zielt auf eine immer größere Vervollkommnung des Bestehenden ab, auch auf Kosten zunehmender Kompliziertheit und eines immer größeren Aufwands. Wäre es nicht so, dann gäbe es uns nicht, dann wären die Warmblüter nie entstanden, dann hätte das Leben das Wasser, das ihm in vieler Hinsicht so sehr viel bequemere Umweltbedingungen lieferte, wahrscheinlich gar nicht erst verlassen. Auch die Saurier waren auf ihre Weise vollendete Geschöpfe. Trotzdem ist die Entwicklung nicht bei ihnen stehen geblieben.

Aus Gründen der einfachen Logik ergibt sich daraus außerdem die Einsicht, daß auch wir Menschen ganz sicher nicht das letzte Wort in der Entwicklung des Lebens auf dieser Erde darstellen, sondern daß diese Entwicklung, freilich in einer für unsere Begriffe unfaßbaren Langsamkeit, auch über uns hinweg weiterlaufen wird – auf ein Ziel hin, das wir nicht kennen.

So sind auch die Pflanzen nicht bei dem Fortschritt stehen geblieben, den der gezielte Pollentransport durch die Fluginsekten für sie bedeutete. In winzig kleinen Schritten entstanden in Jahrmillionen immer raffiniertere Techniken, die nun bei den fortschrittlicheren Pflanzen zusätzlich noch dafür sorgen, daß möglichst viele der von besuchenden Insekten mitgenommenen Pollenkörner zu Blüten der gleichen Art gelangen. Dies ist der eigentliche, biologisch entscheidende Grund dafür, daß sich eine solche Vielzahl der unterschiedlichsten Blüten zu entwickeln begann, unterschiedlich in Farbe, Größe und Gestalt.

Was uns bei naiver Betrachtung wie eine verschwenderische Fülle schmückender und ästhetischer Formen erscheinen will, ist in Wirklichkeit – deshalb aber natürlich um nichts weniger bewundernswert – ein raffiniert entwickeltes System unterscheidender Erkennungssignale. Denn nachdem die Blütenbildung erst einmal eingeleitet war, begannen einzelne Insektenarten, sich auf ganz bestimmte Blüten zu spezialisieren. Die Pflanzen kamen dieser Tendenz ihrerseits dadurch entgegen, daß sie immer buntere, immer auffälligere Blüten hervorbrachten, die den Insekten schon aus größerer Entfernung und mitten aus Ansammlungen von Pflanzen ungezählter anderer Arten auffielen und signalisierten, daß hier eine Blüte von jener Art auf sie wartete, an die sie sich angepaßt hatten. Auf diese Weise sind die Pflanzen heute der idealen Lösung dieses für sie als festsitzende Lebewesen charakteristischen Problems schon recht nahe gekommen, nämlich dem gezielten Austausch von Pollenkörnern zwischen den Blüten von Pflanzen der gleichen Art. Ohne allen Zweifel läuft die Entwicklung auch heute immer noch weiter auf dieses Ziel hin, wenn auch mit einer für uns so unvorstellbaren Langsamkeit, daß wir durch Jahrmillionen voneinander getrennte Abschnitte des Entwicklungsverlaufes miteinander vergleichen müssen, um eine Veränderung bemerken zu können.

Dies ist aber nicht der einzige Weg, den die Natur beschritten hat, um das Ziel zu erreichen. Die Spezialisierung von Insekten auf eine einzige oder doch nur wenige Pflanzenarten ist offenbar nicht mit der Zuverlässigkeit möglich, die allein es lohnend erscheinen lassen könnte, nur auf diese eine Trumpfkarte zu setzen. Die Pflanzen verschiedener Arten sind deshalb gleichzeitig auch noch dazu übergegangen, zu möglichst verschiedenen Zeiten zu blühen. Natürlich blühen noch immer sehr viele verschiedene Blumen zur gleichen Zeit. Dennoch ist die Tendenz unverkennbar, den gesamten vom Frühling bis zum Herbst zur Verfügung stehenden Zeitraum möglichst gleichmäßig auszunutzen – wobei jede einzelne Art gewissermaßen das Ziel verfolgt, für sich selbst in dieser Zeitspanne eine »Lücke« zu finden, einen Zeitpunkt, zu dem die Konkurrenz ähnlicher Arten möglichst gering ist. Konkurrenten gehen sich eben nach Möglichkeit aus dem Weg. Da die Pflanzen das, festgewachsen wie sie sind, nicht räumlich tun können, weichen sie sich in der für ihre Vermehrung entscheidenden Wachstumsphase nach Möglichkeit eben zeitlich aus. Die Einhaltung dieses in einer Jahrmillionen währenden Entwicklung exakt aufeinander abgestimmten Zeitplans wird ihnen durch die Einrichtung der inneren Uhr ermöglicht, die sie in die Lage versetzt, den für sie gleichsam reservierten Abschnitt zwischen Frühjahr und Herbst an der für diesen Termin charakteristischen Dauer der Tageshelligkeit mit einer Zuverlässigkeit zu erkennen, die staunenswert ist.

Das ist nur ein einziges Beispiel für die fundamentale Bedeutung, welche die durch astronomische Abläufe erzeugten Zeitintervalle für die belebte Natur haben. In diesem Fall erweist sich die durch die Erddrehung verursachte und im Rhythmus der Jahreszeiten um konstante Beträge schwankende Hell-Dunkel-Periodik unserer Umwelt als die Grundlage einer zeitlichen Ordnung biologischer Abläufe. Wir stoßen hier auf die Tatsache einer zeitlichen Strukturiertheit der belebten Natur, deren Bedeutung der Wissenschaft erst seit einigen Jahren klar zu werden beginnt.

Nicht nur räumlich, nicht nur in ihrer Größe, Zeichnung, Färbung und Gestalt sind die lebenden Organismen dieser Erde festgelegt und definiert. Sie alle unterliegen auch einer zeitlichen Ordnung, die sich letztlich auf den Rhythmus der Bewegung der Erde gründet und die sichtbar wird in den für alles irdische Leben charakteristischen Phasen von Wachstum, Reifung und Alterung. Abgesehen von der Tatsache selbst, daß diese Zusammenhänge ganz offensichtlich bestehen, wissen wir heute noch so gut wie nichts über ihr Zustandekommen und die hier herrschenden Gesetze. Aber wir beginnen zu ahnen, daß wir bei der weiteren Erforschung auf diesem Weg auch eine Antwort bekommen werden auf die alte Frage nach unserer eigenen Lebensspanne – danach, warum wir eigentlich gerade siebzig oder achtzig Jahre alt werden und nicht nur fünfzig oder fünfhundert.

Noch ist es aber viel zu früh, hierüber mehr zu sagen. Die ganze Fragestellung wurde von der Wissenschaft gerade erst entdeckt, und ihre Erforschung ist über die ersten Schritte noch nicht hinausgekommen. Wir kennen aber bereits einige Beispiele, die zeigen können, von welcher Bedeutung diese auf der Periodizität astronomischer Abläufe basierende zeitliche Ordnung alles Lebendigen ist. Es handelt sich um Fälle, in denen diese Ordnung durch Veränderungen von außen gestört wurde, was in den beiden Beispielen, die wir uns etwas näher ansehen wollen, einschneidende Konsequenzen gehabt hat. Das eine Beispiel ist etwas entlegen. Es wurde in Sibirien entdeckt und bezieht sich auf eine Katastrophe, die eine dort heimische Wildgans-Art befallen hat, als die Tiere gezwungen wurden, in ein etwas südlicher gelegenes sommerliches Standquartier auszuweichen. Gegenstand des zweiten Beispiels sind wir selbst.
Vor einigen Jahren wurde von russischen Zoologen in der Barabasteppe in West-Sibirien ein Stamm von Wildgänsen entdeckt, der ein vollkommen unsinnig erscheinendes Verhalten an den Tag legte, ganz so, als ob die Tiere sämtlich »den Verstand verloren« hätten. Diese Gänseart hat ihre sommerlichen Nistplätze in der genannten Steppe, um in jedem Herbst nach Süden aufzubrechen und dem Winterquartier zuzustreben, das 3500 Kilometer weiter südlich am Ganges liegt. Bis dahin ist alles noch gleichsam »normal«, wenn man einmal von dem phantastischen Geheimnis absieht, das hinter der bis heute völlig ungelösten Frage verborgen ist, wie Tiere ein so weit entferntes Ziel in jedem Winter eigentlich finden, woher sie »wissen«, wohin sie zu fliegen haben. Aber das gilt für alle Zugvögel, von denen manche noch sehr viel erstaunlichere Leistungen vollbringen – und das ist auch nicht der Grund, weshalb uns diese in der Barabasteppe heimischen Gänse hier interessieren. Der Grund dafür ist vielmehr die einzigartige, geradezu irrsinnig erscheinende Art und Weise, in der dieser Tierstamm in jedem Herbst seinen Zug beginnt. Die ersten 160 Kilometer ihrer 3500 Kilometer langen Reise gehen die Gänse nämlich zu Fuß.
In jedem August werden die Tiere von zunehmender Unruhe gepackt.

Und eines Tages brechen sie plötzlich geschlossen auf und streben unaufhaltsam nach Süden. Sie tun das aber nicht, wie ein »normaler« Zugvogel, im Flug, sondern sie marschieren. Man muß sich das Bild einmal vorstellen: Eine riesige Armee von Gänsen, hunderttausend Tiere oder mehr, die sich da in mühseliger Langsamkeit als Kolonne mit einer Frontbreite von einigen Kilometern über die Steppe quält. Die ungewohnte und für ihre Lebensweise völlig unnatürliche Fortbewegungsart nimmt die Tiere furchtbar mit. Sie schaffen am Tag durchschnittlich nur fünfzehn bis sechzehn Kilometer, verlieren vo Tag zu Tag mehr an Kräften und werden von Füchsen und anderem Raubgetier förmlich dezimiert. Nach etwa zehn Tagen erreicht die zusammengeschmolzene Kolonne ein 160 Kilometer südlich vom Ort des Aufbruches gelegenes Seen-Gebiet, wo die völlig entkräfteten Gänse sich auf dem Wasser, ihrem gewohnten und für sie sicheren Milieu, rasch erholen. Wenige Tage später setzen sie ihre Reise fort. Jetzt aber fliegen sie, wie jeder andere Zugvogel auch. Die restlichen 3300 Kilometer, der Flug über ganz China und über die Höhen des Himalaya hinweg, sind dann »kein Problem« mehr.
Was ist der Grund für das selbstmörderische Verhalten der Tiere? Die unglücklichen Gänse sind das Opfer der unverrückbaren Ganggenauigkeit ihrer inneren Uhr geworden. Auch die Zugunruhe, die einen Zugvogel im Herbst aufbrechen läßt und auf seine weite Reise schickt, wird durch diesen angeborenen Zeitmesser ausgelöst. Auch hier mißt dieser die Dauer der Tageshelligkeit und legt damit den Termin fest, an dem das Tier aufbrechen muß. Das ist, unter normalen Umständen, eine außerordentlich weise Einrichtung. Denn wehe der Schwalbe, die sich durch einen ungewöhnlich warmen und langen Herbst dazu verleiten ließe, länger als sonst in ihrem Sommerrevier auszuharren. Ihr würde die Gefahr drohen, von dem unvermeidlich bevorstehenden Kälteeinbruch dann während des ohnehin strapaziösen Fluges nach Süden überrascht zu werden. Die »innere Uhr« aber läßt ihr, zu ihrem Schutz, gar keine Wahl. Sobald die Dauer der Tageshelligkeit einen bestimmten, von Art zu Art verschiedenen Grenzwert unterschreitet, wird die triebhafte Zugunruhe ausgelöst, die Tiere sammeln sich und brechen nach Süden auf. Genau das ist es auch, was mit den sibirischen Gänsen in jedem Herbst passiert. Nur gibt da die innere Uhr ganz offensichtlich eine falsche Zeit an.
Die ganze Katastrophe kommt dadurch zustande, daß die Tiere von der Zugunruhe schon überfallen werden, bevor sie noch ihre Mauser, den jährlichen Federwechsel, abgeschlossen haben. Sie können überhaupt nocht nicht wieder fliegen, wenn die biologische Uhr in ihrem Inneren ihnen den Befehl zum Aufbruch gibt. Entziehen können sie sich diesem Befehl andererseits aber auch nicht. Also setzt sich das

Heer der Gänse zu Fuß in Marsch, unbeirrbar in der Richtung auf das 3500 Kilometer weiter südlich befindliche Ziel. Die Tiere haben keine Wahl. Erst zehn Tage später sind ihre Federn so weit nachgewachsen, daß sie wieder flugtüchtig sind. Der sehr viel weitere und schwierigere zweite Teil der Reise vollzieht sich von da ab daher ohne alle Komplikationen.

Wenn die Gänse diese zehn Tage warten könnten und erst dann aufbrächen, wäre alles in bester Ordnung. Aber die Einstellung der inneren Uhr ist angeboren und steht daher unverrückbar fest, und das gleiche gilt für den Zusammenhang zwischen diesem inneren Zeitgeber und der triebhaft ausbrechenden Zugunruhe. Was unter normalen Umständen absolute Geborgenheit und Sicherheit verleiht, nämlich die angeborene Unveränderlichkeit einer bestimmten Verhaltensweise (weil sie vor der Möglichkeit eines Irrtums schützt), das kann sich so bei der geringsten Veränderung der für das Verhalten maßgeblichen Umweltbedingungen zu einer Katastrophe auswachsen.

Das ist der Unterschied zwischen den Vor- und Nachteilen von Instinkt und Verstand. Die Veränderung der Umweltbedingungen muß bei den sibirischen Wildgänsen darin bestanden haben, daß ein noch nicht ganz geklärter Umstand (Industrielle Erschließung? Klimatische Veränderungen?) sie dazu veranlaßte, ihr angestammtes sommerliches Revier einige hundert Kilometer nach Süden zu verlegen. Dort aber stimmte dann plötzlich die Einstellung ihrer inneren Uhr nicht mehr. Im August bleibt es tagsüber im Norden noch deutlich länger hell als weiter südlich. Am Nordpol herrscht dann sogar immer noch »ewiger« Tag. Die von der inneren Uhr der Tiere in dem südlicher gelegenen Quartier gemessene Kürze des Tages entspräche daher weiter nördlich einem wesentlich späteren Termin. Die innere Uhr, die sich in Hunderttausenden von Jahren an die Zeitverhältnisse des ursprünglichen Reviers angepaßt hat, »weiß« von dem Ortswechsel aber natürlich nichts und reagiert so, als ob dieser spätere Termin schon erreicht wäre: Sie gibt den Aufbruchbefehl zu einem Termin, der für das neue Revier viel zu früh liegt – in einem Augenblick, in dem die Tiere überhaupt noch nicht fertig gemausert haben. Die Katastrophe ist perfekt. Es gehört nicht viel dazu, vorherzusagen, daß der unglückliche Gänsestamm die Folgen nicht allzulange überleben dürfte.

Auch wir Menschen bekommen, wenn vorerst auch auf eine weit weniger dramatische und wohl auch harmlosere Weise, heute schon die Folgen der Tatsache zu spüren, daß auch wir in mancher Hinsicht mehr und mehr gegen die Abstimmung zwischen dem Rhythmus der uns angeborenen inneren Uhr und dem des periodischen Wechsels bestimmter Bedingungen unserer Umwelt, in erster Linie den rhythmischen Wechsel von Tag und Nacht, zu verstoßen beginnen. Ein vergleichsweise harmloses, da vermeidbares und vorübergehendes Beispiel ist die Erfahrung eines Flugreisenden, der mit einer der modernen Düsenmaschinen in kurzer Zeit weite Strecken in ost-westlicher oder west-östlicher Richtung zurücklegt. Nach seinem Eintreffen am Bestimmungsort fühlt sich ein solcher Reisender in der Regel mehrere Tage lang, vielleicht sogar länger als eine Woche, zerschlagen und lustlos, er leidet unter Schlafstörungen, Herzklopfen, Schweißausbrüchen oder anderen, im allgemeinen als »nervös« bezeichneten Erscheinungen. Das ist nicht einfach die Folge der Anstrengung einer so weiten Reise und der Umstellung auf eine neue, ungewohnte Umgebung. Die Erfahrung zeigt nämlich, daß eine Reise über die gleiche Entfernung hinweg dann, wenn sie in nord-südlicher Richtung erfolgt, also etwa von Frankfurt nach Südafrika oder umgekehrt, nicht die geringsten Beschwerden der geschilderten Art zur Folge hat.

Das mehrtägige Mißbehagen des ost-westlich oder in entgegengesetzter Richtung reisenden Flugpassagiers hat ganz andere Ursachen. Diese sind darin zu sehen, daß er bei seiner Reise Zonen der Erdoberfläche überquert, in denen ganz verschiedene Ortszeiten gelten (was bei einer Reise, die von Norden nach Süden führt, nicht der Fall ist). Damit aber hat eine solche Reise eine vorübergehende Diskrepanz zwischen innerer Zeit und Ortszeit zur Folge. Wer mit einer modernen Düsenmaschine von Frankfurt nach Tokio fliegt, versetzt sich damit in eine Ortszeit, die gegenüber dem Rhythmus seiner inneren Uhr um fast genau zwölf Stunden verschoben ist. Die Folgen sind spürbar und unangenehm. Tagsüber, wenn der Mann seinen Geschäften und Verabredungen nachgehen muß, fühlt er sich schläfrig und unlustig. Nachts, wenn er schlafen will, ist er hellwach und bekommt Hunger. Es kann eine Woche dauern, bis die innere Uhr sich unter dem Zwang des äußeren Rhythmus allmählich nachgestellt hat. Erst dann fühlt sich unser Reisender wieder wohl und leistungsfähig.

Das ist, wie gesagt, ein harmloser Fall, denn eine solche Reise braucht man nicht anzutreten, wenn man nicht will, und außerdem sind die Folgen nur vorübergehend. Weniger auffällig, aber vielleicht nicht ganz so harmlos sind dagegen einige andere Erscheinungen, die mit den Bedingungen der modernen Industriegesellschaft zusammenzuhängen scheinen. Deren Rhythmus nämlich folgt seinen eigenen Gesetzen, die sowohl von der natürlichen Periodizität von Tag und Nacht als auch dem Takt unserer angeborenen inneren Uhr immer mehr abweichen. Wer von uns ißt denn noch, wenn er Hunger hat, anstatt abends, meist zu spät, morgens halb ausgeschlafen, und mittags dann, wenn es die Kantinenzeit vorschreibt, die nicht nach dem Hunger des einzelnen, sondern so eingeteilt ist, daß alle schichtweise nacheinander Platz finden. Und wer geht schon noch zu Bett, wenn es dunkel wird, anstatt »nach der zweiten Tagesschau im Fernsehen« oder dann, wenn die Schichtarbeit es ihm ermöglicht, deren Rhythmus auf den natürlichen Wechsel von Tag und Nacht keine Rücksicht mehr nimmt. Äußerlich sichtbares Kennzeichen dieser zunehmenden Loslösung unserer Lebensführung von dem natürlichen Rhythmus von Tag und Nacht ist die künstliche Beleuchtung, mit der wir, vor allem in den Großstädten, die Nacht buchstäblich immer mehr zum Tage machen.

Ist diese Loslösung vielleicht der Grund für das Überhandnehmen nervöser Beschwerden bei so vielen Menschen unserer Tage? Die Ärzte weisen schon seit einigen Jahrzehnten darauf hin, daß in ihre Sprechstunden mehr Patienten mit Klagen kämen, deren Schilderung verdächtig an die Beschwerden erinnert, die unseren Flugreisenden heimsuchten, als Menschen mit faßbaren, »organischen« Leiden. Hängt vielleicht auch die heute so weit verbreitete Plage der Schlaflosigkeit mit diesem permanenten Verstoß gegen die »natürliche« Ordnung zusammen, den wir als Angehörige einer technisch-zivilisierten Gesellschaft gar nicht mehr vermeiden können? Wenn man mit künstlicher Beleuchtung in dem Ausmaße, wie es heute zu dem Bild unserer großen Städte gehört, in den natürlichen Rhythmus von Tag und Nacht eingreift, dann ist es eigentlich nicht verwunderlich, daß auch der Rhythmus von Wachen und Schlafen und die Fähigkeit, von der einen Phase in die andere überzuwechseln, in Mitleidenschaft gezogen werden. Vielleicht ist es, wie der deutsche Psychiater V. E. v. Gebsattel es kürzlich einmal formulierte, wirklich kein Zufall, daß Glühbirne und Schlaftablette fast gleichzeitig erfunden worden sind.

Die Einsichten, die sich hier abzuzeichnen beginnen, sollten niemanden auf den Gedanken kommen lassen, es sei nützlich, möglich oder gar erstrebenswert, den Versuch zu machen, die Entwicklung zurückzudrehen. Der Weg des wissenschaftlichen und technischen Fortschritts, auf dem die Menschheit sich seit Jahrhunderten befindet, ist eine Einbahnstraße. Ein Zurück gibt es nicht. Die wenigsten von uns würden den Versuch überleben. Außerdem sind die gelegentlich zu hörenden Beschwörungen der »guten alten Zeit« nur dann überzeugend, wenn der, von dem sie stammen, bereit ist, auch die Kehrseite der Medaille in Kauf zu nehmen. Sie besteht darin, daß er dann auch wieder hilflos mit ansehen müßte, wie drei von vieren seiner Kinder in früher Jugend an Entzündungen und Infektionen elend zugrunde gehen, und ihm dürfte auch der Preis nicht zu hoch sein, der darin besteht, daß er an einer gewöhnlichen Blinddarmentzündung qualvoll sterben würde, und daß er notfalls bereit sein müßte, sich einen Zahn ohne Betäubung ziehen zu lassen. Wer vor diesen Konsequenzen seiner romantischen Schwärmereien die Augen verschließt, betrügt sich nur selbst. Aber wir sollten auch nicht übersehen, daß die alte Ahnung des Menschen von einer zwischen ihm und der ihn umgebenden Welt bestehenden Harmonie mehr ist als ein romantischer Traum schwärmender Naturphilosophen. Es gibt diese Harmonie tatsächlich, sie läßt sich in der beschriebenen Weise seit einigen Jahren sogar wissenschaftlich untersuchen, und wenn man gegen sie verstößt, hat man dafür zu zahlen.

Diese Abhängigkeit unseres Befindens von der Übereinstimmung zwischen dem Rhythmus der uns angeborenen inneren Uhr und der Periodizität der durch die Erdrotation bewirkten Veränderungen unserer Umwelt – deren auffälligste, wahrscheinlich aber keineswegs einzige der Tag-Nacht-Wechsel ist – stellt übrigens einen Faktor dar, dessen Auswirkungen für längere Raumflüge bisher noch kaum bedacht worden sind. Größer allerdings und vielleicht von entscheidender Bedeutung wäre seine Rolle dann, wenn es in ferner Zukunft jemals tatsächlich zu einer Besiedlung fremder Himmelskörper durch den Menschen kommen sollte. Denn während man sich auf noch so langen Raumflügen den für uns »natürlichen« 24-Stunden-Rhythmus durch künstliche Beleuchtung technisch noch herstellen könnte, wäre es um das Wohlbefinden und die Leistungsfähigkeit von Menschen, die den riskanten Versuch unternähmen, sich unter den ungewohnten Bedingungen einer fremden Welt zu behaupten, auf der die Tage wesentlich länger oder kürzer sind als auf der Erde – um deren Wohlbefinden wäre es aus den beschriebenen Gründen wahrscheinlich recht jämmerlich bestellt.

Die Möglichkeit einer Kolonisation fremder Planeten ist allerdings vielleicht für alle Zukunft eine Utopie. Dieser Gedanke soll hier ebenso wie alle anderen Überlegungen dieses Abschnitts nur eine Tatsache illustrieren, über die sich wohl die wenigsten Menschen im klaren sind: Es ist keineswegs belanglos für uns, wie schnell die Erde sich dreht. Die 24 Stunden, die unser Tag währt, sind alles andere als eine beliebige Zahl. Es mag als Zufall anzusehen sein, daß der Tag des Menschen, die Tagesdauer, die während der Jahrmillionen herrschte, in denen unser Geschlecht entstanden ist, gerade diesen Betrag ausmacht. Dieses konkrete Maß aber hat Konsequenzen für die klimatischen Bedingungen auf der Oberfläche der Erde und für die zeitliche Ordnung alles Lebens auf dieser Oberfläche, die viel weiter reichen dürften, als wir heute noch ahnen. Eine Erde jedenfalls, auf der der Tag nur noch achtzehn oder aber dreißig Stunden hätte, würde sich sicher auch mit Leben erfüllt haben. Unsere Erde aber wäre das nicht mehr – und es wäre eine völlig andere Form von Leben.

Bisher haben wir, was die Konsequenzen der Mond-Bremse angeht, lediglich von der selten bedachten Bedeutung gesprochen, welche der Tatsache zukommt, daß unser Tag gerade 24 Stunden hat – und von den Komplikationen und Gefahren, die sofort heraufbeschworen würden, wenn es jemals zum Zusammenbruch der durch diesen Rhythmus gesteuerten zeitlichen Ordnung der belebten Natur auf der Erde kommen sollte. Wenn wir uns jetzt aber an den großen Zusammenhang erinnern, der uns an diese Stelle unserer Überlegungen geführt hat, dann stellen wir fest, daß wir an einen Punkt gelangt sind, an dem der Kreis des Gedankengangs sich schließt. Denn so gering der Effekt der Gezeitenreibung für unser kurzlebiges Bewußtsein auch ist, für die Erdkugel als Ganzes ist ihr Einfluß entscheidend. Wir können ihn mit der einen, nach den vorangegangenen Überlegungen jetzt nahezu trivial erscheinenden Feststellung wiedergeben: die Erde dreht sich schon seit unvordenklichen Zeiten – seit sie einen Mond hat – *nicht* mit absoluter Regelmäßigkeit.

Damit aber sind zugleich alle Schwierigkeiten beseitigt, die der Dynamo-Theorie der Entstehung des irdischen Magnetfelds noch anzuhaften schienen, von der wir ausgegangen waren. Wir erinnern uns: die einzige beim heutigen Stand unseres Wissens plausible Erklärung dafür, daß die Erde sich trotz der hohen Temperatur ihres metallischen Kerns wie ein riesiger Stabmagnet verhält, besteht in der Annahme, daß die flüssigen Anteile dieses Kernes Eigenbewegungen innerhalb der Erde ausführen, welche diesen Kern sich wie den Anker einer stromerzeugenden Dynamo-Maschine drehen lassen. Wenn auf diese Weise elektrische Ströme im Erdinneren fließen, ist das Vorhandensein des magnetischen Feldes kein Rätsel mehr, denn jeder elektrische Strom wird, wie wir alle im Physikunterricht einmal gelernt haben, von einem Magnetfeld begleitet.

Das Problem, das sich an dieser Stelle nun aber auftat, ergab sich aus der Frage, welche Gründe es denn eigentlich für eine derartige Eigenbewegung des Erdkerns geben könnte. Denn wenn man einmal davon ausgeht, was alle Welt noch bis vor kurzer Zeit getan hat, daß die Erde sich seit Milliarden von Jahren gleichmäßig um ihre Achse dreht, müßte sie eigentlich auch alle Teile ihres flüssigen Inneren längst mit gleicher Geschwindigkeit »mitnehmen«, und eine Eigenbewegung ihres Kerns wäre nicht zu erklären. Wie wir uns erinnern, haben sich viele Wissenschaftler aus diesem Dilemma mit der zusätzlichen Annahme herausgeholfen, daß es im Erdinneren dann eben thermische Konvektionsbewegungen geben müsse. Diese sollten zu Wirbelbewegungen

führen, welche dann wieder von der Rotation der Erde gleichsam »geordnet« und systematisch zusammengefaßt werden sollten, bis sich schließlich der ganze flüssige Erdkern einheitlich bewege und den Dynamo-Effekt hervorrufe. Dieser Erklärungsversuch hat, wie ebenfalls schon besprochen, einige höchst unbefriedigende Schönheitsfehler. Abgesehen von seiner Umständlichkeit – »Zusammenfassung« und »Ordnung« vieler ursprünglich verschiedener Wirbelbewegungen –, handelt es sich bei ihm um eine typische ad hoc konstruierte Hilfs-Hypothese, die gänzlich unbeweisbar ist. Überdies bleibt die Hypothese die Erklärung dafür schuldig, warum ein so erdähnlicher Planet wie die Venus kein der Erde vergleichbares Magnetfeld besitzt. Alle diese Schwierigkeiten sind in dem Augenblick beseitigt, und alle Zusatz- und Hilfs-Hypothesen werden überflüssig, sobald man versteht, daß das ganze Problem gar nicht existiert – daß es sich um ein Scheinproblem handelt, das von falschen Voraussetzungen ausgeht.
Es ist gar nicht rätselhaft, warum das flüssige Erdinnere sich nicht mit der gleichen Geschwindigkeit dreht wie der feste Erdmantel und die äußere Erdkruste. Es ist ganz im Gegenteil sogar unmittelbar einleuchtend und beweisbar, daß dieser Kern die Erdrotation nicht mit der gleichen Geschwindigkeit mitmachen *kann*. Denn die Drehung der Erde wird eben durch den Mond, mit Hilfe des Mechanismus der Gezeiten-Reibung, laufend, und zwar sehr langsam, aber über alle Zeiten hinweg konstant, abgebremst – ein Umstand, der das Zustandekommen einer »differentiellen Rotation« zwischen dem bei dieser Bremsung immer etwas zurückbleibenden flüssigen Kern und dem festen Mantel der Erde ganz unvermeidbar macht. Der Motor des Dynamos, der das irdische Magnetfeld und mit diesem den magnetischen Abwehrschirm erzeugt, der uns vor dem »harten« Anteil der Strahlung der Sonne, dem Sonnenwind, schützt, ist also gar nicht in der Erde selbst zu suchen, sondern in 380000 Kilometern Entfernung: es ist der Mond. Besonders einleuchtend erscheint im Licht dieser neuen Auffassung der Zusammenhang zwischen der Rotationsachse der Erde und der Achse ihres Magnetfelds. Infolge der Bremswirkung des Mondes ist es eben die Verzögerung der Erdrotation und damit letztlich diese selbst, die das Magnetfeld entstehen läßt. Hölderlin noch hat unseren Trabanten als den »blassen Gesellen« besungen, der unberührt von unserem Ergehen hoch über unseren Köpfen dahinziehe. Hölderlin irrte. Ohne Mond wäre unsere Erde unbewohnbar.

Wenn sich der Kreis unseres Gedankengangs damit auch endlich geschlossen hat, so stehen wir bei näherem Zusehen deshalb doch keineswegs etwa wieder an unserem Ausgangspunkt. Auf Grund alles dessen, was wir inzwischen in den bisherigen Abschnitten dieses Buches besprochen haben, hat sich in einem für die Beurteilung der Situation unserer Erde im freien Weltraum maßgeblichen Punkte unmerklich eine ganz entscheidende Änderung ergeben: die Erde ist gar kein Raumschiff. Diese Analogie zwischen unserem Planeten und einem durch die Weiten des Weltraums ziehenden, in sich geschlossenen und sich selbst erhaltenden System war noch viel zu einfach und vor allem unvollständig. In ihr waren die vielfältigen Beziehungen und Vorgänge, welche die Wissenschaft neuerdings im Weltraum entdeckt hat, noch nicht berücksichtigt. Wenn wir uns die Situation jetzt noch einmal vor Augen halten, stellen wir fest, daß unsere Erde nur ein Teil eines Raumschiffs ist, eigentlich nur die Mannschaftskabine – mit der ganzen Menschheit und allen Tieren als Besatzung – eines kompliziert zusammengesetzten Systems, das sehr viel größer ist, als es ursprünglich schien, und dessen zahlreiche Teile auf mannigfache Weise miteinander zusammenhängen. Erst jetzt können wir den Aufbau des kosmischen Mobile in seinem vollen Umfang würdigen, dessen kunstvoll aufrechterhaltenes Gleichgewicht die Grundlage unserer Existenz bildet. Versuchen wir, die Situation, die sich damit vor unseren Augen langsam herausgeschält hat, noch einmal zusammenfassend kurz zu skizzieren.

Bei unserer Reise durch den Weltraum sind wir auf die Ökosphäre des dritten Planeten eines Fixsterns beschränkt, dem wir den Namen »Sonne« gegeben haben. Ökosphäre nennen die Wissenschaftler den verhältnismäßig winzigen Bereich, in dem allein alle die zahlreichen und höchst komplexen Bedingungen verwirklicht sind, auf die alles irdische Leben zu seiner Erhaltung angewiesen ist. Diesen Lebensraum hat man sich maßstäblich als einen hauchdünnen Film vorzustellen, welcher die Erdoberfläche überzieht. Jenseits seiner Grenzen ist Leben ohne aufwendige technische Schutzeinrichtungen, wie wir sie von der Astronautik oder aber auch von der Ausrüstung der Tiefseetaucher her kennen, nicht mehr möglich. Die lebenserhaltenden Bedingungen innerhalb der Ökosphäre sind aber nun keineswegs etwa, da sie einmal gegeben sind, für alle Zeiten oder auch nur für längere Dauer garantiert. Sie sind ganz im Gegenteil das Resultat der Wechselwirkungen einer ganzen Reihe von Kräften, die sich über zum Teil sehr weite Regionen des Weltraums hin gegenseitig die Waage halten.

Der Bereich des Weltraums, der offenbar notwendig ist, um das Weiterbestehen der uns alltäglich vertrauten und aus dieser alltäglichen Vertrautheit so solide und beständig erscheinenden Umwelt zu gewährleisten, ist, wie die Forschungen insbesondere der letzten Jahre immer deutlicher gezeigt haben, sehr viel größer, als man vor kurzem noch ahnte. Der Aufwand, der getrieben werden muß, um den Bestand unserer Welt über die Zeit hinweg zu gewährleisten, hat sich ganz unerwarteterweise als enorm groß erwiesen. Die Wurzeln unserer Existenz ragen weit hinein in den interplanetaren Raum, der uns auf Grund des bisher gültigen Weltbildes so lebensfeindlich und fremd erschien – auf Grund eines Weltbildes, das unseren eigentlichen Lebensraum, die Region der Erdoberfläche, in der wir uns normalerweise tatsächlich nur aufhalten und bewegen können, ganz isoliert sehen zu müssen glaubte, und scharf getrennt vom angrenzenden Weltraum, zu dem es keine Beziehungen zu geben schien, wenn man einmal davon absah, daß die Sonne uns beleuchtete und erwärmte.

Die Wirklichkeit hat sich als ganz anders herausgestellt. Zwar ist es tatsächlich die Sonne, deren gewaltige Energie vor allem in Form von Licht und Wärme die großen Kreisläufe auf der Erdoberfläche, innerhalb der Ökosphäre, in Gang hält, mit deren Hilfe die hier naturgemäß nicht in unbeschränktem Umfang vorhandenen Mengen an Sauerstoff, Wasser und Nahrung immer von neuem regeneriert werden. Aber es ist eben nicht so, daß die Sonne nur Licht und Wärme produzierte. Ihr Energieausstoß ist so groß, daß die Konstanz der Bedingungen, die sie in dem sie umgebenden Teil des Weltraums, der auch die Erde enthält, entstehen läßt, über Jahrmilliarden hinweg nur durch atomare Verschmelzungsprozesse aufrechterhalten werden kann. Diese Kernreaktionen setzen aber, wie ausführlich besprochen, nicht nur Licht und Wärme, sondern neben anderen Energieformen auch korpuskulare Strahlung frei, den aus sehr schnellen Protonen und Elektronen bestehenden Sonnenwind.

Wie sich zeigte, ist auch diese korpuskulare Strahlung der Sonne für uns lebenswichtig. Sie prallt an den äußersten Grenzen des Sonnensystems, etwa in Höhe der Umlaufbahn des Pluto, rund sechs Milliarden Kilometer von uns entfernt, auf die ruhende interstellare Materie des freien Weltraums und läßt dabei rings um unser System jene riesige Kugel entstehen, welche uns gegen die ultraharte, tödliche kosmische Höhenstrahlung abschirmt, die aus allen Richtungen, von den Grenzen der Milchstraße her, auf uns eindringt.

Von *Weltraumfahrt* heute schon zu reden, ist daher eigentlich auch noch aus einem zweiten Grund verfrüht und übertrieben. Den ersten haben wir zu Anfang dieses Buches schon erwähnt. Die Dimensionen und Entfernungen schon in unserem eigenen Sonnensystem sind, wie wir uns an einem Gedankenmodell vor Augen geführt hatten, so groß (von den interstellaren oder gar intergalaktischen Distanzen ganz zu schweigen), daß der Sprung bis zum Mond vergleichsweise nur einen winzigen Weg darstellt.

Um es der Anschaulichkeit halber noch einmal durch einen anderen Vergleich in Erinnerung zu rufen: Wenn wir die Entfernung Erde – Mond auf die Strecke eines bequemen Tagesmarsches, nämlich auf etwa

zwanzig Kilometer, reduzieren würden, dann wäre der Pluto immer noch so weit von uns entfernt wie jetzt der Mond. Der zweite Einwand – den wir jetzt, nachdem wir die tatsächliche Situation der Erde im Kosmos genauer betrachtet haben, noch hinzufügen müssen, und der nicht nur für alle jetzigen astronautischen Bemühungen der Menschheit, sondern zumindest noch für die kommenden Generationen, wenn nicht sogar für alle Zukunft gilt – ergibt sich aus der Erkenntnis, daß der freie Weltraum tatsächlich erst außerhalb des Sonnensystems beginnt, nämlich erst jenseits der kugelförmigen Schockzone, welche die Sonne durch den von ihr ausgehenden Plasma-Strom um ihr ganzes Planetensystem legt. Erst hinter den Grenzen dieser Kugel herrschen »Weltraum-Bedingungen« im eigentlichen Sinn dieses Wortes. Und gerade die hier noch einmal rekapitulierten wissenschaftlichen Entdeckungen können einem die Augen dafür öffnen, daß wir tatsächlich noch gar nicht wissen, wie es dort aussieht, was für Bedingungen in diesem »freien« Weltraum herrschen. Denn innerhalb der Riesenkugel, die in dem Hagel der kosmischen Höhenstrahlung durch den Sonnenwind ausgespart ist, werden die Verhältnisse nahezu ausschließlich von der Sonne beherrscht – in solchem Maß, daß sie als ganz spezielle Verhältnisse angesehen werden müssen, die kein Beispiel darstellen können für den Raum außerhalb dieses Bezirks.
Erst diese Kugel mit ihrem Durchmesser von zwölf Milliarden Kilometern repräsentiert nun auch den äußeren Umriß des Raumschiffs, mit dem wir durch den Kosmos fliegen, und von dem die Erde, wenn man es einmal genau nimmt, tatsächlich nur die Mannschaftskapsel ist. Solange die Astronautik sich auf interplanetare Flüge beschränken wird, also vielleicht für alle Zukunft, handelt es sich dabei also streng genommen noch immer nicht um »Weltraum«-Flüge, sondern lediglich um Flüge zwischen den einzelnen Bestandteilen des kosmischen Raumschiffs, als dessen Besatzung wir uns zu verstehen haben. Wir sagten eben schon – und die Gründe dafür haben wir ausführlich erörtert –, daß eine interstellare Raumfahrt, daß also Flüge, welche die zwischen den Planetensystemen benachbarter Fixsterne liegenden »interstellaren« Distanzen zu überwinden hätten, vielleicht für alle Zukunft undurchführbar sein werden. Andererseits ist der Traum von einem Flug durch den Raum zwischen den Sternen in einem gewissen Sinne trotzdem heute schon erfüllt: Wir alle fliegen durch diesen Raum ja bereits, seit den Anfängen der menschlichen Geschichte, mit dem ganzen Sonnensystem. Mit einem geringeren Aufwand ist eine solche Reise, die Hunderttausende oder Millionen Jahre dauert, vielleicht gar nicht möglich.
Die zweite Kugel, deren Schutz wir bedürfen, ebenso unsichtbar wie die erste, mit einem Durchmesser von durchschnittlich »nur« zweihunderttausend Kilometern sehr viel kleiner und ebenfalls erst vor wenigen

Jahren entdeckt, ist die irdische Magnetosphäre. Sie schirmt, wenn wir noch einmal die Raumschiff-Analogie heranziehen, den von der Mannschaft bewohnten Teil, die Erde, gegen die sonst tödliche Strahlung ab, die der als Energielieferant für das ganze System unentbehrliche atomare Reaktor außer Licht und Wärme von sich gibt. Dieser zweite magnetische Schutzschild wird durch die Einwirkung des Mondes auf die Erdumdrehung erzeugt.

Noch scheint es so, wenn wir das damit kurz skizzierte Bild betrachten, unter dem sich uns das Sonnensystem jetzt darstellt, und die Rolle, die die Erde darin spielt, als ob die übrigen Planeten unseres Systems an dem ganzen Kräftespiel nicht beteiligt wären –, als ob sie gleichsam überflüssig seien und entbehrlich, wenn es um die Einflüsse geht, welche die Oberfläche unserer Erde zur Ökosphäre, zur bewohnbaren Zone für Menschen, Tiere und Pflanzen werden lassen. Wir sollten uns von diesem Eindruck aber nicht täuschen lassen. Alles, was wir bisher besprochen haben, ist erst in den letzten Jahren entdeckt worden. Niemand hatte in den vorangegangenen Jahrhunderten irgend etwas davon gewußt. Niemand aber auch, und das ist im Hinblick auf die heutige Situation noch viel aufschlußreicher, war überhaupt auf den Gedanken gekommen, daß an dem Gesamtbild noch etwas fehlen könnte. Es ist erstaunlich genug, wie sehr das Bild sich in so wenigen Jahren gewandelt hat. Wir sollten es gerade deshalb aber für selbstverständlich halten, daß bei weitem noch nicht alle tatsächlich existierenden Einflüsse und Beziehungen aufgedeckt sind, und uns daran erinnern, daß alle bisherige Erfahrung bei der Erforschung der Welt dafür spricht, daß in der Natur nicht nur nichts ohne Grund geschieht, sondern auch nichts ohne Folgen. Wenn wir heute auch einfach noch nicht genug wissen, um vorhersagen zu können, was geschehen würde, wenn etwa einer der anderen Planeten aus unserem System verschwände, so gibt uns doch schon das Wenige, was wir bisher entdeckt haben, Grund zu der Annahme, daß die Folgen einschneidend, wahrscheinlich sogar gefährlich sein würden – daß sich die Auswirkungen bis in den letzten Winkel des Sonnensystems und ohne jede Frage auch bis in die relativ winzige Zone hinein spürbar machen würden, die uns in diesem System zugewiesen ist. Unsere Wissenschaft hat, was diese Fragen angeht, gerade erst die ersten Schritte auf ein neues Gebiet getan, auf dem noch zahllose Entdeckungen und Überraschungen auf uns warten.

Mit der Einsicht aber, daß der ganze Raum, den das Sonnensystem einnimmt, notwendig ist, um uns zu erhalten, ist die Gesamtfrage keineswegs etwa schon beantwortet. Mit der Erkenntnis, daß die sich über so gewaltige Räume und Distanzen hinweg abspielenden Kräfte und Beziehungen auf der Erdoberfläche wie in einem Brennpunkt jene Bedingungen erzeugen, die unsere Umwelt ausmachen und die allein

die Entstehung und Erhaltung so zerbrechlicher und unwahrscheinlicher Strukturen ermöglichen, wie lebende Organismen es sind, hat sich die ursprüngliche Frage nur weiter hinausgeschoben. Ausgegangen waren wir von der Einsicht, daß die Erde nicht autark ist. Gelernt haben wir seitdem, daß erst ein Gebilde von der Größe und Kompliziertheit des Sonnensystems als eine kosmische Einheit angesehen werden kann, die in sich geschlossen ist und deren innere Stabilität sich durch die aus diesem System selbst stammenden Kräfte erklären läßt.
Damit aber stehen wir jetzt vor der nächsten, über diese Zusammenhänge hinausgreifenden Frage, in welchem Verhältnis denn nun das »Raumschiff Sonnensystem« zu dem jenseits seiner Grenzen beginnenden Weltraum steht, ob es die unauslotbare Weite dieses Raumes isoliert in sich selbst ruhend und nach außen abgeschlossen durchzieht, oder ob auch dieses größere System seinerseits wieder beeinflußt und in seiner Besonderheit bestimmt wird von noch weiter hinausgreifenden Beziehungen, von Einflüssen und Kräften, die aus den Tiefen des Weltalls selbst stammen.
Eigenartigerweise ergibt sich der erste Hinweis auf die Existenz derartiger den ganzen Kosmos verbindender Zusammenhänge aus der Betrachtung einer »kosmischen Panne«, die vor rund siebenhunderttausend Jahren das kunstvolle Gefüge des Sonnensystems an einer jedenfalls aus unserer Perspektive ganz entscheidenden Stelle vorübergehend empfindlich gestört hat: Damals brach der Schutzschirm des irdischen Magnetfelds zusammen. Die genauere Untersuchung dieses dramatischen Ereignisses hat ergeben, daß es nicht das erste Mal gewesen war.

Reise in die Vergangenheit

Anfang der dreißiger Jahre dieses Jahrhunderts leistete sich eine Berliner Zeitung einen der geistreichsten Aprilscherze, die jemals gemacht worden sind. Mit scheinheiligem Ernst, angereichert durch Einzelheiten, die dem Bericht einen dokumentarischen Anstrich gaben, veröffentlichte das Blatt eine sensationelle archäologische Entdeckung: den Fund einer vollkommen unversehrt erhaltenen altägyptischen Vase. Die eigentliche Pointe bestand nur darin, daß diese Vase, wie der Bericht behauptete, von oben bis unten mit einer auf der sich drehenden Töpferscheibe von der Hand des Töpfers in den noch feuchten Ton eingeritzten Spirallinie verziert war. Einer der an der Auffindung der

Vase beteiligten Archäologen, so hieß es weiter, sei nun auf den brillanten Einfall gekommen, daß diese Linie eigentlich, nach dem Prinzip der klassischen Grammophonplatte, als Wellenspur alle die Klänge und Geräusche enthalten müsse, die bei ihrer Entstehung vor drei Jahrtausenden die Werkstatt des Handwerkers erfüllt hatten. Diese logisch einleuchtende Vermutung habe sich bei der anschließenden Probe aufs Exempel glänzend und auf überwältigende Weise bestätigt. Man habe die Vase erneut in Umdrehung versetzt, die eingeritzte Spirallinie mit einem geeigneten Verstärker abgetastet und die von diesem erzeugten Impulse einem Lautsprecher zugeleitet – und siehe da, aus diesem sei, wenn auch arg gestört und mit Nebengeräuschen durchsetzt, ein altägyptisches Volkslied erklungen, das Lied, das der Töpfer zufällig gerade gesungen haben mußte, als seine Hand vor dreitausend Jahren diese Linie in den noch feuchten Ton der rotierenden Vase ritzte.
Von dieser Geschichte geht ein eigenartiger Zauber aus, auch dann, wenn man sie als Aprilscherz durchschaut hat. Das liegt daran, daß sie, wie jeder wirklich gute Witz, eine hintergründige Weisheit enthält. In diesem Fall ist es die Einsicht, daß die Vergangenheit niemals wirklich und endgültig vorbei ist. Jedes Ereignis der Vergangenheit hat Folgen gehabt und Spuren hinterlassen. Deren Summe ist unsere Gegenwart. Selbst ein Lied, vor Jahrtausenden gesungen, ist auch heute noch nicht völlig verklungen. Die mechanische Bewegung der Luftmoleküle, die seinen Klang einstmals trug, kann ebensowenig verlorengehen wie jede andere Form von Energie. Allerdings hat sich das spezifische Muster, das diese Moleküle einst bildeten und das die physikalische Grundlage des Klanges abgab, längst verwischt. Ihre Ordnung ist so gründlich verlorengegangen, daß es schon des außerordentlichen Zufalls irgendeiner Form der »Fixierung« bedurft hätte – wie sie die erfundene Geschichte von der Vase vollkommen zutreffend voraussetzt –, um ein in der Vergangenheit gesungenes Lied noch einmal erklingen zu lassen.
Endgültig vorbei ist die Vergangenheit aber in der Tat niemals. Und wenn wir heute auch noch keine altägyptischen Volkslieder wieder

18 Aufnahme einer besonders starken Eruption auf der Sonnenoberfläche. Auf dieser stark vergrößerten Aufnahme ragt ein kleiner Abschnitt der Sonnenscheibe von rechts ins Bild. (Zur Anfertigung der Aufnahme wurde die Sonne bis an ihren äußersten Rand schwarz abgedeckt.) Die bogenförmig nach links und unten schießenden glühenden Gasmassen entfernen sich hier bis zu einer Höhe von 340000 Kilometern (das entspricht also fast der Entfernung Erde – Mond!) über die Sonnenoberfläche. Die Erde hätte im Maßstab dieser Aufnahme einen Durchmesser von nur einem halben Zentimeter.

hören können, so hat die Wissenschaft doch in den letzten Jahrzehnten immer neue Methoden entwickelt, welche die Spuren der Vergangenheit auf eine Weise »zum Sprechen« gebracht haben, die noch vor kurzer Zeit als utopisch gegolten hätte. Mit Hilfe dieser Methoden fördern Wissenschaftler heute Vorgänge und Ereignisse aus der fernsten Vergangenheit der Erdgeschichte in einer so anschaulichen Form wieder zutage, daß ihre Arbeit einer tatsächlichen Reise in die Vergangenheit immer näher kommt. Was einst mit der Untersuchung von Sedimenten und Fossilien begann, entwickelt sich heute mehr und mehr zu einer Disziplin der Forschung, die von neuem lebendig werden läßt, was seit Jahrtausenden oder Jahrmillionen verschollen schien.

Als geradezu altehrwürdig muß man heute schon die sogenannte Altersbestimmung mit Isotopen bezeichnen. Ihr theoretisches Prinzip wurde schon kurz nach der Jahrhundertwende von dem genialen englischen Physiker Ernest Rutherford erkannt und beschrieben – von jenem Mann, dem 1919 erstmals eine Atomzertrümmerung gelang, der die in diesem Verfahren steckenden Möglichkeiten dennoch aber so falsch beurteilte, daß er noch kurz vor seinem Tod, 1937, also nur acht Jahre vor Hiroshima, den denkwürdigen Ausspruch tat: »Wer ernstlich an die Möglichkeit glaubt, daß es jemals möglich sein könnte, durch Atomzertrümmerung nennenswerte Energiebeträge frei zu machen, ist ein Phantast.« Rutherford wies schon vor dem Ersten Weltkrieg auf die Möglichkeit hin, die Gleichmäßigkeit des Zerfalls radioaktiver Elemente als Kalender zur Datierung vergangener Ereignisse zu benutzen. Sein Grundgedanke war etwa folgender: Radium und alle anderen »radioaktiven« Elemente zerfallen mit absolut gleichbleibender und von allen äußeren Einflüssen unabhängiger Geschwindigkeit. Das Zerfallstempo ist von Element zu Element verschieden, die Unterschiede sind zum Teil extrem. Zur Definition des jeweiligen Zerfalls-Tempos hat sich der Begriff der »Halbwertszeit« als brauchbar erwiesen und eingebürgert. Er stellt die Zeit dar, die vergeht, bis die Hälfte der Substanz eines radioaktiven Elements zerfallen ist, sich also in ein anderes Element, das »Zerfallsprodukt«, umgewandelt hat.
So beträgt die Halbwertszeit von Radium zum Beispiel 1580 Jahre. Wenn man also ein Gramm reines Radium in einem Behälter einschließen würde, so wäre in dem Kasten nach 1580 Jahren nur noch die Hälfte des Radiums enthalten, also ein halbes Gramm, der Rest bestände aus dem Zerfallsprodukt Blei. Tatsächlich verläuft der Zerfall von Radium über eine ganze Reihe von Zwischenprodukten, die aber ihrerseits auch wieder radioaktiv sind und sämtlich so kurze Halbwertszeiten besitzen, daß nach 1580 Jahren neben der Hälfte der ursprünglichen Radium-Menge praktisch nur Blei als das stabile

Endprodukt der Zerfallsreihe vorhanden wäre. Weitere 1580 Jahre später enthielte der Kasten nur noch ein viertel Gramm Radium (und drei viertel Gramm Blei). Und so ginge es weiter, durch die Jahrtausende hindurch. Es würde außerordentlich lange dauern, bis das Radium als Folge dieses Zerfalls ganz verschwunden wäre, denn von dem jeweils noch vorhandenen Rest zerfällt in der Zeit von 1580 Jahren immer nur die Hälfte. Aber natürlich wäre schon verhältnismäßig bald ein Stadium erreicht, in dem die verbleibende Radium-Menge so klein geworden wäre, daß man Schwierigkeiten hätte, sie noch zu messen.

Andere Elemente haben sehr viel längere Halbwertszeiten, so zum Beispiel Thorium, bei dem es nicht weniger als vierzehn Milliarden Jahre dauert, bis die Hälfte einer gegebenen Menge zerfallen ist. Wieder andere, darunter zum Leidwesen der Physiker gerade die bisher künstlich hergestellten Elemente, die noch schwerer sind als das schwerste in der Natur vorkommende Element Uran, haben Halbwertszeiten von nur millionstel oder milliardstel Sekunden. Derart extreme Zerfallsgeschwindigkeiten erschweren den Nachweis und die Untersuchung der Eigenschaften dieser »Transurane« natürlich beträchtlich.

Umgekehrt kann man natürlich dann, wenn man weiß, wieviel Radium zu einem bestimmten Zeitpunkt zum Beispiel in einem Mineral enthalten gewesen ist, an Hand der bekannten Zerfallsgeschwindigkeit aus der Menge des zur Zeit der Untersuchung noch vorhandenen Radium-Anteils (oder auch der Menge des in der Zwischenzeit entstandenen Zerfallsproduktes) berechnen, wie lange dieser Zeitpunkt zurückliegt, bei unserem Beispiel also etwa, zu welchem Zeitpunkt das untersuchte Mineral entstanden ist. In der Tat hat der 1968 verstorbene deutsche Nobelpreisträger Otto Hahn nach diesem Prinzip, jedoch nicht mit Radium, sondern mit Hilfe des ebenfalls radioaktiven Elements Strontium, in den dreißiger Jahren erstmals verläßliche Werte für das Alter der ältesten Mineralien der Erdkruste, mit anderen Worten also Mindestwerte für das Alter der Erde seit der Erstarrung ihrer Oberfläche, bestimmt. Hahn kam damals auf einen Mindestwert von zwei Milliarden Jahren. Inzwischen sind noch ältere Gesteinsarten in der Erdkruste gefunden worden. Die ältesten von ihnen sind vor fast drei Milliarden Jahren entstanden (während man das Alter der Erde selbst heute auf viereinhalb Milliarden Jahre veranschlagt).

In diesem Fall, in dem es also letztlich um die Bestimmung des Zeitpunkts geht, zu dem die Erdkruste und die in ihr enthaltenen Mineralien sich bildeten, weiß man genau, welche Zeitstrecke man mißt, auf welchen Augenblick sich der Wert bezieht, den man durch die Bestimmung der Zerfallsprodukte eines radioaktiven Elementes errechnet. Wann aber weiß man sonst schon, welche Menge eines bestimmten strahlenden Elements in einer Probe, deren Alter man feststellen will, ursprünglich enthalten gewesen ist? Nur wenn man das weiß, läßt das heute feststellbare Stadium des Zerfalls Rückschlüsse auf die seit der Entstehung der Probe verstrichene Zeitspanne zu.

Glücklicherweise gibt es einige Fälle, in denen es auf Grund geistreicher Kombinationen und zusätzlicher methodischer Tricks heute möglich ist, auch diese Frage zu beantworten und damit einen Nullpunkt für den Maßstab festzulegen, mit dem die Tiefe der Vergangenheit ausgelotet werden soll. Wir wollen zwei Beispiele herausgreifen, das berühmteste, die sogenannte »C^{14}-Methode«, und den besonders verblüffenden Fall des »geologischen Thermometers« – eine Methode, mit der es neuerdings möglich geworden ist, die Temperaturen zu bestimmen, die in den Ur-Ozeanen der Erde vor Dutzenden von Millionen Jahren geherrscht haben.
Mit der C^{14}-Methode kann man das Alter organischer Substanzen, die biologisch entstanden sind, also etwa das Alter von Knochen- oder Pflanzenresten, heute mit großer Genauigkeit bestimmen. Die Grundlage dieser Methode ist die Entdeckung, daß die Kohlensäure der irdischen Atmosphäre nicht nur den gewöhnlichen Kohlenstoff enthält, sondern zu einem sehr kleinen Prozentsatz außerdem auch noch ein radioaktives Kohlenstoff-»Isotop«, das mit dem chemischen Symbol »C^{14}« bezeichnet wird. Unter einem Isotop versteht man Atome eines bestimmten Elements, deren Gewicht sich ein ganz klein wenig von dem normaler Atome desselben Elements unterscheidet, während es chemisch und in jeder anderen Beziehung mit ihnen identisch ist. So wird dieses Kohlenstoff-Isotop C^{14} auch von jedem Lebewesen aufgenommen und wie der normale Kohlenstoff in das Körpergewebe eingebaut. Da C^{14} aber nun ein radioaktives Isotop ist, zerfällt es langsam wieder. Seine Halbwertszeit beträgt allerdings 5600 Jahre. Wenn auch nur langsam, so verschwindet aber trotzdem ein kleiner Prozentsatz der ohnehin sehr geringen Mengen des C^{14} durch Zerfall daher laufend wieder aus dem Organismus, der sich andererseits das Isotop (mit der Atemluft als Pflanze, als Tier dagegen durch die Aufnahme pflanzlicher Nahrung) ständig von neuem zuführt. Dabei spielt sich ein konstantes Gleichgewicht ein, bei dem sich Aufnahme und Zerfall des Isotops im Organismus genau die Waage halten – woraus ein ganz bestimmtes, festes Verhältnis von normalem und radioaktivem Kohlenstoff resultiert.
Dieses Verhältnis ist auf Grund von Bestimmungen an heute lebenden Pflanzen und Tieren genau bekannt und bildet den Nullpunkt der »geologischen Kohlenstoff-Uhr«. Diese beginnt in dem Augenblick

zu laufen, in dem der betreffende Organismus stirbt. Von diesem Augenblick an beginnt sich das zu Lebzeiten des Organismus infolge des geschilderten Gleichgewichts von Zufuhr und Abbau konstante Verhältnis zwischen Kohlenstoff und Isotop allmählich zu verschieben, weil dann, wenn das betreffende Individuum, sei es Mensch, Tier oder Pflanze, stirbt, die weitere Zufuhr von C^{14} ihr Ende findet. Das im Organismus enthaltene Isotop nimmt von da an in dem seiner Halbwertszeit entsprechenden Tempo weiter ab, während der Gehalt an »normalem« Kohlenstoff natürlich unverändert bleibt. Mit anderen Worten: Das Ausmaß, in dem sich das Verhältnis zwischen Kohlenstoff und C^{14} bei der Untersuchung einer organischen Probe als verschoben erweist, ist ein exakter Maßstab für die Zeit, die zwischen dieser Untersuchung und dem Absterben der Gewebsprobe vergangen ist.

Wenn Archäologen also bei einer ihrer Grabungen auf die Überreste eines prähistorischen Lagerfeuers stoßen, dann brauchen sie nur einen Physiker zu bitten, in den knöchernen Überresten der Steinzeit-Mahlzeit und dem verkohlten Holz des Feuers das Verhältnis zwischen C^{14} und gewöhnlichem Kohlenstoff zu bestimmen, um genau zu erfahren, wann die Tiere erlegt wurden, aus denen die Mahlzeit bestand, und zu welcher Zeit die Äste geschlagen wurden, in deren Glut unser steinzeitlicher Urahn sie briet.

Theoretisch ist das bis auf ein Jahr genau möglich. In der Praxis kommt es aber natürlich infolge der unvermeidlichen Fehler bei der Bestimmung der winzigen C^{14}-Anteile zu sehr viel größeren Schwankungen. Immerhin wissen wir heute aber allein auf Grund dieser Methode, mit der wir längst vergangene Zeiträume von unserer Gegenwart aus noch mit erstaunlicher Zuverlässigkeit ausloten können, daß die Höhlen bei Lascaux in Südfrankreich, die ihrer eiszeitlichen Wandmalereien wegen weltberühmt geworden sind, vor fünfzehntausend Jahren bewohnt waren.

Diese Isotopen-Methode hat sich seit neuestem aber nicht nur als »Uhr« zur Datierung weit zurückliegender Ereignisse bewährt (wozu heute außer C^{14} und dem schon erwähnten Strontium noch sehr viele andere Elemente und deren Isotopen verwendet werden), sondern in einem anderen Fall auch als »geologisches Thermometer«, mit dem es möglich ist, heute noch festzustellen, wie warm der Atlantik vor fünfzig oder sechzig Millionen Jahren gewesen ist. Als Thermometer eignet sich die Entdeckung der Physikochemiker, daß bei der Bildung von Kalkschalen bei Schnecken, Muscheln oder Krebsen ein streng temperaturabhängiges Gleichgewicht zwischen zwei verschiedenen Sauerstoffisotopen besteht, welche die Tiere in die Kalkmoleküle ihrer Panzer einbauen. Die Relation zwischen O^{16} und O^{18}, wie die beiden

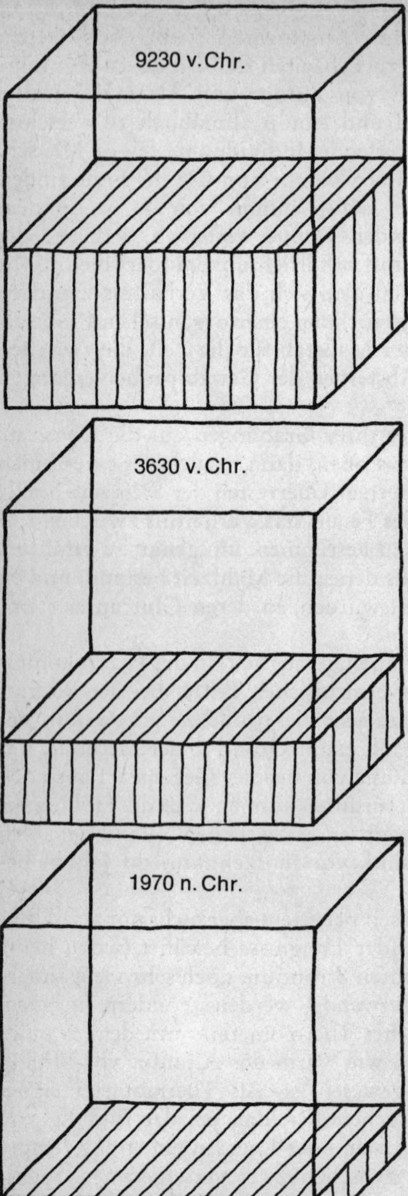

Das Prinzip der Altersbestimmung mit radioaktiven Isotopen ist hier am Beispiel des radioaktiven Kohlenstoffs C^{14} schematisch dargestellt. C^{14} hat eine Halbwertszeit von 5600 Jahren. Wenn jemand also im Jahre 9230 v. Chr. einen Kasten genau bis zur Hälfte mit C^{14} gefüllt und irgendwo vergraben hätte, so wäre davon 5600 Jahre später exakt die Hälfte radioaktiv zerfallen. Im Jahre 3630 v. Chr. wäre der Kasten daher nur noch zu einem Viertel mit C^{14} gefüllt gewesen und weitere 5600 Jahre später, nämlich heute, nur noch zu einem Achtel.

Isotopen des Sauerstoffs wissenschaftlich bezeichnet werden, gibt daher auf den Grad genau an, wie hoch die Umgebungstemperatur war, als die untersuchte Kalkschale entstand. Wenn man diese Untersuchung an den fossilen Kalkschalen ausgestorbener Meeresbewohner durchführt und das Alter der Schalen zusätzlich mit der schon geschilderten C^{14}-Methode bestimmt, weiß man daher genau, welche Temperatur das Wasser in der Zeit hatte, in der die untersuchte Tierart sich in ihm tummelte.
Neuerdings laufen sogar Versuche an, die das Problem lösen sollen, die gleiche Methode mit der Hilfe von Mikroanalysen noch an dem Material einzelner Jahresringe solcher Kalkschalen durchzuführen. Das würde es dann also gestatten, noch nach fünfzig oder hundert Millionen Jahren festzustellen, in welcher Folge in dieser von uns durch eine so unvorstellbare Zeitstrecke getrennten Urwelt »schlechte« und »gute« Sommer aufeinander folgten. Das ist nicht nur zur Rekonstruktion der Umweltverhältnisse auf der Oberfläche der vorzeitlichen Erde von Bedeutung. Auf diese Weise ließe sich heute dann indirekt sogar auf die Aktivität und damit den Zustand der Sonne vor fünfzig oder hundert Millionen Jahren rückschließen und zum Beispiel kontrollieren, ob ihre Aktivität auch damals schon einem elfjährigen Rhythmus unterlag, wie es heute der Fall ist.

Es gibt seit einigen Jahren daneben noch eine ganze Reihe anderer Methoden, mit denen es den Wissenschaftlern möglich geworden ist, die längst verschollen geglaubten Spuren der fernen Erdvergangenheit wieder aufzuspüren und in dieser oder jener Form zum Sprechen zu bringen. Einem deutschen Biologen ist es zum Beispiel gelungen, paläozoische Bakterien, die seit 100 Millionen Jahren oder noch länger in Steinsalz in der Tiefe der Erdkruste eingeschlossen waren, buchstäblich wieder zum Leben zu erwecken. Diese Lebewesen aus der grauen Vorzeit wachsen heute wieder und vermehren sich auf den Nährböden unserer modernen Laboratorien. Das aber heißt nichts anderes, als daß die Wissenschaftler heute auch den Stoffwechsel dieser längst »ausgestorbenen« Urwelt-Organismen und ihre übrigen Lebensfunktionen untersuchen und mit denen ihrer heute noch natürlich vorkommenden Nachfahren vergleichen können.
Auch sonst ist die Paläontologie, die Erforschung der Stammbäume der heute auf der Erde existierenden Lebensformen, längst nicht mehr ausschließlich auf die Untersuchung von Knochenresten und »Versteinerungen« angewiesen. Eine besonders aussichtsreiche neue Disziplin ist zum Beispiel die Feststellung der Artverwandtschaft mit Hilfe einer vergleichenden Untersuchung des Eiweißaufbaus. Der Blutfarbstoff und bestimmte andere Eiweißkörper, die praktisch bei nahe-

Dieses Schema erläutert eine der zahlreichen Nutzanwendungen des in der vorhergehenden Abbildung erläuterten Prinzips. Jedes Lebewesen enthält einen ganz bestimmten Anteil an C^{14}, der während seines Lebens konstant bleibt. Wenn der Organismus jedoch stirbt, beginnt C^{14} im Tempo seiner Halbwertszeit aus den Überresten des Tieres zu verschwinden. Daher ist es möglich, aus dem C^{14}-Gehalt des heute aufgefundenen Skelettrestes, z. B. eines Mammuts, mit großer Genauigkeit zurückzurechnen, wann dieses Tier gestorben sein muß. (Der im Laufe der Zeit abnehmende C^{14}-Gehalt ist in der Skizze durch eine abnehmend dichte Schraffierung angedeutet.)

zu allen Lebewesen vorkommen, und die bei allen auch die gleichen Funktionen erfüllen (Sauerstoff-Transport, Abbau bestimmter Grundnahrungsstoffe usw.), sind bei allen heute lebenden Arten, von den Insekten und Fischen bis hinauf zum Menschen, auch fast gleich aufgebaut. Es sieht so aus, als ob es sich bei ihnen um »Erfindungen« der Natur handelt, die solche Glückstreffer darstellten, daß an ihnen über den ganzen Zeitraum hinweg festgehalten worden ist, der seit der Entstehung des Lebens auf der Erde vor etwa drei Milliarden Jahren vergangen ist. Sie wurden bei allen biologischen Neukonstruktionen immer wieder verwendet, bis zum Menschen, und beweisen den untersuchenden Wissenschaftlern, die sie heute bei allen Lebewesen in fast der gleichen Form antreffen, die grundsätzliche Verwandtschaft aller, auch der verschiedensten heute existierenden Organismen.
Aber nicht nur das. Denn völlig gleich sind auch diese elementare Lebensfunktionen wie die Atmung und die Nahrungsverwertung erfüllenden Eiweißkörper nicht. Von Art zu Art gibt es an den Stellen ihres Gerüsts, die für ihre spezifische biologische Leistung unwichtig sind, doch kleine Unterschiede. Und diese Unterschiede hängen nun ganz offensichtlich ab von der Verwandtschaft der verglichenen Arten oder genauer: von der Zeit, die vergangen ist, seit der Stammbaum der beiden Arten sich voneinander trennte. Hier tut sich plötzlich die Aussicht auf die Erarbeitung eines regelrechten Stammbaum-Kalenders auf, die phantastisch anmutende Möglichkeit, in den kommenden Jahren und Jahrzehnten den Ablauf der Entwicklung des Lebens auf der Erde, von den primitiven Einzellern der Meere bis zur Entstehung des Menschen, als anschauliche, datierbare Geschichte rekonstruieren zu können. Schon heute wissen wir auf Grund der hier skizzierten Methode, daß wir und das Huhn vor »nur« 280 Millionen Jahren einen gemeinsamen Stammvater gehabt haben. 490 Millionen Jahre ist es her, seit unsere amphibischen Vorfahren sich von den Fischen trennten und begannen, das Land zu erobern. Und vor 750 Millionen Jahren muß es auf der Erde ein Lebewesen gegeben haben, das der gemeinsame Vorfahr nicht nur aller Wirbeltiere, sondern auch der Insekten gewesen ist.
Das sind nur einige Beispiele. So faszinierend sie sind, wir können hier nicht näher auf sie eingehen, weil uns das zu weit von unserem eigentlichen Thema abführen würde. Sie sollten nur zeigen und belegen, daß die Wissenschaftler heute gleichzeitig auf vielen verschiedenen Wegen so erstaunlich tief in die längst entschwundene Vergangenheit der Erde und des irdischen Lebens eindringen, daß unser Wissen von der Vorgeschichte heute auf sehr viel festeren und solideren Grundlagen ruht als auf bloßen Theorien, wie von Außenstehenden meist noch angenommen wird.

Eine dieser Methoden soll hier aber jetzt noch näher geschildert werden, und auf ihre Konsequenzen und Resultate wollen wir ebenfalls etwas genauer eingehen, weil sie uns nun ganz unmittelbar wieder zu unserem Gedankengang zurückführt. Es handelt sich dabei um das neue Forschungsgebiet des sogenannten Paläomagnetismus.

Wir können heute nicht nur den Rhythmus der Sonnen-Aktivität zur Zeit der Saurier überprüfen, wir wissen nicht nur, wie warm die Meere waren, in denen sich diese Riesenreptilien tummelten, und unsere Biochemiker analysieren heute nicht nur die Stoffwechselprozesse »ausgestorbener« Mikroben aus dem Erdaltertum. Wir können seit einigen Jahren sogar die Richtung und die Stärke nachmessen, die das irdische Magnetfeld in den verschiedenen Epochen der längst vergangenen Erdgeschichte gehabt hat. Wenn die konkrete Durchführung derartiger Messungen zwar wegen der außerordentlichen Schwäche des dieser Methode zugrunde liegenden »fossilen Magnetismus« auch enorm schwierig ist, so ist das Prinzip in diesem Falle trotzdem furchtbar einfach.
In den Gesteinen der Erdkruste gibt es zahlreiche eisenhaltige Mineralien, die magnetisierbar sind. Sie kommen unter anderem auch in vulkanischen Gesteinen vor, und daraus leitet sich, wie die Geophysiker kurz nach dem letzten Weltkrieg entdeckten, eine äußerst interessante Möglichkeit ab. Nehmen wir einmal an, vor hundert Millionen Jahren sei irgendwo auf der Erde ein aktiver Vulkan ausgebrochen und habe seine nähere Umgebung mit Lava überschwemmt. Solange die aus dem Erdinneren ausgebrochenen Massen noch heiß waren, hatten auch die in ihnen enthaltenen Eisensalze keinerlei magnetische Eigenschaften. Oberhalb einer Temperatur von rund 770 Grad Celsius verliert Eisen, wie schon erwähnt, seine Magnetisierbarkeit. Aber als sie erst einmal an der Oberfläche deponiert war, kühlte sich die Lava natürlich ab. Früher oder später nach dem Ausbruch war dann die kritische Temperaturgrenze wieder unterschritten, und die in der erstarrenden Gesteinsmasse enthaltenen Eisenverbindungen waren bereit, sich aufs neue magnetisieren zu lassen. Das geschah dann auch tatsächlich innerhalb kurzer Zeit, und zwar, und das ist die Pointe an der ganzen Sache, unter dem Einfluß des irdischen Magnetfeldes.
Mit anderen Worten wurden die in der Lava enthaltenen Eisengesteine in diesem Stadium der Abkühlung genau in der nord-südlichen Richtung magnetisiert, die der Richtung des irdischen Magnetfelds entsprach. Trotz der seit einem solchen vorzeitlichen Vulkanausbruch vergangenen Zeiträume läßt sich diese den Gesteinen aufgeprägte magnetische Orientierung mit den inzwischen zur Verfügung stehenden empfindlichen Meßgeräten heute noch genau feststellen. Wenn

man also in einem alten Vulkangebiet durch die von nachfolgenden Ausbrüchen stammenden und alle anderen Ablagerungen hindurchgräbt, bis man, um bei unserem Beispiel zu bleiben, auf eine Schicht stößt, die von einem hundert Millionen Jahre zurückliegenden Ausbruch stammt, dann kann man den in dieser Schicht gleichsam »eingefrorenen« Magnetismus messen und die Richtung feststellen, in der seine Kraftlinien verlaufen. Das Alter der Lavaschicht läßt sich dabei unter anderem mit Hilfe der schon beschriebenen Isotopen-Methode ermitteln.

Nachdem das Verfahren erst einmal ausgearbeitet und beschrieben war, begann man natürlich, an unzähligen Stellen auf der ganzen Erde in Schichten ganz unterschiedlichen Alters nach den Spuren dieses »fossilen« Magnetismus zu suchen und sie zu vermessen. Dabei galt das Interesse der Gelehrten zunächst nur den Fragen der Meßgenauigkeit bei der Registrierung so außerordentlich schwacher magnetischer Felder, die rund hundertmal schwächer sind als das ohnehin nicht sehr starke irdische Magnetfeld, das sie überlagert. Kein Mensch erwartete irgendwelche Sensationen. Tatsächlich machte man aber auf Anhieb die beiden aufregendsten Entdeckungen, die in den letzten beiden Jahrzehnten in der Erdforschung gemacht worden sind.

Alle Welt, oder doch jedenfalls die Welt der Geophysiker, war selbstverständlich von der Annahme ausgegangen, daß die Richtungen, in welche die Linien des Paläomagnetismus weisen würden, gleich aus welcher geologischen Epoche die untersuchten Proben auch stammen mochten, mehr oder weniger genau der Orientierung des heutigen irdischen Magnetfelds entsprechen müßten. Man wußte ja, um nur eines der für diese Annahme sprechenden Argumente anzuführen, daß die Achse des irdischen Magnetfelds auf irgendeine Weise mit der Rotationsachse der Erde zusammenhing. Und es ist tatsächlich bis auf den heutigen Tag schwer vorstellbar, daß sich diese Umdrehungsachse in der bisherigen Erdgeschichte jemals um mehr als ganz geringfügige Beträge verlagert haben könnte. Die sogenannte »Polwanderung«, also die durch genaue Messungen festzustellende kreisförmige Pendelbewegung, welche die Erdachse ausführt, liegt tatsächlich auch in der Größenordnung von maximal zehn Metern im Jahr.

Man braucht nur einmal den Versuch zu machen, einen ausreichend schweren Brummkreisel, wie es sie gelegentlich noch als Kinderspielzeug gibt, durch seitlichen Druck mit dem Finger gegen das oben herausstehende Ende seiner Achse aus seiner Umdrehungsebene abzulenken, um sofort zu verstehen, warum das nicht anders sein kann. Bei dem Versuch stößt man auf einen Widerstand, der jeden Unerfahrenen verblüfft. Dieser Widerstand, den ein Kreisel jeder Lageveränderung entgegensetzt, ist der Grund, warum von Kreiseln »stabilisierte«

drehbare Plattformen in dieser Welt, in der sich alles dreht und bewegt, der zuverlässigste Bezugspunkt sind, wenn es darum geht, einen von allen äußeren Einflüssen unabhängig bleibenden Ausgangswert für laufende Kursberechnungen zur Verfügung zu haben. Auch die automatische Steuerung der heutigen Weltraumraketen orientiert sich an dem »Nullpunkt« derartig kreiselstabilisierter Plattformen, deren Stabilität vom Bord-Computer zusätzlich in regelmäßigen Abständen an ihrer Stellung zu bestimmten weit entfernten (und daher während aller Flüge in unserem Sonnensystem optisch praktisch stillstehenden) Fixsternen kontrolliert wird.

Dieser Trägheitswiderstand, den ein sich um sich selbst drehender Körper jedem Versuch entgegensetzt, seine Umdrehungsachse abzuändern, ist so enorm, daß die vergleichsweise hauchdünne Kruste unseres Planeten in tausend Fetzen auseinandergeflogen und sein glühendes Inneres im eiskalten Weltraum längst zu unzähligen bizarren Tropfen erstarrt wäre, hätte es jemals Kräfte gegeben, die seine Umdrehungsachse um nennenswerte Beträge verlagert hätten. Wer also hätte schon auf den Gedanken kommen sollen, daß sich bei der Untersuchung des Magnetismus in erdgeschichtlich alten Ablagerungen eine andere als eine strikt nord-südliche Orientierung der Feldlinien herausstellen könnte? Genau das aber war dann der Fall. Und zwar zeigte sich sofort, daß es zwei ganz verschiedene Arten von Abweichungen gab, und daß Ausmaß und Häufigkeit dieser »paläomagnetischen Anomalien« um so mehr zunahmen, je weiter zurück in die Vergangenheit die Untersuchungen sich erstreckten.

Der erste Typ von Abweichungen, auf den man stieß, war so verwirrend, daß viele die Ursache der einander widersprechenden Befunde anfangs verständlicherweise in Fehlern bei der Messung der so außerordentlich schwachen »fossilen« Magnetfelder suchten. Es handelte sich um scheinbar willkürlich wechselnde Meßergebnisse, auf die sich niemand einen Vers machen konnte. Die magnetischen Kraftlinien der untersuchten Schichten wichen einmal stärker, dann wieder schwächer von der heutigen Nord-Süd-Richtung ab, aber nicht nur das: Selbst dann, wenn man die Kraftlinien der gleichen geologischen Epoche in verschiedenen Kontinenten miteinander verglich, kam man zu völlig verschiedenen Resultaten. Ergab etwa eine Meßserie, die an zweihundert Millionen Jahre alten vulkanischen Gesteinen des amerikanischen Kontinents gewonnen worden war, daß der Nordpol damals in der Gegend des heutigen Sibirien gelegen zu haben schien, so sprachen Proben aus dem gleichen Zeitraum, die aus Europa stammten, für einen etwa im südlichen Grönland gelegenen magnetischen Nordpol.

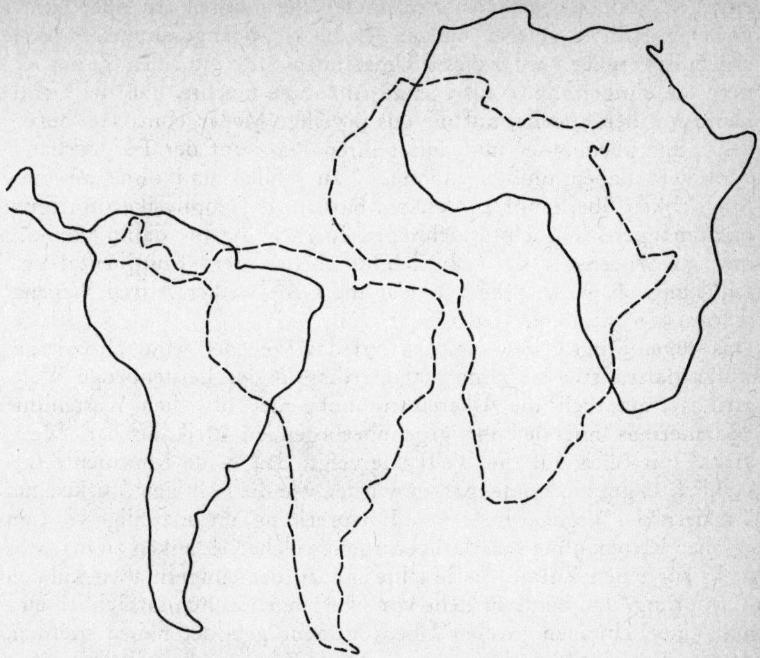

Die Übereinstimmung der südamerikanischen Ostküste mit der Kontur der afrikanischen Westküste war der erste Hinweis auf das Phänomen der »Kontinental-Wanderung«, für die es seit einigen Jahren eine ganze Reihe hieb- und stichfester Beweise gibt. Die gestrichelten Umrißlinien zeigen, wie die beiden Kontinente vor einigen 100 Millionen Jahren zueinander gelegen haben.

Die Geophysiker hatten für dieses verwirrende Bild zwar keine Erklärung. Mit der Hartnäckigkeit und Geduld, die einen guten Wissenschaftler neben anderen Eigenschaften auszeichnen, wurden sie dennoch nicht müde, auf der ganzen Erde immer neue Befunde von Schichten möglichst unterschiedlichen Alters zusammenzutragen, die sie in ihre Karten einzeichneten. Ihre Ausdauer wurde nach wenigen Jahren belohnt. Wie aus einem aus Mosaiksteinen zusammengesetzten Bild, das erst dann erkennbar wird, wenn wenigstens der größere Teil der Steine seinen richtigen Platz gefunden hat, ergab sich gerade mit zunehmender Fülle aus dem anfangs so verwirrenden Durcheinander allmählich ein sinnvolles Muster.
Selbstverständlich, das war der Ausgangspunkt aller Überlegungen, konnte es immer nur einen einzigen Nord- und auch nur einen

einzigen Südpol gegeben haben, und beide mußten einander immer genau gegenüber gelegen haben. All die vielen angesammelten Meßergebnisse ergaben unter diesen Umständen nur dann einen Sinn, wenn man die einigermaßen aufregende Annahme machte, daß die Kontinente seit der Epoche, auf die das jeweilige Meßergebnis sich bezog, ihre Lage zueinander und damit ihren Platz auf der Erdoberfläche verändert haben mußten. Ohne es zu wollen und ohne an diese Möglichkeit überhaupt zu denken, hatten die Geophysiker mit ihren paläomagnetischen Untersuchungen folglich die bis dahin von den meisten Wissenschaftlern abgelehnte Theorie der »Kontinental-Verschiebung« bewiesen, die der deutsche Geophysiker Alfred Wegener schon 1912 aufgestellt hatte.

Das augenfälligste Beweismittel, auf das Wegener seine Theorie gestützt hatte, ist »das Knie Südamerikas in der Leistenbeuge Westafrikas«, nämlich die Übereinstimmung der östlichen Küstenlinie Südamerikas mit der ihr gegenüberliegenden afrikanischen Westküste. Ein Blick auf die Weltkarte zeigt, daß beide Kontinente tatsächlich so gut zusammenpassen würden wie die richtigen Stücke eines Puzzlespiels. Wegener hielt diese Entsprechung, die unzählige vor ihm gesehen hatten, ohne sich darüber irgendwelche Gedanken zu machen, nicht für einen Zufall. Sie brachte ihn zu der einigermaßen kühnen Vermutung, daß beide Erdteile vor sehr langen Zeiten tatsächlich einmal einen einzigen großen Überkontinent gebildet haben müßten, der auseinandergebrochen sei und dessen Bruchstücke seit dieser Zeit auf einer zähflüssigen Schicht des äußeren Erdmantels auseinandertrieben. Geduldige Untersuchungen und geologische Vergleiche ließen ihn später ähnliche Entsprechungen, die weniger ins Auge stachen, auch zwischen den Küsten anderer Kontinente annehmen, so zum Beispiel zwischen Indien und der afrikanischen Südostküste.

19 Bei einer totalen Sonnenfinsternis, bei welcher der Mond die Scheibe der Sonne für einen kurzen Augenblick völlig abdeckt, wird die »Korona«, der 1 Millionen Grad heiße Teil der Sonnenatmosphäre, sichtbar. Radioastronomische Untersuchungen und Raumsonden-Experimente der letzten Zeit haben gezeigt, daß die Atmosphäre unseres Zentralgestirns aber noch sehr viel weiter in den Raum hinein reicht, als es eine solche Aufnahme vermuten läßt, nämlich mindestens noch über die Marsbahn hinaus.

Die noch vor kurzem gänzlich unbekannte Tatsache, daß die Sonne folglich zumindest die inneren Planeten ihres Systems, wahrscheinlich aber sogar das ganze Sonnensystem, noch in ihre äußerst fein verteilte Atmosphäre einhüllt, ist, wie neueste Entdeckungen zeigen, für die Bewohnbarkeit unserer Erde von entscheidender Bedeutung.

Diese Theorie von der Kontinental-Verschiebung wurde seinerzeit in Fachkreisen vorübergehend lebhaft diskutiert, von den meisten Wissenschaftlern aber abgelehnt. Ihr Haupteinwand bestand in dem Hinweis darauf, daß niemand, Wegener selbst nicht ausgenommen, hätte angeben können, woher die gewaltigen Kräfte stammen sollten, die notwendig waren, um ganze Kontinente auf der Erdoberfläche in Bewegung zu setzen. Heute ist die Situation genau umgekehrt. Wegeners Theorie ist in den Augen der meisten Geophysiker so gut wie bewiesen. Also müssen die Kräfte zur Wanderung der großen Kontinental-Schollen, die wie Eisschollen im Zeitlupentempo von wenigen Zentimetern im Jahr auf ihrer zähen Unterlage schwimmen, existieren. Heute ist die Frage folglich nicht mehr die, ob es sie gibt, sondern die Frage danach, woher sie stammen. Sie ist noch immer nicht endgültig beantwortet. Auch hier übrigens greifen viele Geophysiker wieder auf die Annahme von Konvektionsströmungen zurück, die durch Temperaturunterschiede im Erdinneren erzeugt werden sollen, die sich in diesem Fall aber natürlich sehr viel näher an der Erdoberfläche und auch sehr viel langsamer abspielen würden, als es zur Erklärung des Erdmagnetismus notwendig ist.

Eine ganz andere Theorie nimmt neuerdings an, daß das langsame Auseinanderrücken der großen Kontinentalschollen durch den Druck der Lava bewirkt wird, die kontinuierlich aus den riesigen vulkanischen Spalten quillt, die in den letzten Jahren in den Böden der großen Ozeane entdeckt worden sind. Entschieden ist diese Frage aber heute noch nicht.

Wegener hat die Anerkennung seiner Theorie nicht mehr erlebt. Er kam 1930, erst fünfzigjährig, unter nie ganz geklärten Umständen auf einer Grönland-Expedition um. Die Gerüchte, daß seine Nerven der konzentrierten Kritik seiner Fachkollegen nicht gewachsen gewesen seien und daß es sich bei seinem Tod in Wirklichkeit um Selbstmord gehandelt habe, sind bis heute nicht verstummt.

Die ersten Hinweise darauf, daß an der These von einer Wanderung der großen Kontinente innerhalb der Erdgeschichte etwas Wahres sein könne, ergaben sich erst kurz nach dem letzten Krieg aus der geologischen Entdeckung, daß nicht nur die Umrißlinien der Küsten Afrikas und Südamerikas, sondern über weite Strecken hin auch die Natur der Gesteinsformationen, aus denen die einander entsprechenden Abschnitte dieser Küsten bestehen, übereinstimmen. Unter den vielen weiteren Hinweisen, die sich mit der Zeit dann noch ansammelten – Wegeners Theorie hatte sich zwar nicht durchgesetzt, sie wurde aber von vielen seiner Fachkollegen nach wie vor geduldig weiter überprüft –, sei hier nur noch ein weiterer angeführt, weil er besonders interessant ist und auf überraschende Weise zeigen kann, wie weit

verzweigt die Zusammenhänge sind, auf die man bei jeder wissenschaftlichen Untersuchung stößt, sobald man sich nicht ausschließlich auf die engen Grenzen eines einzigen Spezialfachs konzentriert.
Bei diesem Hinweis handelt es sich bemerkenswerterweise um einen zoologischen Befund, der aus dem Jahr 1968 stammt. Damals wurde in den Sedimenten des Mündungsgebiets des Amazonas eine mikroskopisch kleine Art von Krebschen entdeckt, deren Mitglieder sich durch einige Eigentümlichkeiten ihres Körperbaus auszeichnen, die für ein sehr hohes Alter dieser Tierart sprechen. Es handelt sich bei ihnen also um eine sogenannte »Reliktfauna« oder »lebende Fossilien«, um die spärlichen Überreste einer urweltlichen Organismenart, wie solche an manchen Stellen der Erde durch das Zusammentreffen glücklicher Umstände in kleinen »Oasen« bis heute überlebt haben.
Als die Zoologen nun daran gingen, die neuentdeckten südamerikanischen Krebschen zu klassifizieren, und als sie sie zu diesem Zweck mit ähnlichen, bereits beschriebenen Arten verglichen, um sie ihrer Verwandtschaft entsprechend einordnen zu können, erlebten sie eine Überraschung: Die Krebschen waren gar nicht so neu, wie man zunächst geglaubt hatte. Zumindest *eine* Art gab es, die ihnen zum Verwechseln ähnlich war, und bei der es sich um sehr nahe Verwandte handeln mußte. Diese ganz nahen Verwandten aber existierten nun ausgerechnet im Grundwasser und in den Sedimenten einiger westafrikanischer Flußmündungen! Es liegt auf der Hand, wie diese überraschende Entsprechung, die nicht einfach als Zufall angesehen werden kann, gedeutet werden muß. Zu erklären ist sie nur durch die Annahme, daß die beiden urtümlichen Arten von Krustentieren, die heute durch die ganze Breite des Atlantik voneinander getrennt sind, einst in unmittelbarer Nachbarschaft in der gleichen Region der Erdoberfläche gelebt haben müssen. Eine zufällige Verschleppung über den Atlantik hinweg scheidet als Erklärung für die überraschende Entdeckung schon deshalb von vornherein aus, weil es sich bei beiden Arten um ausgesprochene Süßwasserbewohner handelt, die einen Transport durch Meerwasser nicht überleben würden.

Den endgültigen Beweis für die Theorie Wegeners aber dürften nun die schon erwähnten paläomagnetischen Befunde der letzten Jahre darstellen. Als die Geophysiker erst einmal auf diesen Gedanken gekommen waren, begannen sie natürlich, die unterschiedlichen Magnetisierungsrichtungen, die sich in den verschiedenen Proben der gleichen Gegend feststellen ließen, systematisch zu ordnen, und zwar entsprechend dem Alter der Schicht, aus denen sie stammten. Neben die Nord-Süd-Richtung, welche die tiefste, also älteste Schicht der untersuchten Region angab, wurde die der darüberliegenden Ablage-

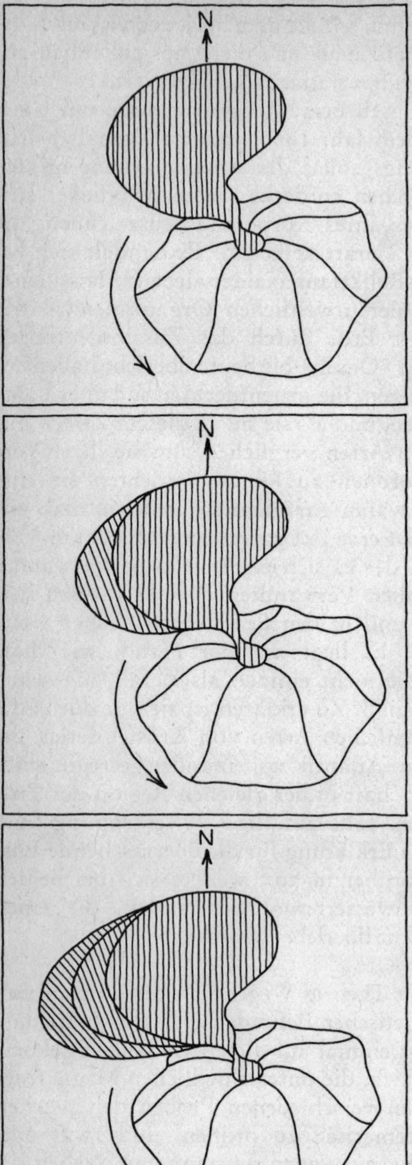

Das kürzlich entdeckte Phänomen des Paläomagnetismus erlaubt es, die im Verlaufe der Erdgeschichte erfolgten Wanderungen und Verschiebungen von Kontinenten und Inseln heute wieder zu rekonstruieren. Wenn ein Vulkan z. B. in verschiedenen erdgeschichtlichen Epochen größere Lavaschichten produziert und sich in der gleichen Zeit mit der Landmasse, zu der er gehört, in der Pfeilrichtung gedreht hat, dann ergibt die Untersuchung der verschieden alten Lavaschichten heute, daß jede von ihnen magnetisch anders orientiert ist. Die in ihnen »eingefrorenen« magnetischen Feldlinien weichen dann jeweils um den Betrag von der Nord-Süd-Richtung ab, um den der Vulkan sich in der seit dem zugehörigen Ausbruch vergangenen Zeit gedreht hat.

rung eingezeichnet, und so fort, in der Reihenfolge, in der sich die übereinanderliegenden Schichten im Verlauf der Erdgeschichte gebildet hatten. Bei diesem Vorgehen ergab das anfangs so verwirrende Bild sofort einen Sinn. Bei dieser zeitlich geordneten Aneinanderreihung der Befunde zeigte sich in allen untersuchten Fällen ein kontinuierliches, ganz allmähliches »Wandern« der magnetischen Richtungsanzeigen. Diese wichen bei den ältesten Schichten stets am stärksten von der heutigen Nord-Süd-Richtung ab, näherten sich dieser mit dem Jüngerwerden der Ablagerungen immer mehr an und fielen dann bei der jüngsten untersuchten Schicht mit der heutigen Kompaßorientierung praktisch zusammen. Richtung und Ausmaß dieser scheinbaren Polwanderung stimmten überdies bei allen Proben aus ein und demselben Kontinent zwar überein, unterschieden sich aber grundlegend von den in anderen Erdteilen erhobenen Resultaten.
Da sich die Lage von Nord- und Südpol aber in der gleichen geologischen Epoche niemals in verschiedenen Richtungen und mit verschiedenen Geschwindigkeiten geändert haben konnte, ließ das aus Tausenden von mühsamen Einzelmessungen über viele Jahre hin schließlich zusammengesetzte Bild nur eine einzige Deutung zu: was die Forscher da mit Zähigkeit und Geduld zutage gefördert hatten, waren die Spuren der Tatsache, daß die Kontinente selbst ihre Stellung zu den Polen im Laufe der Jahrmillionen allmählich geändert haben mußten.
Damit aber war Wegeners Theorie nicht nur praktisch bewiesen. Aus der Aufeinanderfolge der einzelnen Befunde einer bestimmten Gegend der Erdoberfläche und den zeitlichen Abständen ihrer wechselnden Positionen wurde jetzt sogar der historische Ablauf der Drift der großen Erdteile, ihr Tempo und der Weg ablesbar, den die riesigen Kontinentalschollen auf ihrer gewaltigen, sich über viele Jahrmillionen hinziehenden Wanderung zurückgelegt hatten. Wie in einem Zeitrafferfilm bot sich den Augen der Forscher nun die Geschichte der Veränderungen dar, denen die Erdkruste seit ihren frühen Anfängen unterworfen gewesen war, und die für das Zeitgefühl so kurzlebiger Wesen, wie wir es sind, so langsam ablaufen, daß sie nicht nur unspürbar, sondern bisher auch unmeßbar bleiben.

Die Entdeckung der langsamen Richtungsänderungen des in alten Gesteinsschichten »eingefrorenen« Magnetismus, die in allen Erdteilen anders verlaufen waren: das war nur die erste Überraschung, die die neue Forschungsrichtung des Paläomagnetismus lieferte. Die zweite Entdeckung war noch verblüffender. Sie stellt in gewisser Hinsicht das Gegenstück zu den Befunden dar, die bisher zur Sprache kamen. Im Gegensatz zu diesen besteht die zweite Überraschung in der Entdeckung, daß es neben den allmählich erfolgten Richtungsänderungen des im Gestein eingeschlossenen fossilen Magnetismus in großen zeitlichen Abständen offensichtlich auch zu ganz plötzlichen Umschlägen gekommen ist. Je weiter zurück in die Vergangenheit sich die Untersuchungen erstreckten, je tiefer die Bohrungen in den vulkanischen Schichten also getrieben wurden, um Untersuchungsmaterial zu gewinnen, um so häufiger stieß man auch auf diesen zweiten Typ von Veränderungen. Der durchschnittliche Abstand zwischen zwei derartigen Ereignissen scheint mehrere Hunderttausend bis eine Million Jahre betragen zu haben, und ihre Spuren sind auf der ganzen Erde in allen altersgleichen Gesteinsproben stets identisch nachweisbar.

Diese zweite Überraschung mußte noch sehr viel rätselhafter wirken. Trotz erster Ansätze des Verstehens ist sie auch bis heute noch keineswegs vollständig erklärt. Das erwähnte »Umschlagen« der Magnetisierungsrichtung, das, wie die paläomagnetischen Befunde zeigen, jeweils gleichzeitig auf der ganzen Erde in der gleichen Weise erfolgt sein muß, betrug nämlich immer exakt 180 Grad. Die diesen paläomagnetischen Spuren zugrunde liegenden Ereignisse müssen also in plötzlich erfolgenden »Umpolungen« des ganzen irdischen Magnetfeldes bestanden haben. Anders formuliert: der heutige (magnetische) Nordpol ist keineswegs schon immer der Nordpol der Erde gewesen. Er ist das tatsächlich erst seit relativ kurzer Zeit, nämlich erst seit etwa siebenhunderttausend Jahren. Davor war er der *Südpol* – vor dieser Zeit hätte eine Kompaßnadel also nach Süden gezeigt – und der Nordpol lag in der Antarktis. Allerdings hat dieser Zustand auch nur dreihunderttausend Jahre gedauert. Davor war der heutige Nordpol schon einmal Nordpol, wenn auch nur für ein knappes Jahrhunderttausend, und davor fast eine Million Jahre lang Südpol. Und so geht das allem Anschein nach immer weiter, je weiter zurück in die Vergangenheit man die Verhältnisse verfolgt. In unberechenbaren Abständen, deren kleinste etwa bei hunderttausend Jahren liegen, und die selten größer sind als eine Million Jahre, hat sich das irdische Magnet-

feld immer von neuem »umgepolt« – wurde aus dem Nordpol der Südpol und umgekehrt.
An der Tatsache selbst ist ein Zweifel nicht mehr möglich, die paläomagnetischen Spuren in den untersuchten Gesteinen geben darüber eindeutig und überall auf der Erde übereinstimmend Auskunft. Wie das Phänomen allerdings zu erklären sein könnte, darüber schienen zunächst nicht einmal Vermutungen und Hypothesen möglich. Die Entdeckung kam so unerwartet, daß sie die Fachwelt vollkommen unvorbereitet traf. Um so mehr Gedanken begann man sich dafür alsbald über die Folgen zu machen, welche die neuentdeckte Erscheinung der wiederholten Umpolung des irdischen Magnetfeldes für die Bedingungen und Verhältnisse auf der Oberfläche unseres Planeten jeweils mit sich gebracht haben mußte.
Damit sind wir wieder mitten im Zentrum unseres Gedankengangs. Die beiden van Allenschen Strahlungsgürtel und die sich in der Existenz dieser Gürtel dokumentierende Schutzwirkung der irdischen Magnetosphäre gegenüber dem harten Anteil der Sonnenstrahlung, dem »Sonnenwind«, mit dem wir uns ausführlich beschäftigt haben, waren in der Zeit, in der die Geophysiker erstmals auf das Phänomen der Umpolung des irdischen Magnetfelds stießen, schon gut bekannt. Und so war es nur allzu verständlich, daß man sich sofort die Frage vorlegte, welche Folgen diese in der fernen Vergangenheit der Erde aufgetretenen Umpolungen wohl für die Strahlungsgürtel und die ganze Magnetosphäre und damit für das damals auch schon auf der Erde existierende Leben gehabt hatten.
Denn »plötzlich« ist natürlich ein relativer Begriff. Es war von vornherein klar, daß sich die Umpolung der Erde nicht mit der Plötzlichkeit vollzogen haben konnte, mit der man eine Lampe ein- oder ausschaltet. Die gewaltigen Räume, über die sich die Magnetosphäre erstreckt, und die nicht weniger gewaltigen Massen im Erdinneren, deren Bewegung sie erzeugt und aufrechterhält, machen einen Wechsel zwischen Nordpol und Südpol zu einem Vorgang, der in unseren Augen sogar relativ viel Zeit beansprucht haben muß.
Aus irgendeinem Grund mußte zunächst die Dynamo-Funktion des Erdinneren zum Erliegen kommen, um dann erneut ihre Funktion aufzunehmen, mit der Folge, daß das Magnetfeld sich von neuem aufbaute. Solange wir nicht eindeutig wissen, welche Faktoren diesen Prozeß einzuleiten vermögen, müssen wir heute außerdem auch noch mit der Möglichkeit rechnen, daß das irdische Magnetfeld in der Vergangenheit sehr viel häufiger zusammengebrochen ist als wir bisher wissen. Einige Wahrscheinlichkeit spricht dafür, daß das genau doppelt so oft geschehen ist als wir heute noch glauben. Denn die paläomagnetischen Spuren berichten uns nur von erfolgten Umpolungen.

Nun ist es aber nicht nur denkbar, sondern statistisch gesehen sogar wahrscheinlich, daß sich das Magnetfeld der Erde nach einem Zusammenbruch nicht jedesmal in der entgegengesetzten Richtung von neuem aufbaute. Jedesmal bestand in dieser Situation vielmehr auch eine gleich große Chance dafür, daß hinterher der Nordpol wieder dort lag, wo er vorher auch schon gelegen hatte. Der Gedanke liegt daher nahe, daß wir mit den jetzt nachgewiesenen Umpolungen in Wirklichkeit nur etwa die Hälfte der Fälle erfassen können, in denen die Erde vorübergehend ohne den Schutz ihres Magnetfeldes hat auskommen müssen.

Aber zurück zu der Frage, wie lange diese »schutzlosen« Phasen jeweils gedauert haben mögen. Angesichts der Lückenhaftigkeit unseres Wissens über die Entstehung des Magnetfelds ist es kein Wunder, daß die Schätzungen der Wissenschaftler in diesem Punkt weit auseinandergehen. Aber selbst die größten Optimisten räumen ein, daß jeweils mindestens tausend Jahre vergangen sein dürften, bis der Schutzschirm der Magnetosphäre sich nach dem Erlöschen und Wiederaufbau des irdischen Magnetfeldes von neuem gebildet hatte. Mindestens während dieses Zeitraumes also muß das auf der Erdoberfläche existierende Leben dem Sonnenwind in entsprechend verstärktem Maß ausgesetzt gewesen sein. Wenn diese Zeit von einem Jahrtausend uns auch aus der Perspektive unserer Lebensspanne ganz gewaltig vorkommt, so ist es dennoch berechtigt, daß die Geophysiker hier von einer »plötzlich« auftretenden Veränderung sprechen. Denn diese Intervalle trennen Zeiträume von Jahrhunderttausenden oder gar einer Million Jahre, in denen das Magnetfeld jeweils stabil geblieben ist.

Manche Geophysiker rechnen mit weitaus größeren Magnetfeld-Intervallen. Die Schätzungen gehen bis zu zehntausend Jahren. »Zwischen zweitausend und fünftausend Jahren« – das ist die häufigste Angabe, auf die man in den verschiedenen Veröffentlichungen stößt. Mindestens ein Jahrtausend lang also ist die Erde in ihrer bisherigen Geschichte bereits wiederholt ohne Strahlungsgürtel und ohne magnetischen Schutzschirm gewesen. Was waren die Konsequenzen?

Über diesen Punkt hat es seit der Entdeckung des überraschenden Phänomens lebhafte Diskussionen unter den Wissenschaftlern gegeben, die lange Zeit unentschieden blieben, bis in den letzten Jahren schließlich neue Entdeckungen veröffentlicht wurden, die den Streit beendet zu haben scheinen. Die eine der beiden Parteien rechnete mit sehr einschneidenden Wirkungen auf die während der Phase des Polwechsels auf der Erdoberfläche existierenden Lebensformen. Die Vertreter dieser Gruppe vertraten von Anfang an sogar die Auffassung, daß das Aussterben ganzer Tierarten, zu dem es im Verlauf der Erd-

geschichte nachweislich immer wieder gekommen ist und für das es keine überzeugende Erklärung gibt, auf diese Zusammenbrüche des magnetischen Abwehrschirmes zurückzuführen sein könnte.
Die Gegenpartei hielt das für Schwarzmalerei. Sie vertrat den genau entgegengesetzten Standpunkt und behauptete, daß der vorübergehende Wegfall der Magnetosphäre biologisch praktisch bedeutungslos geblieben sei. Für diese Auffassung ließ sich in der Tat ein sehr gewichtiges Argument ins Feld führen: die irdische Atmosphäre. Im Unterschied zu den Verhältnissen etwa auf dem Mond ist bei der Erde die Magnetosphäre tatsächlich nicht der einzige Schutzwall gegen den im freien Raum ohne Zweifel lebensbedrohenden Sonnenwind. So energiereich die Teilchen auch sind, aus denen er besteht, die Dutzende von Kilometern hohe Luftschicht, die sich über der Erdoberfläche erhebt, stellt einen elastischen Puffer dar, in dem sie früher oder später stecken bleiben. Aus der Dichte, Höhe und Zusammensetzung unserer Atmosphäre und der Dichte, Zusammensetzung und Geschwindigkeit des Sonnenwindes kann man berechnen, wie groß die statistische Wahrscheinlichkeit ist, daß ein einzelnes dieser mit tausendfacher Schallgeschwindigkeit von der Sonne auf uns losgelassenen Teilchen bis zur Erdoberfläche und zu den auf dieser existierenden Organismen durchkommt. Diese Chance ist tatsächlich ganz minimal. Das Phänomen der in achtzig und mehr Kilometern Höhe aufleuchtenden Polarlichter ist der praktische Beweis dafür, daß diese Rechnung stimmt. Polarlichter entstehen durch den Aufprall energiereicher Teilchen des Sonnenwindes auf die obersten Schichten der Atmosphäre. Selbst in den Polregionen also, über denen der Magnetschirm jeweils ein »Loch« hat, bleiben fast alle von der Sonne heranrasenden Protonen und Elektronen schon in dieser Höhe über dem Erdboden im Luft-Puffer der Erde hängen.
Im ersten Augenblick sieht es folglich so aus, als ob die ganze Streitfrage mit diesem Argument erledigt sei (und als ob in diesem Buch die Bedeutung der Schutzwirkung der irdischen Magnetosphäre bisher maßlos überschätzt worden wäre). Die Situation ist jedoch etwas verwickelter. Niemand nämlich, auch kein Vertreter der »Katastrophen-Theorie«, hatte jemals angenommen oder behauptet, daß der Sonnenwind gleichsam als eine Art »Todesstrahlung« die Erdoberfläche bombardiert und die dort lebenden Tiere umgebracht hätte. Die wirkliche Gefahr wird vielmehr durch die sogenannte Sekundärstrahlung gebildet, und sie besteht darin, daß der gleichmäßige Ablauf der biologischen Evolution gestört wird. Anders formuliert: es wird kein einziges Lebewesen selbst umgebracht, aber die existierenden Arten geraten in die Gefahr, auszusterben. Wir müssen uns im folgenden Kapitel etwas näher ansehen, wie es dazu kommen kann.

Es war vorhin schon vom Kohlenstoff-Isotop C^{14} die Rede, einer Art Variation des normalen Kohlenstoffs, die sich bei sonst völlig identischen Eigenschaften von diesem dadurch unterscheidet, daß sie radioaktiv ist, also Strahlung abgibt, und dabei im Lauf einer ganz bestimmten Zeit zerfällt. Bisher hatten wir uns nur mit der Möglichkeit beschäftigt, die außerordentliche Präzision dieses Zerfalls zur Abschätzung des Alters kohlenstoffhaltiger Gewebe, wie zum Beispiel steinzeitlicher Knochenfunde oder Holzkohlenreste, zu benutzen. An dieser Stelle ist es an der Zeit, darauf einzugehen, woher diese radioaktive Variante des gewöhnlichen Kohlenstoffs stammt. Dabei erhebt sich sogleich auch die Frage, welcher Mechanismus ihn eigentlich laufend ergänzt. Denn wenn sein Anteil in der Luft, die wir atmen, immer gleich hoch ist, obwohl er mit der erwähnten Regelmäßigkeit stetig zerfällt, muß es natürlich eine Nachschubquelle geben, die den durch Strahlung hervorgerufenen Verlust laufend ersetzt.

Alle diese Fragen sind heute aufgeklärt. Das Kohlenstoff-Isotop C^{14} stammt aus den obersten Schichten der Stratosphäre. Auch das Geheimnis seiner Entstehung und laufenden Nachlieferung ist gelöst: C^{14} entsteht aus dem gewöhnlichen, »normalen« Kohlenstoff der Luft, und zwar unter der Einwirkung der kosmischen Höhenstrahlung und des Sonnenwindes. In hundert und mehr Kilometern Höhe über dem Erdboden, dort, wo der durch die Mauer der Strahlungsgürtel geschlüpfte Teil des Sonnenwindes auf die Erdatmosphäre prallt und von ihr abgefangen wird, verwandeln sich unter der Wucht des Zusammenpralls mit den von der Sonne stammenden Partikeln immer wieder einzelne Kohlenstoffatome in das radioaktive Isotop C^{14}. Und wenn, wie wir gesehen haben, von den Sonnen-Teilchen selbst auch nur die wenigsten die Chance haben, durch das dicke atmosphärische Luftpolster hindurch bis in unseren Lebensraum vorzudringen, so verteilt sich das »sekundäre« Treffer-Produkt C^{14} doch so gleichmäßig in der ganzen Atmosphäre, daß es von allen Pflanzen aufgenommen wird und auf dem Weg der Nahrungskette dann auch in alle tierischen und unseren menschlichen Organismus gelangt.

Die Situation ist vergleichsweise also so, als ob man sich gegen Schüsse hinter einer Panzerplatte versteckt, die zwar dick genug ist, die heranfliegenden Kugeln aufzuhalten, von der aber unter der Gewalt der auftreffenden Geschosse ständig Splitter abbröckeln, die nun ihrerseits in der Gegend herumfliegen und einen treffen können. Das Treffer-Produkt C^{14} »trifft« uns tatsächlich ständig. Wir nehmen es mit solcher Regelmäßigkeit auf, und wir beherbergen es daher, wie alle

anderen Lebewesen auch, in einem so konstanten Prozentsatz in unseren Körpergeweben, daß wir es in der beschriebenen Weise als das Zählwerk einer paläontologischen Uhr benutzen können, mit der sich längst vergangene Zeiten ausloten lassen.
Worin aber besteht denn nun die Trefferwirkung, welche Effekte übt das indirekt von der Sonne stammende »Sekundär-Geschoß« C^{14} auf unseren Körper aus?
Trotz aller Diskussionen über die friedliche Nutzung der Atomenergie und ihre verheißungsvollen Möglichkeiten sehen wir Heutigen alles, was mit Kernspaltung und Radioaktivität zu tun hat, fast ausnahmslos unter einem einseitig negativen Aspekt. In unser aller Bewußtsein sitzt die Angst vor der von unserer Technik zur Verfügung gestellten Naturkraft des Atoms so dicht unter der Oberfläche, daß das nur allzu verständlich ist. Deshalb wird es manchen überraschen, wenn er erfährt, daß die »Trefferwirkung« des von uns laufend aufgenommenen C^{14} als ein nicht nur für uns, sondern für alle höheren Lebensformen fundamentaler, ganz unentbehrlicher biologischer Faktor anzusehen ist. Ohne den geringen Anteil von C^{14}, den die Erdatmosphäre neben anderen Isotopen enthält, gäbe es uns aller Wahrscheinlichkeit nicht. Das gleiche gilt für alle höheren Tiere und sogar für die Pflanzen. Dabei ist es nicht so, daß wir als Individuen auf dieses Isotop angewiesen wären, daß etwa unser Stoffwechsel oder andere lebenswichtige Funktionen ohne dieses Element nicht auskämen. Jeder einzelne von uns, jede Pflanze und jedes Tier könnten sehr wohl in der Form, in der sie heute existieren, auch in einer anderen Umwelt, zum Beispiel auf einem außerirdischen Himmelskörper, überleben, die frei wäre von dieser und anderen Strahlungsquellen.
Die Bedeutung von C^{14} und anderen, noch spärlicher vorhandenen radioaktiven Elementen in der Atmosphäre und ebenso auch in der Erdkruste liegt ganz woanders. Die von allen diesen Quellen erzeugte »Hintergrundstrahlung«, die zu den unveränderlichen und charakteristischen Eigenschaften unserer irdischen Umwelt gehört, bildet nämlich höchstwahrscheinlich gleichsam den Gashebel, der das Tempo des Ablaufs der Stammesgeschichte reguliert – die Geschwindigkeit, mit der sich im Verlauf der Geschichte des Lebens auf der Erde der Wechsel der Arten und die Entstehung neuer Arten abgespielt haben. Ohne diese Strahlung könnten wir zwar heute leben. Ohne sie gäbe es uns vermutlich jedoch gar nicht, denn der Motor der Evolution wäre gar nicht erst in Gang gekommen und das Leben auf der Erde würde sich möglicherweise noch heute, drei Milliarden Jahre nach seinem Anfang, auf die vegetative, bewußtseinsunfähige Existenz primitiver Einzeller beschränken, die passiv in den Weltmeeren dahintreiben.

Um zu verstehen, warum das so ist, müssen wir hier kurz auf einige der wichtigsten Prinzipien der Evolution oder Stammesgeschichte eingehen. Nur dann können wir ermessen, welche ungeheure, obwohl bis vor wenigen Jahren gänzlich ungeahnte Bedeutung die wiederholte Umpolung des irdischen Magnetfelds für den Ablauf dieser Evolution und damit für die Geschichte allen Lebens auf der Erde gehabt haben muß.

Das Leben ist, statistisch gesehen, ein Zustand, der um einen geradezu astronomisch großen Faktor unwahrscheinlicher ist als das Unbelebte. Man braucht nur an die Vielfalt und Kompliziertheit aller der Vorgänge zu denken, die allein dazu notwendig sind, um das Leben einer einzigen, noch so »primitiven« Zelle aufrechtzuerhalten. Dabei steht überdies auch noch fest, daß wir fraglos die meisten dieser Funktionen bis heute überhaupt noch nicht entdeckt haben, und daß wir von denen, die wir schon kennen, keine einzige wirklich in vollem Umfang durchschauen und verstehen. Wenn man den geradezu unvorstellbaren Aufwand bedenkt, der getrieben wird, um einen lebenden Organismus wenigstens vorübergehend in diesem »Leben« genannten Zustand zu erhalten, bevor der Stoff, aus dem er besteht, unweigerlich wieder in die Dimension der unbelebten Materie zurückfällt, dann fragt man staunend nach dem Grund, der dazu geführt haben mag, daß Leben überhaupt entstehen konnte.
Die Frage ist unbeantwortbar, jedenfalls für uns und jedenfalls in der Gegenwart. Eine solche Situation pflegt für viele Menschen gleichbedeutend zu sein mit der Versuchung, als Grund ein »Wunder« anzunehmen, womit gemeint sein soll, daß der betreffende Tatbestand wissenschaftlich grundsätzlich unerklärbar und der Begreifbarkeit durch den menschlichen Verstand entzogen sei. Im Gegensatz zu anderen, gewissermaßen »normalen«, von der Naturwissenschaft ver-

20 Das Aussehen der Sonnenoberfläche bei stärkster Vergrößerung zeigt die typische »Granulation«, die wabenartige Struktur der obersten Schicht unseres Zentralgestirns. Jede dieser »Waben« hat einen Durchmesser von durchschnittlich 1000 Kilometern. Man glaubt heute, daß es sich bei ihnen um aus dem Sonneninnern aufsteigende Gasblasen handelt, die an der Sonnenoberfläche mit einem unvorstellbaren Lärm platzen (»...und ihre vorgeschriebene Reise vollendet sie mit Donnergang«). Das fortwährende Donnern, das durch das Platzen dieser riesigen, aus dem Sonneninnern hervorbrechenden Blasen hervorgerufen wird, ist die Hauptursache für die sprunghafte Erhitzung der Sonnenatmosphäre bis auf 1 Millionen Grad und für die Ausdehnung dieser Atmosphäre bis an die Grenzen unseres Sonnensystems.

stehbaren Fakten oder Vorgängen wird bei einem solchen »Wunder« ein die Naturgesetze durchbrechendes Eingreifen einer (wie auch immer vorgestellten) »übernatürlichen« Instanz angenommen.
Die Versuchung zu einer solchen Schlußfolgerung liegt in der geschilderten Situation tatsächlich nahe. Trotzdem sollten wir uns hüten, ihr nachzugeben. Das ist deshalb ratsam, weil es nicht nur oberflächlich und billig, sondern auch grob fahrlässig ist, den Begriff des Wunders von unserer jeweiligen Fähigkeit abzuleiten, einen bestimmten Sachverhalt zu verstehen. Die jahrhundertelange Geschichte der ebenso traurigen wie unnötigen Auseinandersetzung zwischen der christlichen Kirche und der abendländischen Wissenschaft ist eine einzige Kette von vermeidbaren Niederlagen, welche die Theologen sich selbst zufügten, weil sie allzu lange mit völlig unnötiger Hartnäckigkeit auf diesem Zusammenhang bestanden. Wenn ich alles, was ich noch nicht verstehe, in diesem Sinne zum »Wunder« erkläre und auf diese Weise von anderen Sachverhalten unterscheide, die ich als »verständlich« bezeichne, dann beschwöre ich zwangsläufig das Risiko herauf, im Fortschreiten der wissenschaftlichen Erkenntnis auf eines meiner »Wunder« nach dem anderen verzichten zu müssen.
Es ist aber nicht nur aus diesem vergleichsweise oberflächlichen und gewissermaßen »taktischen« Grund fahrlässig, das Wunder dort zu suchen, wo man die Welt nicht begreift. Es ist auch billig und allzu bequem. Die Alternative »verständlich« oder »wunderbar« ist zwar sehr verbreitet, dennoch ist sie für jemanden, der sie nicht einfach kritiklos übernimmt, aus vielen Gründen unhaltbar. Der wichtigste besteht vielleicht darin, daß diese Art der gebräuchlichen Einteilung eine allzu große Überschätzung des menschlichen Verstandes einschließt. Warum eigentlich soll etwas in dem Augenblick nicht mehr staunenswert oder wunderbar sein, in dem ich es begriffen habe? Das gilt auch dann, wenn ich nicht einmal berücksichtige, daß die Wissenschaft hinter jedem Problem, das sie löst, eine Vielfalt von neuen Fragen entdeckt, und wenn man die Einsicht aus dem Spiel läßt, daß die Welt im Ganzen die Fähigkeiten unseres Verstandes mit Sicherheit und in einem uns gänzlich unvorstellbaren Maß übersteigt.
Aber zurück zu der ungeheuren Kompliziertheit auch des »primitivsten« Lebensprozesses. Wer sich den schon erwähnten Aufwand vor Augen hält, den die Natur treibt, um auch nur das bescheidenste ihrer Geschöpfe vorübergehend am Leben zu erhalten, dem geht auch sofort das Verständnis auf für die ungeheure Zähigkeit, mit welcher die Natur während der ganzen Stammesgeschichte an jedem einmal errungenen Fortschritt, an jedem einzelnen Detail eines einmal bewährten Bauplans irgendeines Lebewesens festhält.
Jeder, der bei einer Erkältung eine heiße Zitrone zu sich nimmt, um

seine Widerstandskraft durch das in dieser Frucht enthaltene Vitamin C zu verbessern, macht sich die Folgen dieser Zähigkeit der Natur zunutze. Denn wie kommt es eigentlich, daß uns eine Substanz, die von einer Pflanze produziert wird, nützlich sein kann? Der Zitronenbaum synthetisiert das Vitamin C ganz sicher nicht zu unserem Nutz und Frommen, sondern zum *eigenen* Bedarf. Wie ist es dann aber zu erklären, daß wir diesen Stoff, auf den wir selbst lebensnotwendig angewiesen sind, den selbst zu erzeugen unser Körper aber nicht in der Lage ist, in den Früchten des Zitronenbaumes in genau der passenden Form vorfinden? Ein Vitamin ist keine Nahrung, nicht einfach eine Art von »Brennstoff« für den Stoffwechsel, sondern ein sehr kompliziert gebautes Molekül, dessen spezifische Form so exakt wie ein Schlüssel in ganz bestimmte Teile der lebenden Zelle paßt, wodurch es ebenso bestimmte lebenswichtige Funktionen auslöst, die ohne Vitamine (bei »Vitaminmangel«) eben nicht ablaufen können.
Wie kommt ein »Schlüssel«, der in unsere Körperzellen paßt, in eine Zitrone? Die Tatsache, daß er in dieser und vielen anderen Pflanzen existiert, ist einer der zahllosen Beweise dafür, daß alles irdische Leben aus einer gemeinsamen Wurzel stammt, und daß alle heute existierenden Organismen miteinander verwandt sind. Wir sind, in der Tat, wenn auch sehr weit entfernt, auch mit einem Zitronenbaum noch verwandt. Als die Natur den »Schlüssel«, den wir Vitamin C nennen, erst einmal »erfunden« hatte, hielt sie an dieser erfolgreichen Neuentwicklung zäh fest. Deshalb, weil diese Erfindung offenbar sehr früh gemacht wurde, paßt der Schlüssel heute eben bei sehr vielen verschiedenen Lebewesen, an deren ursprüngliche Verwandtschaft gewöhnlich niemand mehr denkt.

Diese »Zähigkeit«, diesen Konservativismus der Natur, nennen wir im allgemeinen anders, und zwar bezeichnen wir ihn mit dem Wort »Vererbung«. Die Vererbung ist das biologische Prinzip, das gewährleistet, daß die Eigenschaften eines bestimmten Typs von Lebewesen über die lange Reihe der aufeinanderfolgenden Generationen hinweg unverändert gewahrt bleiben. Wenn ein Kind seinem Vater ähnelt, so ist auch das Ausdruck jener Zähigkeit, ein Beispiel für jenes Festhalten an allem einmal Verwirklichten, ohne das die Natur im Extremfall gezwungen wäre, alle für die Lebensfähigkeit eines Individuums unerläßlichen Organe und Funktionen in jeder Generation von neuem zu »erfinden«.
Aber das Kind sieht nun nicht nur seinem Vater ähnlich, sondern auch seiner Mutter. Und ein bißchen auch den Großeltern. Die Familie entdeckt im Lauf der Zeit dann bekanntlich – mit Recht – auch noch Züge einer ganzen Reihe anderer Verwandter im Gesicht des gleichen

Kindes. Aber letzten Endes ist es dann schließlich auch noch sein eigenes Gesicht und damit trotz aller Ähnlichkeiten etwas ganz Neues, eine individuelle Physiognomie, die es noch niemals gegeben hat.
In diesem alltäglichen Phänomen haben wir das zweite Problem vor uns, das die Natur in diesem Zusammenhang lösen mußte, wenn es eine Evolution, eine Stammesgeschichte geben sollte, die immer neue Arten und immer höher organisierte Lebewesen hervorbringen konnte. Die Bewahrung allein, die Konservierung aller einmal gemachten Erfindungen – das hätte nicht genügt. Eine absolut konservative Tendenz, das hundertprozentig zuverlässige Wiederholen der exakten Vorlage bei jedem Vorgang der Vermehrung, also eine Identität zwischen den aufeinanderfolgenden Generationen, hätte jede Möglichkeit einer Weiterentwicklung von vornherein ausgeschlossen. Wenn die Vererbung die ihr gestellte Aufgabe der Bewahrung des Erreichten also immer wirklich vollkommen erfüllt hätte, dann hätte das Leben auf dieser Erde nie eine »Geschichte« haben können. Grundsätzlich hätte es dann bis zum Ende der Zeiten nur eine ständige, stumpfsinnige Wiederholung des einen primitiven Organismus gegeben, der irgendwann in grauer Vorzeit erstmals die Fähigkeit erworben hatte, ein sich selbst ähnliches Lebewesen entstehen zu lassen, sich zu »reproduzieren«. *
Wenn es eine Evolution geben sollte, stand die Natur also, anders gesagt, vor der Aufgabe, den Zwiespalt zwischen den einander widersprechenden Forderungen nach der Wahrung des Erreichten und nach dem Offenbleiben für neue Möglichkeiten auf irgendeine Weise zu überwinden. Es ist ein eigenartiger Gedanke, sich klar zu machen, daß das Dilemma zwischen Tradition und Fortschritt sich schon hier, auf dieser Ebene, gestellt hat. Völlige Konstanz aller Lebewesen hätte jeden Wandel ausgeschlossen, ein allzu freizügiger Wandel dagegen hätte das einmal Erreichte gefährdet. Es gehört zu den bewundernswertesten Leistungen von Charles Darwin, daß er dieses hinter der Stammesgeschichte verborgene Problem als erster klar erkannt hat und daß er in einer Zeit, in der noch niemand etwas von Chromosomen oder Genen wußte, sogar auf die von der Natur tatsächlich gefundene Lösung gekommen ist, nämlich zu der Annahme spontan auftretender, ungerichteter Veränderungen des Erbguts.
Wir nennen diese Veränderungen der erblichen Konstitution heute »Mutationen«, und seit einigen Jahren wissen wir sogar, worauf sie beruhen. In den Kernen aller Zellen eines jeden lebenden Organismus

* Daß das auch deshalb eine völlig theoretische Überlegung ist, weil jeder Organismus zu seinem Überleben auf die ständige Wechselwirkung mit seiner Umwelt angewiesen ist, zu der auch die Fülle der Lebewesen anderer Arten gehört, sei nur am Rande erwähnt.

sind die Gene enthalten, die Träger aller Erbanlagen, über die der betreffende Organismus verfügt. Die Zusammensetzung der Moleküle, aus denen die Gene bestehen, legt jeweils fest, um welche Eigenschaften es sich dabei konkret handelt. Der komplizierte Zellteilungsmechanismus, den wir alle einmal in der Schule gelernt haben, gewährleistet nun, daß auch die die Gene enthaltenden Teile einer Zelle sich so genau halbieren und voneinander trennen, daß bei jedem Vermehrungsprozeß jede der neu entstehenden Zellen den exakt gleichen Satz an Genen mitbekommt. Dieser Kernteilungsprozeß ist daher bekanntlich die körperliche, sichtbare Grundlage des jahrtausendelang geheimnisvoll gebliebenen Phänomens Vererbung. Sein Ablauf erklärt und macht verständlich, wie die Natur das erste der beiden genannten Probleme gelöst hat, die Aufgabe, den einmal erreichten Entwicklungsstand über die Generationenfolge hinweg festzuhalten.

Aber auch das Prinzip, nach dem das zweite, entgegengesetzte Problem biologisch gelöst worden ist und das Darwin in genialer Intuition völlig zutreffend vorwegnahm, ist heute aufgeklärt. In einem verschwindend kleinen Prozentsatz der Fälle kommt es bei dem komplizierten Prozeß der Zellteilung zu kleinen, vollkommen zufällig auftretenden Fehlern. Entweder teilt sich eines der die Erbanlagen speichernden Moleküle ausnahmsweise doch nicht ganz exakt, oder es nimmt bei der seiner Teilung folgenden Komplettierung seiner anderen Hälfte »versehentlich« einen falschen Baustein auf, oder ein an sich richtiger Baustein gerät an eine falsche Stelle des Moleküls – und was dergleichen Möglichkeiten mehr sind. Die Folge ist dann die Entstehung eines Gens, das eben nicht *absolut* identisch ist mit dem entsprechenden Gen der Zelle, aus deren Teilung es hervorgegangen ist. Es ist also ein Gen entstanden, das seinem Besitzer in irgendeinem winzig kleinen Punkt eine andere, neue erbliche Eigenschaft verleiht. Eine solche Veränderung eines Gens nennt man eine »Mutation«.

Die Mutationen sind gleichsam der Motor der Evolution, ihr Vorkommen stellt für das Leben die einzige Chance dar, sich im Lauf der Zeit zu verändern. Allein diese völlig zufälligen, willkürlich auftretenden Erbsprünge geben einer Tier- oder Pflanzenart die Möglichkeit, sich allmählichen klimatischen Veränderungen der Umwelt anzupassen oder die Chance, zu überleben, in irgendeiner anderen Hinsicht zu verbessern.

Daß dies möglich sein soll, die Verbesserung der Angepaßtheit oder Lebenstüchtigkeit eines Organismus als das Resultat zufällig und ungerichtet auftretender Mutationen – eben dies wird von vielen Menschen noch heute grundsätzlich in Abrede gestellt. Nicht von den Wissenschaftlern selbst. Sie haben sich längst nicht nur von dem Vorkommen von Mutationen überzeugt, sondern auch davon, daß es diese sich auf molekularer Ebene abspielenden Erbsprünge sind, die allein einer Art oder Rasse die Möglichkeit zur Veränderung geben – dazu, sich anzupassen, wenn die Umweltbedingungen es fordern. Die Mutationen sind, mit einem Wort gesagt, die Ursache für die »Plastizität«, die alle Arten von Lebewesen im Verlauf ihrer Geschichte aufweisen: die einen mehr, die anderen weniger.

Viele Menschen sind hier schnell mit dem »Argument« bei der Hand, daß die Entstehung so komplexer Ordnungsstrukturen, wie sie ein Lebewesen darstellt, durch einen bloßen Zufallsprozeß, wie die Mutationen es sind, ganz undenkbar sei. So überzeugend dieser Einwand auch klingt – er ist falsch. Es ist hier nicht möglich, ihn in aller Ausführlichkeit zu diskutieren und zu widerlegen. Ich muß mich auf einige Gesichtspunkte beschränken, die hier immer wieder übersehen werden, und deshalb zur Sprache kommen sollen, weil sie für unseren eigentlichen Gedankengang noch eine Rolle spielen werden.

Die Mutationen allein schaffen den Fortschritt bei der Entwicklung einer Art tatsächlich nicht. Aber sie sind für diese Entwicklung als »Material« absolut unentbehrlich. Die Ordnung kommt in die Entwicklung dadurch hinein, daß die Umwelt aus der Fülle der ihr von einer bestimmten Art zur Bewährung angebotenen Mutationen auswählt. Die Umwelt aber ist immer in irgendeiner Weise geordnet. In ihr gibt es nicht nur bestimmte Temperaturgefälle oder ständig wiederkehrende Rhythmen, wie den von Tag und Nacht, sondern auch andere Lebewesen, die sich, ob als Beute, Partner oder Verfolger, zielbewußt und damit sogar in einem sehr hohen Sinn geordnet verhalten. Ob eine bestimmte Kombination neu aufgetauchter Mutationen daher in den Genbestand der Art endgültig aufgenommen wird oder nicht, hängt einzig und allein davon ab, ob das mit diesem neuen Satz von Eigenschaften ausgestattete Lebewesen in seiner konkreten Umwelt überleben kann und ob es in ihr Nachkommen zu haben und aufzuziehen imstande ist, an die es den Neubesitz weitergeben kann. Das ist das, was man unter »Selektion« zu verstehen hat, unter der »Auswahl«, welche die Umwelt unter den von einer bestimmten Art immer aufs neue produzierten Mutationen trifft. Noch anders ausgedrückt: Ordnung kann hier deshalb »durch Zufall« entstehen, weil von allen auftretenden Mutationen unter dem Einfluß der Umwelt nur die überleben, die zufällig geordnet sind.

Die Erdoberfläche ist also, so etwa könnte man diesen wichtigen Aspekt der Evolution beschreiben, nicht einfach die passive Bühne für die sich auf ihr abspielende Geschichte des Lebens, sondern sie ist als Umwelt ein an diesem Spiel beteiligter Partner. Zwischen der Erde und dem sich auf ihr abspielenden Leben besteht das Verhältnis eines wechselseitigen Dialogs.

Der Kritiker pflegt an dieser Stelle dann den weiteren Einwand vorzubringen, daß die Zahl der Mutationen doch einfach nicht groß genug sein könne, um in ausreichender Häufigkeit rein zufällig sich als sinnvoll und zweckmäßig erweisende Eigenschaften entstehen zu lassen. Jedenfalls aber müßten die weitaus meisten Mutationen nach allen Regeln der Wahrscheinlichkeit nachteilig oder sogar tödlich sein – weshalb einer Art auf diesem Weg nur ein überwältigendes Mehr an Nachteilen und Risiken erwachsen könne, niemals aber die Chance zur Weiterentwicklung.

Aber auch mit diesem Problem ist die Natur fertig geworden. In diesem Fall heißt die Lösung »Sexualität«. Wir sehen auch dieses Phänomen, diese besondere Form der Beziehung zwischen zwei Lebewesen der gleichen Art, immer so ausschließlich unter einem subjektiven Aspekt, unter dem Gesichtswinkel ausschließlich der Beziehung zwischen einzelnen Individuen, daß der biologische Grund, aus dem es zu dieser besonderen, von uns als »sexuell« bezeichneten Beziehung schon sehr früh im Verlauf der Evolution gekommen ist, nur den wenigsten Menschen jemals klar wird. Das ist um so verzeihlicher, als es bis vor gar nicht so langer Zeit auch den Wissenschaftlern selbst nicht besser erging. Wir haben hier wieder ein Beispiel vor uns, das uns mit besonderer Eindringlichkeit vor Augen führen kann, was die eigentliche, wesentliche Rolle naturwissenschaftlicher Forschung ist, welche Motivation hinter dem Fortschritt wissenschaftlicher Kenntnis steht, ob das dem einzelnen Forscher selbst nun bewußt ist oder nicht.

Daß gerade die Sexualität hier ein besonders treffendes Beispiel liefert, ist leicht zu verstehen. Wo es um zwischenmenschliche Beziehungen innerhalb dieser Sphäre geht, ist jeder einzelne, sind wir alle so stark emotional engagiert und beteiligt, daß die schon besprochene, uns ohnehin instinktiv angeborene Tendenz, unsere Umwelt unter einer egozentrischen Perspektive zu sehen, hier besonders ausgeprägt ist und eine rationale Distanzierung besonders erschwert – was, wie die Erfahrung zeigt, auch für die wissenschaftliche Analyse dieses ganzen Bereichs gilt. In einem solchen Fall ist dann eben auch umgekehrt, wenn die analytische Arbeit, die wissenschaftliche Objektivierung einmal geleistet ist, der Eindruck der Erschließung eines neuen Horizonts, die Erfahrung einer neuen Wahrheit, um so deutlicher. Sie besteht hier in der Entdeckung, daß die Sexualität gleichsam die Phantasie der Natur ist.

Wir waren eben in einem ersten Fall schon einmal darauf gestoßen, daß es Situationen, Probleme und Konflikte zu geben scheint von einer Struktur, die wir gemeinhin der bewußten, rationalen Sphäre vorbehalten glauben, und die sich dennoch schon auf einer vergleichsweise sehr viel elementareren, vor allem aber auf einer Ebene hat einstellen können, die weit vor aller bewußten Erfahrung liegt. So hatten wir eben von dem Dilemma gesprochen, in dem sich die Natur zu Beginn der Stammesgeschichte befand, als sie die Forderung nach zuverlässiger Bewahrung des einmal Erreichten in Einklang bringen mußte mit der dieser Forderung widersprechenden Notwendigkeit, offen zu bleiben für die Möglichkeit von Veränderungen: für die Möglichkeit der Anpassung ihrer Geschöpfe an die niemals ausbleibenden Veränderungen ihrer Umwelt. Schon hier also stellte sich das Problem der Versöhnung von Tradition und Fortschritt, und zwar durchaus mit all den gleichen plausiblen Argumenten pro und kontra, die uns sogleich einfallen, wenn wir an dieses Begriffspaar in dem uns gewohnten Zusammenhang aus unserer persönlichen Lebenserfahrung denken.

Man kann die Analogie hier mit völliger Berechtigung noch weiter fortsetzen: die Vererbung ist das »Gedächtnis« der Art. Wenn mir etwas begegnet, wenn ich eine Erfahrung mache, dann behalte ich das in meiner Erinnerung. »Erfahrungen machen«, das heißt tatsächlich doch nichts anderes, als bestimmte Erlebnisse im Gedächtnis ansammeln. Ihre Spur bleibt so in mir bewahrt, die Fülle der Erfahrungen bestimmt mich und mein Verhalten der Umwelt gegenüber im Lauf meines Lebens mehr und mehr und legt mein Verhalten so in zunehmendem Maß fest. Das ist ein wesentlicher Teil dessen, was wir als die Reifung, als die allmählich erfolgende »Ausprägung« einer Persönlichkeit mit zunehmendem Lebensalter kennen. Diese Entwicklung ist unvermeidlich gleichbedeutend mit einer gewissen Erstarrung. Ein Kind ist, innerhalb der Grenzen seiner Veranlagungen, ein offenes Feld vielfältiger Möglichkeiten für die Zukunft. Im Lauf des Lebens, mit zunehmendem Alter, wird eine dieser Möglichkeiten nach der anderen geopfert, denn das Leben besteht daraus, daß man sich unter dem Einfluß der Umwelt und der von ihr ausgehenden Erfahrungen für bestimmte einzelne Möglichkeiten entscheidet und auf sie festlegt.

Eben das aber geschieht, bis auf den heutigen Tag, auch in der Stammesgeschichte, in der Geschichte des Lebens insgesamt. Im Zeitpunkt des allerersten Anfangs, als sich gerade die ersten organischen Moleküle gebildet hatten, die zu den Bausteinen aller später verwirklichten Lebensformen werden sollten, gab es noch eine unsere Vorstellungskraft bei weitem übersteigende Fülle zukünftiger Möglichkeiten. Noch war völlig offen, welche aller der Organismen entstehen würden, die sich mit den vorhandenen Bausteinen in der vorgegebenen Umwelt hätten bauen lassen. Ihre Zahl und ihre Mannigfaltigkeit ist in der Geschichte der Erde niemals auch nur im entferntesten ausgeschöpft worden. Auch in Zukunft wird das nie mehr der Fall sein. Denn als erst einmal eine einzige dieser Möglichkeiten verwirklicht war und konkret vorlag, hatte die Natur »ihre erste Erfahrung gemacht«. Jedes Detail eines Bauplans, von der Muskelzelle bis zur Nervenfaser, und ebenso jedes Detail einer Funktion, von der Aufspaltung eines Zuckermoleküls zur Energiegewinnung bis zur Trennung ionisierter Metallatome an der Zellwand zur Erzeugung jener elektrischen Spannung, mit welcher ein Nerv seinen Impuls weiterleitet, wurde dem »Gedächtnis« der Art einverleibt oder »eingespeichert«, wie man heute gern sagt. Das aber hatte dann jeweils eine doppelte Konsequenz: jedes dieser gespeicherten Details gehörte von da ab zum festen Besitzstand der betreffenden Art, und sein Vorhandensein schränkte die anfangs nahezu beliebige Vielfalt der weiteren Entwicklungsmöglichkeiten um ein ganz bestimmtes, wenn auch noch so kleines Maß ein. Keiner der anschließenden Schritte konnte von da ab mehr ohne Rücksicht auf die Tatsache erfolgen, daß es jetzt eine konkrete Grundlage gab, daß ein Fundament existierte, von dem aus es weiterzubauen galt.

Während sich so die Zahl der lebenden Arten immer weiter vergrößerte, und während sich die Kompliziertheit und Organisationshöhe der Individuen immer weiter vervollkommnete und das Leben damit auf unserer Erde immer fester und immer beherrschender Fuß faßte, wurde die Richtung, welche die Entwicklung nehmen konnte, aus diesem Grund immer strenger festgelegt. Das auf der Erdoberfläche entstandene Leben nahm immer ausgeprägtere, speziellere und charakteristischere Züge an, wenn uns das mangels irgendwelcher konkreter Vergleichsmöglichkeiten (etwa mit Lebewesen auf anderen Himmelskörpern) in der Regel auch nie zum Bewußtsein kommt. Wie bei der Ausreifung einer individuellen Persönlichkeit – eine Entwicklung, die Hand in Hand geht mit einer gewissen Einengung oder auch Verfestigung –, so ist die gleiche Tendenz der Entwicklung auch bei der Art die Folge des gleichen Prinzips, nämlich des Prinzips der Bewahrung, des »Behaltens« von dem, was einmal erworben wurde.

In der Tat, die Vererbung ist das Gedächtnis der Art. Daß diese Feststellung mehr ist als eine schöngeistige oder metaphysische Spekulation, hat eine sehr aufregende Entdeckung der letzten Zeit auf verblüffende Art gezeigt.

Seit etwa zehn Jahren untersuchen Wissenschaftler in mehreren Laboratorien vor allem in den USA die Möglichkeit, bestimmte ganz elementare Lerninhalte, zum Beispiel einfache Dressurleistungen, durch Injektionen von einem Tier auf ein anderes zu übertragen. Die ersten positiven Resultate wurden verständlicherweise allerorts angezweifelt.

Inzwischen dürfte aber wohl als grundsätzlich bewiesen gelten, daß es möglich ist, mit dem Gehirnextrakt eines auf eine bestimmte Leistung hin trainierten Tiers einen Teil des Trainingspensums körperlich auf ein anderes Tier zu übertragen.

Die faszinierendste Möglichkeit, die sich aus Experimenten dieser Art ergibt, scheint mir die zu sein, daß sich hier eine Gelegenheit bietet, den »Stoff« zu untersuchen, aus dem unsere Erinnerungen bestehen. Denn wenn sich spezifische Erfahrungen durch einen Hirnextrakt übertragen lassen, dann müssen die Gedächtnisinhalte, welche diese Erfahrung ausmachen, natürlich auf irgendeine Weise in dem injizierten Extrakt enthalten sein. Der in unserem Zusammenhang wichtigste Befund, der hier bisher gewonnen worden ist, besteht nun in der Entdeckung, daß es sich bei einer, und zwar vielleicht der wichtigsten der Substanzen, in denen Gedächtnisinhalte offenbar körperlich gespeichert werden können und mit denen sie sich daher auch übertragen lassen, um ein kompliziert gebautes Molekül handelt, das die Biologen mit der Abkürzung DNS bezeichnen, weil das Aussprechen des vollständigen Namens »*D*esoxyribo*n*uklein*s*äure« zu viel Zeit kostet. Diese DNS aber ist den Biologen längst aus Untersuchungen bekannt, die einem scheinbar ganz anderen Problem galten: Die DNS ist eben die Substanz, mit Hilfe derer die Natur die in den Genen enthaltenen Erbanlagen speichert. Auch hier also scheint die Natur auf die schon einmal gefundene Lösung zurückgegriffen zu haben, als das gleiche Problem, die »Speicherung« von einmal Gelerntem, sich in einer anderen Situation von neuem stellte. Nicht nur die Speicherung von Erbanlagen, auch die Bewahrung von Erinnerungsspuren wird von ihr mit Hilfe der DNS bewerkstelligt.

Demgegenüber spielt die Mutation gleichsam die Rolle des freien Einfalls. Das Individuum, die einzelne Persönlichkeit, erstarrt nicht total unter der Last der sich in ihrem Gedächtnis anhäufenden Erinnerungen und Erfahrungen, solange sie über die Fähigkeit des freien Einfalls verfügt – über die Fähigkeit, Gedanken hervorzubringen, die deshalb spontan genannt werden, weil sie eben weitgehend unabhängig sind vom Zusammenhang der durch die Biographie festgelegten Einstellungen und Tendenzen. Auch diese spontanen Einfälle sind zufällig und mitunter mehr oder weniger sinnlos. Sie scheinen aber gerade deshalb die außerordentlich wichtige Funktion zu erfüllen, das Individuum vor völliger Eingleisigkeit zu bewahren und ihm immer wieder die Chance, die Ansatzpunkte zur Neuorientierung zu liefern. Die gleiche Rolle spielen die Mutationen im Verlauf der Generationenfolge innerhalb einer Art, die sonst von der völligen Erstarrung unter der zunehmenden Fülle eindeutig festgelegter erblicher Informationen bedroht wäre und so die lebenswichtige Fähigkeit ver-

lieren würde, sich einem langfristigen Wechsel der Umweltbedingungen noch anpassen zu können.
Damit aber sind wir endlich wieder bei der entscheidend wichtigen Rolle angekommen, die die Sexualität im Zusammenspiel aller dieser Faktoren innehat, die insgesamt die Evolution ermöglichen und in Gang halten. Jetzt endlich können wir verstehen, worin die außerordentliche Überlegenheit der geschlechtlichen Form der Vermehrung gegenüber allen anderen möglichen oder von der Natur verwirklichten Formen der Fortpflanzung begründet ist. Ausgegangen waren wir ja von dem häufig gehörten und scheinbar so schlagenden Einwand, daß gerade die ungerichtete Zufälligkeit der Mutationen mit statistischer Notwendigkeit zu einem so starken Überwiegen schädlicher, nachteiliger und sogar tödlicher »Erbsprünge« führen müsse, daß eine Art durch einen solchen Mechanismus nur bedroht werden, auf gar keinen Fall aber einen Vorteil oder eine Chance zur Weiterentwicklung erlangen könne.
Die Analogie zwischen dem freien Einfall eines Individuums und der einzelnen Mutation macht es uns jetzt leicht, zu verstehen, wie dieses Paradoxon von der Natur aufgelöst worden ist. Das Prinzip der geschlechtlichen Fortpflanzung schafft die Möglichkeit, einmal aufgetretene Mutationen in offenbar recht weitem Umfang auf ihre Bewährung und Brauchbarkeit zu prüfen, bevor sie überhaupt praktisch angewandt werden. Insofern spielt die Sexualität im Gefüge der Evolution die gleiche Rolle wie die Phantasie im Bewußtsein des einzelnen Individuums.
Wir realisieren ja beileibe auch nicht annähernd jeden der uns spontan einfallenden Gedanken. Wir brauchen gar nicht erst die Psychoanalytiker zu bemühen mit ihrem verfeinerten Wissen um die Fülle gänzlich unakzeptabler und nicht nur von unserem Gewissen, sondern auch von unserem Verstand verdrängter Einfälle, die uns dennoch unterhalb der Bewußtseinsschwelle ständig erfüllen. Es ist vielmehr doch gerade umgekehrt eben so, daß die grundsätzliche Möglichkeit, alles denken zu können, ohne es zugleich auch zu tun, unsere Art, den *homo sapiens*, zum Herrn über die Erde hat werden lassen. Dem durch die angeborene Erfahrung seines Instinkts in seine Umwelt eingepaßten Tier bleibt in den »regelwidrigen« Situationen, für die in seinem Instinkt-Repertoire keine gleichsam vorgefertigt-passenden Reaktionen enthalten sind, nur die risikoreiche Methode übrig, die man als »Lernen aus Versuch und Irrtum« bezeichnet hat. Da muß dann wirklich jeder auftauchende Impuls im Ansatz ausprobiert werden, und erst die sich dann anschließend ergebende Erfahrung informiert über den Wert oder Unwert jedes einzelnen Versuchs – wobei mit statistischer Wahrscheinlichkeit immer die Möglichkeit überwiegt, daß die

Erfahrung schmerzhaft ist, und wobei sogar nicht selten mit der Möglichkeit gerechnet werden muß, daß das nach dieser Methode reagierende Tier schon aus seiner ersten Erfahrung nichts mehr lernen kann, weil schon diese tödlich ist.

Die Überlegenheit des Menschen beruht demgegenüber auf seiner Fähigkeit, mögliche Reaktionen und die sich aus ihnen ergebenden Konsequenzen in seiner Phantasie vorwegzunehmen und gleichsam durchzuspielen, ohne sie sofort in die Tat umsetzen zu müssen. Diese Fähigkeit zur Entwicklung eines »inneren Modells der Außenwelt«, in dem man wie bei einem unverbindlich bleibenden Sandkastenspiel alle denkbaren Situationen und Lösungsversuche gefahrlos durchprobieren kann, setzt uns instand, unter der Vielfalt der Möglichkeiten, die sich in einer bestimmten Situation anbieten, unter der Abschätzung der sich jeweils ergebenden Chancen auswählen zu können, bevor real überhaupt irgend etwas geschieht. Natürlich gilt das nicht nur für konkrete Situationen, sondern ebenso auch für die Entwicklung einer neuen wissenschaftlichen Theorie oder die Entstehung eines Kunstwerks.

Daß die auf dieser Fähigkeit beruhende Überlegenheit unseres Geschlechts nicht absolut ist, daß der Mensch gerade heute anscheinend im Begriff ist, Umweltsituationen heraufzubeschwören, denen er vielleicht, wie der Bevölkerungsexplosion oder der latenten Gefahr der modernen Vernichtungsmittel, nicht gewachsen sein wird, weil seine Phantasie nicht ausreicht, um auch diese Möglichkeiten noch im bloß Virtuellen wirklich durchspielen und daraus dann lernen zu können – das steht auf einem anderen Blatt und ändert am Prinzip selbst nichts.

Die Erforschung der Evolutionsgesetze hat neuerdings ergeben, daß das Phänomen der menschlichen Phantasie nicht der erste Fall ist, in dem die Natur das Prinzip des »Sandkastenmodells« dazu verwendet hat, neue Möglichkeiten auf ihre Brauchbarkeit zu testen, bevor sie der Bewährungsprobe in der Wirklichkeit ausgesetzt werden. Was die Phan-

21 a Radiolarien-Skelette bei 500facher Vergrößerung. Die Untersuchung fossiler Skelette dieser Einzeller, deren Formenreichtum eine sehr genaue Unterscheidung der mannigfaltigen Arten und Unterarten gestattet, hat in den vergangenen Jahren erste Beweise dafür geliefert, daß die Umpolungen des irdischen Magnetfeldes auf die Geschichte des irdischen Lebens einen entscheidenden Einfluß ausgeübt haben.

21 b Diese Detail-Aufnahme eines Radiolarien-Skeletts bei 2000facher Vergrößerung zeigt die winzigen Einzelheiten der Oberflächenstruktur, die für eine präzise Artbestimmung herangezogen werden können.

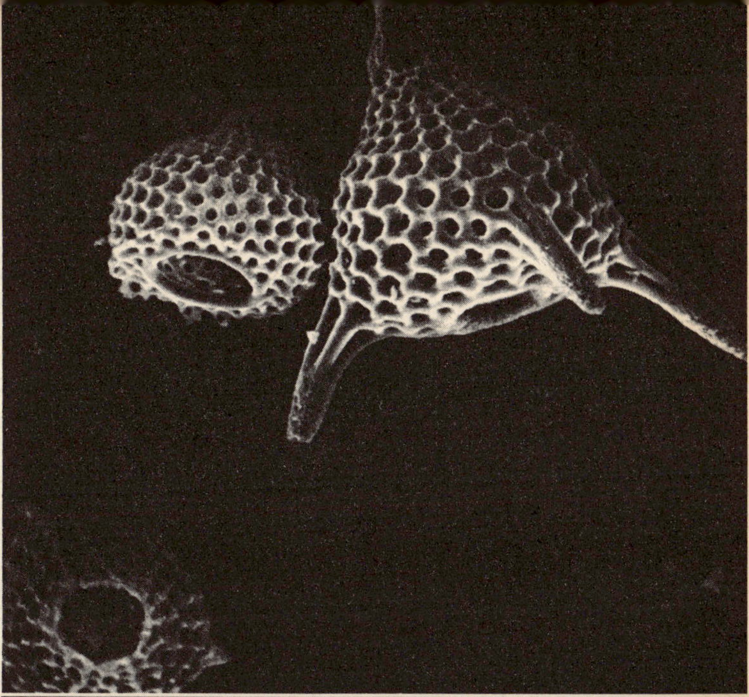

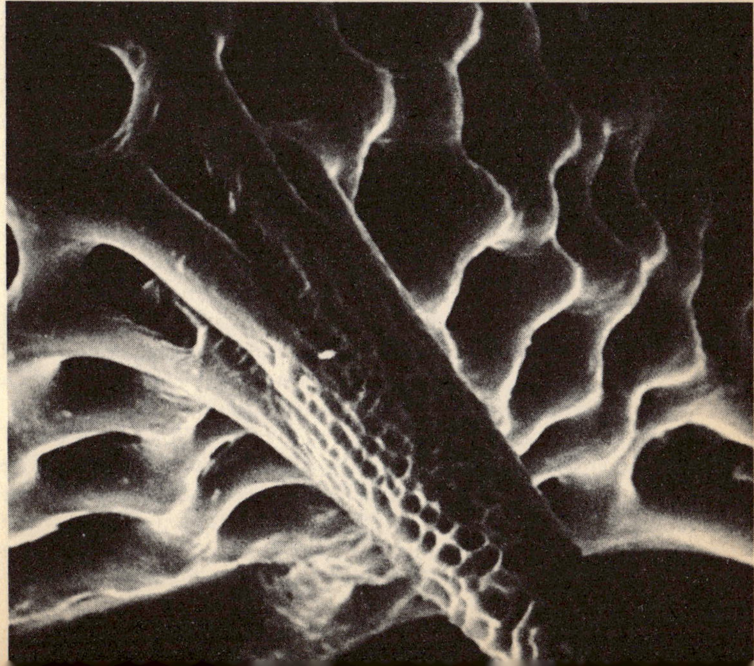

tasie für das einzelne Individuum leistet, ermöglicht das Prinzip der geschlechtlichen Fortpflanzung im Ablauf der Evolution. Einen Einzeller, der sich dadurch vermehrt, daß er sich teilt, trifft jede neu auftretende »ungerichtete« Mutation in der Regel unweigerlich mit aller Schärfe. Da die meisten derartigen Erbsprünge in der Tat nachteilig sind, hat nur ein verschwindend kleiner Prozentsatz der Lebewesen einer solchen Art die Chance, eine Mutation zu überleben, geschweige denn aus ihr irgendeinen Vorteil zu ziehen. Die ungeheuer rasche Generationsfolge der meisten dieser Arten (etwa drei Generationen pro Stunde bei bestimmten Bakterien!) und das daraus resultierende Vermehrungspotential gleichen diesen Nachteil auf Kosten des einzelnen Individuums für die Art weitgehend aus. Auch diese aber muß den Nachteil einer außerordentlich langsamen Entwicklungsrate in Kauf nehmen, welche die unvermeidbare Folge der in einem solchen Fall tatsächlich weitgehend zufallsgesteuerten Fähigkeit zur Anpassung ist. Ganz anders ist die Situation bei allen sich sexuell fortpflanzenden Lebewesen. Daß dazu ausnahmslos alle höheren Tiere, die meisten Pflanzen und sogar manche Einzeller gehören, beweist von vornherein, daß diese Methode der Vermehrung mit einem entscheidenden Vorteil verbunden sein muß. Dieser Vorteil beruht letzten Endes darauf, daß alle diese Lebewesen in ihren Zellen über einen doppelten (»diploiden«) Chromosomensatz verfügen. Jedes einzelne Chromosom, auf denen die einzelnen Gene aufgereiht sind, ist bei ihnen doppelt vorhanden. Das aber bedeutet, daß eine Zufalls-Mutation, die an irgendeinem Gen erfolgt, sich zunächst überhaupt nicht auswirkt, da sie von dem unveränderten Gen des Zwillings-Chromosoms gleichsam »überdeckt« wird. Das ist aber erst ein einziger, wenn auch für sich allein schon sehr wesentlicher Vorteil, dem sich noch weitere, nicht weniger entscheidende zugesellen.

Bei der Vermehrung durch Teilung entstehen die neuen Individuen jeweils aus einer Hälfte der Mutter-Zelle, bei der sexuellen Fortpflanzung dagegen aus der Kombination von zwei »halben Zellen«, die von zwei Individuen der gleichen Art stammen. Dazu werden in den Geschlechtsorganen der beiden Eltern Zellen bereitgestellt, die sogenannten Keimzellen, die nur einen *einfachen* Chromosomen-Satz haben, damit später bei der Vereinigung der von beiden Eltern stammenden Keimzellen zu dem neuen Individuum wieder der normale »diploide« Chromosomen-Satz herauskommt. Diese vorübergehende »Haploidie« in den Keimzellen, in denen also alle Chromosomen, aber alle nur ein einziges Mal vorkommen, ist eine weitere Sicherheitsbarriere, mit der die Natur alle sich sexuell vermehrenden Arten ausgerüstet hat, um sie gegen die durch nachteilige Mutationen heraufbeschworenen Gefahren zu schützen. Denn in diesem vorübergehenden haploiden Stadium, während des Lebens einer einzelnen Keimzelle also, entfällt dann natürlich auch die ausgleichende Wirkung des Zwillings-Chromosoms, das sonst jedem neu auftretenden mutierten Gen die Möglichkeit nimmt, sich auf den Organismus, in dem es entstanden ist, auszuwirken. Hier, in der Keimzelle, kann sich jede neue Mutation dagegen ungehindert entfalten.

Das aber kommt einer ersten Bewährungsprobe gleich, die ohne jedes Risiko für das von der Mutation betroffene Individuum oder dessen Nachkommen bleibt. Die Probe besteht nämlich einfach in der Frage, ob das neuentstandene Gen sich in den Stoffwechsel der die Mutation enthaltenen Keimzelle einfügt, ob es sich mit den komplizierten Lebensprozessen dieser einen Zelle verträgt. Gänzlich »sinnlose« und ausschließlich schädliche Mutationen, die ohne Zweifel sehr zahlreich sind, da Mutationen eben einfach die Folge von »Fehlern« bei der Verdoppelung vorhandener Gene sind, werden so schon auf dieser Stufe auf die denkbar einfachste und dabei außerordentlich wirksame Methode ausgeschieden, die sich denken läßt: die Keimzelle, welche die neue Mutation beherbergt, stirbt ab. Das einzige, was Schaden nimmt, ist diese eine Zelle. Die Mutation ist als Folge dieses Absterbens bereits wieder ausgemerzt, ohne daß das Individuum, in dem sich der ganze Vorgang abgespielt hat, davon überhaupt etwas gemerkt hat, geschweige denn, daß es einen Schaden oder auch nur einen Nachteil hat in Kauf nehmen müssen.

Es ist mehr als wahrscheinlich, daß nach dieser einfachen Methode fortlaufend sehr zahlreiche Mutationen in jedem von uns »erledigt« und aus der Evolution genannten Konkurrenz ausgeschieden werden, welche der elementarsten Anforderung nicht genügen, die an jede neue Erbeigenschaft gestellt werden muß: mit der Lebensfähigkeit einer organischen Zelle in Einklang zu stehen. Passieren kann eine Mutation diese Barriere also nur, wenn sie diese Grundanforderung erfüllt. Selbstverständlich ist das immer noch eine sehr bescheidene Bedingung, eine Minimalanforderung. Noch immer wäre ganz sicher weitaus die Mehrzahl aller durch Mutation entstandenen neuen Gene, die diese Sperre zu überwinden in der Lage sind, schädlich oder zumindest nachteilig für ein Individuum, welches die von diesem Gen vorgeschriebene neue Eigenschaft ohne Rücksicht auf den Zusammenhang mit allen seinen übrigen Eigenschaften, über die es als traditionelles Erbgut bereits verfügt, übernehmen würde.

Immer noch also ist der Einwand unseres Kritikers erst zur Hälfte beantwortet. Was geschieht mit neuen Genen, die sich zwar – primitivste Grundbedingung – mit der Lebensfähigkeit einer Einzelzelle vertragen, die sich aber auf das Gefüge aller Eigenschaften insgesamt, die erst einen höheren Organismus ausmachen, nachteilig oder sogar schädlich auswirken würden?

Die Antwort lautet in wissenschaftlicher Formulierung: Sie werden im rezessiven Gen*pool* der Art gespeichert und im Lauf der Generationenfolge mit anderen neu auftretenden Mutationen auf immer neue Art und Weise in stetem Wechsel kombiniert.

Gemeint ist damit folgendes: jede Keimzelle kann bei einer sich sexuell vermehrenden Art nur dadurch zu dem Keim eines neuen Individuums werden, daß sie sich mit einer von dem andern Elternteil stammenden Keimzelle vereinigt. Diese aber verfügt, da sie von der gleichen Art stammt, über exakt den gleichen Satz von Chromosomen. Vom Augenblick der Vereinigung der beiden Zellen an herrscht also wieder »Diploidie«, jedes Gen ist zweimal vorhanden. Nun ist es aber eine Möglichkeit von geradezu astronomischer Unwahrscheinlichkeit, daß eine Keimzelle, die mit einem mutierten Gen am Leben geblieben ist und sich bei der Befruchtung mit einer zweiten Keimzelle vereinigt, dabei auf eine Keimzelle stößt, die an genau der gleichen Stelle, an dem gleichen Gen, ebenfalls mutiert ist. Schon ein einfaches Bakterium hat mindestens zehntausend verschiedene Gene, bei einem höheren Lebewesen geht die Zahl in die Millionen. Es kommt daher praktisch nie vor, daß zwei gleiche Mutanten bei der Befruchtung zusammentreffen. Eine Ausnahmesituation wäre etwa die konsequente Inzucht. Je kleiner der Kreis ist, innerhalb dessen die Partnerwahl zur geschlechtlichen Vermehrung erfolgt, je kleiner daher also die Zahl der Gene ist, aus denen der Gen*pool* besteht, in dem die Erbanlagen fortwährend neu kombiniert werden, um so größer ist naturgemäß die Aussicht, daß sich in der Generationen-Folge früher oder später tatsächlich einmal zwei Keimzellen begegnen, die das gleiche mutierte Gen aufweisen. In einem solchen Fall wird das betreffende Individuum dann tatsächlich ohne weiteren Schutz von der vollen – meist mehr oder weniger nachteiligen – Wucht der mutierten Zufalls-Anlage getroffen. Es ist unter diesen Umständen sehr bemerkenswert, daß nicht nur die Menschen, sondern auch die meisten höheren Tiere schon sehr früh Tabus und Verhaltensweisen entwickelt haben, welche eine sexuelle Partnerwahl innerhalb der eigenen engeren Gruppe ausschließen oder doch sehr erschweren.

In der Regel bleibt eine neue Mutation nach außen hin völlig unwirksam, »rezessiv«, wie der Biologe sagt, weil sie von der Wirkung des intakten Gens des Zwillings-Chromosoms unterdrückt wird. Das wissen wir alle noch aus dem Biologieunterricht, und davon war eben auch schon die Rede. Hier ist jetzt aber hinzuzufügen, daß auf diese Weise immer neue, immer andere Mutationen innerhalb der gleichen Art entstehen können und rezessiv, also gleichsam unsichtbar, gespeichert und in jeder neuen Generation auf immer andere Art und Weise miteinander kombiniert werden können.

Bis vor wenigen Jahren wäre an dieser Stelle noch die Frage angebracht gewesen, worin denn nun der Vorteil dieser Methode eigentlich bestehen solle, denn zur Weiterentwicklung der Art könne eine Mutation doch nur dann beitragen, wenn sie *wirksam* werde und wenn damit die von ihr diktierten Änderungen der Eigenschaften eines Individuums der Selektion durch die Umwelt präsentiert würden. Dann aber, so würde der Kritiker weiter fortfahren, sei eben im Grund gar nichts gewonnen und die Konfrontation einer in ihren Konsequenzen womöglich tödlichen Mutation mit der Umwelt lediglich etwas hinausgeschoben. Wir wissen seit neuestem, daß das nicht stimmt. So erstaunlich es klingt und so staunenswert es in der Tat auch ist: schon im »rezessiven Gen*pool*«, im Verlauf also der wechselnden Kombination rezessiver Mutationen, wie sie von Generation zu Generation neu vorgenommen wird, sind selektierende, auf Bewährung und Zweckmäßigkeit vorauswählende Mechanismen im Spiel. Hier wird die Analogie greifbar, von der wir gesprochen haben. Hier spielt sich Selektion nicht in der realen Umwelt ab, sondern im mikroskopischen Bereich des Zellkerns, nach außen unsichtbar und ohne Konsequenzen. Hier wird, ebenfalls wie in einem Sandkastenmodell, »spielerisch« probiert und verworfen, neu entwickelt und geprüft, bevor mit der Bewährung in der realen Situation überhaupt begonnen wird.

Des Rätsels Lösung sind, wie man erst seit wenigen Jahren weiß, Gene, die im Zellkern speziell der Kontrolle und Regulierung der Verträglichkeit zwischen der neuen Mutation und den übrigen schon vorhandenen Genen dienen, sogenannte »Regulator-Gene«, wie man sie anschaulich getauft hat, deren Aufgabe in nichts anderem besteht, als darin, diese probierende Vor-Auswahl im Zellkern zu bewirken und zu überwachen. Für die Art hat dieses Prinzip den gleichen ungeheuren Vorteil, wie für das Individuum die Phantasie, indem es die Möglichkeit schafft, ohne das Eintreten realer Konsequenzen unter den neuen Gen-Kombinationen jene herauszusuchen, die untereinander am besten abgestimmt zu sein scheinen und die daher voraussichtlich am ehesten geeignet sind, der betreffenden Art in der Realität ihrer Umwelt neue Möglichkeiten der Anpassung zu erschließen.

Da gibt es »Reparator-Gene«, die in der Lage sind, eingetretene Mutationen nach einiger Zeit wieder rückgängig zu machen, das mutierte Gen also – wahrscheinlich nach dem Muster des noch intakten Gens auf dem Zwillings-Chromosom – wieder in den alten Zustand zurückzuversetzen. Andere Regulator-Gene kontrollieren die in dem Erbsatz eines neuen Individuums zusammentreffenden Mutationen darauf, ob sie »zusammenpassen« oder ob ihr gemeinsames Auftreten zu einander widersprechenden Eigenschaften führen würde.

In den meisten Fällen wissen wir heute überhaupt noch nicht, worin

die Wirkung der Regulator-Gene besteht, nach welchen Prinzipien sie »auslesen« und wie sie ihre Funktion erfüllen. Dazu ist die Entdeckung noch viel zu neu, dazu sind aber vor allem auch die sich hier in der mikroskopischen Welt des Zellkerns abspielenden Prozesse viel zu verwickelt und kompliziert. Tatsache ist aber ganz zweifellos, daß sich auch in den Zellkernen aller über einen diploiden, doppelten Chromosomen-Satz verfügenden Lebewesen so etwas wie ein »internes Modell der Außenwelt« befindet, in dem ein Teil des Selektionsprozesses im Unsichtbaren vorweg durchgespielt wird – eine phantastisch anmutende Möglichkeit der Verbesserung der Evolutions-Chancen, über die freilich nur eine sich sexuell fortpflanzende Art verfügt.
Wie groß die biologische Bedeutung dieser Möglichkeit für die Evolution sein muß, geht auch aus einer erstaunlichen Zahl hervor, die das Bild, das wir alle uns auf Grund unserer Schulkenntnisse von der Aufgabe der Gene gemacht haben, grundlegend verändert. Die Genetiker schätzen heute, daß nur etwa fünf Prozent aller Gene einer Zelle »Struktur-Gene« sind mit der bisher allein bekannten Aufgabe, die artspezifischen und individuellen Eigenschaften eines bestimmten Individuums festzulegen. Alle anderen Gene sind wahrscheinlich Regulator-Gene, von den rund eine Million Gene eines höheren Tieres also nicht weniger als 950000 !

So gesehen ist der Zellkern der »Sandkasten« der Evolution und die Sexualität ihre Phantasie. Das Material aber, mit der die Phantasie der Stammesgeschichte spielt, sind die Mutationen. Sie sind gleichsam die bunten Steinchen – jedes in sich sinnlos und in willkürlich und zufällig sich ergebendem Wechsel in den verschiedensten Farben getönt –, aus denen sich das komplizierte Muster eines lebenden Wesens zusammenfügen läßt. Nicht jedes Steinchen paßt an jeder Stelle und zu jeder beliebigen Zeit, und viele sind sogar gänzlich unbrauchbar. Es darf auch nicht zu viele von ihnen geben, sie dürfen nicht in beliebig großer Zahl und allzu rasch hintereinander angeboten werden, weil dann das Muster der schon bestehenden Ordnung gestört werden und vielleicht sogar verlorengehen könnte. Aber ein Wechsel, das Suchen und Finden neuer und immer besserer und komplizierterer Lebensformen, ist nur möglich, wenn der Phantasie des Baumeisters »Evolution« jeder Zeit eine ausreichende Zahl verschiedener Steine mit möglichst unterschiedlichen Farbtönen zur Auswahl zur Verfügung steht.
Innerhalb der durch diese Zusammenhänge bestimmten Grenzen hängt das Tempo der Evolution von der Zahl der »Steinchen«, von der Zahl der Mutationen ab. Sind es zu wenige, dann kommt der Prozeß der Weiterentwicklung zum Stillstand. Die betreffende Art kann dann zwar ungestört weiter überleben, aber nur so lange, wie die Umwelt-

bedingungen unverändert bleiben, an die sie sich angepaßt hatte, so lange ihr die Evolution dazu noch die erforderliche »Plastizität« verlieh. Eine Art ist zwar um so erfolgreicher, je genauer und spezifischer ihr diese Anpassung an eine ganz bestimmte Umwelt-Szenerie gelungen ist. Aber mit um so größerer Sicherheit bricht dann auch das Verderben – sprich: die Gefahr des Aussterbens – über sie herein, sobald sich an dieser Szenerie etwas zu ändern beginnt. Je exakter die Anpassung war, und je beherrschender daher die Rolle ist, welche die jeweilige Art auf der Erdoberfläche spielen kann, um so eher müssen schon geringfügig erscheinende Umweltveränderungen dazu führen, daß die Anpassung plötzlich nicht mehr »stimmt«: eine langfristige Klima-Änderung, Änderungen der Vegetation und damit des Futterangebots, das Auftauchen eines neuen Nahrungskonkurrenten oder was sonst an Änderungen denkbar und möglich ist. Eine Art, die sich solchen Veränderungen ihres biologischen Milieus gegenübersieht, ohne auf sie mit einer Änderung ihrer genetischen Anpassung antworten zu können, ist verloren, sie »stirbt aus«. Es spricht manches dafür, daß diese Schilderung eine leidlich zutreffende Beschreibung zum Beispiel des Schicksals der Saurier ist – einer der erfolgreichsten Tierarten, die es jemals auf der Erde gegeben hat.

Aber nicht nur zu wenige, auch zu viele Mutationen sind vom Übel. Das leuchtet nicht nur theoretisch ein – die Fülle des Neuangebots zerstört die bereits erreichte Ordnung –, sondern das wissen wir heute längst auch ganz konkret aus den Experimenten, mit denen die Auswirkungen von harten Strahlen auf das Erbgut untersucht worden sind. Radioaktive oder Röntgenstrahlen zum Beispiel verändern die molekulare Struktur der Gene und produzieren auf diese Weise eine Fülle neuer Mutationen. Deren Zahl steigt, wenn die Strahleneinwirkung intensiv genug war, schließlich so stark an, daß sie durch die beschriebenen Schutz- und Auslesemechanismen im Zellkern nicht mehr bewältigt werden können. Immer mehr und immer ungünstigere Mutationen werden »manifest«, treten also sichtbar in Erscheinung: Mißgeburten, Organschäden, Stoffwechselstörungen und andere Anomalien, an denen die Art, die von einer solchen Katastrophe befallen wird, schließlich ebenfalls zugrunde gehen muß. Es spricht alles für die Annahme, daß das etwa das Schicksal des überlebenden Teils der Menschheit wäre, wenn es jemals zu einem atomaren Weltkrieg kommen sollte, der die Atmosphäre auf Jahrhunderte hinaus mit strahlenden Isotopen verpesten würde.

In der Mitte zwischen diesen beiden Extremen ist Evolution möglich: sich anpassende Veränderung lebender Organismen ohne Gefährdung der komplexen Ordnungsstruktur, auf die das Leben angewiesen ist. Innerhalb dieser Grenzen entfaltet sich die Weiterentwicklung, die Geschichte des Lebens, mit ständig wechselndem Tempo. *Langsam* erfolgen die einzelnen Schritte der Evolution dann, wenn das Angebot an Mutationen gering ist. Es ist leicht einzusehen, warum das nicht anders sein kann: In diesem Fall muß der Baumeister eben länger warten, bis unter den spärlich produzierten neuen »Steinchen« gerade das eine ganz bestimmte auftaucht, das ihm zur Vervollständigung eines neuen Musters als Schlußstein noch fehlt. Und umgekehrt nimmt das Tempo der Evolution zu, wenn das Angebot reichlicher wird und wenn damit die Chancen steigen, einen für eine ganz bestimmte Struktur oder Funktion noch fehlenden Stein im Augenblick des Bedarfs schon zur Hand zu haben – selbstverständlich nur so lange, wie die Zahl der Mutationen die erwähnte obere Grenze nicht übersteigt, jenseits derer das Angebot an Neuem so groß wird, daß die Ordnung insgesamt zusammenbricht.

Die Tage des Sauriers

Jetzt endlich können wir verstehen, welchen biologischen Effekt die Umpolungen des irdischen Magnetfelds gehabt haben müssen, die jeweils mit einem mindestens tausend Jahre dauernden Intervall einhergingen, während dessen die Erde vor dem Sonnenwind nicht durch den Abwehrschirm der Magnetosphäre geschützt war.
Es ist unbestreitbar richtig, daß der Sonnenwind auch während dieser Intervalle nicht etwa ungehindert bis auf den Erdboden gelangen konnte. Er prallte aber mit zu »normalen« Zeiten niemals vorkommender Heftigkeit auf die in dieser Situation nicht mehr hinter dem Magnetschirm verborgene Oberfläche der irdischen Atmosphäre. Diese bremste ihn zwar ab und fing ihn mehr oder weniger vollständig auf, dabei entstanden aber, wie bereits erläutert, abnorm zahlreiche »Treffer-Produkte« in Gestalt von radioaktivem C^{14} und anderen strahlenden Isotopen.
Der namhafte amerikanische Genetiker Waddington ist hier ein unverdächtiger Gewährsmann, weil er, so lange der Streit zwischen der »Katastrophen-Partei« und den übrigen Wissenschaftlern noch andauerte, die den vorübergehenden Wegfall der Magnetosphäre für biologisch bedeutungslos hielten, entschieden die Partei der zweiten Gruppe ergriffen hatte. Waddington hatte auch völlig recht mit seinem Einwand, daß der Sonnenwind wegen der Erdatmosphäre auch in den genannten Intervallen nicht direkt auf die Erdoberfläche einwirken

konnte. Aber selbst Waddington räumte ein, daß die vom Sonnenwind in der Atmosphäre erzeugten Treffer-Produkte während dieser Umpolungsprozesse vorübergehend auf mindestens den doppelten Betrag, verglichen mit den »normalen« Epochen, angestiegen sein müssen, während der in mehrmonatigen Abständen auftretenden Sonnenflares, eruptiven Ausbrüchen an der Sonnenoberfläche, sogar noch weit über dieses Maß hinaus. Das bezog sich nach Waddingtons Berechnungen nicht nur auf C^{14}, sondern zum Beispiel auch auf Beryllium mit einer Halbwertszeit von zweieinhalb Millionen Jahren und auf zahlreiche andere in der Atmosphäre außerdem noch enthaltene Isotope.
Unter solchen Bedingungen beginnt nun aber der Motor der Evolution sogleich auf höheren Touren zu laufen. Die spontan auftretenden Zufallsmutationen, von denen er normalerweise in Gang gehalten wird, werden von den Wissenschaftlern nur als »spontan« bezeichnet, um damit zu betonen, daß diese Erbsprünge willkürlich und ungezielt auftreten, und nicht etwa deshalb, weil es für ihre Entstehung keine Ursachen gäbe. Zwar ist bis heute noch keineswegs restlos geklärt, wie viele Faktoren an ihrer Entstehung insgesamt beteiligt sind und wie sich deren Rollen verteilen. Zahlreiche Erfahrungen und Befunde, darunter nicht zuletzt die schon erwähnten Experimente zur Feststellung des Einflusses harter Strahlen auf das Erbgut, beweisen jedoch die Bedeutung mindestens eines Faktors, und zwar eben die Bedeutung radioaktiver Strahlung: Die Zahl der innerhalb einer bestimmten Art auftretenden Mutationen ist abhängig von der Intensität der radioaktiven Strahlung in ihrer Umgebung.
Diese stand zur Erzeugung der für die Evolution unentbehrlichen Mutationen auf der Erdoberfläche von Anfang an in Gestalt der sogenannten Hintergrundstrahlung zur Verfügung. Diese setzt sich, soweit wir das heute schon wissen, aus mehreren Komponenten zusammen, die ganz verschiedenen Quellen entstammen. Einmal wird sie gespeist von der Strahlung der in der Erdkruste enthaltenen radioaktiven Elemente. In ihr ist ferner der Anteil der kosmischen Höhenstrahlung enthalten, der uns aus der Milchstraße erreicht, und der durch den vom Sonnenwind um unser ganzes System gelegten Sperr-Gürtel dringen konnte. Und schließlich wird dieser normale Strahlungs-Hintergrund auch von den radioaktiven Isotopen gebildet, welche in der beschriebenen Weise durch den Aufprall des Sonnenwindes auf unsere Atmosphäre entstehen.
Diese ganz geringe, aber immerhin meßbare, ständige radioaktive Strahlung gehört, wie wir jetzt verstehen können, zu den biologisch bedeutsamsten Eigenschaften des auf der Erdoberfläche herrschenden biologischen Milieus. Sie ist, wenn auch wahrscheinlich nur neben anderen bisher noch unbekannten Faktoren, eine der wesentlichen,

vielleicht die wichtigste Ursache der Entstehung der Mutationen, durch welche Evolution, die Geschichte eines sich stetig wandelnden und weiterentwickelnden Lebens auf der Erde, allein möglich geworden ist. Wenn die Mutationen gleichsam den Motor der Evolution darstellen, so muß man diese Hintergrundstrahlung als den »Gashebel« bezeichnen, von dem die Tourenzahl dieses Motors und damit das Tempo der Evolution abhängt.

Jetzt endlich geht uns die ungeheure Bedeutung auf, welche die jüngst entdeckten wiederholten Umpolungen des Erdmagnetfeldes für die bisherige Geschichte des Lebens auf der Erde gehabt haben müssen. Bei jedem dieser Ereignisse nahm die Hintergrundstrahlung mindestens ein Jahrtausend lang als Folge einer vermehrten Produktion radioaktiver Isotopen in der Atmosphäre ganz beträchtlich zu. Damit wurde auch das Angebot an Mutationen plötzlich wesentlich erhöht – was dazu führte, daß der sonst gleichmäßig dahinfließende Strom der Evolution vorübergehend abrupt beschleunigt wurde. Damit aber wurde jedes Mal ein neuer Akt in dem Drama des Lebens auf der Bühne der Erdoberfläche eingeläutet. Denn eine solche Beschleunigung des Evolutionsprozesses bringt einen Mechanismus ins Spiel, der allen dominierenden Lebensformen beträchtliche Risiken auferlegt, und der daher alles Althergebrachte in Frage stellt, während er gleichzeitig neuen, noch unfertigen, erst am Beginn ihrer Entwicklung stehenden Arten parteiisch die besten Karten zuspielt.

Eine so beträchtliche, durch den beschriebenen kosmischen Prozeß auf der ganzen Erde gleichzeitig ausgelöste Beschleunigung des Evolutionstempos läßt für die davon betroffenen Arten eine Situation entstehen, die man am anschaulichsten mit der Lage eines Mannes verständlich machen kann, der seinen Freunden Farbdiapositive vorführen will und dabei von einem Kind gestört wird. Nehmen wir einmal an, daß das Kind während der Vorführung ständig an dem Knopf herumspielt, der zur Scharfeinstellung der auf die Leinwand projizierten Bilder dient, ohne von der Funktion des Knopfes auch nur die geringste Ahnung zu haben. Obwohl das Kind unter diesen Umständen den Knopf nur völlig willkürlich und gleichsam sinnlos bedienen kann, mal in der einen, mal in der anderen Richtung, resultiert aus diesem völlig sinnlosen Spiel für die Zuschauer bemerkenswerterweise dennoch ein Ergebnis, das einer strengen und sehr einfachen Gesetzmäßigkeit unterliegt. Es passiert nämlich folgendes: Die Wiedergabe aller Bilder, die vom Vorführer von vornherein ganz scharf eingestellt waren, wird von dem Treiben des Kindes in jedem Fall nur verschlechtert. Das kann gar nicht anders sein, wenn wenn ein Bild erst einmal optimal eingestellt ist, dann kann jede Veränderung des bestehenden Zustands nur eine Verschlechterung herbeiführen.

Ganz anders aber ist es bei den Bildern, die der Vorführer selbst noch gar nicht richtig eingestellt hatte. Bei ihnen kommt es immer wieder vor, daß die rein zufällig erfolgende Veränderung der Einstellung das Ergebnis plötzlich verbessert und in einigen Fällen wird sogar, ebenfalls rein zufällig, der optimale Zustand erreicht, indem das projizierte Bild plötzlich gestochen scharf auf der Leinwand steht, wenn das Kind den Knopf für einen Augenblick losläßt. Die Zuschauer werden bei genauerer Beobachtung des Ablaufs dieser Vorführung sogar feststellen, daß die Chancen, die Einstellung eines bestimmten Bildes durch das willkürliche Herumspielen am Knopf zu verbessern, immer größer werden, je schlechter die Einstellung des Bildes zu Beginn war, während diese Chance natürlich gleich Null ist, wenn das Bild von vornherein vollkommen scharf eingestellt wurde.

Die prinzipiell gleiche Erfahrung würde nun ein Beobachter machen, der in der Lage wäre, vom Weltraum aus die ganze Erdoberfläche mit allen auf ihr existierenden Lebensformen mit einem Blick zu erfassen, und der Zeuge der sich während und im Anschluß an eine Umpolung der Erde abspielenden Vorgänge würde. Er würde sehen, wie die Riesenkugel der Magnetosphäre zu schrumpfen beginnt und schließlich ganz zusammenbricht. Kurz darauf wäre eine plötzliche Erhöhung der Mutations-Rate bei allen irdischen Lebensformen festzustellen, ausgelöst durch eine Verstärkung der Hintergrundstrahlung auf der Erdoberfläche als Folge einer drastischen Erhöhung des Anteils strahlender Isotopen in der Atmosphäre. Diese Zunahme des Angebots an Mutationen würde zu einer Beschleunigung des Entwicklungstempos bei allen Arten führen und ihnen allen scheinbar in gleichem Maß vermehrte Chancen zu einer rascheren Weiterentwicklung verschaffen.
Unser hypothetischer kosmischer Beobachter würde jedoch, wenn er das Geschehen aufmerksam weiter verfolgte, sehr bald die Entdeckung machen, daß von einer solchen Gleichheit der Chancen in Wirklichkeit überhaupt nicht die Rede sein kann. Andererseits wäre es aber auch wieder nicht so, daß die bisher Erfolgreichen nun noch erfolgreicher würden und ihre unterlegenen Konkurrenten noch weiter in den Hintergrund drängten. Das sich an die relativ kurze Spanne der Umpolung anschließende und durch das magnetfreie Intervall ausgelöste weitere Geschehen ist vielmehr durch das plötzliche Aufblühen einiger bis dahin ganz unscheinbarer Organismen-Typen gekennzeichnet, die sich zu völlig neuen Arten zu entwickeln beginnen und dabei eine Vielzahl neuer, an die verschiedensten Umweltbedingungen angepaßter Lebensformen hervorbringen. Demgegenüber treten gerade die bis zu diesem Zeitpunkt dominierenden Arten rasch zurück und verschwinden in den meisten Fällen sogar endgültig von der Bühne.

Bei ihnen, den bis zu diesen kritischen Ereignissen unangefochtenen Beherrschern der Szene, wirkt sich das Mehrangebot an Mutationen nämlich nicht im Sinn einer beschleunigten Weiterentwicklung aus. Kein Wunder: denn sie waren ja eben deshalb die Überlegenen, die beherrschenden Arten, weil sie im Zeitpunkt der plötzlich über sie und ihre Konkurrenten hereinbrechenden, durch die Umpolung ausgelösten Ereignisse bereits optimal an alle ihnen von ihrer Umwelt gestellten Anforderungen angepaßt waren. Welchen Nutzen konnten ihnen unter diesen Umständen neue Mutationen schon noch bringen? Im Gegenteil, ganz so, wie bei einem schon völlig scharf eingestellten Bild jede denkbare Veränderung der Einstellung nur zu einer Verschlechterung des Ergebnisses führen kann, so muß sich bei einer bereits angepaßten und durchentwickelten Art jede Veränderung ihrer Veranlagung als nachteilig erweisen.
Unser kosmischer Beobachter würde wahrscheinlich kopfschüttelnd mit ansehen, wie sich bei diesen dominierenden Rassen plötzlich seltsame, karikaturenhafte Verzerrungen des bisherigen Typs entwickeln, Riesenformen, Abnormitäten anderer Art und regelrechte Mißgeburten, welche das bisher so harmonische Gleichgewicht innerhalb der betroffenen Art empfindlich zu stören beginnen. Um die Katastrophe für die bisherigen Beherrscher der Erde komplett zu machen, käme zu dieser Schwächung der eigenen Leistungsfähigkeit dann schließlich noch die Konkurrenz durch völlig neue Arten und Lebensformen von einer bis dahin nicht bekannten Vielfalt und Vitalität. Bei ihnen handelt es sich um die Nachkommen einiger unscheinbarer Organismen, die bis zu den hier beschriebenen Vorgängen gewissermaßen die Rolle von »Mauerblümchen der Evolution« gespielt hatten. Ihnen war die ganze Kette von Ereignissen zum Vorteil ausgeschlagen. In ihrer Unscheinbarkeit und Unbeholfenheit glichen sie den unscharfen Bildern unseres Gedankenexperiments, denen jeder Wechsel, jede Veränderung die Chance einer Verbesserung bringen kann.
Wie in unserem Vergleich verwirklichte sich diese Chance dann natürlich auch bei ihnen nur in einigen wenigen Glücksfällen. Für weitaus die meisten auch von ihnen ging diese Stunde der Evolution dann doch noch ungenützt vorüber. Bei den wenigen aber, die Glück hatten, explodierte die Evolution in einem Feuerwerk neuer Möglichkeiten, neuer Anpassungsformen, völlig neuer Typen von Lebewesen. Ein neuer Akt in der Geschichte des Lebens hatte begonnen.

Wer dächte angesichts dieser Szene nicht an die bisher so gänzlich unerklärbare Ablösung der Saurier durch die ersten Säugetiere? Die Saurier tragen bei den meisten Menschen den nahezu sprichwörtlich gewordenen Beinamen »Riesenreptilien«. Aber die Saurier waren nicht nur groß, diese Tierfamilie hat nicht nur die größten Lebewesen hervorgebracht, die es jemals auf der Erde gab. Es hat sogar sehr kleine Saurier gegeben. Viel wichtiger als die respektable Größe, die einige ihrer Arten auszeichnete, ist die einzigartige Vielfalt von Unterarten, die dieser Stamm des Lebens hervorgebracht hat. Die Saurier lebten nicht nur auf dem Lande, sondern sie hatten auch fischförmige, im Wasser lebende Arten aufzuweisen. Saurier flogen mit einer Technik und häutigen Flügeln von der Art der viel später erst entstandenen Fledermäuse. Es gab Saurier, die sogar räuberische Fleischfresser waren, während die meisten von ihnen Pflanzenkost bevorzugten. Sie hatten, wie ein moderner Biologe es vielleicht ausdrücken würde, die wichtigsten und interessantesten ökologischen Nischen oder Lebensräume auf der Erdoberfläche besetzt und allen übrigen Tieren den Rest übrig gelassen. In dieser Weise herrschten sie konkurrenzlos und unangefochten und, wie es scheinen mußte, auch endgültig und für immer unanfechtbar, während des gänzlich unvorstellbaren Zeitraums von mehr als dreißig Millionen Jahren.

Die Saurier müssen in dieser Zeit mehrmals Umpolungen des Erdmagnetfeldes mit allen hier geschilderten Konsequenzen miterlebt haben. Wahrscheinlich haben auch sie zunächst davon profitiert. Aber man wird doch vielleicht vermuten dürfen, daß ihr überraschendes und auf keine greifbare äußere Katastrophe zurückzuführendes Verschwinden vor knapp zweihundert Millionen Jahren damit zusammenhängen könnte, daß sie in dieser Epoche abermals einer vorübergehenden Beschleunigung des Evolutionstempos ausgesetzt wurden, und zwar zu einem Zeitpunkt, in dem sie alle in ihrem Stamm verborgenen Möglichkeiten bereits restlos verwirklicht und in allen vorhandenen Variationen bereits optimal entwickelt hatten. Eine solche Annahme würde es vielleicht eher verstehen lassen, warum sie, die bis dahin unbestrittenen Beherrscher der Erde, relativ rasch der Konkurrenz eines neuen Organismen-Typs erlagen, der damals als kaum spitzmausgroßer Knirps die Bühne betrat, der in eben dieser Zeit aber die ungeheure »Entdeckung« der Warmblütigkeit gemacht hatte: der Konkurrenz der ersten Vorfahren der heutigen Säugetiere.

Wie immer sich das damals auch abgespielt haben mag – wir können die Möglichkeit des hier vermuteten Zusammenhangs heute noch nicht wissenschaftlich nachprüfen –, es scheint inzwischen grundsätzlich gesichert zu sein, daß die in Abständen von durchschnittlich einigen hunderttausend bis Millionen Jahren aufgetretenen Polwechsel in der beschriebenen Weise einen entscheidenden Einfluß auf den Verlauf gehabt haben, den die Geschichte des Lebens auf unserem Planeten genommen hat. Hier haben wir in einem neuen Fall, anhand eines anderen Beispiels, wieder einen Teil des Netzwerks vor Augen, mit

dem unsere menschliche Umwelt, die uns umgebende und gewohnte Alltagswelt, verbunden ist mit den im Weltraum außerhalb unserer Atmosphäre herrschenden Kräften, ohne deren Existenz und ohne deren ständigen Einfluß weder die Erde noch ein einziges der auf ihr lebenden Geschöpfe entstanden wäre oder überleben könnte.
Es ist ein phantastischer Gedanke, daß diese seltsam labile Beziehung zwischen unserem Lebensraum und der im Weltraum die Erde einhüllenden Magnetosphäre sich auf das gleiche Dilemma bezieht, dem wir schon bei der Diskussion der im Zellkern sich abspielenden Vorgänge begegnet sind. Auch hier wieder handelt es sich um das Dilemma der Auflösung des Widerspruchs zwischen Bewahrung und Fortschritt, wenn in diesem Fall auch nicht im Rahmen mikroskopischer, sondern astronomischer Dimensionen. Der Magnetschirm scheint durch sein Bestehen in »normalen« Zeiten gerade das Tempo der Evolution zu verbürgen, das den auf der Erde schon existierenden und entfalteten Lebensformen am bekömmlichsten ist. Nach großen Atempausen von mehreren hunderttausend oder einigen Millionen Jahren aber wirkt sich die Labilität eben dieses Magnetschirms als ein mächtiger kosmischer Faktor aus, der dann jeweils für einen kurzen erdgeschichtlichen Augenblick in den Ablauf der Evolution eingreift, diese vorübergehend auf ein sonst nicht gekanntes Tempo beschleunigt und dadurch neuen Möglichkeiten des Lebens auf Kosten des Bestehenden und schon Erreichten das Tor öffnet. Hier besteht wirklich eine kosmische Beziehung im vollen Sinn dieses Wortes: hier wird eine Ordnung sichtbar, innerhalb derer das Verhalten der Magnetosphäre zusammenhängt mit den im Zellkern ablaufenden Prozessen – eine Ordnung, die es möglich macht, daß beide Abläufe, der im mikroskopischen und der im astronomischen Bereich, dem gleichen Zweck dienen.

Daß es grundsätzlich so sein könnte, hatte ein Teil der Wissenschaftler während der Diskussionen über die mögliche Bedeutung der Umpolungsereignisse für das irdische Leben von Anfang an behauptet. Die Gegenpartei hatte es bestritten. Befunde der neuesten Zeit haben diesen Streit inzwischen praktisch entschieden, indem sie an einigen ersten Beispielen direkte Beweise dafür geliefert haben, daß die magnetfreien Intervalle mit dem Aussterben bestimmter Arten in mehreren Fällen zeitlich genau zusammengefallen sind.
Als Beispiel soll hier über eine Entdeckung berichtet werden, die die amerikanischen Ozeanologen Billy Glass und Bruce Heezen 1967 machten, weil sie aus mehreren Gründen besonders interessant ist. Glass und Heezen haben nämlich nicht nur stichhaltige Beweise für den Einfluß eines Polwechsels auf den Ablauf der Evolution geliefert, sondern außerdem erstmals auch einen Hinweis auf die Ursache ge-

22 Typische Tektite aus den verschiedensten Fundgebieten. Diese aus einer geschmolzenen, glasartigen Masse bestehenden Steine (im Durchschnitt 3 bis 4 Zentimeter Durchmesser) werden in bestimmten Gebieten der Erde in großer Zahl gefunden. Sie gaben den Geophysikern seit langer Zeit große Rätsel auf, da es in keinem der vier bekannten Fundgebiete Zeichen einer früheren vulkanischen Aktivität gab. Eine ganze Kette der verschiedensten Beweise hat nun in den letzten Jahren den Nachweis gestattet, daß es sich bei diesen »Schmelztropfen« um die Überreste sehr lange zurückliegender Kollisionen der Erde mit riesigen kosmischen Gesteinsbrocken handelt. Diese Entdeckung erwies sich vor allem deshalb als bedeutsam, weil die Folgen dieser Zusammenstöße über eine Reihe sehr eigenartiger Zusammenhänge die Richtung bestimmt zu haben scheinen, die die Entwicklung des Lebens auf der Erde genommen hat.

funden, aus der es zu einem solchen Ereignis überhaupt kommen kann. Auch bei dieser Ursache handelt es sich allem Anschein nach um einen aus der Tiefe des Weltraums auf die Erde einwirkenden Faktor, der hier sogar sehr handfester und greifbarer Natur ist. Es sieht nämlich so aus, als ob es kosmische Volltreffer gewesen sind, gewaltige Kollisionen der Erde mit riesigen, Hunderte von Millionen Tonnen schweren Meteoren, die jeweils den Umlauf des Dynamos im Erdinneren, der den Abwehrschirm der Magnetosphäre erzeugt, so sehr erschütterten und durch Turbulenzen aus dem Takt brachten, daß das Magnetfeld zusammenbrach, bis der Einfluß des Mondes den alten Zustand wieder herstellte.

Aber die Entdeckung dieses erstaunlichen Zusammenhangs ist eine lange Geschichte, die der Reihe nach erzählt werden soll. Wir müssen dabei mit der Frage anfangen, wie es denn überhaupt dazu kam, daß ausgerechnet zwei Ozeanologen, also zwei Meeresforscher, die entscheidende Entdeckung machten. Das hängt damit zusammen, daß es in den letzten Jahren möglich wurde, das Phänomen des Paläomagnetismus auch im Boden der Tiefsee zu untersuchen.

1966 gelang es dem amerikanischen Geologen John Foster, die dafür notwendigen technischen Voraussetzungen zu schaffen. Er konstruierte ein Gerät, das die Forscher in die Lage versetzte, die Orientierung paläomagnetischer Kraftlinien auch in Bohrproben festzustellen, die aus verschiedenen Schichten des Meeresbodens stammten, Hunderte oder auch Tausende von Metern unter der Wasseroberfläche. Es leuchtet unmittelbar ein, daß dazu besondere technische Schwierigkeiten zu überwinden waren. Bohrproben aus solchen Tiefen können naturgemäß nur mit einem entsprechend langen Gestänge gewonnen werden. Um an diesen Proben aber dann, wenn sie glücklich an die Oberfläche und an Bord des Untersuchungsschiffs befördert sind, noch zuverlässige Magnetorientierungen festlegen und diese mit denen aus anderen Bodenschichten vergleichen zu können, mußte eine Reihe komplizierter zusätzlicher Einrichtungen entwickelt werden, die es erlaubte, die ursprüngliche Orientierung zu rekonstruieren, welche die Bohrprobe gehabt hatte, als sie noch im Meeresboden festsaß. Wenn man diese Orientierung nicht eindeutig ermitteln kann, werden alle vergleichenden Messungen natürlich sinnlos.

An der Möglichkeit aber, den fossilen Magnetismus nicht nur an der freiliegenden Oberfläche der Kontinente, sondern gerade auch an Proben vom Meeresboden untersuchen zu können, waren die Wissenschaftler aus verschiedenen Gründen seit langem interessiert. Einer der wichtigsten war ihre berechtigte Hoffnung, die aus der Erdvergangenheit stammenden Magnetspuren an diesen von den Ozeanen bedeckten Teilen der Erdoberfläche weitaus besser erhalten vorzufinden

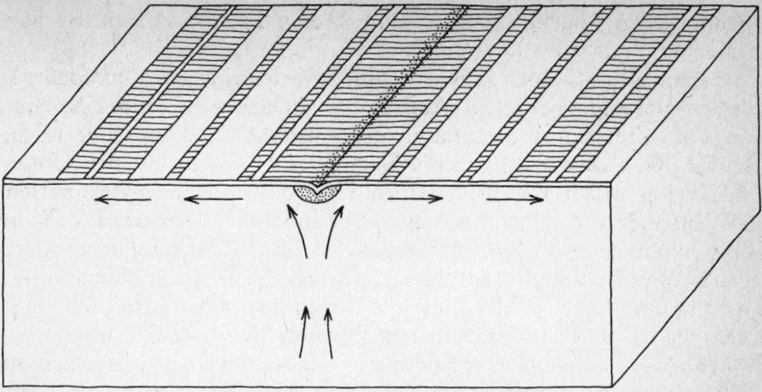

Der magnetische Nordpol der Erde ist nicht immer der Nordpol gewesen. In den letzten 76 Millionen Jahren hat sich das irdische Magnetfeld mindestens 170mal umgepolt. An bestimmten Stellen des Meeresbodens, an denen es seit Jahrmillionen zu einem kontinuierlichen Austritt von Lava kommt, läßt sich dieser fortwährende Polwechsel wie an einem Kalender ablesen.

als an den Stellen, an denen Wind und Wetter seit Jahrmillionen die Schichten, auf deren Untersuchung und Vergleich es ankam, abgetragen und verstreut hatten.

Als die technischen Voraussetzungen 1966 endlich geschaffen waren, gaben die Untersuchungen dieser Hoffnung schon innerhalb der ersten Tage recht. Es kam noch ein Effekt hinzu: die besonderen Bedingungen unterseeischer Lavaausbrüche. Auch hier, Hunderte oder viele Tausende von Metern unter Wasser, gibt es Vulkane. Aber die Lava, die ihnen entquillt, wird natürlich praktisch schon im Moment des Austritts aus dem Krater vom Meerwasser bis zur Erstarrung abgekühlt. Die besonderen Umstände, unter denen ein Vulkanausbruch auf dem Meeresgrund erfolgt, führen dann mitunter zu sehr eigenartigen Formationen. Berühmtheit haben bei den Wissenschaftlern vor allem die vulkanisch aktiven Rinnen erlangt, die in der Mitte der Böden aller großen Ozeane entdeckt wurden. Ihnen entquellen an manchen Stellen offenbar seit Jahrmillionen regelrechte Lava-Teppiche, die sich beiderseits der Ausbruchsrinne flach über den Meeresboden schieben. Hier liegen die zeitlich aufeinanderfolgenden Lavapartien daher ausnahmsweise nicht übereinander, wie sonst überall an der freien Erdoberfläche, sondern ausgebreitet nebeneinander. Die ältesten Partien sind am weitesten von der Rinne entfernt, und je näher man dieser kommt, um so jüngere Ausbruchsmassen hat man vor sich. Hier liegt, mit anderen Worten, ein Kalender der aufeinanderfolgenden geologischen Epochen sichtbar ausgebreitet vor den Augen der Forscher.

Als man begann, auch diesen Teppich mit den neuen Methoden auf seinen paläomagnetischen Aufbau zu untersuchen, entdeckte man auch an ihm sofort die Spuren der wiederholten Umpolungen. Sie hatten die gleichen zeitlichen Abstände, wie sie sich aus den Untersuchungen an den Basalt-Gesteinen der Erdoberfläche ergeben hatten. Der besondere Aufbau dieses Teppichs führt hier aber dazu, daß die Spuren dieser wiederholten Polwechsel nicht übereinander, sondern nebeneinander liegen. Zeichnet man in eine geologische Skizze dieser Region des Meeresbodens daher die Zonen unterschiedlicher Magnetisierungsrichtungen ein, so entsteht ein regelrechtes Zebra-Muster.

Noch einen zweiten Grund gab es, der paläomagnetische Untersuchungen gerade am Meeresboden besonders interessant erscheinen ließ. Man hatte Grund zu der Annahme, daß auf die Erde ständig ein Strom von winzigen metallischen Staubteilchen aus dem Weltraum herunterregnet. Diese Teilchen mußten so klein sein, daß sie in den obersten Schichten der Erdatmosphäre gleichsam »weich« landen konnten, ohne zu verbrennen, wie es das Schicksal einer gewöhnlichen Sternschnuppe unweigerlich ist. Ein Teil von ihnen stellte andererseits wahrscheinlich den unverbrannten Rest größerer Meteore dar. Trotz ihres metallischen Charakters mußten diese Teilchen ihrer Kleinheit wegen wie Staub langsam in der Atmosphäre nach unten sinken und daher im Gegensatz zu den größeren kosmischen Brocken schließlich unversehrt die Erdoberfläche erreichen.

Obwohl man diesen himmlischen Staub nicht sehen konnte, waren die Wissenschaftler von seiner Existenz überzeugt. Es war kein Grund zu finden, aus dem es für die Größe von Meteoriten eine unterste Grenze geben sollte. Also mußte auch meteoritischer Staub existieren. Und bekannt war außerdem, daß die Zahl der beobachtbaren Meteore im umgekehrten Verhältnis stand zu ihrer Größe: Große Meteore waren enorm selten, je kleiner sie waren, um so häufiger traten sie auf. Alles sprach daher dafür, daß der vermutete Meteorstaub reichlich vorhanden sein müsse. Auf der Oberfläche des Festlandes konnte man ihn andererseits nicht nachweisen, weil die unübersehbare Fülle der verschiedensten Mineralien und Metalle, die hier in einem unentwirrbaren Durcheinander vorkommen, eine Identifikation der Teilchen, die aus dem Weltraum stammen mußten, aussichtslos erscheinen ließ. Die Wissenschaftler waren sicher, daß sie bei ihren mikroskopischen Bodenuntersuchungen stets auch aus dem Weltall stammende Partikelchen vor Augen hatten. Da man diesen ihre himmlische Abstammung aber nicht ansehen konnte, war es unmöglich, sie unter den Unmengen der gewöhnlichen Bestandteile irdischer Herkunft herauszufinden.

Immerhin hatte schon vor hundert Jahren ein schwedischer Gelehrter auf Grund derartiger Überlegungen ein Experiment angestellt, das ihn bei seiner Umgebung vorübergehend wohl in einem seltsamen Licht erscheinen ließ: Der Mann begann nämlich eines Tages in der Nähe der schwedischen Hauptstadt damit, gewaltige Mengen frischgefallenen Schnees zusammenzuschaufeln und in einem großen Kessel zu schmelzen. Dieses für einen ernsthaften Forscher seltsam wirkende Treiben setzte er mehrere Tage lang fort. Was er dann anschließend aber tat, zeigte, daß der Mann einen guten Einfall gehabt hatte. Adolf Erik Freiherr von Nordenskjöld, »Geognost und Polarforscher«, begann jetzt nämlich damit, den staubfeinen, schwärzlichen Bodensatz, der sich bei der tagelangen Schneekocherei in seinem Kessel gebildet hatte, erst mit einem Magneten zu sortieren und dann unter dem Mikroskop zu untersuchen. Dabei entdeckte er tatsächlich, was zu finden er gehofft hatte: winzige metallische Staubkörnchen mit magnetischen Eigenschaften. Flugs hielt der Gelehrte einen Vortrag, bei dem er seinen Hörern auseinandersetzte, daß er in dem jungfräulichen Schnee Metallstaub gefunden hätte, der aus dem Kosmos stammen müsse. Offenbar habe der feine, in der Atmosphäre langsam nach unten schwebende Staub als Kristallisationskern für die Schneeflocken gedient, die ihn nach ihrem Fall zur Erde enthalten hätten.
Man spendete in Stockholm dieser Behauptung damals höflichen Beifall, blieb aber skeptisch. Wir wissen heute, daß Herr v. Nordenskjöld völlig recht hatte, nur konnte er das damals eben noch nicht beweisen.
Es gibt sogar einen noch älteren Hinweis auf das gleiche Phänomen. In seinem 1845 erschienenen Buch »Kosmos«, in dem er das ganze Wissen seiner Zeit über die Natur zusammenzufassen versuchte, erwähnt der große deutsche Naturforscher Alexander v. Humboldt, daß die Streifen von Cirrus-Wolken, die bekannten und besonders hoch in der Atmosphäre schwebenden »Schäfchen-Wolken«, oft parallel zu den Kraftlinien des irdischen Magnetfeldes angeordnet seien. Humboldt *erwähnte* das Phänomen nur, er hatte dafür keine Erklärung. Wir wissen heute, daß diese Erklärung auf den gleichen Tatbestand hinausläuft, den der schwedische Forscher fünfundzwanzig Jahre später aus seinem Schnee-Experiment ableitete. Auch diese Cirrus-Wolken bestehen aus Wassertröpfchen, die sich als Kristallisationskerne gelegentlich den dort oben vorhandenen meteoritischen Staub ausgesucht haben. Da dieser aber magnetische Eigenschaften hat, kommt es vor, daß er die streifige Struktur dieser Wolken den Linien des Erdmagnetfeldes anpaßt.
Daß wir unserer Sache heute so sicher sind, geht auf ein Experiment zurück, das erst 1962 stattfand. Am 11. August dieses Jahres verschaffte sich die Wissenschaft endgültig Klarheit über die Angelegenheit. Die

Methode entsprach in ihrer zielbewußten Direktheit und Handgreiflichkeit dem Stil unseres technischen Zeitalters: man feuerte einfach eine Rakete, deren Kopf ein Sammelgerät für mikroskopische Staubteilchen enthielt, mitten in eine »verdächtige« Wolke. Der Versuch gelang: nach der Fallschirmlandung des Raketenkopfes fand sich auf den Auffanglamellen metallischer Staub in großer Menge. Diesmal konnte an seiner kosmischen Herkunft kein Zweifel mehr bestehen. Er war nicht nur, selbstverständlich unter allen Vorkehrungen, die eine Verunreinigung durch irdischen Staub beim Start oder während der Landung ausschlossen, in der Höhenwolke selbst, also direkt an Ort und Stelle abgeholt worden. Darüber hinaus ergab die der heutigen chemischen Mikroanalytik mögliche Untersuchung der winzigen, nur Bruchteile von tausendstel Millimetern großen Teilchen auch eine Zusammensetzung aus Nickel, Eisen, Kobalt und Kupfer, wie sie für typische Eisenmeteorite charakteristisch ist.

Diesen Staub aber, dessen kosmische Natur damit endlich und endgültig bewiesen war, gab es, wie die Tiefseeforschung längst festgestellt hatte, auch in den schlammartigen Ablagerungen, mit denen der Boden der Ozeane an manchen Stellen mehrere hundert Meter dick bedeckt ist. In den relativ reinen Meeresablagerungen ist er im Unterschied zu den Verhältnissen auf der Oberfläche der Kontinente auch unschwer aufzufinden. Daher mußte es interessant sein, nun auch mit Hilfe dieser Staubpartikel paläomagnetische Untersuchungen durchzuführen. Aus ihnen ergab sich nämlich die Möglichkeit, die bisherigen Befunde mit einer Methode zu überprüfen, die sich eines grundsätzlich anderen Prinzips bediente. Bisher war man ja so vorgegangen, daß man die Magnetisierungsrichtung eisenhaltiger Mineralien in vulkanischen Gesteinen ermittelt hatte.

Eigentlich genau umgekehrt war die Sache beim kosmischen Staub. Dieser trifft in der Erdatmosphäre bereits mit magnetischen Eigenschaften ein. Er verliert sie auch nicht, da er seiner mikroskopischen Feinheit wegen beim Eindringen in die Atmosphäre so sanft abgebremst wird, daß er sich nicht bis zu einer kritischen Temperatur erhitzt. Während des Absinkens in der Luft wirbeln alle diese winzigen Staubteilchen natürlich willkürlich durcheinander. Die Luftströmungen, die auf ihre unregelmäßige Gestalt einwirken, geben ihnen keine Gelegenheit, sich in einer bestimmten Richtung zu orientieren. Das ändert sich aber sofort, wenn die kosmischen Partikel ihren weiteren Fall im Wasser fortsetzen. Schon wenige Dutzend Meter unter der Oberfläche der Ozeane herrscht Ruhe, von den stetigen großräumigen Strömungen abgesehen, die es auch hier noch gibt, die sich in diesem Fall aber nicht als störende Faktoren auswirken.

Von da ab sinken die kleinen metallischen Splitter daher ganz langsam durch eine hunderte oder auch mehrere tausend Meter dicke Wasserschicht nach unten, bis sie auf dem Meeresboden endgültig zur Ruhe kommen. Während dieser letzten Phase ihres weiten Fluges aber gibt es nur noch eine einzige äußere Kraft, die sie auf ihrer Bahn nach unten beeinflußt: das irdische Magnetfeld. Da sie selbst magnetisch sind, beginnen sie daher jetzt, von allen anderen äußeren Einflüssen unbehelligt, sich langsam aber präzise in eine nord-südliche Richtung einzupendeln. Bis sie auf dem Boden angelangt sind, haben das alle von ihnen getan. Was sich dann in den schlammigen Untergrund des Meeres einsenkt, sind Myriaden mikroskopischer Kompaßnadeln, die alle exakt zum magnetischen Nordpol weisen.

Und dieser Strom rieselt ununterbrochen, seit Hunderten von Millionen Jahren. Aus der Konzentration des Metallstaubs im Tiefseeschlamm läßt sich berechnen, daß täglich mehrere tausend Tonnen meteoritischen Materials auf der Erde eintreffen. (Herr v. Nordenskjöld übrigens war auf Grund seines so primitiv wirkenden Schnee-Experimentes schon hundert Jahre früher praktisch zu der gleichen Zahl gekommen.) Die kosmischen Kompaßnadeln verteilen sich daher völlig gleichmäßig auf alle zeitlich aufeinanderfolgenden Sedimente, von der frühesten Vergangenheit der Erdgeschichte bis auf den heutigen Tag. Die Tiefsee-Sedimente wachsen immerhin mit Geschwindigkeiten, die mehrere Millimeter bis Zentimeter pro Jahrtausend betragen. Das hört sich vielleicht bescheiden an, wenn man das aber einmal auf die geologisch durchaus handliche Einheit von einer Jahrmillion umrechnet, dann kommt man für diesen Zeitraum auf eine Sediment-Dicke von fünf bis fünfzig Metern. Auf diese Distanz, von oben nach unten, ist dann die Sediment-Chronik von einer Million Jahren konzentriert.

Nachdem die technischen Voraussetzungen geschaffen waren, begannen die Wissenschaftler sofort, ihre bisher ausschließlich an vulkanischen Gesteinen erhobenen paläomagnetischen Befunde mit der Hilfe der kosmischen Kompaßnadeln zu überprüfen. Zu ihrer großen Befriedigung stimmten die Resultate beider Methoden widerspruchslos überein. Insbesondere ergab sich eine völlige Übereinstimmung hinsichtlich der Zahl und der zeitlichen Abstände zwischen den Polwechseln, deren immer neue entdeckt wurden, je weiter zurück in die Vergangenheit die Untersuchungen fortgesetzt wurden. In dieser Hinsicht lieferte der im Tiefseeboden enthaltene kosmische Staub also nichts grundsätzlich Neues.

Die Überraschung kam aus einer ganze anderen Richtung. Sie ergab sich aus einer Besonderheit in der Zusammensetzung der Tiefsee-Sedimente. Diese unterscheiden sich in einer ganz wesentlichen Beziehung von den Basalt-Gesteinen vulkanischen Ursprungs, an denen

die Geophysiker und Paläontologen ihre Untersuchungen bis dahin ausschließlich durchgeführt hatten. Lava-Gestein ist, wen nimmt es wunder, ausgeglühtes, also totes Material. Die Ablagerungen am Boden der Ozeane dagegen bestehen zu einem großen Teil, an manchen Stellen sogar nahezu ausschließlich, aus organischem Material, nämlich aus fast nichts anderem als den Überresten der unzähligen Lebewesen, die in der mehrere Kilometer hohen Wassersäule über der untersuchten Tiefseeregion im Lauf der Jahrtausende und Jahrmillionen sterben und dann nach unten absinken. Das aber bedeutet, daß in einem Bohrkern, der aus einer solchen Region stammt, nicht nur (mit Hilfe des Meteor-Staubes) die Zeitpunkte eines Polwechsels festgestellt werden können, soweit sie zeitlich in das angebohrte Sediment fallen, sondern daß an der gleichen, exakt angebbaren Stelle des Bohrkerns auch die Überreste der Lebewesen zu finden sind, die den Ozean im Augenblick dieses Polwechsels bevölkerten.
Die Tiefseeforscher erkannten sofort, welch einmalige Möglichkeit sich ihnen damit bot. Sie waren glücklicher dran als ihre paläontologischen Kollegen, die seit Jahren versuchten, den Streit über die biologische Bedeutung der magnetfreien Intervalle mit theoretischen Argumenten zu entscheiden. Hier ergab sich plötzlich eine Chance, diese Frage direkt nachzuprüfen. Man brauchte dazu bloß die Tierspuren in den Sedimenten oberhalb der durch den Polsprung markierten Linie mit denen unterhalb dieser Grenze zu vergleichen. Unterhalb dieser Linie (also in einer älteren Schicht des gleichen Sediments) würde man dann Auskunft über den Bestand an Organismen aus der Zeit *vor* einem magnetfreien Intervall bekommen und oberhalb der gleichen Linie Auskunft über die Organismen, die in genau der gleichen Meeresregion *nach* dem Umpolungs-Ereignis gelebt hatten. Um zu entscheiden, ob die Polwechsel sich auf den Ablauf der Evolution ausgewirkt haben, brauchte man eigentlich bloß die beiden Populationen, den Tierbestand beider Epochen, miteinander zu vergleichen. Bestand zwischen beiden Schichten in dieser Hinsicht kein nennenswerter Unterschied, dann hatte der Polwechsel eben keinen Einfluß ausgeübt. Fanden sich dagegen deutliche Diskrepanzen, so wäre das natürlich ein gewichtiges Argument für die »Katastrophen-Partei«. So einfach schienen die Dinge zu liegen.

In Wirklichkeit war das natürlich leichter gesagt als getan. Denn wenn die Überreste meeresbewohnender Organismen sich während einer Million Jahre auf eine Sedimentschicht von fünfzig Metern konzentrieren und zusammensintern, dann ist es wahrhaftig nicht mehr leicht, von ihnen noch Spuren zu entdecken, die sich entziffern lassen. Die meisten dieser Tiere sind natürlich längst verwest, das heißt, sie haben sich in ihre Bestandteile aufgelöst. Eine Tiergattung aber gab es, von der man selbst in den zusammengebackenen Sedimenten des Meeresbodens in einigen Kilometern Tiefe noch identifizierbare Reste aufspüren zu können hoffen durfte: die Radiolarien (vgl. Abb. 21 a und b, S. 231). Das sind mikroskopisch kleine Einzeller, deren Besonderheit darin besteht, daß sie Kalkpanzer bilden. Und zwar sind das nicht einfach Schalen oder Spangen, wie die, mit denen Krebse oder Schnekken ihre Weichteile schützen. Die Radiolarien haben die Aufmerksamkeit der Biologen vielmehr schon früh einfach auch aus ästhetischen Gründen auf sich gezogen, weil die Formenfülle und Zierlichkeit ihrer Schutzskelette geradezu einzigartig ist. Einer der Wissenschaftler, die aus diesem Grund nicht müde wurden, sich mit dieser einmalig schönen, dabei aber für das bloße Auge unsichtbaren Tierklasse zu beschäftigen, war der große Naturforscher Ernst Haeckel. Die Abbildungen 21 a und b lassen die ästhetische Faszination verständlich werden, die von der unseren Augen normalerweise verborgenen Schönheit dieser mikroskopischen Wesen ausgeht.

In unserem Zusammenhang hat aber gerade dieser Reichtum an Formen auch noch eine sehr bedeutsame praktische Seite. Trotz aller Variationen im Einzelfall lassen sich unter den Panzern der Radiolarien doch auch bestimmte Grundtypen erkennen: Kugeln, haubenförmige Gebilde, zylindrische Gestalten, Sterne, Spieße oder mit welchem Vergleich auch immer man die einzelnen Typen kennzeichnen will. Nach diesen Charakteristika aber lassen sich die Radiolarien nun in verschiedene Arten und Unterarten einteilen. Da ihre Kalkpanzer nicht verwesen, gibt das die Möglichkeit, auch nach sehr langer Zeit noch durch eine vergleichende Auszählung der verschiedenen Skelett-Typen unter dem Mikroskop die relative Häufigkeitsverteilung der verschiedenen Unterarten in einer bestimmten Epoche festzustellen. Da die Radiolarien überdies, wie wohl alle Einzeller, eine besonders alte Tierfamilie sind, kann man das auch für sehr lange zurückliegende Zeiträume noch tun. Natürlich sind die winzigen Kalkgebilde in der Preßmasse eines unterseeischen Sediments untereinander bisweilen zu einer steinharten Masse verbacken. Mit besonderen Präparationstechniken, mit Dünnschliffen, Ätzverfahren und auf andere Weise gelingt es aber doch, sie selbst in dieser versteinerten Form noch voneinander zu unterscheiden und auszuzählen.

Dieser Methode wollten sich Glass und Heezen bedienen, um endlich herauszubekommen, ob die mit jedem Polwechsel einhergehenden magnetfreien Intervalle den Gang der Evolution nun beeinflußt hatten oder nicht. Kritiker rieten ihnen ab, den Versuch überhaupt zu unternehmen. Sie hielten den beiden Meeresforschern ein in der Tat entmutigendes Argument entgegen. Selbst dann nämlich, so wandten sie

ein, wenn das vorübergehende Verschwinden des Magnetfelds biologisch noch so einschneidende Folgen gehabt haben sollte, dann würden sich diese Folgen vielleicht überall woanders auf der Erde auf irgendeine Weise feststellen lassen, ganz sicher aber nicht ausgerechnet in den Abgründen der Tiefsee. Denn die Zweifel daran, daß das Zusammenbrechen der Magnetosphäre für das irdische Leben Folgen gehabt haben könne, stützten sich ja auf die Tatsache, daß dann immer noch die irdische Lufthülle als schützendes Polster übrigbleibe, in dem sich der Sonnenwind aller Wahrscheinlichkeit nach fast vollständig gefangen haben müßte. Selbst dann jedoch, wenn trotzdem noch eine ausreichende Menge von Protonen von der Sonne bis auf den Erdboden gelangt sein sollte, um dort biologische Wirkungen zu entfalten, so könne das nun auf gar keinen Fall mehr für den Meeresboden zutreffen. Wenn schon die Dichte der Atmosphäre Zweifel daran aufkommen lasse, daß überhaupt eine nennenswerte Zahl von Partikeln des Sonnenwindes bis zur Erdoberfläche hindurchkommen könne, dann gelte das in noch weitaus stärkerem Maß für die abschirmende Wirkung der über dem Boden der Tiefsee lagernden Wassermassen. Es sei, mit anderen Worten, von vornherein völlig ausgeschlossen, daß auch nur ein einziges Teilchen von der Sonne die kilometerdicken Wasserschichten durchdrungen haben könnte, unter denen die Sedimente lagen, die Glass und Heezen untersuchen wollten.
Dagegen war in der Tat nichts mehr einzuwenden, das Argument schien unwiderlegbar. Es ist ein Glück, daß die beiden Ozeanforscher ihre Expedition trotzdem durchführten, und es ist so etwas wie ein kleines Wunder, daß man ihnen die Gelder, die sie dafür brauchten, bewilligte, obwohl das ganze Unternehmen angesichts eines solchen Arguments bereits sinnlos zu sein schien, noch bevor es überhaupt begonnen hatte. Und schließlich ist es aus einem Grund, den wir erst später verstehen werden, ein geradezu einmaliger Glückszufall, daß die entscheidenden Tiefseebohrungen ausgerechnet im Indischen Ozean durchgeführt wurden.

Glass und Heezen wußten auf Grund der Untersuchungen, die ihre geophysikalischen Kollegen auf dem Festland durchgeführt hatten, daß rund 700000 Jahre vergangen waren, seit die letzte Umpolung stattgefunden hatte. Seit dieser Zeit liegt der irdische Nordpol dort, wo wir es gewohnt sind. Vor rund 700000 Jahren mußte es also zum bisher letztenmal eine Epoche gegeben haben, während derer mindestens ein, möglicherweise sogar mehrere Jahrtausende lang der Sonnenwind ungebremst auf die Erdatmosphäre eintrommeln und zusätzliche Isotope als »Treffer-Produkte« hatte produzieren können. Der nächste Polwechsel davor lag rund eine Million Jahre zurück, die Termine der sich rückwärts anschließenden Polwechsel liegen jeweils bei 1,8 Millionen, 2 Millionen, 2,6 Millionen, 2,9 Millionen, 3,2 und 3,5 Millionen Jahren. Der Indische Ozean wurde unter anderem deshalb für die Expedition ausgewählt, weil die Schichtdicken der Tiefsee-Ablagerungen hier an vielen Stellen besonders gering sind. Aus welchen Gründen auch immer, hier haben sich die Ablagerungen im Lauf der Zeit besonders stark gesetzt und komprimiert.

Das aber brachte den großen Vorteil mit sich, daß jeder der hier nach oben geförderten Bohrkerne gleich mehrere Schichten enthielt, welche aus geologischen Epochen stammten, in denen ein Polwechsel stattgefunden hat. Während sonst, wie erwähnt, eine Jahrmillion einer durchschnittlichen Schichtdicke von etwa fünf bis fünfzig Metern entspricht, ließen sich im Indischen Ozean Bohrkerne von acht Metern Länge in einem Stück gewinnen, die Sedimente aus einem Zeitraum von insgesamt vier Millionen Jahren enthielten. In diesem Zeitraum aber ist es nicht weniger als achtmal zu einem Umschlag der Polrichtung gekommen. Die beiden Amerikaner konnten also in jedem ihrer Bohrkerne gleich an acht verschiedenen Stellen nach den von ihnen vermuteten biologischen Konsequenzen dieser Ereignisse suchen.

Sie hatten damit fast auf Anhieb Erfolg. So aussichtslos die Suche zu Anfang theoretisch noch ausgesehen haben mochte – die Praxis sah anders aus. Etwas unterhalb und etwas oberhalb jeder dieser Schichten, in denen die auch in diesen Bohrkernen eingeschlossenen meteoritischen Kompaßnadeln eine Polumkehr signalisierten, wurden die im Sediment enthaltenen Mikrofossilien (überwiegend Radiolarien, daneben aber auch einige andere im Sediment eingeschlossene Arten wirbelloser Meeresbewohner) bestimmt und ausgezählt. Das Resultat war sensationell. Das Schicksal von nicht weniger als zwölf kompletten Arten hing ganz offensichtlich mehr oder weniger eng mit dem Verhalten des irdischen Magnetschirms zusammen. Und zwar bezog sich das bemerkenswerterweise etwa nicht nur auf ihr Verschwinden. In mehreren Fällen ergab sich vielmehr überzeugend ein Zusammentreffen gerade zwischen dem plötzlichen Auftreten einer neuen Art und einem Polumschlag. Alle Arten hatten dann mindestens zwei, in den meisten Fällen aber fünf oder mehr Polwechsel überdauert, bis sie dann, häufig wieder in genauer zeitlicher Übereinstimmung mit einem neuerlichen Verschwinden des Magnetschilds, ebenso unvermittelt, wie sie aufgetreten waren, auch wieder aus den Sedimenten verschwanden.

Für einen kritischen Naturwissenschaftler mag diese Entdeckung noch immer nicht der letzte und unwiderlegliche Beweis sein. Aber auch der skeptischste unter ihnen wird sie für aufregend halten und zugeben, daß damit auf Anhieb weitaus mehr zutage gefördert worden ist, als man, Glass und Heezen eingeschlossen, zu hoffen gewagt hatte.

Wie ist dieser Erfolg zu erklären, der im Widerspruch zu stehen scheint zu dem oben erläuterten Argument von der praktisch absolut abschirmenden Wirkung so gewaltiger Wasserschichten?
Die beiden amerikanischen Meeresforscher selbst geben dazu keine Erklärung. Sie beschränken sich auf die Feststellung: »Wie auch immer man sich das erklären mag – es steht nunmehr fest, daß der Zusammenhang zwischen Evolutions-Krisen und magnetischen Umpolungen erstmals an fossilen Meeres-Organismen nachgewiesen worden ist.« Die Erklärung hängt wahrscheinlich damit zusammen, daß es auch in diesem Fall sicher nicht die Partikel des Sonnenwindes selbst gewesen sind, welche die Evolutions-Krisen ausgelöst haben, sondern die von ihnen in der Atmosphäre zusätzlich erzeugten radioaktiven Isotopen. Wie C^{14} und die anderen Isotope dann bis in die entlegenen Regionen der Tiefsee gelangt sind, können wir heute noch nicht mit Sicherheit angeben. Wahrscheinlich ist es auf dem Weg der Nahrungskette geschehen, die, wie zu Anfang geschildert, nachweislich bis in die tiefsten Tiefen der Ozeane herabreicht.

Die plötzlich und in unvorhersehbaren Abständen auftretenden Polumschläge läuten also tatsächlich jedesmal ein neues Kapitel in der Geschichte des irdischen Lebens ein. Das Schauspiel, das sich einem kosmischen Betrachter während einer solchen Epoche darbieten würde, dürfte in großen Zügen also wirklich dem Bild gleichen, das wir in einem früheren Abschnitt entworfen haben. Vielleicht kann man sogar so weit gehen, zu sagen, daß die Zeit, die für die Entwicklung vom Einzeller bis zu uns Menschen zur Verfügung gestanden hat, möglicherweise tatsächlich nicht gereicht hätte, hätte nicht dieser kosmische Mechanismus wieder und wieder in den Ablauf der Entwicklung eingegriffen. Daß er dabei die Evolution nicht einfach nur beschleunigte, sondern regelrechte Entwicklungs*sprünge* verursachte, welche ganz neue Möglichkeiten des Lebens verwirklichten, haben wir ebenfalls schon besprochen. Seien wir uns also klar darüber, daß es uns nicht gäbe, daß wir nie das geworden wären, was wir heute und in Zukunft sind, gäbe es nicht jene unsichtbare Riesenkugel weit draußen im erdnahen Weltraum und ihren seltsamen, sich nach Jahrhunderttausenden bemessenden Pulsschlag.
Wir wollen auch nicht übersehen, daß der vor 700000 Jahren erfolgte magnetische Pulsschlag ganz sicher nicht für alle Zukunft der letzte gewesen ist. Je weiter die Geophysiker die Geschichte des fossilen Magnetismus in die Vergangenheit zurückverfolgen, um so größer wird die Zahl der datierbaren Polwechsel. In den letzten 76 Millionen Jahren sind es sage und schreibe mindestens 170 gewesen. Es gibt nicht den leisesten Grund für die Annahme, daß dieser Rhythmus ausgerech-

net in unserer Epoche etwa zum Stillstand gekommen wäre. Im Gegenteil, alles spricht dafür, daß auch in Zukunft ein Polwechsel auf den anderen folgen wird. Natürlich ist es möglich, daß das nächste dieser globalen Ereignisse erst in einer so weit entfernten Zukunft eintreten wird, daß es die Menschheit deshalb nicht mehr interessiert, weil sie dann aus anderen Gründen ohnehin bereits nicht mehr existiert. Sicher ist das keineswegs, die Wahrscheinlichkeit spricht sogar dagegen. Russische Wissenschaftler haben nämlich die durchschnittlichen zeitlichen Abstände, die zwischen allen bisher festgestellten Umpolungen liegen, statistisch durchgerechnet und dabei herausgefunden, daß diese Abstände während der Erdgeschichte aus bisher unbekannten Gründen im Ganzen gesehen immer mehr abgenommen haben. Während sie vor fünfhundert Millionen Jahren noch zehn bis zwanzig Millionen Jahre betrugen, gingen sie vor zweihundert Millionen Jahren auf durchschnittlich eine Million Jahre zurück. In den letzten zwanzig Millionen Jahren lag der durchschnittliche Abstand nur noch bei zweihundertfünfzigtausend Jahren, wobei in einigen Einzelfällen Abstände von nur noch zehntausend Jahren zwischen zwei Polwechseln ermittelt wurden. Glass und Heezen stellen angesichts dieser Untersuchungen ihrer russischen Kollegen lakonisch fest: »Der nächste Polwechsel scheint in absehbarer Zeit fällig zu sein.« Niemand kann wissen, wann er erfolgt. Man kann nachdenklich werden, wenn man abzuschätzen versucht, welche Konsequenzen er für uns selbst haben könnte, für die an das Leben auf diesem Planeten seit so langer Zeit optimal angepaßte und ihn daher mit unbestrittener Überlegenheit beherrschende Spezies »Mensch«.

Noch ein anderer Gesichtspunkt soll hier wenigstens noch kurz erwähnt werden: der historische Charakter und die sich aus ihm ergebende absolute Einmaligkeit aller auf der Erde existierenden Lebensformen einschließlich des Menschen. Wenn die Geschichte noch einmal vom ersten Tag an begänne, das Resultat sähe drei oder vier Milliarden Jahre später mit Sicherheit völlig anders aus. Und wenn es die gleiche Erde wäre, und wenn alle die unzähligen Ausgangsbedingungen exakt die gleichen wären – wir selbst würden so, wie wir heute sind, niemals mehr von neuem entstehen können, ebenso wenig wie eine der unzähligen anderen irdischen Lebensformen. Dazu ist ganz einfach die Zahl der Zufälle viel zu groß, die Zahl der einmaligen historischen Kombinationen der Faktoren, die in jedem Augenblick dieser Geschichte darüber entschieden haben, ob von den unvorstellbar vielen Möglichkeiten, welche für die weitere Entwicklung bereit lagen, nun diese oder jene tatsächlich verwirklicht wurde. Ich sagte schon, daß von den Möglichkeiten insgesamt, die für das Leben auf der Erde am Anfang zur

Verfügung standen, nur ein verschwindend kleiner, ein wahrhaft winziger Bruchteil jemals verwirklicht worden ist.
Denken wir, als an ein einziges Beispiel, nur an den Neandertaler, jenen Konkurrenten unserer eigenen Vorfahren, den diese vor etwa dreißig oder vierzig Jahrtausenden ausrotteten. Viele Wissenschaftler glauben heute, daß unsere eigenen Vorfahren von ihm die wesentlichen technischen Grunderfindungen gelernt und übernommen haben: die Erzeugung von Feuer, die Herstellung von Steinwerkzeugen, die Wandmalerei, die Bestattung der Toten und vielleicht sogar bestimmte religiöse Grundanschauungen. Was war das für ein Wesen, der Neandertaler, mit einem Gehirn, das wesentlich größer war als das der mit ihm konkurrierenden Vorfahren des heutigen Menschen – der Neandertaler, der eine diesen seinen Zeitgenossen weit überlegene Kultur entwickelt hatte und dennoch, wie der Bau seines Unterkiefers verrät, über keine Sprache verfügte? Manche Forscher haben unter diesen Umständen und unter Berücksichtigung der ungewöhnlichen Hirngröße dieses unseres ausgestorbenen Konkurrenten ernsthaft die Möglichkeit diskutiert, daß der Neandertaler völlig andere Verständigungsweisen entwickelt haben könnte – vielleicht sogar die der Gedankenübertragung. Wir werden es niemals mehr erfahren. Der Neandertaler ist eine der ungezählten Möglichkeiten, die auf diesem Planeten nicht zu Ende geführt worden sind. Wir werden nie wissen, wie er mit seinem ganz anderen Gehirn diese unsere Welt erlebt und gestaltet hätte.

Kosmische Volltreffer

Glass und Heezen fanden in ihren Bohrkernen aber nicht nur das, was zu finden sie von vornherein gehofft hatten. Neben Radiolarien-Skeletten und kosmischem Staub stießen sie auch auf glasartige Partikelchen. Unter dem Mikroskop sahen diese Teilchen wie abgeschliffene Glassplitter aus, nicht durchsichtig, sondern schwärzlichgrün. Manche hatten Tropfenform, andere erinnerten an winzige Knöpfe, wieder andere waren fast kugelrund geschliffen. Das Bemerkenswerteste an diesen unvermuteten gläsernen Staubteilchen war aber ihre Verteilung. Sie fanden sich in allen Bohrkernen, die aus dem Boden des Indischen Ozeans geborgen worden waren, aber in jedem dieser meterlangen Kerne nur in einer einzigen Schicht, nämlich genau an der Stelle, deren Alter der letzten, 700000 Jahre zurückliegenden Umpolung entsprach.

Zunächst war dieser Zusammenhang natürlich ganz unverständlich, ebenso die Herkunft der gläsernen Partikel selbst. Ihre eigenartige Form brachte die Untersucher dann aber rasch auf die richtige Spur. Die Mineralogen kannten derart charakteristisch geformte gläserne Steine nämlich schon seit langem, allerdings nicht in dieser Miniaturausgabe, sondern im Format zwischen Kieselstein- und Taubenei-Größe, und zwar unter dem Namen »Tektite«. Die mikroskopisch kleinen gläsernen Tropfen und Perlen sahen exakt genauso aus, nur daß sie eben tausendfach kleiner waren. Sie waren auch genauso zusammengesetzt wie die altbekannten Tektite, und es gab keinen Zweifel daran, daß sie auf die gleiche Weise entstanden sein mußten. Sie erhielten daher den Namen »Mikrotektite«.

Als die mineralogische Bestimmung der gläsernen Staubkügelchen auf diese Weise gelungen war, erhielt ihre auffällige Konzentration gerade in der 700000 Jahre alten Schicht der Bodenproben sofort eine ganz besondere Bedeutung. Mit den Tektiten hat es nämlich eine eigenartige Bewandtnis. Seit einigen Jahren ist man sich darüber einig, daß diese seltsamen gläsernen Steine das Produkt einer Kollision der Erde mit kosmischen Brocken, mit riesigen Meteoren sein müssen.

Es dauerte sehr lange, bis man auf diesen Zusammenhang kam. Erst in den letzten Jahren ergaben sich die endgültigen Beweise. Bis dahin hatte das »Rätsel der Tektite« die Mineralogen fast zweihundert Jahre lang beschäftigt. Am bekanntesten waren die in Europa vorkommenden Moldavite, die ihren Namen erhalten hatten, weil sie in Böhmen, im Moldautal, gefunden wurden. Ihrer glasartigen Beschaffenheit wegen waren sie in der dortigen Gegend seit Jahrhunderten als Schmucksteine beliebt. Eben diese Glasartigkeit aber verursachte den Mineralogen größtes Kopfzerbrechen. Denn aus ihr ergab sich zwingend, daß die Moldavite Schmelzprodukte waren. Damit wäre ein vulkanischer Ursprung in Frage gekommen. Jedoch waren sich alle Geologen darin einig, daß es in dem böhmischen Fundgebiet seit grauer Vorzeit niemals Vulkane gegeben haben kann. In dieser Verlegenheit behalf man sich schließlich mit der Vermutung, daß in früheren Jahrhunderten hier vielleicht einmal eine große Glashütte gestanden habe, und daß die Moldavite die abgeschliffenen Scherben der Flaschen seien, die bei der Produktion zu Bruch gegangen waren. Zu Anfang des vorigen Jahrhunderts bürgerte sich für die Moldavite daher vorübergehend sogar der Name »Bouteillensteine« (Flaschensteine) ein. Unbefriedigend war es nur, daß eine solche Glashütte in keinem einzigen historischen Dokument erwähnt wurde. Dabei hätte sie von gewaltiger Größe sein müssen, denn die seltsamen grünlichen Steine waren in dem beschriebenen Fundgebiet immerhin über eine Fläche von vielen hundert Quadratkilometern verstreut.

In der Mitte des vorigen Jahrhunderts kam dann erstmals die Kunde vom Fund ganz gleichartiger Steine aus anderen Gegenden der Erde. Ein französischer Geologe brachte sie aus Indochina mit. Kurz darauf entdeckte sie Charles Darwin auf seiner berühmten Weltreise in Australien. Es folgten Meldungen über Funde in Niederländisch-Indien und auf den Philippinen. Zuerst taufte man auch diese Steine nach ihren Fundstellen, man sprach also von Indochiniten, Philippiniten, Australiten usw. Als die Zahl der Fundorte in Südostasien aber immer mehr zunahm, und als sich vor allem immer deutlicher zeigte, daß alle Steine, ob sie nun aus Europa oder aus Südasien stammten, chemisch und mineralogisch von völlig gleicher Beschaffenheit waren, führte man schließlich um die Jahrhundertwende für sie alle, einschließlich der Moldavite, den gemeinsamen Namen »Tektite« ein (vgl. Abb. 22, S. 245).

In unserem Jahrhundert wurden noch zwei weitere Fundgebiete entdeckt, und zwar in Westafrika in der Nähe der Elfenbeinküste und in Texas. Überall erhob sich das gleiche Problem: in jedem Falle handelte es sich um Steine aus einer glasartigen Schmelze, und in keinem der Fundgebiete gab es irgendwelche geologischen Anzeichen dafür, daß es hier einst vulkanische Aktivität gegeben haben könne.
Der erste Schritt zur Lösung des Rätsels wurde getan, als der deutsche Physiker Wolfgang Gentner, Leiter des Heidelberger Max-Planck-Instituts für Kernphysik, 1959 auf den Gedanken kam, Tektite aus allen Gegenden der Erde mit Hilfe der Isotopen-Methode auf ihr Alter zu untersuchen. Dabei machten er und seine Mitarbeiter eine ganz erstaunliche Entdeckung. So viele der rätselhaften Steine sie auch untersuchten – als Resultat, als Altersangabe, kamen immer wieder nur die gleichen vier Zahlen heraus, je nachdem, aus welchen Gegenden der Erde das untersuchte Stück gerade stammte. Alle Tektite aus Südasien, mochten sie nun aus Indochina stammen, von den Philippinen, aus Borneo, Java oder Australien, waren 700000 Jahre alt. Wenn es sich um westafrikanische Tektite handelte, ergab sich ein Alter von rund einer Million Jahre. Alle Moldavite hatten ein Alter von 14,6 Millionen Jahren. Am ältesten waren die texanischen Steine, für die etwas mehr als 34 Millionen Jahre gemessen wurden. Andere Jahreszahlen tauchten in keinem Fall auf. Jeder Stein, den man auf sein Alter untersuchte, paßte in eine dieser vier Gruppen.
Damit stand fest, daß alle Tektite, die auf der Erde bis heute gefunden worden sind, zu nur vier in sich geschlossenen Gruppen gehören. Das einheitliche Alter dieser Gruppen läßt weiter nur die Deutung zu, daß alle Tektite einer Gruppe vor der ihrem Alter entsprechenden Zeit gleichzeitig entstanden sein müssen, und zwar durch ein Ereignis,

das bisher in der Erdgeschichte offenbar mindestens viermal eingetreten ist. Was waren das für »Ereignisse«? Es müssen gewaltige Vorgänge gewesen sein, wenn man bedenkt, daß bei dem jüngsten von ihnen das ganze riesige Gebiet von der Südspitze Australiens bis zum chinesischen Festland mit unzähligen geschmolzenen Glassteinen überschüttet worden ist.

Gentner und seine Mitarbeiter fanden auch auf diese Frage eine Antwort. Angesichts des Ausmaßes der Prozesse, die zur gleichzeitigen Erzeugung derartig gewaltiger Tektit-Mengen notwendig waren, wurde von mehreren Forschern der Verdacht geäußert, daß es sich bei ihnen um die abgeschmolzenen Splitter riesiger Meteore handeln könnte, mit denen die Erde zu den angegebenen Terminen zusammengestoßen sei. Wenn man sich den Mond betrachtet, bekommt man eine anschauliche Vorstellung von der Größe der Brocken, die im Kosmos herumirren müssen, und von den Folgen, die entstehen, wenn ein Himmelskörper mit einem von ihnen kollidiert. Da die Erde wesentlich größer ist als der Mond, und da sie deshalb auch eine größere Zielscheibe im Raum darstellt, müßte sie in ihrer Geschichte eigentlich auch entsprechend häufiger getroffen worden sein als ihr Trabant. (Die größere Schwerkraft der Erde spielt hier dagegen praktisch keine Rolle. Meteorite »fallen« nämlich genau genommen gar nicht auf die Erde, es handelt sich vielmehr um direkte, mehr oder weniger frontale Zusammenstöße zwischen zwei auf kosmischen Bahnen dahinfliegenden Himmelskörpern – der Erde und dem jeweiligen Meteor.) Wenn die Erde trotzdem nicht so mit Kratern übersät ist wie der Mond, dann deshalb, weil auch ziemlich große Meteore beim Eintritt in die Erdatmosphäre unter der Reibungshitze in der Regel explodieren und sich in harmlose Trümmer auflösen. In ganz seltenen Fällen aber, in Abständen von Hunderttausenden oder Millionen Jahren, begegnet die Erde auf ihrer Bahn anscheinend auch einmal einem jener kosmischen Riesenbrocken, die sich in der Atmosphäre nicht mehr vollständig auflösen und deren Reste daher mit der Wucht, wie sie sich aus den kosmischen Geschwindigkeiten ergibt, auf der Erdoberfläche aufschlagen.

Auch alle diese Krater aber werden aus dem Relief der Erdoberfläche im Lauf der Zeiten wieder getilgt, weil hier, im Gegensatz zum Mond, Wind und Wetter den Kraterwall allmählich abtragen und das Loch im Zentrum des Einschlags wieder einebnen. Immerhin vergehen bei großen Kratern darüber viele Jahrmillionen. Daher erschien es keineswegs aussichtslos, die vermutete meteoritische Entstehung der vier entdeckten Tektiten-Schwärme dadurch zu beweisen, daß man in der Umgebung der Fundgebiete nach Strukturen in der Erdkruste suchte, die Reste entsprechend großer Einschlags-Krater sein konnten.

23 Das Nördlinger Ries, eine flache, muldenförmige Schüssel zwischen Dinkelsbühl und Donauwörth, ist vor 15 Millionen Jahren durch den Einschlag eines riesigen Meteors entstanden.

In dieser Situation erinnerten sich die Heidelberger Physiker an das Nördlinger Ries, eine flache Mulde zwischen fränkischem und schwäbischem Jura, von fast kreisrunder Gestalt, mit einem Durchmesser von zwanzig Kilometern (Abb. 23; Abb. 24, S. 267). Diese eigenartige geologische Formation galt bei den Erdwissenschaftlern ebenfalls als großes Rätsel, weil sie in der geologischen Struktur ihrer Umgebung einen völligen Fremdkörper darstellte. Bis in die Gegend von Ulm und

Augsburg, an die hundert Kilometer weiter südlich gelegen, aber auch in allen anderen Himmelsrichtungen hatte man außerdem schon in den zwanziger Jahren Gesteinsbrocken gefunden, die auf Grund ihrer mineralogischen und chemischen Zusammensetzung aus dem Ries stammen mußten. War diese Mulde, in der heute das Städtchen Nördlingen liegt, früher etwa die Krateröffnung eines riesigen Vulkans gewesen? Glasartige Schmelzmassen, die sich am Fuß der die Ries-Mulde ringförmig wie ein Kraterwall umgebenden Felsen finden ließen, schienen diese Theorie zu stützen. In Wirklichkeit aber wußten alle Geologen ganz genau, daß diese Erklärung nicht stimmen konnte, weil die Gesteine des Ries-Kessels nicht vulkanischer Natur sind.
Das Nördlinger Ries liegt etwa dreihundert Kilometer westlich vom

Fundgebiet der Moldavite. Trotzdem machten die Heidelberger Physiker einen Versuch und begannen 1962, Altersbestimmungen an den Glasschmelzen im Ries vorzunehmen. Das verblüffende Ergebnis: Alle hier gefundenen Glassplitter waren genau 14,6 Millionen Jahre alt. Die untersuchten Proben aus dem Ries waren also genauso alt wie die in Böhmen in dreihundert Kilometern Entfernung gefundenen Tektite. Damit war die Beweiskette endgültig geschlossen.

Nach diesen Entdeckungen haben geologische Untersuchungen im Ries auch ausgedehnte Trümmerzonen und die Spuren einer plötzlich erfolgten hochgradigen Erhitzung am Material des Untergrundes der Mulde aufgedeckt, so daß heute kein Zweifel mehr daran möglich ist, daß hier vor über vierzehn Millionen Jahren ein riesiger Meteor einschlug. Der kosmische Brocken muß einen Durchmesser von rund einem Kilometer gehabt haben. Die durch seine abrupte Abbremsung an der Erdkruste erzeugte ungeheure Hitze löste eine Explosion aus, die der Energie von mehreren hundert Wasserstoffbomben entsprach. Spritzer geschmolzenen Gesteins flogen bis nach Böhmen und sind dort, dreihundert Kilometer weiter östlich, heute als Moldavite zu finden, deren Entstehung damit endgültig aufgeklärt ist.

Auch dafür, daß diese Steine nicht in alle Himmelsrichtungen auseinandergeflogen sind, sondern daß sie sich im böhmischen Fundgebiet auf eine relativ umschriebene Region konzentriert haben, gibt es eine plausible Erklärung. Wenn ein solcher einen Kilometer dicker Gesteinsbrocken mit kosmischer Geschwindigkeit, das heißt mit einer Geschwindigkeit von zwanzig oder dreißig Kilometern in der Sekunde, durch die Atmosphäre schräg auf die Erdoberfläche zurast, dann entsteht in seinem »Kielwasser« aus aerodynamischen Gründen vorübergehend ein luftleerer Schlauch. Dieser Schlauch muß damals wie ein gewaltiger Staubsauger gewirkt haben, der das glühend verflüssigte Material der Einschlagstelle in sich hineinriß. Mit anderen Worten ist damals ein großer Teil der geschmolzenen Mineralien als weißglühende Fontäne schräg in den Himmel geschossen, um in einem riesigen Bogen erst dreihundert Kilometer weiter östlich wieder auf die Erdoberfläche zurückzuschlagen.

Durch diesen Erfolg ermutigt, haben Gentner und seine Mitarbeiter inzwischen auch den zu den westafrikanischen Tektiten gehörenden Einschlagkrater aufgespürt. Es ist der kreisrunde Bosumtwi-See in Ghana, der sich bei der gezielten Untersuchung als das wassergefüllte Loch eines Meteoriten-Treffers mit einem Durchmesser von immerhin auch sieben Kilometern entpuppte. Auch in diesem Fall liegen zwischen Einschlagstelle und Fundgebiet der Tektiten übrigens wieder rund dreihundert Kilometer.

Unbekannt sind dagegen bisher noch die Krater, aus denen die texanischen und die südasiatischen Tektite stammen müssen. Schwer zu erklären ist das vor allem im zweiten Fall. Das riesige australisch-philippinisch-chinesische Streugebiet hat zu Schätzungen geführt, die für den Einschlag eines Meteors von mehreren Kilometern Durchmesser sprechen. Die Auswirkungen dieser 700000 Jahre zurückliegenden Katastrophe müssen die ganze Erde in Mitleidenschaft gezogen haben. Allein die Gesamtmasse der bei diesem Einschlag entstandenen Tektite wird von amerikanischen Wissenschaftlern auf 250 Millionen Tonnen geschätzt. Der durch einen solchen Treffer entstandene Krater sollte an sich nicht allzu schwer zu finden sein, um so weniger, als es sich ausgerechnet bei diesem Fall auch noch um das jüngste der vier »Ereignisse« handelt. Selbst auf dem Meeresboden müßte er bei dem heutigen Stand der Ozeanforschung längst entdeckt sein. Manche Wissenschaftler, auch Gentner selbst, vermuten diesen Krater daher unter dem kilometerdicken Eis des antarktischen Kontinents. Eine Südpol-Expedition soll diese Möglichkeit in den kommenden Jahren nachprüfen.

Daß die letzte der magnetischen Umpolungen also in eine Epoche der Erdvergangenheit fällt, in der unser Planet im Ganzen von einem gewaltigen Meteor-Treffer erschüttert worden ist, kann den Verdacht aufkommen lassen, daß beide Ereignisse miteinander zusammenhängen. Wir wissen zwar noch immer allzu wenig über die Arbeitsweise des Dynamos im flüssigen Erdinneren, der den magnetischen Schutzschirm normalerweise aufrechterhält. Trotzdem ist die Annahme plausibel, daß der gleichmäßige Umlauf der metallischen Flüssigkeit, die den Anker dieses Dynamos im Erdkern bildet, durch einen Treffer solchen Kalibers damals aus dem Takt gebracht worden ist.
Daß exakt in *der* Schicht der Bohrkerne aus dem Indischen Ozean, die dem geologischen Augenblick der letzten Umpolung entspricht, nun außerdem noch die von diesem Meteor-Treffer vor 700000 Jahren erzeugten Mikrotektiten gefunden wurden, läßt diesen Verdacht in den Augen vieler Wissenschaftler zur Gewißheit werden. Wahrscheinlich sind es also aus dem Kosmos heranrasende Geschosse gewesen, deren Treffer den Gang der Evolution auf der Erde sprunghaft vorwärts getrieben haben. Der zufällige, durchaus historische Charakter dieser Geschichte und die unwiederholbare Einmaligkeit alles dessen, was sie bisher hervorgebracht hat und in alle Zukunft jemals hervorbringen wird, wird dadurch nur erneut unterstrichen. Denn in der Tat, es hängt auch hier wieder von dem Zufall des Augenblicks einer solchen Kollision ab, welche Arten von der durch sie ausgelösten Evolutions-Beschleunigung profitieren können und welche anderen den Schaden davon haben. Es widerspricht der Annahme einer solchen kosmischen Treffer-Lotterie keineswegs, wenn russische Gelehrte, wie erwähnt,

herausgefunden haben, daß die Häufigkeit der Umpolungen in den letzten Jahrmillionen ständig zugenommen zu haben scheint. Im ersten Augenblick könnte man ja meinen, daß eine solche stetige Zunahme Ausdruck einer bestimmten Gesetzlichkeit sein müsse, welche mit der Willkür von Zusammenstößen mit anderen Himmelskörpern nicht in Einklang zu bringen sei. Aber der Weltraum ist eben nicht leer, und er ist darüber hinaus sicher auch nicht in allen seinen Regionen gleich beschaffen. Und die Erde fliegt im Verband des Sonnensystems ja mit einer Geschwindigkeit von rund dreißig Kilometern in der Sekunde durch unsere Milchstraße.

Deshalb ist es ohne Schwierigkeiten vorstellbar, daß wir uns auf diesem Flug seit einigen Jahrmillionen vielleicht dem Zentrum einer Region der Milchstraße nähern, in welcher die Häufigkeit von Meteoriten und darunter eben auch die von Riesenmeteoren aus irgendwelchen Gründen zufällig größer ist, als es in den Regionen der Fall war, die das Sonnensystem in den Äonen davor durchquerte.

Wir dürfen daher vermuten, daß es irgendwo in den Tiefen des Weltalls einen gewaltigen Felsbrocken gibt, der jetzt noch scheinbar ziellos dahintreibt, Hunderte von Millionen Tonnen schwer, und heute noch einige Billionen Kilometer von uns entfernt, aber auf einem Kurs, der ihn in zehn- oder hunderttausend Jahren genau an dem Punkt eintreffen lassen wird, den unsere Erde dann zufällig gerade passiert. Der Zusammenprall mit ihm wird unseren ganzen Planeten erzittern lassen, Erdbeben und Flutwellen werden weite Teile der Kontinente verwüsten. Vor allem aber wird der Dynamo im Erdinneren wieder einmal aus dem Takt geraten und das Magnetfeld zusammenbrechen lassen. Die Folge wird ein erneuter Sprung in der Entwicklung des irdischen Lebens sein, der die bis dahin gültige Ordnung ablöst und das Gesicht dieses Planeten dadurch verwandelt, daß er neuen, bislang unbekannten Möglichkeiten des Lebens Raum gibt. In der Vergangenheit ist es offenbar wieder und wieder so gewesen. Warum sollte es in Zukunft nicht mehr so sein?

24 Dieses Modell vom Nördlinger Ries läßt mit seiner 3,7fachen Relief-Überhöhung die Ähnlichkeit mit einem Mondkrater deutlich werden.

Es gibt Wissenschaftler, die davon überzeugt sind, daß es sich bei den Tektiten um Steine handelt, die vom Mond auf die Erde gefallen sind. Für diese zunächst etwas verblüffend erscheinende Hypothese sprechen in der Tat einige Argumente, die sich nicht so ohne weiteres von der Hand weisen lassen. Eines besteht in dem Nachweis, daß eigentlich kein einziger Tektit massiv genug ist, um einen Flug durch die irdische Atmosphäre mit der Geschwindigkeit überstehen zu können, die notwendig wäre, um ihn dreihundert Kilometer weit fliegen zu lassen. Aerodynamische Berechnungen ergaben für diesen Fall Reibungstemperaturen, die jeden dieser Steine verdampfen lassen würden.

Anders wäre das natürlich, wenn die Tektiten mit der sehr viel geringeren Geschwindigkeit, die ausreicht, um das Schwerefeld des Mondes zu verlassen, von außen in die Atmosphäre gefallen wären. Zwar wäre ihre Oberfläche auch dann bis zum Schmelzpunkt erhitzt worden, aber nur bis wenige Millimeter unter der Oberfläche. Der amerikanische Strömungsforscher Chapman, Konstrukteur des legendären Aufklärungsflugzeuges U 2, das am 1. Mai 1960 über Rußland abgeschossen wurde, hat vor einigen Jahren einige sehr interessante Experimente mit Tektiten durchgeführt. Chapman erhitzte künstliche und natürliche Tektiten in seinem Windkanal bis zum Schmelzpunkt und probierte dann aus, welche Windgeschwindigkeiten er brauchte, um auf der angeschmolzenen Oberfläche seiner Versuchssteine die blasig-streifige Struktur entstehen zu lassen, die für die echten Tektite charakteristisch ist. Die Fachwelt war beeindruckt, als der Amerikaner dabei auf Windgeschwindigkeiten kam, wie sie in der Tat für den Eintritt eines aus einer Umlaufbahn in die Atmosphäre eintauchenden Körpers typisch sind.

Die jedem Nichtfachmann bei dieser Hypothese auf der Zunge liegende Frage, welche Kräfte es dann gewesen sein sollen, welche die Gesteinsbrocken von der Mondoberfläche überhaupt erst einmal in den Raum geschleudert und bis in den Anziehungsbereich der Erde befördert haben, erwies sich für die Fachleute als das geringste Problem. Die erforderliche Fluchtgeschwindigkeit ist auf dem Mond, der geringen Anziehungskraft unseres Trabanten entsprechend, so niedrig, daß man von dort aus einen kleinen Satelliten schon mit einem Langrohrgeschütz in eine bleibende Umlaufbahn oder auch in den Anziehungsbereich der Erde schießen könnte. Die bei den Einschlägen größerer Meteore auf der durch keine bremsende Atmosphäre geschützten Oberfläche des Mondes ausgelösten Explosionen aber entfalten noch wesentlich höhere Energien. Die Berechnungen ergaben sogar die

paradox anmutende Tatsache, daß der Mond aus diesem Grund als Folge von Meteor-Treffern, denen er schutzlos ausgesetzt ist, laufend mehr Materie in den Weltraum verliert, als er durch die auf ihn herabfallenden Meteore gewinnt. Diese in den Weltraum hinausgesprengte Mondmaterie verteilt sich während der Erdumläufe des Mondes auf die Erdbahn und wird von dieser früher oder später eingefangen.
Trotzdem ist es heute so gut wie sicher, daß die Tektite doch nicht vom Mond stammen können, sondern daß es sich bei ihnen um eingeschmolzenes Material der Erdkruste handelt. Das ergibt sich aus den inzwischen durchgeführten Untersuchungen über die genaue Zusammensetzung der »Mondsteine«, wie mancher Amerikaner sie zu nennen bereits anfing. Wieder waren es Gentner und seine Mannschaft, welche auch diese Frage entschieden. Die Tektite wurden von ihnen mit allen nur denkbaren Methoden untersucht und mit der Zusammensetzung der Gesteine am Einschlagkrater verglichen. Dabei ergab sich in allen Einzelheiten eine so vollkommene Übereinstimmung mit dem irdischen Material, daß die »Mondstein«-Theorie unhaltbar geworden ist.
Als Beispiel für die geradezu unglaubliche Genauigkeit, mit der die Heidelberger Wissenschaftler bei diesen Untersuchungen vorgingen, sei angeführt, daß sie sogar die in den nur millimetergroßen Blasen im Inneren der Tektite eingeschlossenen Gase chemisch analysiert und mit der Zusammensetzung der irdischen Atmosphäre verglichen haben (ebenfalls übrigens mit in allen Einzelheiten übereinstimmendem Ergebnis). Man nimmt daher heute an, daß die durch den Einschlag verflüssigten irdischen Gesteine mehrere hundert Kilometer hoch über die Atmosphäre hinausgeschleudert wurden und daß sie dort in der Kälte des Weltraums zu tropfenförmigen Gebilden erstarrten, die anschließend auf die Erde zurückfielen. Beim Wiedereintritt in die Atmosphäre wurden sie dann von neuem erhitzt, und dabei entstanden dann die Steine, die sich als »Tektite« über die heute bekannten Fundgebiete verteilten. Das Rätsel der Tektite kann damit als gelöst gelten.
Aber wenn die Tektite selbst also auch sicher nicht vom Mond stammen, so haben sie doch den Weg bereitet für die Einsicht, daß es auf unserer Erde geradezu wimmeln muß von außerirdischem Material. Früher war man auf diesen Gedanken niemals gekommen. Zwar wußte man, wie schon erörtert, daß Jahr für Jahr schätzungsweise fünf Millionen Tonnen an meteoritischem Staub auf die Erde herunterregnen. Wenn man diesen Betrag aber auf die ganze Erdoberfläche umrechnet, ergibt sich, daß das pro Quadratzentimeter weniger als ein Millionstel Gramm ist. Die durch das Problem der Tektite ausgelösten Berechnungen über die Konsequenzen der ständigen Einschläge auf dem Mond haben den Wissenschaftlern aber erstmals vor Augen geführt, daß eben nicht nur metallischer Staub vom Himmel fällt.

Auch wenn es aus den angeführten Gründen sicher scheint, daß die Tektite selbst aus irdischem Material bestehen, das lediglich durch eine gewaltige Explosion einmal einige hundert Kilometer hoch in den Weltraum geschleudert worden ist, so ändert das natürlich nichts an der Stichhaltigkeit und dem Ergebnis dieser Berechnungen. Es schlagen also mehr oder minder regelmäßig aus allen Richtungen des Weltalls Meteore auf dem Mond ein. Und ihre Energie genügt wirklich, um ein Mehrfaches an Mondmaterie in den erdnahen Weltraum zu befördern. Und die Anziehungskraft der Erde ist zweifellos so groß, daß diese Mondmaterie früher oder später unweigerlich auf die Oberfläche unseres Planeten trifft. Da das aber schon seit mehreren Milliarden Jahren geschieht, muß die Oberfläche unserer Erde nahezu lückenlos übersät sein von lunarer Materie. Kein Zweifel, jeder von uns hat schon einmal einen Stein in der Hand gehabt, der vom Mond stammte. Wir haben eben nur einfach nicht die Möglichkeit, ihnen ihre außerirdische Herkunft anzusehen.

Aber nicht nur Mondsteine liegen auf der Erdoberfläche herum, und nicht nur meteoritischer Staub. Aus allen Teilen des Sonnensystems stammen die metallischen und steinernen Brocken, die Tag für Tag als »Sternschnuppen« in unserer Atmosphäre aufglühen und damit jedesmal das Eintreffen nichtirdischer Materie auf unserem Planeten signalisieren. Aber auch das Sonnensystem, so riesengroß es ist, stellt dennoch nicht allein das kosmische Material, das der Erde seit dem Beginn ihrer Geschichte von allen Seiten ständig zufließt.

Wir haben zu Beginn schon erwähnt, daß die grundsätzlich noch zu unserem System gehörenden, da in ihrem Lauf ebenfalls noch von unserer Sonne regierten Kometen zum Teil so exzentrische, so langgestreckt-elliptische Umlaufbahnen haben, daß sie für eine einzige Bahnrunde mehrere Jahrtausende brauchen. Auf den äußersten Punkten ihrer Bahn sind manche dann zwei bis drei Lichtjahre von der Sonne als dem Mittelpunkt unseres Systems entfernt. Damit aber geraten sie bereits in die Grenzregionen der uns benachbarten Sonnensysteme und in unmittelbaren Kontakt mit den äußersten Bahnpunkten der zu diesen gehörenden Kometen.

Es kann unter diesen Umständen gar nicht ausbleiben, daß an diesen Stellen immer wieder Kometen von einem System in das andere überwechseln, daß also an den Rändern benachbarter Sonnensysteme auf diese Weise ein ständiger Materie-Austausch stattfindet. Kometen haben aber, wie ebenfalls schon erwähnt, eine nur relativ kurze Lebensdauer. Auf den zentrumsnahen Abschnitten ihrer Umlaufbahnen kommen sie immer von neuem unter den Einfluß der hier konzentrierten, sehr viel massiveren Himmelskörper, der Sonne vor allem, aber auch der Pla-

neten, deren störende Anziehungskräfte sie früher oder später zerplatzen lassen. So aber kommt dann auch die Materie eines Kometen-Kopfes schließlich, aufgelöst in unzählige Meteorsplitter, irgendwann einmal auf die Erde herunter.
Die Oberfläche unseres Planeten ist ohne Zweifel daher auch bedeckt mit Materie, die anderen Sonnen*systemen* entstammt. Daß aber selbst diese Perspektive, so faszinierend sie auch ist, erst den Anfang eines in den letzten Jahren entdeckten Zusammenhangs ist, zeigt auf eine wirklich überwältigende Weise die Abb. 25, S. 273. Hier sind wir auf die Spur eines sich in kosmischen Dimensionen abspielenden Materie-Austausches gekommen. Die auf dieser Aufnahme abgebildeten Galaxien müssen sich auf ihrem Flug durch das Weltall so nah gekommen sein, daß die in ihnen enthaltenen Massen interstellaren Staubes und meteoritischer Materie unter dem gewaltigen Einfluß ihrer wechselseitigen Anziehungskräfte aus diesen Systemen abströmten und begannen, zwischen ihnen eine Brücke zu bilden, die sich hier, Hunderttausende von Lichtjahren lang, vor unseren Augen durch den freien Weltraum spannt. Hier sehen wir so etwas wie einen kosmischen Stoffwechsel.
Der biologische Ausdruck ist in doppeltem Sinn berechtigt. Zunächst einmal trifft er hier wörtlich zu. Auch in unserer Milchstraße also gibt es Stoff, der von anderen Milchstraßen stammt, so wird man annehmen dürfen. Denn es wäre natürlich von astronomischer Unwahrscheinlichkeit, wollte man davon ausgehen, die Himmelsphotographen hätten mit der Abbildung 25 rein zufällig gerade den einzigen oder auch nur einen besonders seltenen Fall dieser Art erwischt. Auch bis auf unsere Erde also wird diese extragalaktische Materie, wenn auch vielleicht in bescheidenerer Dosis, während der zurückliegenden Jahrmilliarden immer wieder auf mancherlei Umwegen schließlich gelangt sein.
Die aus all diesen hier aufgezählten Quellen fließenden außerirdischen Stoffmengen müssen sich nach Ansicht vieler Wissenschaftler über die erdgeschichtlichen Epochen hin doch zu solchen Mengen »zusammengeleppert« haben, daß möglicherweise ein nennenswerter Anteil der ganzen oberen Erdkruste in Wirklichkeit außerirdischer Herkunft ist.
Aus dieser Erkenntnis können wir zwei wichtige Schlüsse ziehen. Einmal ist die Tatsache, daß wir gänzlich außerstande sind, die hier auf der Erde mit Sicherheit vorhandene außerirdische und zumindest teilweise sogar außergalaktische Materie zu erkennen und sie von irdischen Stoffen zu unterscheiden, ein direkter und anschaulicher Beweis für die von den Astrophysikern von jeher aufgestellte Behauptung, daß das ganze Weltall in seiner unermeßlichen Weite aus den gleichen Stoffen besteht. Und außerdem ergibt sich aus der Konsequenz des ganzen Gedankengangs eine lehrreiche Relativierung des Begriffes »außerirdisch«.

Was bedeutet es denn, daß der Boden, auf dem wir stehen, der feste Untergrund, den die Oberfläche unseres Heimatplaneten uns zur Verfügung stellt, in Wirklichkeit »nichtirdisch« ist? Bei genauerer Betrachtung kann sich daraus eigentlich nur die selbstkritische Einsicht ergeben, daß wir dem Begriff des »Außerirdischen« in unserem Weltbild auf Grund eines ganz bestimmten Vorurteils einfach eine allzu große Bedeutung beigemessen haben. »Außerirdisch« (oder: »extraterrestrisch«), das hat für uns normalerweise doch vor allem deshalb den Beiklang des Ungewöhnlichen, des ganz und gar Außerordentlichen, weil wir mit ihm den Begriff des Fremdartigen, des gänzlich anderen verbinden. Dahinter aber verbirgt sich das jahrhundertealte Vorurteil, von dem wir zu Anfang ausgegangen waren: das Vorurteil von der Isolierung der Erde vom ganzen übrigen Weltraum. Für die Materie zumindest gilt das also nicht.

Der Boden, auf dem wir stehen, ist, so paradox und ungewohnt das auch klingen mag, ganz offensichtlich ursprünglich nicht irdischer Natur. Und wenn im Licht dieser Entdeckung auch der Begriff des »Außerirdischen« ein wenig von seiner nahezu magischen Qualität verliert, so geht das Hand in Hand mit der Einsicht, daß Erde und Weltraum zumindest als materielle Körper einander nicht so fremd sind – daß sie einander nicht so beziehungslos gegenüberstehen, wie wir es gefühlsmäßig so oft voraussetzen. Die Erde ist – hier zunächst noch immer rein im physikalischen, materiellen Sinn betrachtet – alles andere als ein Fremdkörper im Weltraum. Sie ist sein Produkt. Der Stoff, aus dem sie besteht, der Boden, auf dem wir leben, stammt aus seinen Tiefen.

Von »Stoffwechsel« zu sprechen, wenn man den sich in den Weiten des Weltalls fortlaufend abspielenden Materie-Austausch bedenkt, ist aber noch aus einem zweiten Grund legitim. Dieser kosmische Stoffwechsel ist nämlich, so entlegen der Zusammenhang auch erscheinen mag, die unbedingte Voraussetzung dafür gewesen, daß der biologische Prozeß, den wir mit dem Wort gewöhnlich meinen, überhaupt erst hat entstehen können.

Das ist die letzte Geschichte, die in diesem Buch erzählt werden soll.

25 *Bei diesen verwaschenen 5 Lichtflecken handelt es sich um sehr weit (200–300 Millionen Lichtjahre) von uns entfernte Galaxien, zwischen denen leuchtende Gaswolken eine ganz ungewöhnliche Verbindung hergestellt haben. Offensichtlich haben wir hier den Fall eines intergalaktischen Stoffaustausches, das Beispiel eines Stoffwechsels in wahrhaft kosmischen Dimensionen, vor Augen. Inzwischen sind noch einige ähnliche Fälle entdeckt worden. Gäbe es diesen Materie-Austausch nicht, so hätte sich aus Gründen, die im Text im einzelnen beschrieben werden, im Universum wahrscheinlich kein Leben bilden können.*

Auch auf ihre Spur ist die Wissenschaft erst in neuester Zeit gekommen. Und auch in diesem Fall ist jedes einzelne Detail des Bildes, das sich dabei vor den Augen der Forscher abzeichnete, ein eindrucksvolles Beispiel für die unauflösliche Verbundenheit zwischen allen in diesem einen riesigen Weltall sich abspielenden Prozessen, für den so lange Zeit nicht einmal geahnten Zusammenhang, der in dieser Welt auch zwischen dem Größten und Kleinsten noch besteht – zwischen dem, was hier in unserer menschlichen Umwelt vor sich geht, und den kosmischen Abläufen bis hin zu den Grenzen des beobachtbaren Universums.

Der Stoff, aus dem wir bestehen

Diese unsere letzte Geschichte beginnt im Jahr 1944. Und sie gipfelt in der Einsicht, daß es uns nicht geben würde, daß unsere ganze riesige Galaxie, die Milchstraße mit ihren hundert Milliarden Sonnen, bis heute eine unbelebte, tote Insel im Weltraum geblieben wäre, wenn sie nicht die bereits ausführlich beschriebene spiralige Struktur hätte.
Die Astronomen kennen seit längerer Zeit neben einigen anderen Typen von Galaxien auch diffus erscheinende linsenförmige Sternsysteme, die sogenannten elliptischen Nebel, unserer Milchstraße und allen anderen Spiralnebeln praktisch gleich an Sternenzahl, Ausdehnung und in vielen anderen Eigenschaften, mit einer bedeutsamen Ausnahme: Diese »elliptischen« Nebel tragen ihren Namen deshalb, weil sie keine Spiralarme haben (vgl. Abb. 26, S. 277; 27, S. 277). Wir haben Grund zu der Vermutung, daß es in ihren riesigen Räumen kein Leben gibt: daß es sich bei ihnen um Systeme handelt, in denen die kosmische Entwicklung in einem Stadium steckengeblieben ist, in dem es aus einem ganz bestimmten Grund noch keine biologische Evolution geben kann. Um die Zusammenhänge richtig verstehen zu können, müssen wir über den Gang der Erforschung dieser Zusammenhänge aber der Reihe nach berichten. 1944 veröffentlichte der deutsch-amerikanische Astronom Walter Baade einen wissenschaftlichen Aufsatz über »Stern-Populationen«. Baade hatte sich in der berühmten Mt. Wilson-Sternwarte viele Jahre mit der Untersuchung der Spektral-Linien von Sternen in fremden Milchstraßen beschäftigt. Bei diesen Untersuchungen hatte er die Entdeckung gemacht, daß es in allen von ihm untersuchten Spiralnebeln zwei verschiedene Arten von Sternen zu geben schien, die er Stern-»Populationen«, also etwa »Stern-Rassen«, nannte.
Die eine dieser beiden Rassen (Baade taufte sie mehr oder weniger will-

kürlich »Population I«) besteht aus relativ jungen, sehr heißen Sternen, die ihrer hohen Temperatur entsprechend ein bläulich-weißes Licht ausstrahlen. Sie sind »nur« einige Millionen, höchstens etwa hundert Millionen Jahre alt. Diese Sterne finden sich vorwiegend in den Spiral-Armen der fernen Milchstraßen konzentriert.
Der zweite Stern-Typ (ihm entsprechen die Mitglieder der Stern-Population II) hat demgegenüber nahezu entgegengesetzte Eigenschaften: Die Sterne dieses Typs sind weniger heiß, ihr Licht ist mehr rötlich gefärbt und ihr Alter liegt in der Größenordnung von mehreren *Milliarden* Jahren. Diesen Sterntyp fand Baade vor allem *zwischen* den hellen Spiralarmen in den dunkleren Partien der von ihm analysierten Sternsysteme ziemlich gleichmäßig verteilt.
Noch in einem weiteren auffälligen Punkt unterscheiden sich diese beiden Typen voneinander. Wie die genaue Untersuchung der Spektral-Linien zeigte, waren die beiden Stern-Arten auch chemisch unterschiedlich zusammengesetzt. Die jungen, heißen Sterne enthielten bis zu einem Prozent schwere Elemente, darunter auch Metalle, während die der Population II angehörenden Sonnen praktisch ausschließlich aus überdicht zusammengepreßtem Wasserstoff zu bestehen schienen.
Die Erforschung der Ursachen, die sich hinter diesen von Baade entdeckten Unterschieden verbergen, beschäftigt die Astronomen noch immer. Auch heute sind bei weitem noch nicht alle Probleme geklärt, die sich aus der bedeutsamen Entdeckung des Jahres 1944 nach und nach ergeben haben. Das aber, was bereits aufgeklärt ist, hat uns die Augen geöffnet für eine Eigenschaft des Kosmos, von der wir bisher nichts ahnten: Die Sterne, die wir am Himmel sehen, sind nicht nur verschieden weit von uns entfernt und von unterschiedlichem Alter, sondern sie gehören auch verschiedenen Stern-Generationen an.
Bis zu dieser Erkenntnis war es ein weiter Weg. Die erste Frage, die die Wissenschaftler sich vorlegten, war die nach dem Grund, aus dem alle jungen Sterne offenbar in den Armen eines Spiralnebels konzentriert sind. Die genaue Untersuchung zeigte, daß das aus dem gleichen Grund so ist, aus dem in einer Stadt alle Neugeborenen ganz überwiegend in Kliniken konzentriert sind: sie werden dort geboren. Die Spiralarme einer Galaxie sind die Region, in denen bevorzugt neue Sterne entstehen, und zwar deshalb, weil das durch die zunehmende Zusammenballung interstellarer Materie geschieht, und weil dieser Urstoff der Sternbildung in den Spiralarmen am reichlichsten vorhanden ist.
Mit dieser Annahme scheint endlich auch ein Phänomen verständlicher zu werden, das den Astronomen lange rätselhaft geblieben war, und zwar die erstaunliche Stabilität der spiraligen Gestalt einer Galaxie. Diese Riesengebilde rotieren, sie drehen sich um ihre eigene Achse. Sie

tun das nun aber nicht wie ein starres Wagenrad, sondern – wie bei einem stofflichen Gebilde solcher Dimensionen aus mechanischen Gründen gar nicht anders zu erwarten – mit einer für die einzelnen Bestandteile einer Galaxie ganz unterschiedlichen Geschwindigkeit, je nach der Entfernung vom gemeinsamen Mittelpunkt. Während bei unserer eigenen Milchstraße eine am äußersten Rand gelegene Sonne im Rahmen dieser Drehung in jeder Sekunde etwa dreihundert Kilometer zurücklegt, beträgt die Geschwindigkeit bei unserer eigenen Sonne, da sie dem Zentrum der Umdrehung entsprechend näher liegt, nur rund 260 Kilometer pro Sekunde. Trotzdem benötigen die am äußeren Rand, an der »Kante« unserer Milchstraße gelegenen Sonnen für einen einzigen Umlauf um den Milchstraßen-Mittelpunkt fünfhundert Millionen Jahre und unsere Sonne nur rund die Hälfte der Zeit, weil ihr Weg entsprechend kürzer ist.

Als die Astronomen mit diesen unterschiedlichen Geschwindigkeiten der verschiedenen Abschnitte eines Spiralnebels zu rechnen begannen, stellten sie sehr schnell fest, daß sich die Spiralarme eigentlich schon nach zwei vollständigen Umdrehungen um den Kern der ganzen riesigen Scheibe gewickelt haben müßten. Seit der Entstehung des Universums aber müssen sich die ältesten Spiralnebel schon mindestens zwanzigmal um sich selbst gedreht haben. Und trotzdem haben sie noch immer die charakteristische Gestalt, die ihnen ihren Namen verschafft hat. Wie ist das zu erklären, wenn es mechanisch, wie die Rechnungen zeigen, eigentlich unmöglich sein sollte?

Dieses lange Zeit hindurch ungelöste Problem gilt heute den meisten Astronomen durch den Nachweis gewaltiger intragalaktischer Magnetfelder als aufgeklärt. Sowohl in unserer eigenen Milchstraße als auch in den weit jenseits ihrer Grenzen im Weltall gelegenen Spiralnebeln

26 Typischer Spiralnebel mit der charakteristischen Struktur, die sich bei rund 60 Prozent aller bisher untersuchten Galaxien findet. Ihre (inzwischen auch für unsere eigene Milchstraße nachgewiesene) spiralige Struktur scheint eine der elementaren Voraussetzungen für die Entstehung von Leben in einem solchen System zu sein.

27 Ein typischer »elliptischer« Nebel. Nach allem, was wir heute wissen, sind Sternsysteme dieses Aussehens nicht von Leben erfüllt. Wahrscheinlich wird sich bis zum Ende der Zeiten in einem solchen strukturlosen Nebel, auch wenn er die gleiche Zahl von Sonnen enthält wie unsere Milchstraße oder jeder andere Spiralnebel, kein Leben entwickeln können. In einem der letzten Kapitel wird im einzelnen auseinandergesetzt, warum die spiralförmige Gestalt auch unserer eigenen Milchstraße eine der Voraussetzungen unserer Existenz ist.

konnten mit modernen Beobachtungstechniken Magnetfelder nachgewiesen werden, die auf eine bisher noch ungeklärte Weise im Mittelpunkt des Nebels zu entstehen scheinen und sich von dort bis an die äußeren Grenzen der linsenförmigen Systeme erstrecken. Die Kraftlinien dieser Felder laufen also von innen nach außen, etwa so, wie die Speichen eines Rades. Wegen der Rotationsbewegung des Systems, dem sie angehören, tun sie das aber nicht in gerader Linie, sie werden vielmehr auf dem Weg vom Zentrum zum äußeren Rand infolge dieser Drehung halbkreisförmig abgelenkt und gebogen. Wie das im einzelnen vor sich geht, darüber ist die Diskussion noch keineswegs abgeschlossen. Allem Anschein nach aber sind diese aus den geschilderten Gründen bogenförmig vom Zentrum einer Milchstraße nach außen verlaufenden magnetischen Kraftlinien so etwas wie das »Rückgrat« der Spiralarme. Diese Theorie kann die Stabilität der sich im Weltraum seit Jahrmilliarden um sich selbst drehenden Riesenräder befriedigend erklären. Die Grundlagen dieser Stabilität sind eben nicht mechanische Gebilde, die längst deformiert sein müßten, sondern der spiralige Verlauf unstofflicher, nämlich magnetischer Kraftfelder, welche den gewaltigen Umlauf beliebig lange mitmachen können. Die Linien dieser Magnetfelder selbst kann man natürlich nicht sehen, sie sind unsichtbar. Aber der größte Teil des in einem solchen Sternsystem enthaltenen Wasserstoffgases ist ionisiert, also elektrisch geladen. Damit aber sind die Wasserstoff-Atome den Einflüssen magnetischer Felder unterworfen. Dies wiederum hat zur Folge, daß der Wasserstoff sich dem spiralförmigen Verlauf des Magnetfelds anzupassen beginnt und daß er sich parallel zu diesen Linien konzentriert.

Auch in diesem Stadium der Entstehung gibt es noch immer keine sichtbaren Spiralarme, denn auch Wasserstoffgas ist nicht sichtbar. Die unter dem Einfluß der magnetischen Kraftfelder erfolgende Konzentration der gewaltigen Gasmassen des Systems bleibt aber nicht ohne Folgen. Vorwiegend hier, in diesen Regionen ohnehin schon relativ hoher Gaskonzentration, bilden sich jetzt die lokalen Zusammenballungen, die sich, anfangs unmerklich langsam, dann immer schneller unter dem Einfluß ihrer eigenen Anziehungskräfte zusammenzuziehen beginnen. Hier bilden sich, mit anderen Worten, im ganzen System die günstigsten Bedingungen aus für die Entstehung jener »Ur-Wolken«, welche die Keime für die Entstehung eines Fixsterns, einer neuen Sonne, darstellen, wie wir das bei der Schilderung der Entstehungsgeschichte unserer Sonne im einzelnen schon beschrieben haben. Diese neuen Sterne mit ihrer ungeheuren Hitze aber lassen das Wasserstoffgas ihrer Umgebung hell aufleuchten. Jetzt endlich ist die Spiralstruktur des Systems sichtbar geworden.

In Wirklichkeit sieht ein Spiralnebel offensichtlich also gar nicht etwa deshalb wie eine Spirale aus, weil sich die Sterne, aus denen er zusammengesetzt ist, aus irgendwelchen geheimnisvollen Gründen spiralförmig angeordnet hätten. Daß an diesem Eindruck, der durch den äußeren Anblick eines solchen Gebildes zunächst nahegelegt wird, etwas nicht stimmen kann, hatten die oben erwähnten Berechnungen schon gezeigt, aus denen sich die Unmöglichkeit der Stabilität für ein solches mechanisches Gebilde ergab. In Wirklichkeit sind, wie die Astronomen seit neuestem anzunehmen allen Grund haben, wahrscheinlich auch bei einem Spiralnebel alle Sterne mehr oder weniger gleichmäßig über das ganze System verteilt. Das charakteristische Aussehen kommt allein dadurch zustande, daß die jüngsten und hellsten Sterne eines solchen Nebels aus einleuchtenden Gründen dort konzentriert sind, wo der Stoff, aus dem sie entstehen, am reichlichsten vorkommt.

Nach allem, was wir heute wissen, ist die Sterndichte in den dunkel erscheinenden Partien zwischen den Spiralarmen einer Milchstraße wahrscheinlich nicht wesentlich geringer, möglicherweise sogar genauso groß. Denn hier ist die überraschende Entdeckung zu berücksichtigen, daß nicht nur das Licht der hier vorkommenden älteren Sterne weniger hell leuchtet, sondern daß es hier anscheinend auch eine nicht einmal kleine Anzahl sogenannter »Neutronen-Sterne« gibt. Zu den zahlreichen ungewöhnlichen Eigenschaften dieses noch vor kurzer Zeit völlig unbekannten Stern-Typs aber gehört es, daß ein Neutronen-Stern unsichtbar ist. Von diesen seltsamen Himmelskörpern soll noch die Rede sein.

Die neuen Einsichten in den inneren Aufbau einer Milchstraße erklären, zunächst, nicht nur die Entdeckung Baades über die Anhäufung junger Sterne in den Spiralarmen, sondern sie legen sogleich auch die Folgerung nahe, daß diese jungen Sterne keineswegs für die Dauer ihrer Existenz in den Spiralarmen verbleiben. Diese jungen Sterne nämlich sind so massiv, daß auf sie im Unterschied zum feinverteilten und ionisierten Wasserstoff die ordnende Kraft der galaktischen Magnetfelder natürlich nicht mehr einwirken kann. Während der langsamen Rotation des galaktischen Riesenrades – eine Umdrehung innerhalb von fünfhundert Millionen Jahren – werden sie folglich, so dürfen wir vermuten, langsam aus dem Bereich der Arme heraustreiben und in den gleichen Zeiträumen laufend durch neu entstehende Sterne in den Spiralarmen ersetzt.

Damit aber ist erst eine der Fragen beantwortet, welche durch die Entdeckung des Jahres 1944 aufgeworfen worden sind. (Statt »beantwortet« sollte man vielleicht vorsichtiger lieber »dem Verständnis nähergebracht« sagen, denn auf diesem neuen Gebiet ist auch heute

noch alles im Fluß und großenteils noch hypothetisch.) Eine zweite wichtige Frage ergibt sich aus der chemisch unterschiedlichen Zusammensetzung der Sterne beider Populationen. Wie kann es zugehen, daß die alten Sterne aus nahezu reinem Wasserstoff bestehen, allein aus der Substanz, aus der sie sich zu Beginn ihrer Existenz bildeten, während die jungen Sterne zahlreiche andere, schwerere Elemente enthalten – Stoffe also, die es überhaupt nicht gegeben hatte, als die Ur-Wolke aus Wasserstoff sich vor undenkbar langer Zeit zusammenzuziehen begann? Wo kommen diese anderen Elemente eigentlich her?
Einen ersten Schritt in Richtung auf die Antwort haben wir ebenfalls bei der Untersuchung über die Sonne bereits getan. Ohne uns weiter viel Gedanken darüber zu machen, hatten wir dort beiläufig erwähnt, daß als Endprodukt des Kernverschmelzungsprozesses im Sonnenzentrum Helium entsteht. Dieses Helium ist, so sagten wir, gleichsam die »Asche«, zu der der Wasserstoff im aktiven Kern der Sonne atomar verbrannt wird. Damit aber ist natürlich bereits ein neues Element entstanden, das zweite im periodischen System. In dem Kapitel über die Sonne, in dem wir uns nur für die Energie-Erzeugung unseres Zentralgestirns interessiert hatten, waren wir auf diesen Punkt nicht näher eingegangen. An dieser Stelle, an der wir nunmehr nach der Herkunft der Elemente fragen, müssen wir den Faden wieder aufnehmen.

Es ist heute so gut wie sicher, daß es die bekannten 92 Elemente, aus denen unsere Welt sich aufbaut, deshalb gibt, weil auch die Sterne eine Entwicklung durchmachen, eine regelrechte, nach ganz bestimmten Gesetzen ablaufende Biographie. Sobald ein Stern den in seinem Zentrum vorhandenen Wasserstoff verbraucht, ihn nämlich zu Helium umgewandelt hat, bricht das Gleichgewicht zwischen Strahlungsdruck und innerer Anziehung zusammen, das ihn bis dahin stabilisiert hatte. Während einer langen Endphase geht zunächst noch alles gut. Wenn im Mittelpunkt des Sternes aller Wasserstoff bereits in Helium umgewandelt ist, wandert die Brennzone zunächst einfach schalenförmig langsam nach außen. Früher oder später erreicht sie dabei aber natürlich unweigerlich Regionen des Sternkörpers, die der Oberfläche so nahe sind, daß der Druck der darüberliegenden Schichten nicht mehr ausreicht, um die atomaren Prozesse weiter in Gang zu halten. Das atomare Feuer erlischt.
Damit aber fällt der Strahlungsdruck fort, der die gewaltige, dabei aber immer noch gasförmige Masse des Sterns bis dahin daran gehindert hat, sich pausenlos weiter zusammenzuziehen. Die Kontraktion beginnt daher von neuem einzusetzen, und die Drucke und Temperaturen im Zentrum des Sterns steigen von neuem an. Sie steigen weit über die zweihundert Milliarden Tonnen und die fünfzehn Mil-

lionen Grad Celsius an, bei denen Wasserstoff atomar zu brennen beginnt, denn es ist kein Wasserstoff mehr da, der verbrennen könnte. Helium aber beginnt erst bei sehr viel höheren Werten zu »fusionieren«.

Da keine nach außen wirkenden Kräfte mehr existieren, die der gravitationsbedingten Kontraktion des Sterns in diesem Stadium die Waage halten könnten, wird im Verlauf der weiteren Zusammenziehung im Kern schließlich tatsächlich die kritische Temperatur von mehr als fünfzig Millionen Grad erreicht, bei der das hier jetzt konzentrierte Helium zu »brennen« anfängt. Die wieder einsetzenden atomaren Prozesse bremsen zugleich die Kontraktion ab, und der Stern wird vorübergehend erneut stabil. In dieser Phase »verbrennt« das Helium zu Kohlenstoff. Außerdem entsteht auf einem Umweg über Beryllium, das jedoch kurz darauf wieder zerfällt, Sauerstoff.

Früher oder später ist auch das Helium, das in diesem Stadium den Kern des Sterns bildet, verbrannt, und der gleiche Vorgang, den wir eben beschrieben haben, wiederholt sich: Die Kontraktion setzt abermals ein, sie erzeugt Temperaturen von schließlich mehr als hundert Millionen Grad, hoch genug, um jetzt die Atome des Kohlenstoffs zu schwereren Elementen zusammenzubacken. Dabei entstehen jetzt Neon und Natrium, außerdem auf dem Umweg über eine komplizierte Reaktionskette, bei der zunächst Helium-Kerne erzeugt werden, die dann gleichsam als Bausteine dienen, Magnesium, Aluminium, Schwefel und Kalzium.

An diesem Punkt werden die in dem inzwischen auf fünfhundert Millionen Grad erhitzten Zentrum des Sterns ablaufenden Prozesse so verwickelt, daß sie sich anschaulich nicht mehr darstellen lassen. Die atomaren Reaktionen sind jetzt so intensiv geworden, daß die bei den bisherigen Schritten entstandenen Elemente immer von neuem ab- und wieder aufgebaut werden. Der Stern ist längst aus dem Spiralarm, in dem er vor langer Zeit entstand, herausgetrieben und bietet jetzt, in den dunkleren Teilen der Galaxie, den Anblick eines Sterntyps, den die Astronomen »Weißer Zwerg« nennen. Trotz seiner außerordentlich hohen Temperatur, die ihn in einem nahezu weißen Licht erscheinen läßt, ist seine Leuchtkraft für einen Beobachter relativ gering, weil die wiederholten, aufeinanderfolgenden Kontraktionsphasen ihn inzwischen auf das bescheidene Format eines größeren Planeten, etwa des Jupiter, haben schrumpfen lassen.

In dem Volumen einer solchen Kugel von vielleicht noch einhunderttausend Kilometern Durchmesser ist nunmehr die gesamte Masse einer ganzen Sonne konzentriert, die zu Beginn ihres Daseins als Stern, als die atomaren Reaktionen in ihrem Inneren erstmals in Gang kamen, mindestens zehnmal größer war. Dementsprechend besteht ein

Weißer Zwerg in seinem Kern auch aus überdichter sogenannter entarteter Materie. Würden wir aus dem Kern eines solchen Zwerg-Sterns ein Stück Materie von der Größe einer Streichholzschachtel auf der Erdoberfläche deponieren, es durchbräche sofort die ganze Erdkruste, würde von dort aus fast ungebremst in die Tiefe des Erdinneren weiter abstürzen und käme schließlich erst am Erdmittelpunkt zur Ruhe. Denn schon ein Kubikzentimeter dieser Substanz wiegt nämlich viele Tonnen.

Wie es von da ab weitergeht, hängt allein von der Gesamtmasse des Sterns ab. Die kritische Grenze scheint bei 1,44 Sonnen-Massen zu liegen. Ein Stern, dessen Gewicht darunter liegt – also etwa auch unsere eigene Sonne – kühlt, wenn er das Stadium eines Weißen Zwerges erreicht hat, einfach allmählich ab. Er konzentriert sich dann, wenn der Kohlenstoff-Vorrat in seinem Mittelpunkt verbrannt ist, zwar noch etwas weiter, neue atomare Prozesse werden dabei aber nicht mehr ausgelöst.

Dieser, von den Astronomen noch vor wenigen Jahren als »normal« angesehene Endpunkt in der Entwicklung eines Sterns kann nun aber im Rahmen der Gesamtentwicklung des Universums keineswegs als »normal« angesehen werden. Durch die beschriebenen Entwicklungsphasen mit ihrem Wechsel zwischen Kontraktionsperioden und anschließenden atomaren Verschmelzungsprozessen kommt man vom Wasserstoff, dem einzigen Ausgangsmaterial der Sternentstehung, höchstens bis zu dem Element Nickel. Das ist aber erst etwa ein Viertel des periodischen Systems aller Elemente. Auch bis dahin fehlen außerdem noch einige Elemente, wie zum Beispiel Lithium und Beryllium, die sich bei den bisher beschriebenen Entwicklungsschritten nicht oder jedenfalls nicht in beständiger Form bilden können.

Unbefriedigend muß es aber vor allem erscheinen, daß alle im Inneren des Sterns erzeugten Elemente bei diesem »normalen« Entwicklungsgang im Sternzentrum steckenbleiben. Welchem Zweck können diese im Inneren einer Sonne auf so komplizierte Weise zusammengebackenen Elemente schon dienen, wenn sie bis an das Ende der Zeiten im Kern eines langsam ausglühenden und erkaltenden Weißen Zwerges unerreichbar begraben bleiben? So gesehen ist das Ende als Weißer Zwerg alles andere als ein »normaler« Ausgang der ganzen aufwendigen bisherigen Entwicklung, sondern vielmehr eine Sackgasse. Die im Zentrum der Sonne entstandenen Elemente bleiben der weiteren Entwicklung gleichsam vorenthalten. Uns aber interessiert gerade die Frage, woher der Stoff kommt, aus dem unsere Erde und die anderen Planeten einst entstanden: die 92 Elemente, die in vielfältigen Kombinationen unsere ganze Welt aufbauen und damit auch den Stoff, aus dem wir selbst bestehen.

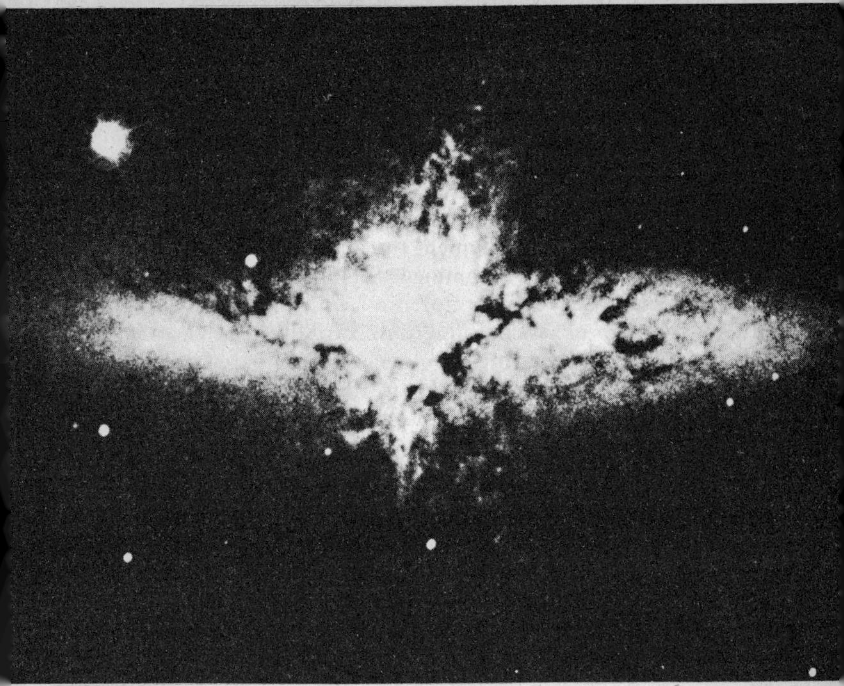

28 Nicht nur einzelne Sonnen können in einer Supernova-Explosion zugrunde gehen, mitunter sind es offenbar auch ganze Milchstraßensysteme. 1962 wurde diese sehr weit entfernte Galaxie entdeckt, in deren Zentrum die Sterndichte möglicherweise eine kritische Grenze überschritten hat. Die Folge ist eine Kettenreaktion von Supernova-Explosionen, die seit mindestens 1 Million Jahren in Gang ist und die bereits das ganze Zentrum des Sternsystems auseinander gesprengt hat.

Die Antwort auf diese Frage wurde gefunden, als der indische Astronom Chandrasekhar die Folgen berechnete, die eintreten mußten, sobald die Masse eines Weißen Zwerges mehr als 1,44mal größer war als die unserer Sonne. Die Vorgänge, die sich abspielen, sobald die Masse eines Sterns diese ominöse, von dem Inder entdeckte Grenze überschreitet, lesen sich geradezu phantastisch. Sie sind heute aber längst nicht mehr bloße Theorie. Die Berechnungen des indischen Astronomen zeigten, daß die Masse eines solchen Sterns so groß ist, daß seine eigene innere Anziehung ausreicht, um die atomare Struktur der Materie, aus der er besteht, zu zerstören. Die gravitationsbedingte

Zusammenziehung eines solchen Sterns geht mit anderen Worten immer weiter, weit über das Stadium eines Weißen Zwerges hinaus. Dabei wird schließlich ein Punkt erreicht, an dem nicht nur die Elektronen-Schalen aller Atome zusammenbrechen – dies geschieht schon im Inneren eines »überdichten« Weißen Zwerges –, sondern sogar das aus Elementarteilchen gebaute Gerüst der Atomkerne selbst. Dies ist der Augenblick des sogenannten Gravitations-Kollapses: innerhalb von etwa einer Sekunde bricht der ganze, noch immer reichlich planetengroße Stern auf ein Volumen von nur noch zehn bis zwanzig Kilometern Durchmesser zusammen. Bei dieser »Implosion« der Sternmaterie entstehen Temperaturen von mehr als drei Milliarden Grad. Wir erinnern uns: Schon die fünfzehn Millionen Grad im Zentrum unserer Sonne waren eine kaum mehr vorstellbare Größe. Bei der zweihundertfach höheren Temperatur, die bei dem Gravitations-Kollaps eines Weißen Zwerges entsteht, wird rund ein Zehntel der gesamten Masse des zusammenbrechenden Sterns in einem gewaltigen atomaren Explosionsblitz zerstört und mit Geschwindigkeiten bis zu zehntausend Kilometern in der Sekunde nach allen Seiten in den Weltraum geschleudert.
Das ist der Mechanismus, der einen Fixstern explodieren läßt und damit zum Aufleuchten eines scheinbar ganz neuen Sterns, einer »Supernova«, führt, die einige Wochen so hell strahlen kann wie zweihundert Millionen Sonnen. In einem früheren Kapitel war von dem gelegentlichen Auftreten solcher Supernovae (Abb. 28, S. 283) in unserer eigenen und ebenso in fremden Milchstraßen schon die Rede. Seit einigen Jahren wissen wir, wie es zu einer solchen Sternkatastrophe kommt: eben durch den Gravitations-Kollaps eines Weißen Zwerges, dessen Masse über der von Chandrasekhar berechneten kritischen Grenze liegt.
Alle diese Entwicklungsphasen eines Sterns kennen wir ursprünglich nur aus den Berechnungen, die an sogenannten Stern-Modellen mit Hilfe von Computern durchgeführt werden. Daß es sich bei den Resultaten, die auf diese Weise gewonnen werden, aber nicht bloß um rechnerische Möglichkeiten handelt, daß insbesondere das hier skizzierte Bild von der »Implosion« eines unter dem Gewicht seiner eigenen überdichten Materie zusammenbrechenden Sterns Vorgänge beschreibt, die sich im Kosmos tatsächlich abspielen – das beweisen Beobachtungen, die in allerjüngster Zeit mit Raketen-Teleskopen durchgeführt wurden, welche auf Röntgenstrahlen ansprechen.
Was bei der Katastrophe einer Supernova-Explosion übrig bleibt, ist ein Stern, dessen Masse noch immer etwa so groß ist wie die unserer Sonne, die aber jetzt zusammengepreßt ist auf das Volumen einer Kugel mit einem Durchmesser von nur noch zehn bis zwanzig Kilo-

metern. Seine Materie besteht jetzt nur noch aus dicht an dicht gepackten Neutronen, weshalb man das ganze Gebilde als »Neutronen-Stern« bezeichnet. Ein einziger Kubikzentimeter seiner Materie wiegt jetzt mehrere Millionen Tonnen.
Ein Stern, der aus Materie von so abnormer Dichte besteht, muß fraglos auch einige »seltsame« Eigenschaften haben. Die Berechnungen der Computer bestätigen diese Vermutung. Vielleicht am seltsamsten ist dabei die Feststellung, daß ein Neutronen-Stern unsichtbar ist. Damit ist nicht etwa gemeint, daß er trotz seiner unvorstellbaren Glut von mehreren Milliarden Grad schon aus relativ – in astronomischen Dimensionen gedacht – geringer Entfernung nicht mehr zu sehen ist, weil er nur noch die Größe eines mittleren Asteroiden hat. Ein Neutronen-Stern muß vielmehr, wie die Computer melden, in einem ganz wortwörtlichen Sinne unsichtbar sein: Die Anziehungskraft der auf einen vergleichsweise so winzigen Raum zusammengeballten Sonnen-Masse ist so ungeheuer groß, daß es selbst den Photonen des Lichtes nicht mehr möglich ist, das Schwerefeld eines solchen Himmelskörpers noch zu verlassen.
Der Neutronen-Stern hat sich damit, wie es der englische Astronom Fred Hoyle formulierte, durch seine eigene gewaltige Gravitation aus unserem Universum gewissermaßen ausgeschlossen. Seine Existenz verrät sich nur noch durch zwei Eigenschaften. Erstens natürlich durch die gewaltige von ihm ausgehende und entsprechend weit in den Raum hinausgreifende Anziehungskraft. Man könnte darüber spekulieren, daß die unsichtbaren Sterne, von denen es nicht wenige geben dürfte, in ferner Zukunft, wenn es jemals zu einer interstellaren Raumfahrt kommen sollte, vielleicht die Rolle spielen könnten, welche in früheren Zeiten, als der Mensch die Oberfläche seines eigenen Planeten zu erforschen begann, den unsichtbaren Klippen zufiel, die den Forschungsreisenden damals in unbekannten Gewässern bedrohten. Ein unsichtbarer Stern, dessen Gravitation kein Raumschiff mehr entkommen läßt, das ihm versehentlich zu nahe kam, wäre in der Tat eine recht unheimliche Weltraumfalle.
An seiner Gravitation können wir einen Neutronen-Stern von der Erde aus natürlich nicht erkennen. Aber die Computer haben uns eine zweite Eigenschaft verraten, die diesen seltsamen Himmelskörpern zukommen muß: von ihnen muß eine starke Röntgenstrahlung ausgehen. Röntgenstrahlen werden nun zwar von der Erdatmosphäre vollständig verschluckt, lassen sich also von erdgebundenen Observatorien aus nicht registrieren. Dem amerikanischen Wissenschaftler Friedman ist es aber gelungen, ein sogenanntes Röntgen-Teleskop mit einer Rakete jeweils für einige Minuten über die Erdatmosphäre hinaus zu befördern. Mit dieser Methode ist es ihm tatsächlich gelungen,

mehrere praktisch punktförmige Röntgen-Quellen im Kosmos nachzuweisen, von denen nun *eine* ausgerechnet mitten im sogenannten Crab-Nebel liegt, bei dem es sich – wie schon im einzelnen erläutert wurde – um nichts anderes handelt als um die Explosionswolke einer Supernova.
Das ist natürlich ein starkes Argument dafür, daß die Neutronen-Sterne nicht nur in der Phantasie unserer elektronischen Rechenautomaten existieren, sondern auch in der kosmischen Realität. Deshalb haben wir auch keinen Anlaß, an der Realität dessen zu zweifeln, was uns die Computer über das weitere Schicksal eines solchen Sterns berichten, obwohl sie uns bei der Frage danach Mitteilungen machen, die wir bei dem heutigen Stand unserer Wissenschaft noch nicht einmal wirklich zu verstehen in der Lage sind.

Auch das Stadium des Neutronen-Sterns, so melden die Computer, ist noch immer nicht der Endpunkt in der Biographie eines Sterns. Unter den abnormen Bedingungen, die im Inneren der nur noch zehn Kilometer dicken Sternkugel herrschen, entstehen durch Prozesse, die wir noch nicht durchschauen, neue, relativ schwere Elementarteilchen. Jedenfalls kommt nach einer kurzen Unterbrechung auch jetzt die Kontraktionsbewegung selbst in dieser bereits unvorstellbar dichten Kugel wieder in Gang, und dann gibt es kein Halten mehr: der Neutronen-Stern zieht sich bis zu einem *mathematischen* Punkt, einem völligen Abstraktum, zusammen.
Wie wir diese letzte Auskunft zu verstehen haben, sei dahingestellt. Jedenfalls gibt es keine Kraft mehr, welche der Selbstkontraktion bis zu dieser äußersten Grenze des rechnerisch Möglichen entgegenwirken könnte. Nachdem er in der Explosion als Supernova einen wesentlichen Teil der in seinem Inneren entstandenen Elemente wieder an den freien Raum abgegeben hat, tritt der Stern, das jedenfalls melden die Computer, von der Bühne ab. Auf irgendeine unvorstellbare Weise verschwindet er jetzt offenbar tatsächlich aus dem Univerum.
Damit ist aber auch die Frage beantwortet, von der wir zuletzt ausgingen, die Frage nämlich, auf welche Weise die im Stern-Zentrum aus Wasserstoffgas, dem Urstoff der Schöpfung, erzeugten Elemente aus dem Inneren einer Sonne wieder herauskommen und für die weitere kosmische Entwicklung zur Verfügung stehen können. Die Katastrophe einer Supernova-Explosion, die den Untergang eines Sterns einleitet, der seine Aufgabe erfüllt hat, ist gleichzeitig auch die erste Phase der Geburt des Sterns einer nachfolgenden Generation. Und die auf diese Weise entstehende zweite Stern-Generation ist keineswegs einfach nur eine Wiederholung dessen, was es in der vorangegangenen Generation schon gab.

Denn diese Sterne der zweiten Generation entstehen eben nicht mehr aus reinem Wasserstoff, sondern aus Wolken interstellaren Staubes, die jetzt auch schon jene anderen, schwereren Elemente enthalten, die im Zentrum der Ur-Sterne entstanden und bei deren Untergang im Explosions-Blitz einer Supernova wieder in den leeren Weltraum abgegeben worden sind. Die Wolke des Crab-Nebels (Abb. 8, S. 73) ist nicht nur der Überrest eines Stern-Untergangs, sondern zugleich auch das Material für einen neuen Anfang.

Alle diese neuen Erkenntnisse und Einsichten haben sich direkt oder indirekt aus der Entdeckung ergeben, die Baade 1944 veröffentlichte. Inzwischen wissen wir, daß es unter den Sternen sicher nicht nur die Populationen I und II gibt. Nach allem, was wir inzwischen gelernt haben, muß sich der Prozeß der Element-Entstehung über eine ganze Reihe aufeinanderfolgender Stern-Generationen hinweg abgespielt haben, von der die eine immer aus dem Material entstanden ist, das ihr von der vorangegangenen zur Verfügung gestellt wurde. Im Verlauf dieses kosmischen Generationen-Wechsels ist alle Materie, die es in den Spiralnebeln des Weltalls gibt, immer von neuem zu Sternen verdichtet und dann wieder an den freien Raum abgegeben worden. Nach und nach entstanden dabei dann auch die übrigen Elemente des periodischen Systems, bis hinauf zum schwersten: dem Uran. Wie entscheidend wichtig für diesen Prozeß die durch magnetische Kraftfelder bewirkte lokale Konzentration von Wasserstoff in den Spiralarmen der Stern-Systeme ist, zeigt das Beispiel der schon erwähnten elliptischen Nebel. Sie haben aus Gründen, die wir bisher nicht kennen, keine Spiralstruktur. Sie verfügen damit nicht über diese Wasserstoff-Arme, die offenbar die entscheidenden Keimzellen für die Entstehung neuer Sterne darstellen. Aus diesem Grund ist der hier geschilderte Entwicklungsprozeß bei ihnen offenbar auch gar nicht richtig in Gang gekommen: In den elliptischen Nebeln finden sich nur überalterte Sterne, die fast nur aus reinem Wasserstoff bestehen, ohne spektroskopisch nachweisbare Mengen von anderen, schwereren Elementen.
Damit aber fehlen in einem elliptischen Nebel auch alle Voraussetzungen, die in unserem System und ebenso in allen anderen Spiralnebeln eine weitere Entwicklung ermöglicht haben, die zur Bildung von Planeten aus Materie vielfältiger Zusammensetzung führte, und auf diesen Planeten zur Entstehung von Erde, Luft und Wasser. Das aber war dann wieder die Voraussetzung für den nächsten sich anschließenden Schritt: die Entstehung organischer Moleküle, das Einsetzen einer zunächst auf chemischer Ebene ablaufenden und dann biologischen Gesetzlichkeiten folgenden Evolution.

Auch in einem elliptischen Sternsystem gibt es hundert Milliarden Sonnen. Seine Ausdehnung ist nicht geringer als die unserer eigenen Milchstraße, und auch seine Geschichte reicht genau so weit in die Vergangenheit des Kosmos zurück. Nur Leben, das gibt es in den elliptischen Galaxien nicht. Sie sind in ihrer ganzen langen Geschichte bis heute noch nicht einmal mit der Produktion aller der 92 Elemente fertig geworden, welche die Bausteine unserer Welt bilden.
Alle Materie, die es in unserer Umgebung gibt, die Substanzen, aus denen die Erde besteht, und die Pflanzen, die auf ihr wachsen, die Tiere, die auf ihr leben, der Stoff, aus dem wir selbst bestehen – jedes einzelne Atom dieser Materie ist vor unvorstellbar langer Zeit in dem glühenden Zentrum einer Sonne entstanden, die einer Stern-Generation angehörte, die längst vergangen ist. Nichts von all dem, was unsere alltägliche Welt ausmacht, hätte ohne diese gewaltigen kosmischen Prozesse entstehen können.
Eine ganze Milchstraße mit ihren hundert Milliarden Sonnen war nötig, um das hervorzubringen, was uns täglich umgibt.

Kinder des Weltalls

Am Anfang war der Wasserstoff. Sonst gab es nichts, nur die Naturgesetze und Raum, unvorstellbar viel Raum. Alles begann damit, daß eine unermeßlich große Wolke aus Wasserstoffgas anfing, unter dem Einfluß ihrer eigenen inneren Anziehungskräfte in sich zusammenzusinken. Unsere ganze Milchstraße und alles, was heute in ihr existiert, einschließlich unserer Erde und uns selbst, ist die Folge dieses Anfangs, der etwa zehn, höchstens fünfzehn Milliarden Jahre zurückliegt. An vielen Milliarden Stellen des Weltalls muß damals das Gleiche geschehen sein – wurden vor dieser unvorstellbar langen Zeit damals die Keime gelegt für die vielen Milliarden fremder Milchstraßen, die wir heute mit unseren Teleskopen photographieren können.
Als die Riesenwolke sich während ungezählter Jahrmillionen in der Richtung auf ihren Schwerpunkt zusammenzog, geriet sie ganz allmählich in eine Karussellbewegung. Das war ganz unvermeidbar, denn es widersprach jeder Wahrscheinlichkeit, daß alle Wasserstoffatome, aus denen sie bestand, exakt auf den gemeinsamen Mittelpunkt zielten. Diese Drehung aber wirkte sich als ordnende Kraft auf die Wolke aus, die bis dahin infolge der Kontraktionsbewegung annähernd Kugelgestalt gehabt hatte. Die Drehung brachte jetzt eine

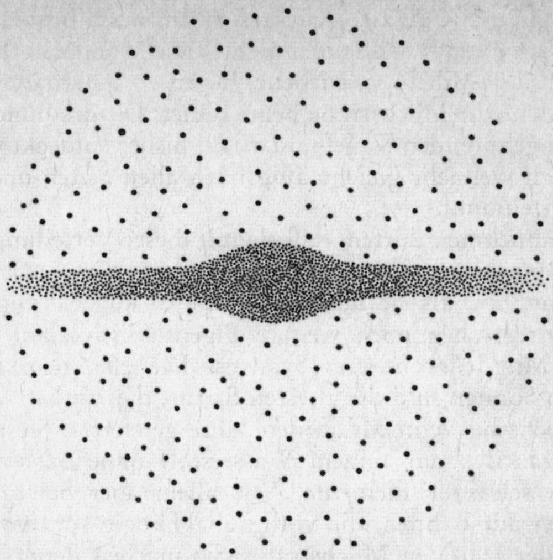

Durchschnittliche Verteilung der zu unserem Milchstraßensystem gehörenden »Kugelhaufen«.

neue Kraft ins Spiel, die Zentrifugalkraft. Unter ihrem Einfluß begann sich das Gebilde im Verlaufe vieler Hunderter von Jahrmillionen ganz langsam abzuflachen und allmählich die Gestalt einer riesigen Diskus-Scheibe anzunehmen mit einem Durchmesser von mehr als hunderttausend Lichtjahren.

Bereits in dieser frühen Epoche ihrer Geschichte aber, als die Ur-Wolke gerade erst anfing, in eine Drehung um sich selbst zu geraten, und als sie daher immer noch fast kugelförmig war, bildeten sich in ihr an einigen Stellen zufällige Verdichtungen, lokale Kerne von Wasserstoff, aus denen die ersten Sterne entstanden. Diese ältesten Sonnen unseres Systems können wir heute noch aufspüren. Ihre Entstehung in dieser frühen Phase, in der unsere Milchstraße noch längst nicht ihre endgültige Gestalt angenommen hatte, verrät sich heute noch in einer auffälligen räumlichen Verteilung, die in charakteristischer Weise absticht von der aller übrigen Sonnen unseres Systems, und in einigen anderen Besonderheiten. Diese ältesten Sterne bilden nämlich die sogenannten »Kugelhaufen«, sehr eigenartige Zusammenballungen von mehreren hunderttausend oder auch Millionen Sternen in einer kugelförmigen Anordnung mit einem Durchmesser von durchschnittlich »nur« etwa zweihundert Lichtjahren (Abb. 29, S. 291). Ihr altertümlicher, archaischer Charakter, ihre Abstammung aus der Frühgeschichte unserer Galaxie, drückt sich am auffälligsten in der Tatsache aus, daß diese Kugelhaufen nicht wie alle anderen Sterne unseres Systems in der Milchstraßenebene liegen – innerhalb der flachen Scheibe, welche die Milchstraße heute bildet. Die dreihundert zu unserem System gehörenden Kugelhaufen, die bisher entdeckt worden sind, verteilen sich vielmehr gleichmäßig nach allen Seiten um den Milchstraßen-Mittelpunkt.

Man wird annehmen dürfen, daß sie mit dieser Verteilung noch heute den Raum markieren, den unsere Milchstraße am Anfang ihrer Geschichte einnahm, als sie noch eine nahezu kugelförmige Gaswolke war. Dafür sprechen noch weitere Eigentümlichkeiten dieser altertümlichen Mitglieder unseres Systems. Die zu einem Kugelhaufen gehörenden Sonnen sind die ältesten Sterne, die wir kennen. Ihr Alter wird auf sechs bis zehn Milliarden Jahre geschätzt. Sie alle bestehen offenbar praktisch aus reinem Wasserstoff ohne nachweisbare Beimengungen schwerer Elemente. Vor allem aber bewegen sich alle Kugelhaufen auf Bahnen, die völlig unabhängig sind von der Drehbewegung der heutigen Milchstraße. Sie machen deren Rotation im Gegensatz zu allen anderen Milchstraßen-Sternen nicht mit. Auch das kann nur damit erklärt werden, daß sie eben schon zu einer Zeit entstanden sind, als es diese Drehung noch nicht gab.

Alle diese Besonderheiten gelten in gleicher Weise auch für die Kugelhaufen aller anderen Galaxien, die uns nahe genug sind, um die Untersuchung solcher Einzelheiten zuzulassen. Bei unserer Nachbargalaxie, dem rund zwei Millionen Lichtjahre entfernten Andromedanebel, sind nicht weniger als zweihundert Kugelhaufen bekannt, für die sämtliche angeführten Besonderheiten ebenfalls zutreffen.

Der Prozeß der Stern-Entstehung kam allem Anschein nach aber dann erst entscheidend in Gang, als das Zusammenwirken von Gravitation und Zentrifugalkraft unserer Milchstraße die Form verliehen hatte, die für sie und alle anderen Spiralnebel heute typisch ist. Dieser Schluß

29 Einer der rund 300 zu unserem eigenen Milchstraßensystem gehörenden »Kugelhaufen«, eine Ansammlung von mehreren hunderttausend Sternen, die im Zentrum eines solchen Haufens tausendfach dichter beieinander stehen als die Sterne innerhalb der Milchstraße. Die Kugelhaufen gehören zu den ältesten Gebilden, die wir im Kosmos kennen. Sie beteiligen sich nicht an der Umdrehung unserer Milchstraße und sind auch nicht, wie alle anderen Sterne unseres Systems, in der Milchstraßenebene angeordnet. Sie umgeben unser System vielmehr in einem kugelförmigen Raum gleichmäßig auf allen Seiten, so daß man annehmen muß, daß sie sich schon in der Urwolke gebildet haben, aus der vor etwa 10 Milliarden Jahren unsere Milchstraße entstand.

ergibt sich ganz einfach aus der Tatsache, daß mit Ausnahme der in den Kugelhaufen zusammengepreßten Sonnen alle ein- bis zweihundert Milliarden Fixsterne, die unser System enthält, auf dem scheibenförmigen Raum konzentriert sind, den die Milchstraße heute einnimmt.
Jetzt entstand die erste Generation von Fixsternen. Es waren Sonnen, die noch aus reinem Wasserstoff bestanden, dem leichtesten aller Elemente, dem Urstoff der Schöpfung. Als ihre Dichte groß genug geworden war, um die atomaren Reaktionen in ihrem Zentrum in Gang zu bringen, war der erste Schritt auf einem Weg getan, der in konsequent aufeinanderfolgenden Stufen zur Entstehung aller der 92 Elemente führen sollte, aus denen die Welt heute besteht.
Milliarden von Jahren vergingen, in denen unzählig viele Sonnen den Wasserstoff, aus dem sie bestanden, in Helium verwandelten, dann dieses in Kohlenstoff, Sauerstoff und andere, neue Elemente. Viele Milliarden Jahre lang gingen alle diese Sterne in gewaltigen Explosionen wieder zugrunde, wobei sie die von ihnen produzierten neuen Elemente als feinverteilten Staub an den freien Raum innerhalb des galaktischen Systems zurückgaben. Aus der auf diese Weise mit schweren Elementen angereicherten interstellaren Materie entstand darauf eine neue Generation von Sternen, die den Prozeß fortsetzte und die Zahl der Elemente weiter ergänzte, um dann ihrerseits durch ihren Untergang die Voraussetzungen dafür zu schaffen, daß die Entwicklung über die jeweils erreichte Stufe hinweg weiter fortschreiten konnte.

Nach unausdenkbar langen Zeiträumen wurde dann vor etwa fünf Milliarden Jahren schließlich ein Punkt in der Entwicklung erreicht, an dem der nächste Schritt erfolgen konnte. Jetzt entstanden Sonnen aus interstellarem Staub, der erstmals alle Elemente enthielt, die es in dieser Welt beständig geben kann. Aus diesem in Jahrmilliarden langsam entstandenen Material bildeten sich aber nicht nur Sonnen, sondern um diese Sonnen auch Planeten. Mit absoluter Sicherheit wissen wir das auch heute noch nur im Fall unseres eigenen Sonnensystems. Die Entfernung schon zu den allernächsten, unserer Sonne benachbarten Fixsternen ist so groß, daß wir bisher über keine Möglichkeit verfügen, die Planeten anderer Sonnen sehen zu können. Aber es widerspräche jeder Wahrscheinlichkeit und damit jeder Vernunft, wollte man ernstlich annehmen, daß sich Planeten, und dazu noch gleich neun an der Zahl, unter den hundert Milliarden Fixsternen unserer Milchstraße ausgerechnet und allein bei unserer Sonne gebildet haben sollten. Selbst wenn man so vorsichtig wäre, davon auszugehen, daß sich Planeten nur bei jeder hunderttausendsten Sonne gebildet hätten, hieße das noch immer, daß es allein in unserer eigenen Galaxie eine Million unserem Sonnensystem vergleichbarer Planetensysteme geben müßte.

Die gleichen logischen Voraussetzungen muß man ohne jeden Zweifel machen, wenn man sich die weitere Frage vorlegt, ob es in der ganzen riesigen Milchstraße – von den Milliarden fremder Galaxien ganz zu schweigen – etwa ausgerechnet nur auf unserer Erde weitergegangen sein soll, ob es vernünftig ist, anzunehmen, daß einzig und allein auf unserer Erde Leben, Bewußtsein und Intelligenz entstanden sind. So betrachtet, erweist sich diese noch immer verbreitete Meinung als ein sublimer Rest des alten geozentrischen Mittelpunktwahns.

Für die meisten Menschen steht die Erde in der Tat auch heute immer noch im Mittelpunkt des Weltalls. Nicht physisch oder astronomisch, nicht als Himmelskörper, um den das ganze Gewölbe der Fixsterne sich dreht. Daß diese Auffassung allzu naiv ist – das hat sich in den letzten Jahrhunderten immerhin durchgesetzt. Aber für die meisten Menschen ist die Erde in einem anderen Sinn nach wie vor der Mittelpunkt des Kosmos: Sie glauben allen Ernstes, daß einzig und allein unser Planet Leben hervorgebracht hat und daß er im ganzen unermeßlich weiten Kosmos der einzige Punkt sei, an dem es Bewußtsein und Intelligenz gebe.

In Wirklichkeit ist das natürlich nichts als ein Rest des ptolemäischen Vorurteils. Logik und Vernunft lassen keinen anderen Schluß zu als den, daß es in unserer Milchstraße und ebenso in allen anderen Spiralnebeln wimmeln muß von Leben. An unzähligen Stellen da oben über unseren Köpfen gibt es Bewußtsein. An unzähligen Stellen in unserer Milchstraße und den Milliarden fremder Galaxien jenseits ihrer Grenzen wird gegrübelt über die Rätsel und Geheimnisse dieses uns allen gemeinsamen Weltalls.

Sicher ist andererseits aber auch, daß die Fülle der Ansätze und Methoden, daß die Vielfalt der Aspekte und Möglichkeiten, die da existieren, unendlich viel größer ist, als unsere menschliche Phantasie es fassen könnte. Alle Wahrscheinlichkeit spricht dafür, daß wir die weitaus meisten dieser Denkansätze und Aspekte, die außerhalb der uns allein bekannten irdischen Entwicklung entstanden sein müssen, gar nicht verstehen könnten, auch wenn wir jemals die Chance hätten, sie kennenzulernen. Unsere irdische Umwelt hat uns viel spezifischer geprägt, und damit auch in unseren Möglichkeiten festgelegt und eingeengt, als wir uns klar machen. Wir haben einfach keinen Anlaß, je darüber nachzudenken, weil wir an diese irdische Umwelt mit all ihren spezifischen Besonderheiten eben optimal angepaßt sind. Obwohl wir sicher sein können, daß wir im Kosmos nicht allein sind, müssen wir uns daher bei der weiteren Schilderung der Entwicklung auf die Erde selbst beschränken.

Vor etwa vier Milliarden Jahren, als die Erde noch nicht ganz eine Milliarde Jahre alt war, begannen unter dem Einfluß der Sonnenstrahlung einfache chemische Verbindungen auf der Erdoberfläche sich zu größeren Molekülverbänden zusammenzuschließen. Sie wurden so zu den elementaren Bausteinen dessen, was wir heute als »belebte« Materie kennen. Seit diesem Augenblick stand fest, daß die Erde nie wieder so sein würde, wie sie bis dahin gewesen war.

Etwa eine Milliarde Jahre später erfolgte der nächste Schritt. Es bildeten sich die ersten Zellen, geordnete Strukturen mit der Fähigkeit, sich durch Teilung zu vermehren, mit eigener Aktivität begabt und einem von der Außenwelt zwar abhängigen, von ihr aber deutlich abgegrenzten eigenen »Stoffwechsel«. Die ersten Individuen waren entstanden.

Wieder verging eine ganze Milliarde Jahre. Diesen gewaltigen Zeitraum brauchten die mikroskopisch kleinen Gebilde, um sich in den Ur-Ozeanen der Erde auszubreiten und in Anpassung an die wechselnden und unterschiedlichen Bedingungen ihrer Umwelt eine Fülle der verschiedenartigsten Lebewesen entstehen zu lassen. Gleichzeitig aber begannen sie, durch ihre bloße Existenz die Erde zu verändern.

Die winzigen Mikro-Organismen in den Weltmeeren der archaischen Erde produzierten Sauerstoff, den es bis dahin in der Atmosphäre nicht gegeben hatte. So klein sie auch waren – ihre Zahl war schließlich so ungeheuer groß, daß sie die chemische Zusammensetzung der Lufthülle unseres Planeten bleibend veränderten. Aller Sauerstoff, den wir atmen, ist von ihnen erzeugt worden. Mit diesem Sauerstoff der Luft stand mit einemmal eine Energiequelle für Bewegungsmöglichkeiten und Entwicklungstendenzen zur Verfügung, deren Leistungsfähigkeit alles bisher Dagewesene überstieg.

Die Folgen ließen nicht lange auf sich warten. Von jetzt an beginnt die Entwicklung deutlich an Tempo zuzunehmen. Nur fünfhundert Millionen Jahre dauerte es, bis das Leben, das bis dahin auf die Meere der Erde beschränkt war, das bergende Wasser verließ und das trockene Land eroberte. Schon zweihundert Millionen Jahre später wurden die Kontinente von den Riesenreptilien der Saurier-Epoche beherrscht. Weitere hundert Millionen Jahre später »erfand« die Natur das Warmblüterprinzip, das die Beweglichkeit und Aktivität der Lebewesen unabhängig machte von der jeweils herrschenden Außentemperatur. Danach dauerte es nur noch fünfzig Millionen Jahre bis zur reichen Entfaltung von Vögeln und Säugetieren.

Damit schien die Entwicklung abgeschlossen, die Entfaltung des Lebens hatte, so schien es, den höchsten möglichen Grad erreicht. Aber als es soweit war, erfolgte wieder ein entscheidender Schritt, der ein Phänomen ins Spiel brachte, das es bis dahin nicht gegeben hatte.

Aus weit zurückreichenden Ansätzen, deren Anfänge sich unbestimmbar im Dunkel der Vergangenheit verlieren, bildete sich bei den höchsten Formen der existierenden Lebewesen ein »Bewußtsein«. Von da ab gab es nicht mehr nur Flucht, Hunger oder Brutpflege-Instinkt, sondern auch Angst, Neugier und Zuneigung. Nur eine Million Jahre verging, bis diese neue Dimension des Lebendigen schließlich ein Bewußtsein hervorbrachte, das in der Lage war, seiner eigenen Existenz innezuwerden. Jetzt gab es den Menschen und mit ihm den Beginn dessen, was wir »Zivilisation« nennen.

Diese ganze Entwicklung ist während all ihrer bisherigen Geschichte bis auf den heutigen Tag stumm und ohne Zeugen abgelaufen. So unvorstellbar lange Zeit es sie auch schon gibt – erst wir haben sie entdeckt. Die ersten Einsichten in ihren Ablauf sind noch nicht einmal hundert Jahre alt. Und in unserer Generation beginnt die Menschheit zum ersten Mal, sich selbst als das Ergebnis dieses unvorstellbar langen Ablaufs zu verstehen: als das vorläufige Resultat einer Entwicklung, die auch weit über uns Heutige hinaus in die Zukunft weiterlaufen wird auf ein Ziel hin, von dem wir nichts wissen.

Vor dem Hintergrund dieser Geschichte ist es erst einen kurzen Augenblick her, seit auf diesem Planeten das Phänomen »Bewußtsein« die entscheidende Schwelle überschritt, welche das dumpfe, seiner selbst noch nicht bewußte Gefühl von der Fähigkeit zur Selbsterkenntnis trennt. Diese Stufe der Entwicklung ist, jedenfalls auf der Erde, bisher nur von einer einzigen Lebensform erreicht worden: dem Menschen.

Jahrtausendelang haben Menschen vergeblich versucht, die geheimnisvollen Erscheinungen zu verstehen, die sich über ihren Köpfen am Himmel abspielten. Erst in geschichtlicher Zeit kam die Erkenntnis hinzu, daß die unmittelbare Umwelt und nicht zuletzt der erlebende und fragende Mensch selbst nicht weniger geheimnisvoll sind.

Die ersten Antworten leitete der Mensch aus der unmittelbaren, naiven Anschauung ab. Bis vor wenigen Jahrhunderten glaubte er, daß seine Erde der ruhende Mittelpunkt der ganzen Welt sei, um den sich Sonne, Mond und Sterne drehten. Dann aber kam der Denkansatz, den wir den naturwissenschaftlichen nennen – jener einzigartige nächste Schritt des selbstkritischen Bewußtseins, der die sichtbare Welt danach befragt, wie sie unabhängig von unserer Anschauung, wie sie »objektiv« beschaffen ist.

Das Resultat war zunächst der Schock der »Kopernikanischen Wende«. Aus dem Mittelpunkt der Welt sah der Mensch sich versetzt auf ein winziges Stäubchen Materie, das in grenzenloser Verlorenheit in einem unermeßlich weiten und unvorstellbar lebensfeindlichen Weltraum dahintrieb. Jahrhundertelang hat dieses Weltbild, der Alptraum einer unüberbietbaren Isolierung in einem riesigen Weltall, das uns nichts angeht und dem wir gleichgültig sind, das Bewußtsein der Menschheit geprägt. Wir sind heute die Zeitgenossen des nächsten Schritts der Erkenntnis. Die gleiche Wissenschaft, welche den Glauben an die Erde als den Mittelpunkt der Welt als Illusion entlarvte, bereitet heute die Einsicht vor, daß das Weltbild der letzten vier Jahrhunderte wirklich nur ein Alptraum gewesen ist.

Es ist nicht wahr, daß wir in einem Kosmos ausgesetzt sind, dessen fremde Schönheit mit uns nichts zu tun hat. Es ist nicht wahr, daß unsere Existenz sich in einem Weltall abspielt, dessen unermeßliche Leere wir mit unserer Erde beziehungslos durchqueren, gleichsam nur unserer Bedeutungslosigkeit wegen geduldet, aber ohne jeden Zusammenhang mit der Entwicklung des Ganzen. Wir beginnen heute zu entdecken, daß dieser Weltraum notwendig war, um uns hervorzubringen und zu erhalten. Nicht nur die Zeitspannen, deren es dazu bedurfte, auch die erforderlichen Räume waren unvorstellbar groß.
Ungezählte Milliarden Sonnen mußten entstehen und wieder zugrunde gehen, damit es den Stoff geben konnte, aus dem unsere Welt gemacht ist und aus dem wir selbst bestehen. Unermeßlich große Räume waren notwendig, um auf dieser vergleichsweise winzigen Erde – und auf unzähligen anderen Planeten – die Bedingungen entstehen zu lassen, unter denen allein sich Leben entwickeln kann. Und nicht nur Erde und Sonne, auch der Mond und das ganze kunstvolle Gefüge des Sonnensystems, und darüber hinaus unsere ganze Milchstraße in ihrer besonderen Gestalt – der Kosmos selbst ist der Ursprung und die Grundlage unserer Existenz. Die aus ihm bis zu uns reichenden Kräfte und Einflüsse erst gewähren auch heute noch die Stabilität, die beruhigende Dauerhaftigkeit der uns alltäglich gewohnten Umwelt.
Das neue Bild, das die Wissenschaft in unseren Tagen vom Kosmos zu entwerfen beginnt, wird in seinen wichtigsten Grundzügen damit erkennbar. Der Weltraum, durch den wir mit dem Sonnensystem reisen, hat für uns ein neues Gesicht bekommen. Er ist nicht mehr die kalte, lebensfeindliche Leere, in der wir als beziehungsloser Zufall zu existieren glaubten. Er ist *unser* Weltraum. Er hat uns hervorgebracht und er erhält uns am Leben. Wir sind seine Geschöpfe. Das kann uns Vertrauen geben, auch wenn wir zugestehen müssen, daß es niemanden gibt, der uns sagen könnte, wohin die Reise geht.

392	Oliver Hassencamp	Erkenntnisse eines etablierten Herrn *Der »möblierte Herr« von einst kehrt in seine Stadt zurück*
393	Dawn Ades	Dada und Surrealismus *Ein Überblick über zwei bedeutende Kunstrichtungen der Moderne* *62 Farbtafeln*
394	E. V. Cunningham	Sally *Die Geschichte einer jungern Frau im Mittelpunkt eines dramatischen Geschehens*
395	Hoimar v. Ditfurth	Im Anfang war der Wasserstoff *Eine Darstellung des Konstruktionsplanes der Natur* *Ca. 25 Abbildungen*
396	Ivar Lissner	Mein gefährlicher Weg *Die Lebenserinnerungen des wichtigsten Abwehrmannes von Admiral Canaris*
397	Johannes M. Simmel	Und Jimmy ging zum Regenbogen *Die bewegende Geschichte um Schuld und Sühne*
398	Mario Szenessy	Der Hut im Gras *Ein Hut am Rande des Moskauer Flughafens löst eine Geheimdienstaffäre aus*
399	Desmond Morris	Liebe geht durch die Haut *Der berühmte Forscher untersucht die Rolle des Intimverhaltens*
400	Arthur Koestler	Die Herren Call-Girls *Ein amüsanter Roman über die unermüdlichen Helden der Wissenschaftskongresse*
401	Lorenz Stucki	Lob der schöpferischen Faulheit *Chancen und Gefahren der Freizeitgesellschaft in Europa und den USA*
402	Ernest K. Gann	Lorbeer für die Besiegten *Die Geschichte des Kampfes um die Wüstenfestung Masada*
403	I. Schwarz-Winklhofer und H. Biedermann	Das Buch der Zeichen und Symbole *Geschichte und Bedeutung der Zeichen und Symbole aus Technik und Kultur* *Mit über 1300 Abbildungen*
404	Erich von Däniken	Meine Welt in Bildern *In diesem Buch führt Däniken entscheidendes Bildmaterial für seine These des Undenkbaren vor* *Mit 375 Abbildungen*
405	Hans Joachim Störig	Knaurs moderne Astronomie *Ein abenteuerlicher Streifzug durch den unermeßlichen Kosmos* *Mit 159 meist farbigen Abbildungen*

419	Frederick Forsyth	Die Akte Odessa *Ein atemberaubender Roman vor dem Hintergrund unserer jüngsten Geschichte*
420	Robert Charroux	Vergessene Welten *Auf den Spuren des Geheimnisvollen* *Mit 53 Abbildungen*
421	Hans Biedermann	Handlexikon der magischen Künste *Von der Alchemie bis zur Zauberei* *Mit 90 Abbildungen*
422	John Kenneth Galbraith	Wirtschaft für Staat und Gesellschaft *Eine grandiose Analyse unseres Wirtschaftssystems*
423	Alastair Mackintosh	Symbolismus und Jugendstil *Eine Einführung in zwei moderne Kunstrichtungen* *64 Farbtafeln*
424	Peter Bamm	Am Rande der Schöpfung *Ein Band mit heiter-nachdenklichen Feuilletons*
425	George Mikes	Gelangweilt sterben die Spione *Ein wirklich komischer Roman über Spionage*
426	Walter R. Fuchs	Leben unter fernen Sonnen? *Ein faszinierender Vergleich zwischen Science-Fiction und moderner Wissenschaft* *Mit 95 zum Teil farbigen Abbildungen*
427	Esther Vilar	Das polygame Geschlecht *Das Recht des Mannes auf zwei Frauen*
428	Jürgen Thorwald	Die Illusion *Das Drama der Rotarmisten in Hitlers Heeren*
429	Norman Mailer	Marilyn Monroe *In dieser poetischen Huldigung erwacht der unvergessene Star noch einmal zum Leben* *Mit 100 Abbildungen*
430	Hans Habe	Leben für den Journalismus *Eine Zusammenfassung von Hans Habes bedeutendsten journalistischen Arbeiten* *Kassette mit 4 Bänden*
431	Dee Brown	Pulverdampf war ihr Parfum *Die sanften Helden des Wilden Westens, jene Frauen, die das Gesicht des amerikanischen Westens geprägt haben*
434	Vicki Baum	Verpfändetes Leben *Die Geschichte einer einzigartigen Karriere und ein schonungsloses Bild des Showbusineß*
435	Jacques-Yves Cousteau/ Philippe Diolé	Wale – Gefährdete Riesen der See *Die Begegnung mit den Walen, ein spannendes Abenteuer* *Mit 130 meist farbigen Abbildungen*

452	Ian D. Hudson/G. Thomas	Was tun, bis der Doktor kommt? *Ein medizinischer Ratgeber für Eltern bei Krankheit und Unfall*
453	Hans Hellmut Kirst	Alles hat seinen Preis *Eine Serie von Verbrechen hält die Münchner Polizei in Atem*
454	Vicki Baum	Hell in Frauensee *Ein köstlich-heiterer Roman*
455	John le Carré	Dame, König, As, Spion *Ein fast unglaublicher Spionagefall*
456	Sebastian Leitner	So lernt man leben *Ein leichtverständliches Lern-Buch der modernen Verhaltenstherapie. Mit 50 Abbildungen*
457	Jacqueline Susann	Geliebte Josephine *Ein heiteres Hundebuch – eine herzerfrischende Geschichte*
458	Anthony Everitt	Abstrakter Expressionismus *Die Schulen der »gestischen Abstraktion« in Europa und Amerika. 64 Farbtafeln*
459	Utta Danella	Der blaue Vogel *Ein Roman über die bewegten Schicksale der Leute von Breedenkamp*
460	Eveline Amstutz	Lydias Gäste *Lydias Haus wird Zufluchtsort vieler Emigranten*
461	Trevanian	Im Auftrag des Drachen *Eine Besteigung der berüchtigten Eiger-Nordwand steht im Mittelpunkt dieses Thrillers*
462	Ludwig Koch-Isenburg	Blumen und Pflanzen im Garten *Umfassende Pflanz- und Gestaltungsvorschläge für eine vielfältige Blütenpracht Mit 70 zum Teil farbigen Abbildungen*
463	Günter Speicher	Heilen mit Erfolg *Von der Akupunktur bis zur Zellulartherapie*
464	Georg Steinbacher	Knaurs Vogelbuch *Das reich illustrierte Hausbuch für Vogelfreunde und Vogelliebhaber Mit 315 meist farbigen Abbildungen und 54 Zeichnungen*
465	Angus Wilson	Wie durch Magie *Zwei Menschen auf der Flucht vor sich selbst und der Suche nach ihrem Ideal*
466	Walter Henkels	Bonner Köpfe *Portraits der wichtigsten deutschen Politiker vom berühmten »Bonner Hofchronisten«*
467	Hans Mohl	7 Erfolgsprogramme für die Gesundheit zu den Themen: Ernährung, Bewegung, Rauchen, Alkohol, Vorsorge, Sicherheit, Psychologie *Mit Schaubildern und Checklisten*